普通高等学校应用统计学系列规划教材

应用数理统计

刘 强 王 琳 编著

電子工業出版社
Publishing House of Electronics Industry
北京·BEIJING

内 容 简 介

本书介绍了数理统计的经典内容与方法，内容涵盖了概率论预备知识、统计基础、参数估计、假设检验、区间估计及回归分析。为了适应应用统计专业硕士培养发展的新形式，在本书编写过程中我们强调方法的应用，淡化理论的证明。为开阔读者的应用视野，本书还在附录中介绍了 R 语言的使用、非参数密度估计及非参数回归等内容。书中很多例题都附有 R 软件实现，各章均配有一定数量的习题。

本书可以作为普通高等院校应用统计专业硕士学习“应用数理统计”课程的教材，也可以作为非数学专业的研究生或高年级本科生学习“数理统计”课程的教材或参考书。

图书在版编目（CIP）数据

应用数理统计 / 刘强，王琳编著. —北京：电子工业出版社，2017.4

ISBN 978-7-121-31149-9

I. ①应… II. ①刘… ②王… III. ①数理统计－研究生－教材 IV. ①O212

中国版本图书馆 CIP 数据核字（2017）第 057561 号

策划编辑：王二华

责任编辑：王二华

印　　刷：三河市华成印务有限公司

装　　订：三河市华成印务有限公司

出版发行：电子工业出版社

北京市海淀区万寿路 173 信箱　　邮编　100036

开　　本：787×1092　1/16　印张：15.5　字数：390 千字

版　　次：2017 年 4 月第 1 版

印　　次：2017 年 4 月第 1 次印刷

定　　价：42.00 元

凡所购买电子工业出版社图书有缺损问题，请向购买书店调换。若书店售缺，请与本社发行部联系，联系及邮购电话：（010）88254888，88258888。

质量投诉请发邮件至 zlts@phei.com.cn，盗版侵权举报请发邮件至 dbqq@phei.com.cn。

本书咨询联系方式：（010）88254532。

前　言

统计学主要是用来研究如何有效地收集、处理和分析实际数据的一门学科，统计学的本质在于挖掘原始数据中的潜在信息，通过有效且有针对性的统计分析与推断，为解决实际问题提供具有参考价值的建议。在 2011 年以前，统计学科分别隶属于两个一级学科，即应用经济学和数学；2011 年以后，国务院学位委员会通过了新的学位授予和人才培养学科目录，统计学科上升为一级学科。这一方面说明了统计学这个学科本身的重要性，为未来统计学的快速发展提供了更加广阔的舞台和空间，同时这也对高等院校人才培养模式提出了新的要求。

经国务院学位委员会批准，我国自 2011 年起开始招收培养应用统计专业硕士，到目前已经连续招收了六届，且全国每年招生规模不断扩大。该专业学位设置的主要目的是为政府部门、大中型企业、咨询和研究机构培养高层次、应用型统计专门人才。相对于学术性硕士的培养而言，应用统计专业硕士培养的主要特点是“高层次、应用型”。从课程设置体系来看，“应用数理统计”课程是应用统计专业硕士培养最为重要的基础课和核心课，是后继各类专业课的基础。从学科定义上来看，数理统计主要是用来研究如何有效地收集、处理和分析数据的一门学科，通过对随机现象有限次的观测或试验得到的数据进行归纳、分析，并据此对整体的数量规律性做出推断或判断。数理统计既强调统计理论数学阐述，如参数估计、非参数估计、相关与回归分析等，同时又非常注重统计方法的实际应用，数理统计对统计数据分析方法的影响是显著的，在对应用统计专业硕士的培养中发挥着重要作用。

鉴于应用统计专业硕士推出的时间较短，国内有针对性的数理统计教材很少，为了适应应用统计专业硕士培养快速发展的新形式，我们着手编写了本书。作者认为，“数理统计”作为应用统计专业硕士教学的一门基础课，在课程内容选编上既要体现不同于本科课程内容的“高层次”，又要体现出不同于传统学术型硕士课程内容的“应用型”，尽量做到理论方法与应用的有机融合。考虑到某些结论的证明过程过于烦琐，初学者往往感到困惑，在编写过程中我们强调方法的应用，淡化理论证明，注重案例教学。

值得注意的是，计算机的诞生与迅猛发展，为数据处理提供了强有力的技术支持。统计的学习与使用离不开计算机，离不开统计软件。目前常用的统计软件主要有 SPSS、SAS、MATLAB、STATISTICA、R 语言等。R 软件作为一种免费的开源统计软件，已经在统计学、运筹学、生物信息学、经济学、工程学等诸多领域得到广泛应用。由于设计上的特点，R 语言并不局限某一类问题。配合不同的功能扩展包，以及各种灵活使用的基本工具，R 语言能够应用的领域相当广泛。在本书中，我们将采用 R 语言作为主要的教学软件。对于一些常用的结论，我们将通过 R 语言来实现。本书强调统计方法的 R 语言实现也是基于应用的目的。

本书共分 6 章，其中第 1 章由姜玉英编写，第 2、3、6 章由刘强编写，第 4、5 章及附录由王琳编写，书中的大部分程序由王琳编写，最后由刘强负责统一定稿。

本书内容涵盖了概率论预备知识、统计基础知识、参数估计、假设检验、区间估计及回归分析。为了方便读者学习和实际应用，本书在附录中介绍了 R 语言的使用、非参数密度估计及非参数回归等内容，以开阔读者的应用视野。全部讲授完本书大约需要 48 学时，如果将 R 软件的学习与应用放到课后，则 32 学时左右即可完成本书内容的讲授。

本书的初稿在首都经济贸易大学应用统计专业硕士班讲授过多年，虽然经过多次修改，总感不足，趁此出版之际，我们对讲义又进行了大幅的整理与修订，希望本书的出版能为应用统计专业硕士的教学贡献一份绵薄之力。

在本书的撰写过程中，北京工业大学薛留根教授、程维虎教授，首都经济贸易大学统计学院纪宏教授、张宝学教授、马立平教授都给予了极大的支持和热心的帮助。电子工业出版社高等教育分社的谭海平社长和王二华编辑也为本书的出版付出了很大努力，在此一并表示感谢。本书的撰写也得到了北京市青年拔尖人才培育计划项目（CIT&TCD201404133）和首都经济贸易大学专业学位硕士教育系列教材建设项目的资助。

由于作者水平有限，尽管尽了很大努力，但书中仍不免存在错谬之处，恳请国内同行及读者不吝指正。电子邮箱为：cuebliuqiang@163.com。

作　者

2016 年 11 月

目　　录

第1章　预备知识

数理统计的主要任务就是研究如何有效地收集、整理、分析所获得的有限资料，对所研究的问题尽可能做出精确、可靠的结论．由于统计推断主要是基于抽样数据进行的，而抽样数据往往不能包括研究对象的全部信息，因而利用统计方法获得的结论往往带有一定的不确定性．

概率论和数理统计都是研究随机现象统计规律性的学科，二者之间既有联系又有区别．概率论是数理统计的理论基础，数理统计是以概率论为工具研究带有随机性影响的数据，二者的主要区别在于概率论是从已知的概率分布出发，研究随机变量的性质、特点及规律性，而数理统计研究的对象其概率分布往往是未知的，或不完全知道，一般需要通过重复观测数据对所考虑的问题进行统计推断或预测．通过一个例子来看一下概率论与数理统计之间的区别．

例如，某加工企业生产某种机器零件，每件产品要么是正品，要么是次品，已知某个批次产品的次品率为 $p=0.02$，现从中随机抽取了3件，问这3件产品中恰有1件次品的概率是多少？若用 Y 表示该3件产品中的次品数，则 Y 服从二项分布 $b(3,p)$，因此

$$P\{Y=3\}=C_3^1p^1(1-p)^2=3\times0.02\times0.98^2\approx0.058.$$

该问题的求解用到了概率论的知识．显然次品率 p 的大小决定了产品的质量，然而在实际问题中，又如何知道该批次产品的次品率为 $p=0.02$？故在实际问题中，人们往往通过对某个批次的产品进行抽样，利用样本对次品率 p 进行推断．例如，从该批次的产品中随机抽取了20件产品，若第 i 件产品为次品，则记 $X_i=1$，否则记 $X_i=0$，$i=1,2,\cdots,20$．一方面，可以利用 $X_1,X_2\cdots,X_{20}$ 对未知参数 p 进行估计；另一方面，也可以对未知参数 p 作一些假设，如做如下假设

$$H_0:p=0.02,\quad H_1:\ p\neq0.02,$$

我们需要做的是根据 $X_1,X_2\cdots,X_{20}$ 所提供的信息对上述假设问题做出接受或拒绝原假设的决策，这些问题则属于数理统计学的范畴．

数理统计的主要内容及其分支有：抽样调查、实验设计、描述性统计、参数估计、假设检验、非参数统计、质量控制、回归分析、方差分析、多元统计分析、时间序列分析等．本书将结合应用统计专业硕士学位培养方案的要求，重点讲授抽样分布、参数估计、非参数密度估计、参数假设检验、非参数假设检验、回归分析及非参数回归分析方面的基本理论与方法．

值得关注的是，计算机的诞生与迅猛发展，为数据处理提供了强有力的技术支持，数理统计的学习与使用也离不开计算机，离不开统计软件．目前常用的统计软件主要有SPSS、SAS、MATLAB、STATISTICA、R语言等．R软件作为一种免费的开源统计软件，已经在统计学、运筹学、生物信息学、经济学、工程学等诸多领域有着广泛应用．由于设计上的特点，R语言并不局限某一类问题．配合不同的功能扩展包，以及灵活使用各种基本工具，R语言能够应用的范围相当广泛．在本书中，我们将采用R语言作为主要的教学软件．对于一些常用的结论，我们将给出R语言的实现．

为了便于读者更好地学习数理统计知识，第 1 章将扼要地回顾概率论中的有关概念、定理和公式，而相关的理论证明一律省略，读者只需浏览熟悉本章的内容和符号即可．从第 2 章开始，将重点阐述数理统计的有关内容．在本书的附录中，我们将对 R 语言的使用进行简单的介绍．

1.1　随机事件及其概率

1.1.1　样本空间与随机事件

概率论是研究随机现象的数量规律性的一门数学学科．所谓随机现象是指在一定的条件下，可能出现这样的结果，也可能出现那样的结果，而在试验或观察之前无法确定会出现哪个结果的现象．为了研究随机现象的统计规律性，需要对随机现象进行重复观察，每次观察都称为**随机试验**，简称**试验**，记为E．随机试验有如下三个特点：

（1）试验可以在相同的条件下重复进行；

（2）每次试验结果不止一个，而且试验之前就能够明确所有可能出现的结果；

（3）每次试验总是恰好出现这些可能结果中的一个，但在一次试验之前却不能确定哪一个结果会出现.

试验E每一个可能的基本结果称为**样本点**，记为ω，样本点的全体称为**样本空间**，通常用Ω表示．样本空间Ω的子集称为E的**随机事件**，简称**事件**，通常用大写字母A、B等表示．

需要说明的是，事件是指Ω中的满足某些条件的子集．当Ω是由有限个元素或由可列个元素组成时，每个子集都可作为一个事件；若Ω是由不可列个元素组成时，某些子集必须排除在外．

定义 1.1.1　设Ω为试验E的样本空间，$\mathcal{F}$是由Ω的一些子集为元素组成的集合，且满足

（1）$\Omega\in\mathcal{F}$；

（2）若$A\in\mathcal{F}$，则$\overline{A}\in\mathcal{F}$；

（3）若$A_n\in\mathcal{F}$，n=1,2,…，则$\bigcup\limits_{n=1}^{\infty}A_n\in\mathcal{F}$．

则称$\mathcal{F}$为事件域，$\mathcal{F}$中的元素称为**事件**，其中Ω称为**必然事件**，空集$\varnothing$称为**不可能事件**，由一个样本点组成的单点集称为**基本事件**.

注　本书中所提及的事件均为事件域$\mathcal{F}$中元素，以后不再单独指出．

1.1.2　事件间的关系及运算

事件间的关系及运算与集合的关系及运算是一致的．

表 1.1　集合与事件的对应关系

记　号	集 合 意 义	概 率 意 义
$A\subset B$	A为B的子集	事件A发生必然导致事件B发生
$A=B$	A与B相等，即$A\subset B$且$B\subset A$	事件A与B相等，此时事件A与B总是同时发生或同时不发生
$A\cup B$	A与B的并集	事件A与事件B至少有一个发生
$A\cap B$或AB	A与B的交集	事件A与事件B同时发生
$\overline{A}$	集合A的补集	A的逆事件或对立事件，表示事件A不发生

续表

记　号	集 合 意 义	概 率 意 义
$A-B$	A 与 B 的差集，即 $A\overline{B}$	事件 A 发生而 B 不发生
$AB=\varnothing$	集合 A 与 B 互不相交	事件 A 与 B 互不相容，A 与 B 不能同时发生
$A+B$	若 $AB=\varnothing$，则 $A\cup B$ 也记为 $A+B$	事件 A 与 B 互不相容，且 A 与 B 至少有一个发生

注　（1）并集和交集可以推广到有限集合（或事件）的情形；

（2）n 个两两互不相容的事件 $A_1,A_2,\cdots,A_n$，其并集 $\bigcup\limits_{k=1}^{n}A_k$ 也记为 $A_1+A_2+\cdots+A_n$ 或 $\sum\limits_{k=1}^{n}A_k$.

事件的运算性质：

交换律：$A\cup B=B\cup A$，$AB=BA$；

结合律：$(A\cup B)\cup C=A\cup(B\cup C)$，$(AB)C=A(BC)$；

分配律：$(A\cup B)\cap C=AC\cup BC$，$(A\cap B)\cup C=(A\cup C)\cap(B\cup C)$；

德·摩根律：$\overline{A_1\cup A_2}=\overline{A_1}\cap\overline{A_2}$，$\overline{A_1\cap A_2}=\overline{A_1}\cup\overline{A_2}$.

对于 n 个事件，甚至对于可列个事件，德·摩根律也成立.

1.1.3　概率的定义及性质

定义 1.1.2 **（概率的公理化定义）** 设 Ω 是试验 E 的样本空间，$\mathcal{F}$ 为 Ω 的事件域，对于 $\mathcal{F}$ 中的每一事件 A 都赋予一个实数 $P(A)$，如果集合函数 $P(\cdot)$ 满足下列条件：

（1）**非负性**　对每一个事件 A，均有 $P(A)\geqslant 0$；

（2）**规范性**　对于必然事件 Ω，有 $P(\Omega)=1$；

（3）**可列可加性**　对于任何两两互不相容的事件 $A_1,A_2,\cdots$，有 $P\left(\bigcup\limits_{k=1}^{\infty}A_k\right)=\sum\limits_{k=1}^{\infty}P(A_k)$.

则称 $P(A)$ 为事件 A 发生的**概率**，$P(\cdot)$ 为定义 $\mathcal{F}$ 上的**概率**.

概率有如下性质：

（1）$P(\varnothing)=0$；

（2）**有限可加性**　设 $A_1,A_2,\cdots,A_n$ 为有限个两两互不相容事件，则有

$$P\left(\sum_{k=1}^{n}A_k\right)=\sum_{k=1}^{n}P(A_k)\text{；}$$

（3）**逆事件概率**　$P(\overline{A})=1-P(A)$；

（4）**减法公式**　若 $B\subset A$，则 $P(A-B)=P(A)-P(B)$，且有 $P(A)\geqslant P(B)$；

（5）**加法公式**　设 A,B 是任意两个事件，则 $P(A\cup B)=P(A)+P(B)-P(AB)$.

加法公式可以推广到多个事件的情形，例如

$$P(A\cup B\cup C)=P(A)+P(B)+P(C)-P(AB)-P(BC)-P(AC)+P(ABC).$$

一般地，对任意 n 个事件 $A_1,A_2,\cdots,A_n$，有

$$P\left(\bigcup_{i=1}^{n}A_i\right)=\sum_{i=1}^{n}P(A_i)-\sum_{1\leqslant i<j\leqslant n}P(A_iA_j)+\sum_{1\leqslant i<j<k\leqslant n}P(A_iA_jA_k)-\cdots+(-1)^{n-1}P(A_1A_2\cdots A_n)$$

在柯尔莫哥洛夫概率论公理化结构中，将三元组$(\Omega, \mathcal{F}, P)$称为**概率空间**，其中Ω为样本空间，$\mathcal{F}$为Ω上的事件域，P为概率．概率空间$(\Omega, \mathcal{F}, P)$是概率论研究随机现象或随机试验的出发点，在此基础上讨论概率空间的各种性质．

1.1.4 条件概率与事件的独立性

定义 1.1.3（**条件概率**） 设A,B是两个事件，且$P(B)>0$，称

$$P(A|B)=\frac{P(AB)}{P(B)}$$

为事件B发生的条件下事件A发生的**条件概率**．

设Ω为样本空间，若附有条件"B发生"，则相当于将样本空间从Ω压缩到了B，即B为新的样本空间，因此$P(B|B)=1$．不难验证，条件概率$P(A|B)$也满足概率定义中的3条基本性质．

定义 1.1.4（**乘法公式**） 设A,B为任意两个事件，且$P(B)>0$，根据条件概率的计算，则有

$$P(AB)=P(B)P(A|B),$$

称此公式为**概率的乘法公式**．若还有$P(A)>0$，这时有$P(AB)=P(A)P(B|A)$．乘法公式还可以推广到一般情形，设$A_1,A_2,\cdots,A_n$为n个事件，且$P(A_1A_2\cdots A_{n-1})>0$，则有

$$P(A_1A_2\cdots A_n)=P(A_1)P(A_2|A_1)P(A_3|A_1A_2)\cdots P(A_n|A_1A_2\cdots A_{n-1}).$$

为了计算一个复杂事件的概率，经常把一个复杂事件分解为若干个互不相容的简单事件之和，通过分别计算简单事件的概率而得到复杂事件的概率，这其中，全概率公式有着重要作用．

定义 1.1.5（**划分**） 设Ω为试验E的样本空间，$A_1,A_2,\cdots,A_n$为E的一组事件，若$A_1,A_2,\cdots,A_n$两两互不相容，且$\bigcup_{k=1}^{n}A_k=\Omega$，则称$A_1,A_2,\cdots,A_n$为样本空间$\Omega$的一个**划分**（或**分割**），此时也称$A_1,A_2,\cdots,A_n$为一个**完备事件组**．

若$A_1,A_2,\cdots,A_n$是试验的一个划分，那么对每次试验，事件$A_1,A_2,\cdots,A_n$中必有一个且仅有一个发生．

定理 1.1.1（**全概率公式**） 设试验E的样本空间为Ω，$A_1,A_2,\cdots,A_n$为E的一个划分，且$P(A_i)>0 \quad (i=1,2,\cdots,n)$，则对任意一个事件$B$，都有

$$P(B)=\sum_{i=1}^{n}P(A_i)P(B|A_i).$$

定理 1.1.2（**贝叶斯公式**） 设$A_1,A_2,\cdots,A_n$为试验E的一个划分，且$P(A_i)>0$，$i=1,2,\cdots,n$，则对任意概率不为零事件B，都有

$$P(A_k|B)=\frac{P(BA_k)}{P(B)}=\frac{P(A_k)P(B|A_k)}{\sum_{i=1}^{n}P(A_i)P(B|A_i)},\quad k=1,2,\cdots,n.$$

定义 1.1.6　设 A,B 是两个事件，如果满足 $P(AB)=P(A)P(B)$，则称事件 A,B 是**相互独立**的，简称 A,B **独立**.

定理 1.1.3　若事件 A,B 独立，则事件 $\overline{A}$ 与 B，A 与 $\overline{B}$，$\overline{A}$ 与 $\overline{B}$ 也相互独立.

事件的独立性概念也可以推广到多个事件的情形.

定义 1.1.7　对 n 个事件 $A_1,A_2,\cdots,A_n$，若对于任意的 $r\,(1<r\leqslant n)$，以及任意的 $1\leqslant i_1<i_2<\cdots<i_r\leqslant n$，有

$$P(A_{i_1}A_{i_2}\cdots A_{i_r})=P(A_{i_1})P(A_{i_2})\cdots P(A_{i_r}),$$

则称 $A_1,A_2,\cdots,A_n$ **相互独立**.

若 n 个事件 $A_1,A_2,\cdots,A_n$ 相互独立，则将 $A_1,A_2,\cdots,A_n$ 中任意多个事件换成它们的对立事件，所得的 n 个事件仍相互独立.

若事件 $A_1,A_2,\cdots,A_n$ 相互独立，则其中的任意 $r\,(1<r\leqslant n)$ 个事件也相互独立，需要注意的是，事件 $A_1,A_2,\cdots,A_n$ 两两相互独立不能推出事件 $A_1,A_2,\cdots,A_n$ 相互独立.

有了事件独立性的概念，我们可以定义试验的独立性.

定义 1.1.8　若 $\mathcal{F}$ 和 $\mathcal{H}$ 分别是与试验 E_1 和试验 E_2 有关事件的全体，且对任意的 $A\in\mathcal{F}$，$B\in\mathcal{H}$，均有 $P(AB)=P(A)P(B)$，则称试验 E_1 和 E_2 相互独立.

在实际问题中，我们常常在相同条件下将一个试验重复进行多次，如果每次试验的结果互不影响，即每次试验结果发生的可能性大小都与其他各次试验的结果无关，那么这 n 次试验是相互独立的，这种类型的试验也称为**重复独立试验**.

在许多问题中，我们感兴趣的是试验中事件 A 是否发生. 例如，在产品抽样检查中抽到是次品还是正品，抛掷硬币时，出现的是正面还是反面，等等. 这种只有两个可能结果的试验称为**伯努利（Bernoulli）试验**. 在相同条件下，重复进行 n 次独立的伯努利试验，这里的“重复”是指在每次试验中事件 A 的概率保持不变，这种试验称为 n **重伯努利试验**.

定理 1.1.4（伯努利定理）　设每次试验中事件 A 发生的概率为 $p\,(0<p<1)$，则在 n 重伯努利试验中，事件 A 恰好发生 $k\ (k=0,1,\cdots,n)$ 次的概率为 $P_n(k)=C_n^k p^k(1-p)^{n-k}$.

1.2　随机变量及其分布

1.2.1　随机变量及其分布

定义 1.2.1　设 $(\Omega,\mathcal{F},P)$ 为概率空间，其中 $\Omega=\{\omega\}$ 为试验 E 的样本空间，$X=X(\omega)$ 是定义在 Ω 上的单值实函数，若对任意 $x\in R$，集合 $\{\omega: X(\omega)\leqslant x\}\in\mathcal{F}$，则称 $X=X(\omega)$ 为**随机变量**.

定义表明随机变量 $X=X(\omega)$ 是样本点 ω 的函数，在本书中，我们使用大写字母如 X,Y,Z 等表示随机变量，而集合 $\{\omega: X(\omega)\leqslant x\}$ 一般简记为 $\{X\leqslant x\}$.

定义 1.2.2　设 X 是一个随机变量，对 $\forall x\in R$，函数 $F(x)=P\{X\leqslant x\}$ 称为随机变量 X 的**概率分布函数**，简称**分布函数**，且称 X 服从 $F(x)$，记为 $X\sim F(x)$.

由定义 1.2.2，容易证明**分布函数** $F(x)$ 具有如下性质：

（1）**单调性**　$F(x)$ 是单调不减函数，即对 $\forall x_1<x_2\in R$，$F(x_1)\leqslant F(x_2)$；

（2）**规范性**　$0\leqslant F(x)\leqslant 1$，且 $F(-\infty)=\lim\limits_{x\to-\infty}F(x)=0$，$F(+\infty)=\lim\limits_{x\to+\infty}F(x)=1$；

（3）**右连续性**　对 $\forall x_0 \in R$，有 $F(x_0+0)=\lim\limits_{x\to x_0^+}F(x)=F(x_0)$.

需要注意的是，这 3 条性质是分布函数必须具有的性质，同时也可以证明，满足这 3 条性质的函数 $F(x)$ 必为某个随机变量的分布函数.

有了分布函数的定义，与随机变量有关的各种事件的概率就可以用分布函数表示了，如 $X\sim F(x)$，对于任意的实数 x_1,x_2 （$x_1<x_2$），有

$$P\{x_1<X\leqslant x_2\}=P\{X\leqslant x_2\}-P\{X\leqslant x_1\}=F(x_2)-F(x_1);$$

$$P\{X=x\}=P\{X\leqslant x\}-P\{X<x\}=F(x)-F(x-0);$$

$$P\{X\geqslant x\}=1-P\{X<x\}=1-F(x-0);$$

$$P\{X>x\}=1-P\{X\leqslant x\}=1-F(x);$$

$$P\{x_1<X<x_2\}=P\{X<x_2\}-P\{X\leqslant x_1\}=F(x_2-0)-F(x_1).$$

1.2.2　离散型随机变量及其分布率

定义 1.2.3　若随机变量 X 的全部可能取值为有限个或可列无限个，则称 X 为离散型随机变量.

离散型概率分布律（或分布列）为

$$P\{X=x_i\}=p_i,\quad i=1,2,\cdots,$$

或者

X	x_1	x_2	…	x_n	…
p_i	p_1	p_2	…	p_n	…

或者

$$X\sim\begin{pmatrix} x_1,x_2,\cdots,x_i,\cdots \\ p_1,p_2,\cdots,p_i,\cdots \end{pmatrix}.$$

离散型随机变量 X 的分布律满足下列性质：

（1）**非负性：** $p_i\geqslant 0$；　　（2）**规范性：** $\sum\limits_{i=1}^{+\infty}p_i=1$.

离散型随机变量 X 的分布函数为

$$F(x)=P\{X\leqslant x\}=\sum_{x_i\leqslant x}P\{X=x_i\}=\sum_{x_i\leqslant x}p_i .$$

下面给出 4 种常见的离散型分布：

（1）$(0-1)$ 两点分布：随机变量 X 只可能取 0 或 1，且 $P\{X=1\}=p$，则 X 的分布律为

$$P\{X=k\}=p^k(1-p)^{1-k},\ k=0,1\ (0<p<1).$$

两点分布是二项分布在 $n=1$ 时的一个特例，与两点分布有关的 R 代码参见二项分布.

（2）二项分布 $b(n,p)$：在 n 重伯努利试验中，事件 A 发生的概率为 p，X 表示在 n 重伯努利试验中事件 A 发生的次数，X 的分布律为

$$P\{X=k\}=\binom{n}{k}p^k(1-p)^{n-k},\ k=0,1,2,\cdots,n.$$

（3）泊松分布 $P(\lambda)$：$P\{X=k\}=\dfrac{\lambda^k\mathrm{e}^{-\lambda}}{k!},\ \lambda>0,\ k=0,\ 1,\ 2\cdots.$

（4）几何分布：设试验 E 只有两个可能的结果，A 和 $\overline{A}$，且 $P(A)=p$，将试验 E 独立重复进行下去，直到事件 A 发生为止，X 表示所需进行的试验次数，则 X 的分布律为

$$P\{X=k\}=p(1-p)^{k-1},\ k=1,2,\cdots.$$

1.2.3 连续型随机变量及其概率密度

定义 1.2.4 对于随机变量 X 的分布函数 $F(x)$，若存在非负函数 $f(x)$，使得对 $\forall x\in R$，有 $F(x)=\int_{-\infty}^{x}f(t)\mathrm{d}t$，则称 X 为**连续型随机变量**，其中函数 $f(x)$ 称为 X 的**概率密度函数**，简称**概率密度**.

密度函数 $f(x)$ 具有如下性质：

（1）**非负性**：$f(x)\geqslant 0$；（2）**规范性**：$\int_{-\infty}^{+\infty}f(x)\mathrm{d}x=1$.

由定义 1.2.4 可知，连续型随机变量 X 的分布函数 $F(x)$ 是连续函数，且在 $f(x)$ 的连续点处，有 $F'(x)=f(x)$.

由于在个别点处甚至在一个零测集上改变 $f(x)$ 的值，并不影响分布函数 $F(x)$ 的值，因此关于密度函数的有关结论都是在“几乎处处”意义上成立的.

另外由定义 1.2.4 还可以证明，连续型随机变量在某一点处的概率为 0，即对任意的 x，有 $P\{X=x\}=0$. 由此可知：概率为 0 的事件不一定是不可能事件，称概率是 0 的事件为**几乎不可能事件**；同样概率为 1 的事件也不一定是必然事件.

下面给出 3 种常见的连续型分布：

（1）均匀分布 $U(a,b)$：若 $X\sim U(a,b)$，则 X 的概率密度函数为

$$f(x)=\begin{cases}\dfrac{1}{b-a} & a<x<b\\ 0 & \text{其他}\end{cases}.$$

（2）指数分布 $Exp(\lambda)$：若 X 服从参数为 λ（$\lambda>0$）的指数分布，则 X 的概率密度函数为

$$f(x)=\begin{cases}\lambda\mathrm{e}^{-\lambda x} & x>0\\ 0 & x\leqslant 0\end{cases}.$$

（3）正态分布 $N(\mu,\sigma^2)$：若 X~$N(\mu,\sigma^2)$，则 X 的概率密度函数为

$$f(x)=\frac{1}{\sqrt{2\pi}\sigma}\mathrm{e}^{-\frac{(x-\mu)^2}{2\sigma^2}}\quad x\in R,$$

其中 $\mu\in R$，$\sigma\in R^+$ 为常数. 特别地，当 $\mu=0$，$\sigma^2=1$，即 $X\sim N(0,1)$，则称 X 服从**标准正态分布**，其分布函数一般记为 $\Phi(x)$，概率密度函数记为 $\varphi(x)$，即有

$$\varphi(x)=\frac{1}{\sqrt{2\pi}}\mathrm{e}^{-\frac{x^2}{2}}，\quad \Phi(x)=\frac{1}{\sqrt{2\pi}}\int_{-\infty}^{x}\mathrm{e}^{-\frac{t^2}{2}}\mathrm{d}t，$$

且

$$\Phi(-x)=1-\Phi(x).$$

设 X 的分布函数 $F(x)$，若 $X\sim N(\mu,\sigma^2)$，则 $Z=\dfrac{X-\mu}{\sigma}\sim N(0,1)$，且

$$F(x)=P\{X\leqslant x\}=P\left\{\frac{X-\mu}{\sigma}\leqslant\frac{x-\mu}{\sigma}\right\}=\Phi\left(\frac{x-\mu}{\sigma}\right);$$

对于连续型分布，有个常用的概念是上 α 分位点.

定义 1.2.5　设连续型随机变量 X 的分布函数为 $F(x)$，对于给定的常数 $\alpha\in(0,1)$，称满足 $P\{X>c\}=1-F(c)=\alpha$ 的常数 c 为随机变量 X 分布的**上 α 分位点.**

例如，$X\sim N(0,1)$，记 z_α 为 $N(0,1)$ 的上 α 分位点，则 z_α 满足

$$P\{X>z_\alpha\}=1-\Phi(z_\alpha)=\int_{z_\alpha}^{+\infty}\varphi(x)\mathrm{d}x.$$

由于标准正态分布的密度函数是偶函数，因此容易证明 $z_{1-\alpha}=-z_\alpha$，如图 1.1 所示.

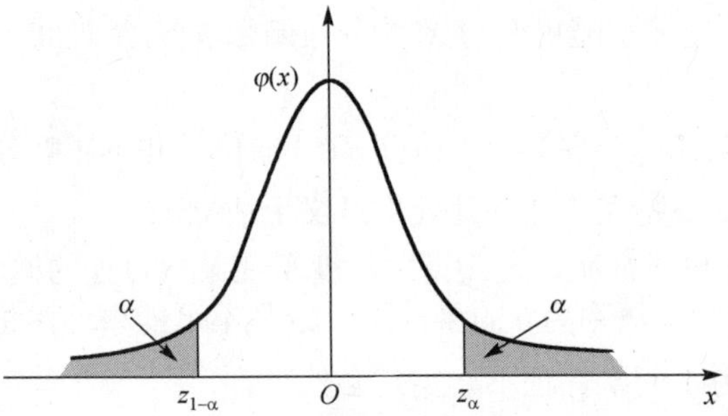

图 1.1

在 R 软件中，与统计分布有关的函数主要有四大类，即密度函数、分布函数、分位数及随机数，如表 1.2 所示. 以二项分布为例，产生二项分布分布律、分布函数、分位数及随机数的 R 函数分别为：

```
dbinom(x, size, prob, log = FALSE)
pbinom(q, size, prob, lower.tail = TRUE, log.p = FALSE)
qbinom(p, size, prob, lower.tail = TRUE, log.p = FALSE)
rbinom(n, size, prob)
```

其中，x 和 q 是分位数构成的向量，p 是概率值构成的向量，n 是产生的随机数的个数，size 是试验次数，prob 是每次试验成功的概率，log 和 log.p 是逻辑变量，如果取值为 TRUE，则概率值向量 p 以 log（p）的形式给出，lower.tail 也是逻辑变量，如果取值为 TRUE，则概率为 $P\{X\leqslant x\}$，否则，概率为 $P\{X>x\}$.

又如，产生正态分布密度函数、分布函数、分位数及随机数的 R 函数分别为：

```
dnorm(x, mean = 0, sd = 1, log = FALSE)
pnorm(q, mean = 0, sd = 1, lower.tail = TRUE, log.p = FALSE)
```

```
qnorm(p, mean = 0, sd = 1, lower.tail = TRUE, log.p = FALSE)
rnorm(n, mean = 0, sd = 1)
```

其中，x、q、p、n、log、log.p、lower.tail 的含义与二项分布中相应参数的含义相同，mean 表示正态分布的均值构成的向量，sd 表示正态分布的标准差构成的向量.

譬如分别从标准正态分布 $N(0,1)$ 和正态分布 $N(1,1)$ 生成 10 个随机数，代码与结果为：

```
> rnorm（10, mean = 0, sd = 1）
 [1]  0.8279969  -0.8560546  1.0557472  0.1078521  -0.8882335  0.4686830
 [7]  0.4932347  0.1396694  0.9207726  1.1432636
> rnorm（10, mean = 1, sd = 1）
 [1] -0.2011307  0.2971946  -0.4585383  1.6352126  0.2202447  -1.7158439
 [7]  0.3582938  1.7418083  1.3609678  2.4970957
```

表 1.2　常见概率分布及对应的 R 函数

分布名称	R 函数	参　数	程序包
二项分布	_binom	size, prob	stats
泊松分布	_pois	lambda	stats
几何分布	_geom	prob	stats
均匀分布	_unif	min = 0, max = 1	stats
指数分布	_exp	rate = 1	stats
正态分布	_norm	mean = 0, sd = 1	stats

注：R 函数中的下划线部分表示该位置可以用字母“d”“p”“q”及“r”替代，其含义分别表示密度函数、分布函数、分位数及随机数.

1.2.4　随机变量函数的分布

设 X 为离散型随机变量，其分布律为 $P\{X=x_i\}=p_i$， $i=1,2,\cdots$， 则 $Y=g(X)$ 也为离散型随机变量，其分布律为

$$P\{Y=g(x_i)\}=p_i，\quad i=1,2,\cdots，$$

这里可能某些 $g(x_i)$ 相等，这时只需要将它们做适当合并即可，此时 Y 取 $g(x_i)$ 的概率等于相应项的概率之和.

设 X 为连续型随机变量，其密度函数为 $f_X(x)$，则 $Y=g(X)$ 的概率密度的求解分两种情形：

（1）若 $y=g(x)$ 严格单调，其反函数 $x=h(y)$ 有连续导数，相应地 y 的取值范围为 D_y，则 $Y=g(X)$ 也为连续型随机变量，且其密度函数为

$$f_Y(y)=f_X[h(y)]\cdot|h'(y)|\cdot I\{y\in D_y\}，$$

其中 $I\{\}$ 为示性函数；

（2）若 $y=g(x)$ 在不相重叠的区间 $I_1,I_2,\cdots$ 上分段严格单调，其反函数 $h_1(y)$，$h_2(y)$，$\cdots$ 均具有连续导数，相应的 y 的取值范围分别为 $D_y^{(1)}$，$D_y^{(2)}$，$\cdots$，则 $Y=g(X)$ 也为连续型随机变量，且其密度函数为

$$f_Y(y)=\sum_k f_X[h_k(y)]\cdot|h_k'(y)|\cdot I\{y\in D_y^{(k)}\}.$$

1.3　多维随机变量及其性质

1.3.1　多维随机变量及其分布

定义 1.3.1　设$\Omega=\{\omega\}$是试验E的样本空间，$X_1(\omega),X_2(\omega),\cdots,X_n(\omega)$是定义在$\Omega$上的$n$个随机变量，称由$X_1,X_2,\cdots,X_n$构成的向量$(X_1,X_2,\cdots,X_n)$为$n$**维随机变量**或$n$**维随机向量**，其中$X_i\ (i=1,2,\cdots,n)$称为$n$维随机向量的第$i$个分量.

注　在讨论n维随机向量时，也经常将$(X_1,X_2,\cdots,X_n)$写成列向量的形式$(X_1,X_2,\cdots,X_n)^{\mathrm{T}}$，并记$\boldsymbol{X}=(X_1,X_2,\cdots,X_n)^{\mathrm{T}}$，在本书中，**列向量和矩阵一般用黑体字母表示**，以后不再赘述.

n维随机向量$\boldsymbol{X}=(X_1,X_2,\cdots,X_n)^{\mathrm{T}}$的分布函数定义为

$$F(\boldsymbol{x})\overset{\Delta}{=}F(x_1,x_2,\cdots,x_n)=P\{X_1\leqslant x_1,X_2\leqslant x_2,\cdots,X_n\leqslant x_n\},$$

记为$\boldsymbol{X}\sim F(\boldsymbol{x})$，其中$\boldsymbol{x}=(x_1,x_2,\cdots,x_n)^{\mathrm{T}}$为$n$维列向量.

多维随机向量的统计特性完全可由其分布函数来刻画. 下面我们以二维随机变量为例讨论其分布问题.

定义 1.3.2　设(X,Y)是二维随机变量，x,y为任意实数，称二元函数

$$F(x,y)=P\{X\leqslant x,Y\leqslant y\},\quad -\infty<x<+\infty,\quad -\infty<y<+\infty$$

为(X,Y)的**分布函数**，或随机变量X与Y的**联合分布函数**.

分布函数$F(x,y)$具有以下的**基本性质**.

（1）$0\leqslant F(x,y)\leqslant 1$，且对于任意固定的$y$，$\lim\limits_{x\to-\infty}F(x,y)=0$；对于任意固定的$x$，$\lim\limits_{y\to-\infty}F(x,y)=0$；以及$\lim\limits_{\substack{x\to-\infty\\ y\to-\infty}}F(x,y)=0$，$\lim\limits_{\substack{x\to+\infty\\ y\to+\infty}}F(x,y)=1$.

（2）$F(x,y)$是x和y的不减函数，即对于任意固定的y，当$x_2>x_1$时，$F(x_2,y)\geqslant F(x_1,y)$；对于任意固定的$x$，当$y_2>y_1$时，$F(x,y_2)\geqslant F(x,y_1)$.

（3）$F(x,y)$分别关于x,y是右连续的.

（4）对于任意的$x_1<x_2,y_1<y_2$，有

$$F(x_2,y_2)-F(x_2,y_1)+F(x_1,y_1)-F(x_1,y_2)\geqslant 0.$$

上述四条性质一起构成了$F(x,y)$为某个二维随机分布函数的充分必要条件.

定义 1.3.3（二维离散型随机变量）　如果二维随机变量(X,Y)全部可能的取值是有限对或可列无限对，则称(X,Y)是**二维离散型的随机变量**.

设(X,Y)所有可能的取值为(x_i,y_j)，$i,j=1,2,\cdots$，则(X,Y)的**分布律**或X与Y的**联合分布律**

$$P\{X=x_i,Y=y_j\}=p_{ij},\quad i,j=1,2,\cdots.$$

二维离散型随机变量(X,Y)的分布律的性质：（1）$p_{ij}\geqslant 0$，（2）$\sum\limits_{i=1}^{\infty}\sum\limits_{j=1}^{\infty}p_{ij}=1$.

定义 1.3.4（二维连续型随机变量）　对于二维随机变量(X,Y)的分布函数$F(x,y)$，如果存

在非负函数 $f(x,y)$，使对于任意 x，$y\in R$，有 $F(x,y)=\int_{-\infty}^{x}\int_{-\infty}^{y}f(u,v)\mathrm{d}u\mathrm{d}v$，则称 (X,Y) 是**二维连续型随机变量**，函数 $f(x,y)$ 称为二维随机变量 (X,Y) 的**概率密度**，或随机变量 X 与 Y 的**联合概率密度.**

随机变量 X 与 Y 的联合概率密度 $f(x,y)$ 具有如下性质：

（1）$f(x,y)\geqslant 0$；

（2）$\int_{-\infty}^{+\infty}\int_{-\infty}^{+\infty}f(x,y)\mathrm{d}x\mathrm{d}y=1$；

（3）设 D 是 xOy 平面上的区域，点 (X,Y) 落在 D 内的概率为

$$P\{(X,Y)\in D\}=\iint_D f(x,y)\mathrm{d}x\mathrm{d}y；$$

（4）若 $f(x,y)$ 在点 (x,y) 连续，则 $\dfrac{\partial^2 F(x,y)}{\partial x\partial y}=f(x,y)$.

两个常见的连续型随机向量的分布：

（1）**均匀分布** 如果二维随机变量 (X,Y) 的概率密度为

$$f(x,y)=\begin{cases}\dfrac{1}{S} & (x,y)\in D\\ 0 & \text{其他}\end{cases},$$

其中 S 为区域 D 的面积，则称 (X,Y) 服从区域 D 上的均匀分布，记作 $(X,Y)\sim U(D)$.

（2）**n 维正态分布** 若 n 维随机向量 $\boldsymbol{X}=(X_1,X_2,\cdots,X_n)^{\mathrm{T}}$ 的概率密度函数为

$$f(x_1,x_2,\cdots,x_n)=\frac{1}{(2\pi)^{\frac{n}{2}}|\boldsymbol{\Sigma}|^{\frac{1}{2}}}\exp\left\{-\frac{1}{2}(\boldsymbol{x}-\boldsymbol{\mu})^{\mathrm{T}}\boldsymbol{\Sigma}^{-1}(\boldsymbol{x}-\boldsymbol{\mu})\right\},$$

其中 $\boldsymbol{x}=(x_1,x_2,\cdots,x_n)^{\mathrm{T}}$，$\boldsymbol{\mu}=(\mu_1,\mu_2,\cdots,\mu_n)^{\mathrm{T}}$ 为 n 维列向量，$\boldsymbol{\Sigma}$ 为 n 阶正定对称矩阵，$\boldsymbol{\Sigma}^{-1}$ 为 $\boldsymbol{\Sigma}$ 的逆矩阵，$|\boldsymbol{\Sigma}|$ 为 $\boldsymbol{\Sigma}$ 的行列式，则称 $\boldsymbol{X}$ 服从参数为 $\boldsymbol{\mu}$ 和 $\boldsymbol{\Sigma}$ 的 **n 维正态分布**，记为 $\boldsymbol{X}\sim N_n(\boldsymbol{\mu},\boldsymbol{\Sigma})$.

1.3.2 边缘分布与条件分布

定义 1.3.5（离散型边缘分布） 设离散型二维随机变量 (X,Y) 的概率分布为

$$P\{X=x_i,Y=y_j\}=p_{ij}，\quad i,j=1,2,\cdots,$$

则 (X,Y) 关于 X, Y 的**边缘分布律**分别为

$$P\{X=x_i\}=P\{X=x_i,Y<+\infty\}=\sum_j p_{ij}\overset{\Delta}{=}p_{i.}\quad (i=1,2,\cdots),$$

$$P\{Y=y_j\}=P\{X<+\infty,Y=y_j\}=\sum_i p_{ij}\overset{\Delta}{=}p_{.j}\quad (j=1,2,\cdots).$$

定义 1.3.6（连续型边缘分布） 设连续型二维随机变量 (X,Y) 的概率密度为 $f(x,y)$，则 (X,Y) 关于 X, Y 的**边缘分布函数**分别为

$$F_X(x)=F(x,+\infty)=\int_{-\infty}^{x}\left[\int_{-\infty}^{+\infty}f(x,y)\mathrm{d}y\right]\mathrm{d}x\text{，}$$

$$F_Y(y)=F(+\infty,y)=\int_{-\infty}^{y}\left[\int_{-\infty}^{+\infty}f(x,y)\mathrm{d}x\right]\mathrm{d}y\text{；}$$

(X,Y)关于X,Y的**边缘概率密度函数**分别为

$$f_X(x)=\int_{-\infty}^{+\infty}f(x,y)\mathrm{d}y\text{，}\quad f_Y(y)=\int_{-\infty}^{+\infty}f(x,y)\mathrm{d}x\text{.}$$

定义 1.3.7（条件分布） 设二维离散型随机变量(X,Y)的分布律为

$$P\{X=x_i,Y=y_j\}=p_{ij}\text{，}\quad i,j=1,2,\cdots\text{，}$$

对于固定的j，若$P\{Y=y_j\}>0$，则在$\{Y=y_j\}$条件下随机变量X的**条件分布律**为

$$P\{X=x_i\mid Y=y_j\}=\frac{P\{X=x_i,\ Y=y_j\}}{P\{Y=y_j\}}=\frac{p_{ij}}{p_{\cdot j}}\text{，}\quad i=1,2,\cdots\text{；}$$

对于固定的i，若$P\{X=x_i\}>0$，则在$\{X=x_i\}$条件下随机变量Y的**条件分布律**为

$$P\{Y=y_j\mid X=x_i\}=\frac{P\{X=x_i,\ Y=y_j\}}{P\{X=x_i\}}=\frac{p_{ij}}{p_{i\cdot}}\text{，}\quad j=1,2,\cdots\text{.}$$

若二维连续型随机变量(X,Y)的概率密度函数为$f(x,y)$，(X,Y)关于随机变量Y的边缘概率密度为$f_Y(y)$，若$f_Y(y)>0$，则在$Y=y$的条件下X的**条件概率密度**和**条件分布函数**分别为

$$f_{X|Y}(x\mid y)=\frac{f(x,y)}{f_Y(y)}\text{，}\quad F_{X|Y}(x\mid y)=\int_{-\infty}^{x}f_{X|Y}(x\mid y)\mathrm{d}x=\int_{-\infty}^{x}\frac{f(x,y)}{f_Y(y)}\mathrm{d}x\text{.}$$

同理，若$f_X(x)>0$，则在$X=x$的条件下Y的**条件概率密度**和**条件分布函数**分别为

$$f_{Y|X}(y\mid x)=\frac{f(x,y)}{f_X(x)}\text{，}\quad F_{Y|X}(y\mid x)=\int_{-\infty}^{y}f_{Y|X}(y\mid x)\mathrm{d}y=\int_{-\infty}^{y}\frac{f(x,y)}{f_X(x)}\mathrm{d}y\text{.}$$

1.3.3 随机变量的独立性

定义 1.3.8 设$F(x,y),F_X(x),F_Y(y)$分别是二维随机变量(X,Y)的分布函数及边缘分布函数，若对于任意的$x,y\in R$，都有$F(x,y)=F_X(x)F_Y(y)$，则称随机变量X与Y**相互独立**.

对于离散型随机变量(X,Y)，对任何一组可能的取值(x_i,y_j)，都有

$$P\{X=x_i,Y=y_j\}=P\{X=x_i\}P\{Y=y_j\}\text{，}$$

则称随机变量X与Y是相互独立的.

对于二维连续型随机变量(X,Y)，设$f(x,y)$，$f_X(x)$和$f_Y(y)$分别为(X,Y)的概率密度和边缘概率密度函数，若对于任意的实数x,y，都有$f(x,y)=f_X(x)f_Y(y)$，则称随机变量X与Y是相互独立的.

1.3.4 随机向量函数的分布

本节中，我们仅讨论连续型随机向量的情形.

设n维随机向量$\boldsymbol{X}=(X_1,X_2,\cdots,X_n)^{\mathrm{T}}$的概率密度函数为$f(\boldsymbol{x})=f(x_1,x_2,\cdots,x_n)$，$Z=g(\boldsymbol{X})=$

$g(X_1,X_2,\cdots,X_n)$，则随机变量 $Z=g(\boldsymbol{X})$ 的概率分布函数为

$$G(z)=P\{Z\leqslant z\}=P\{g(\boldsymbol{X})\leqslant z\}=\underset{g(x_1,x_2,\cdots,x_n)\leqslant z}{\int\cdots\int} f(x_1,x_2,\cdots,x_n)\mathrm{d}x_1\cdots\mathrm{d}x_n .$$

几种常见的随机向量函数的分布：

（1）**和的分布**　设 X 与 Y 的联合概率密度为 $f(x,y)$，则 $Z=X+Y$ 的分布的密度函数为

$$f_Z(z)=\int_{-\infty}^{+\infty} f(x,z-x)\mathrm{d}x=\int_{-\infty}^{+\infty} f(z-y,y)\mathrm{d}y ;$$

（2）**商的分布**　设 X 与 Y 的联合概率密度为 $f(x,y)$，则 $Z=\dfrac{Y}{X}$ 的分布的密度函数为

$$f_Z(z)=\int_{-\infty}^{+\infty} |y| f(zy,y)\mathrm{d}y ;$$

（3）**积的分布**　设 X 与 Y 的联合概率密度为 $f(x,y)$，则 $Z=XY$ 的分布的密度函数为

$$f_Z(z)=\int_{-\infty}^{+\infty}\frac{1}{|x|}f\left(x,\frac{z}{x}\right)\mathrm{d}x ;$$

（4）$\max\{X,Y\}$ **的分布**　设 X 与 Y 是两个相互独立的随机变量，它们的分布函数分别为 $F_X(x)$ 与 $F_Y(y)$，则 $Z=\max\{X,Y\}$ 的分布函数为 $F_Z(z)=F_X(z)F_Y(z)$；

（5）$\min\{X,Y\}$ **的分布**　设 X 与 Y 是两个相互独立的随机变量，它们的分布函数分别为 $F_X(x)$ 与 $F_Y(y)$，则 $Z=\min\{X,Y\}$ 的分布函数为 $F_Z(z)=1-[1-F_X(z)][1-F_Y(z)]$.

1.3.5　随机向量的变换及其分布

设二维连续型随机向量 (X,Y) 的概率密度为 $f_{X,Y}(x,y)$，函数 $u=g(x,y)$，$v=h(x,y)$ 有连续的偏导数，且存在唯一的逆变换 $x=x(u,v)$，$y=y(u,v)$. 记 $U=g(X,Y)$，$V=h(X,Y)$，则随机向量 (U,V) 也为连续型随机向量，且其概率密度函数为

$$f_{U,V}(u,v)=\begin{cases} f_{X,Y}\left[x(u,v),y(u,v)\right]|J| & (u,v)\in D_{uv} \\ 0 & \text{其他} \end{cases},$$

其中，D_{uv} 为 $u=g(x,y)$，$v=h(x,y)$ 的值域，$J\neq 0$ 为变换的雅可比行列式，即

$$J=\frac{\partial(x,y)}{\partial(u,v)}=\begin{vmatrix} \dfrac{\partial x}{\partial u} & \dfrac{\partial x}{\partial v} \\ \dfrac{\partial y}{\partial u} & \dfrac{\partial y}{\partial v} \end{vmatrix}.$$

1.4　随机变量的数字特征

1.4.1　数学期望与方差

定义 1.4.1（离散型）　设离散型随机变量 X 的分布律为

$$P\{X=x_i\}=p_i, i=1,2,\cdots ,$$

若$\sum_i x_i p_i$绝对收敛，则 X 的**数学期望**为$E(X)=\sum_i x_i p_i$；对于随机变量$Y=g(X)$，若$\sum_i g(x_i)p_i$绝对收敛，则Y的**数学期望**为$E(Y)=\sum_i g(x_i)p_i$.

定义 1.4.2（连续型） 设随机变量 X 的概率密度函数为$f(x)$，若$\int_{-\infty}^{+\infty} xf(x)\mathrm{d}x$绝对收敛，则 X 的**数学期望**为$E(X)=\int_{-\infty}^{+\infty} xf(x)\mathrm{d}x$；对于随机变量$Y=g(X)$，其中$g(x)$为连续函数，若$\int_{-\infty}^{+\infty} g(x)f(x)\mathrm{d}x$绝对收敛，则$Y$的**数学期望**为$E(Y)=\int_{-\infty}^{+\infty} g(x)f(x)\mathrm{d}x$.

我们可以利用斯蒂尔杰斯（Stieltjes）积分将离散型、连续型随机变量的数学期望写成统一的形式，设随机变量 X 的分布函数为$F(x)$，若积分$\int_{-\infty}^{+\infty} x\mathrm{d}F(x)$绝对收敛，则称其为 X 的数学期望，即

$$E(X)=\int_{-\infty}^{+\infty} x\mathrm{d}F(x) . \tag{1.4.1}$$

当 X 为离散型随机变量时，$F(x)$为跳跃函数，在点x_i $(i=1,2,\cdots)$处具有跃度p_i，式(1.4.1)中的积分即为求和，即

$$E(X)=\int_{-\infty}^{+\infty} x\mathrm{d}F(x)=\sum_i x_i p_i . \tag{1.4.2}$$

当 X 为连续型随机变量时，X 的概率密度函数为$f(x)$，则

$$E(X)=\int_{-\infty}^{+\infty} x\mathrm{d}F(x)=\int_{-\infty}^{+\infty} xf(x)\mathrm{d}x . \tag{1.4.3}$$

定义 1.4.3（二维离散型） 设随机向量(X,Y)的分布律为

$$P\{X=x_i,Y=y_j\}=p_{ij},\ i=1,2,\cdots,\ j=1,2,\cdots,$$

随机变量$Z=g(X,Y)$，其中$g(x,y)$为连续函数. 若$\sum_i\sum_j g(x_i,y_j)p_{ij}$绝对收敛，则$Z$的**数学期望**为

$$E(Z)=E[g(X,Y)]=\sum_i\sum_j g(x_i,y_j)p_{ij} . \tag{1.4.4}$$

特别地，X 和 Y 的数学期望分别为

$$E(X)=\sum_i\sum_j x_i p_{ij} ,\quad E(Y)=\sum_i\sum_j y_j p_{ij} . \tag{1.4.5}$$

定义 1.4.4（二维连续型） 设随机变量(X,Y)的概率密度函数为$f(x,y)$，随机变量$Z=g(X,Y)$，其中$g(x,y)$为连续函数，若$\int_{-\infty}^{+\infty}\int_{-\infty}^{+\infty} g(x,y)f(x,y)\mathrm{d}x\mathrm{d}y$绝对收敛，则$Z$的**数学期望**为

$$E(Z)=E[g(X,Y)]=\int_{-\infty}^{+\infty}\int_{-\infty}^{+\infty} g(x,y)f(x,y)\mathrm{d}x\mathrm{d}y . \tag{1.4.6}$$

特别地，X 和 Y 的数学期望分别为

$$E(X)=\int_{-\infty}^{+\infty}\int_{-\infty}^{+\infty}xf(x,y)\mathrm{d}x\mathrm{d}y\ ,\quad E(Y)=\int_{-\infty}^{+\infty}\int_{-\infty}^{+\infty}yf(x,y)\mathrm{d}x\mathrm{d}y\ . \tag{1.4.7}$$

数学期望的概念可以推广到多维随机变量的情形．例如，对于 n 维随机向量 $\boldsymbol{X}=(X_1, X_2, \cdots, X_n)^{\mathrm{T}}$，若 $E(X_i)\ \ (i=1,2,\cdots,n)$ 均存在且有限，则称 $(E(X_1), E(X_2), \cdots, E(X_n))^{\mathrm{T}}$ 为 $\boldsymbol{X}$ 的数学期望，记为 $E(\boldsymbol{X})$，即

$$E(\boldsymbol{X})=(E(X_1), E(X_2), \cdots, E(X_n))^{\mathrm{T}}\ .$$

随机变量的数学期望的性质：

（1）$E(C)=C$，其中 C 为任意常数；

（2）$E(kX)=kE(X)$，其中 k 为常数；

（3）$E(X+Y)=E(X)+E(Y)$；

（4）若随机变量 X 与 Y 相互独立，则有 $E(XY)=E(X)E(Y)$．

随机向量的数学期望的性质：

（1）$E(\boldsymbol{AX})=\boldsymbol{A}E(\boldsymbol{X})$；

（2）$E(\boldsymbol{AX}+\boldsymbol{BY})=\boldsymbol{A}E(\boldsymbol{X})+\boldsymbol{B}E(\boldsymbol{Y})$．

其中，$\boldsymbol{X}$ 和 $\boldsymbol{Y}$ 为 n 维随机向量，$\boldsymbol{A}$ 和 $\boldsymbol{B}$ 均为 $m\times n$ 阶的常数矩阵．

定义 1.4.5（**随机变量的方差**）　对于随机变量 X，若 $E[X-E(X)]^2$ 存在，则称其为 X 的方差，记 $D(X)$ 或 $\mathrm{Var}(X)$，即 $D(X)=E[X-E(X)]^2$，并称 $\sqrt{D(X)}$ 为 X 的标准差．

方差的性质：

（1）$D(C)=0$，其中 C 为任意常数；

（2）$D(aX+b)=a^2D(X)$，其中 a,b 为常数；

（3）$D(X)=E(X^2)-[E(X)]^2$；

（4）若随机变量 X 与 Y 相互独立，则有 $D(X\pm Y)=D(X)+D(Y)$．

几个常见分布的数字特征如表 1.3 所示．

表 1.3　几个常见分布的数字特征

分布名称	概率分布	期望	方差
二项分布 $b(n,p)$	$P\{X=k\}=C_n^k p^k(1-p)^{n-k}, k=0,1,\cdots,n$	np	$np(1-p)$
泊松分布 $P(\lambda)$	$P\{X=k\}=\dfrac{\lambda^k}{k!}\mathrm{e}^{-\lambda}, k=0,1,2,\cdots$	λ	λ
几何分布	$P\{X=k\}=p(1-p)^{k-1}, k=1,2,\cdots$	$\dfrac{1}{p}$	$\dfrac{1-p}{p^2}$
均匀分布 $U(a,b)$	$f(x)=\begin{cases}\dfrac{1}{b-a} & a<x<b\\ 0 & \text{其他}\end{cases}$	$\dfrac{a+b}{2}$	$\dfrac{(b-a)^2}{12}$
指数分布 $Exp(\lambda)$	$f(x)=\begin{cases}\lambda\mathrm{e}^{-\lambda x} & x>0\\ 0 & \text{其他}\end{cases}$	$\dfrac{1}{\lambda}$	$\dfrac{1}{\lambda^2}$
正态分布 $N(\mu,\sigma^2)$	$f(x)=\dfrac{1}{\sqrt{2\pi}\sigma}\mathrm{e}^{-\frac{(x-\mu)^2}{2\sigma^2}},\ x\in R$	μ	σ^2

定理 1.4.1（**切比雪夫**（**Chebyshev**）**不等式**）　设随机变量 X 的数学期望 $E(X)$ 和方差 $D(X)$ 均存在，则对任意 $\varepsilon>0$，有

$$P\{|X-E(X)|\geqslant\varepsilon\}\leqslant\frac{D(X)}{\varepsilon^2}\text{，或 }P\{|X-E(X)|<\varepsilon\}>1-\frac{D(X)}{\varepsilon^2}.$$

1.4.2 矩、协方差阵及相关系数

定义 1.4.6（协方差） 对于随机变量 X 和 Y，若 $E[X-E(X)][Y-E(Y)]$ 存在，则称其为随机变量 X 与 Y 的**协方差**，记为 $\mathrm{Cov}(X,Y)$，即

$$\mathrm{Cov}(X,Y)=E[X-E(X)][Y-E(Y)].$$

协方差的性质：

（1）$\mathrm{Cov}(X,X)=D(X)$；

（2）$\mathrm{Cov}(X,Y)=\mathrm{Cov}(Y,X)$；

（3）$\mathrm{Cov}(aX,bY)=ab\mathrm{Cov}(X,Y)$，其中 a,b 为任意常数；

（4）$\mathrm{Cov}(X+Y,Z)=\mathrm{Cov}(X,Z)+\mathrm{Cov}(Y,Z)$；

（5）$D(X\pm Y)=D(X)+D(Y)\pm 2\mathrm{Cov}(X,Y)$.

定义 1.4.7（相关系数） 设随机变量 X 与 Y 的方差均大于 0，则 X 与 Y 的**相关系数**为

$$\rho_{XY}=\frac{\mathrm{Cov}(X,Y)}{\sqrt{D(X)D(Y)}}.$$

规定常数与任何随机变量的相关系数均为 0 .

若 $\rho_{XY}=0$（即 $\mathrm{Cov}(X,Y)=0$），称 X 与 Y 不相关；若 $\rho_{XY}\neq 0$，则称 X 与 Y 线性相关.

相关系数的性质：

（1）$|\rho_{XY}|\leqslant 1$；

（2）$|\rho_{XY}|=1$ 的充分必要条件为存在常数 a,b，使得 $P\{Y=aX+b\}=1$，其中 $a\neq 0$. 当 $|\rho_{XY}|=1$ 时，也称 X 与 Y **完全线性相关**.

定义 1.4.8（矩的定义） 对于随机变量 X 和正整数 k，若 $E(X^k)$ 存在，则称 $E(X^k)$ 为随机变量 X 的 k **阶原点矩**；若 $E[X-E(X)]^k$ 存在，则称 $E[X-E(X)]^k$ 为随机变量 X 的 k **阶中心矩**.

对于随机变量 X 和 Y，以及正整数 k,l，若 $E(X^kY^l)$ 存在，则称 $E(X^kY^l)$ 为随机变量 X 与 Y 的 $k+l$ 阶**混合原点矩**；若 $E[X-E(X)]^k[Y-E(Y)]^l$ 存在，则称 $E[X-E(X)]^k[Y-E(Y)]^l$ 为随机变量 X 与 Y 的 $k+l$ 阶**混合中心矩**.

定义 1.4.9（协方差阵） 对于 n 维随机向量 $\boldsymbol{X}=(X_1,X_2,\cdots,X_n)^{\mathrm{T}}$，称

$$E\{[\boldsymbol{X}-E(\boldsymbol{X})][\boldsymbol{X}-E(\boldsymbol{X})]^{\mathrm{T}}\}\triangleq\begin{pmatrix} D(X_1) & \mathrm{Cov}(X_1,X_2) & \cdots & \mathrm{Cov}(X_1,X_n) \\ \mathrm{Cov}(X_2,X_1) & D(X_2) & \cdots & \mathrm{Cov}(X_2,X_n) \\ \vdots & \vdots & & \vdots \\ \mathrm{Cov}(X_n,X_1) & \mathrm{Cov}(X_n,X_2) & \cdots & D(X_n) \end{pmatrix}$$

为 n 维随机向量 $\boldsymbol{X}=(X_1,X_2,\cdots,X_n)^{\mathrm{T}}$ 的**协方差阵**，记为 $D(\boldsymbol{X})$ 或者 $\mathrm{Var}(\boldsymbol{X})$.

对于 n 维随机向量 $\boldsymbol{X}=(X_1,X_2,\cdots,X_n)^{\mathrm{T}}$ 和 $\boldsymbol{Y}=(Y_1,Y_2,\cdots,Y_n)^{\mathrm{T}}$，称

$$E\{[\boldsymbol{X}-E(\boldsymbol{X})][\boldsymbol{Y}-E(\boldsymbol{Y})]^{\mathrm{T}}\}\triangleq\begin{pmatrix} \mathrm{Cov}(X_1,Y_1) & \mathrm{Cov}(X_1,Y_2) & \cdots & \mathrm{Cov}(X_1,Y_n) \\ \mathrm{Cov}(X_2,Y_1) & \mathrm{Cov}(X_2,Y_2) & \cdots & \mathrm{Cov}(X_2,Y_n) \\ \vdots & \vdots & & \vdots \\ \mathrm{Cov}(X_n,Y_1) & \mathrm{Cov}(X_n,Y_2) & \cdots & \mathrm{Cov}(X_n,Y_n) \end{pmatrix}$$

为 n 维随机向量 $\boldsymbol{X}$ 和 $\boldsymbol{Y}$ 的**协方差阵**，记为 $\mathrm{Cov}(\boldsymbol{X},\boldsymbol{Y})$，显然 $\mathrm{Cov}(\boldsymbol{X},\boldsymbol{X})=D(\boldsymbol{X})$.

若 $\mathrm{Cov}(\boldsymbol{X},\boldsymbol{Y})=0$，则称 $\boldsymbol{X}$ 和 $\boldsymbol{Y}$ 不相关，否则称 $\boldsymbol{X}$ 和 $\boldsymbol{Y}$ 线性相关.

随机向量的协方差阵的性质：

（1）$D(\boldsymbol{AX}+\boldsymbol{a})=\boldsymbol{A}D(\boldsymbol{X})\boldsymbol{A}^{\mathrm{T}}$；

（2）$\mathrm{Cov}(\boldsymbol{AX},\boldsymbol{BY})=\boldsymbol{A}\mathrm{Cov}(\boldsymbol{X},\boldsymbol{Y})\boldsymbol{B}^{\mathrm{T}}$.

其中 $\boldsymbol{X}$ 和 $\boldsymbol{Y}$ 为 n 维随机向量，$\boldsymbol{a}$ 为 m 维常数向量，$\boldsymbol{A}$ 为 $m\times n$ 阶的常数矩阵，$\boldsymbol{B}$ 为 $k\times n$ 阶的常数矩阵.

1.4.3 条件数学期望

定义 1.4.10 设 X 和 Y 为离散型随机变量，在 $Y=y_j$ 条件下 X 的条件分布律为 $P\{X=x_i\,|\,Y=y_j\}$，$i=1,2,\cdots$.

若 $\sum_i |x_i|P\{X=x_i\,|\,Y=y_j\}<+\infty$，则称 $\sum_i x_iP\{X=x_i\,|\,Y=y_j\}$ 为在 $Y=y_j$ 条件下 X 的**条件数学期望**，简称**条件期望**，记为 $E(X\,|\,Y=y_j)$，即有

$$m(y_j)\triangleq E(X\,|\,Y=y_j)=\sum_i x_iP\{X=x_i\,|\,Y=y_j\}.$$

并称 $m(Y)$ 为在给定 Y 的条件下 X 的**条件期望**，即 $m(Y)=E(X\,|\,Y)$.

一般地，若 $\sum_i |g(x_i)|P\{X=x_i\,|\,Y=y_j\}<+\infty$，则称 $\sum_i g(x_i)P\{X=x_i\,|\,Y=y_j\}$ 为在 $Y=y_j$ 的条件下 $g(X)$ 的**条件数学期望**，记为 $E[g(X)\,|\,Y=y_j]$，即有

$$E[g(X)\,|\,Y=y_j]=\sum_i g(x_i)P\{X=x_i\,|\,Y=y_j\}.$$

定义 1.4.11 设 X 和 Y 为连续型随机变量，在 $Y=y$ 的条件下 X 的条件概率密度为 $f_{X|Y}(x\,|\,y)$，若 $\int_{-\infty}^{+\infty}|x|f_{X|Y}(x\,|\,y)\mathrm{d}x<+\infty$，则称 $\int_{-\infty}^{+\infty}xf_{X|Y}(x\,|\,y)\mathrm{d}x$ 为在 $Y=y$ 的条件下 X 的**条件数学期望**，记为 $E(X\,|\,Y=y)$，即有

$$m(y)\triangleq E(X\,|\,Y=y)=\int_{-\infty}^{+\infty}xf_{X|Y}(x\,|\,y)\mathrm{d}x.$$

并称 $m(Y)$ 为在给定 Y 的条件下 X 的**条件期望**，即 $m(Y)=E(X\,|\,Y)$.

一般地，若 $\int_{-\infty}^{+\infty}|g(x)|f_{X|Y}(x\,|\,y)\mathrm{d}x<+\infty$，则称 $\int_{-\infty}^{+\infty}g(x)f_{X|Y}(x\,|\,y)\mathrm{d}x$ 为在 $Y=y$ 的条件下 $g(X)$ 的**条件数学期望**，记为 $E[g(X)\,|\,Y=y]$，即有

$$E[g(X)\,|\,Y=y]=\int_{-\infty}^{+\infty}g(x)f_{X|Y}(x\,|\,y)\mathrm{d}x.$$

条件期望的具有如下性质：

（1）$E(a+bX_1+cX_2\,|\,Y)=a+bE(X_1\,|\,Y)+cE(X_2\,|\,Y)$，其中 a、b、c 为常数；

（2）$E[g(Y)X\,|\,Y]=g(Y)E(X\,|\,Y)$；

（3）$E[E(X\,|\,Y)]=E(X)$；

（4）若随机变量 X 与 Y 相互独立，则有 $E(X\,|\,Y)=E(X)$.

1.5 特征函数及其性质

定义 1.5.1 设 X 和 Y 为同一个概率空间中的实值随机变量，称 $\xi = X + \mathrm{i}Y$ 为复随机变量，其中 i 为虚数单位，$\mathrm{i}^2 = -1$.

若 X 和 Y 的数学期望都存在，则定义随机变量 $\xi = X + \mathrm{i}Y$ 的数学期望为

$$E(\xi) = E(X) + \mathrm{i}E(Y).$$

由定义 1.5.1 可知，对复随机变量 ξ 的研究，本质上是对二维随机向量 (X,Y) 的研究. 因此复随机变量具有二维随机向量的一些性质，同时也可以得到与实随机变量相类似的一些结果.

例如，若 (X_1,Y_1) 与 (X_2,Y_2) 相互独立，则 $\xi_1 = X_1 + \mathrm{i}Y_1$ 与 $\xi_2 = X_2 + \mathrm{i}Y_2$ 相互独立；若 ξ_1 和 ξ_2 相互独立，则 $E(\xi_1\xi_2) = E(\xi_1)E(\xi_2)$.

定义 1.5.2（特征函数） 设实值随机变量 X 的分布函数为 $F(x)$，则称

$$\varphi(t) = E(\mathrm{e}^{\mathrm{i}tX}) = \int_{-\infty}^{+\infty} \mathrm{e}^{\mathrm{i}tx}\mathrm{d}F(x)$$

为 X 的特征函数.

对于任意的实数 t，根据欧拉公式 $\mathrm{e}^{\mathrm{i}tx} = \cos tx + \mathrm{i}\sin tx$，则

$$|\varphi(t)| = |E(\mathrm{e}^{\mathrm{i}tX})| \leqslant \int_{-\infty}^{+\infty} |\mathrm{e}^{\mathrm{i}tx}|\mathrm{d}F(x) = \int_{-\infty}^{+\infty} \mathrm{d}F(x) = 1,$$

因此 $E(\mathrm{e}^{\mathrm{i}tX})$ 总存在，即任意一个随机变量的特征函数总是存在的.

当 X 为离散型随机变量时，设其分布律为 $P\{X = x_i\} = p_i, i = 1,2,\cdots$，则 X 的特征函数为

$$\varphi(t) = E(\mathrm{e}^{\mathrm{i}tX}) = \sum_j \mathrm{e}^{\mathrm{i}tx_j} P\{X = x_j\}.$$

当 X 为连续型随机变量时，设其密度函数为 $f(x)$，则其特征函数为

$$\varphi(t) = E(\mathrm{e}^{\mathrm{i}tX}) = \int_{-\infty}^{+\infty} \mathrm{e}^{\mathrm{i}tx} f(x)\mathrm{d}x.$$

特征函数 $\varphi(t)$ 的性质：

（1）$|\varphi(t)| \leqslant \varphi(0) = 1$；

（2）$\varphi(-t) = \overline{\varphi(t)}$；

（3）$\varphi(t)$ 在 $(-\infty, +\infty)$ 内一致连续；

（4）设 $Y = aX + b$，其中 a,b 为常数，则随机变量 Y 的特征函数为 $\varphi_Y(t) = \mathrm{e}^{\mathrm{i}tb}\varphi_X(at)$；

（5）若随机变量 X 与 Y 相互独立，则 $X+Y$ 的特征函数为 $\varphi_{X+Y}(t) = \varphi_X(t)\cdot\varphi_Y(t)$；

（6）若随机变量 X 的 n 阶原点矩存在，则 X 的特征函数 $\varphi(t)$ 的 n 阶导数也存在，且

$$E(X^k) = (-\mathrm{i})^k \varphi^{(k)}(0),\quad k = 0,1,\cdots,n;$$

（7）随机变量 X 的特征函数 $\varphi(t)$ 与其分布函数 $F(x)$ 相互唯一确定.

类似地，可以定义多元特征函数.

设 n 维随机向量 $\boldsymbol{X} = (X_1,X_2,\cdots,X_n)^{\mathrm{T}}$ 的分布函数为 $F(\boldsymbol{x}) = F(x_1,x_2,\cdots,x_n)$，记 $\boldsymbol{t} = (t_1,t_2,\cdots,t_n)^{\mathrm{T}}$，$\boldsymbol{x} = (x_1,x_2,\cdots,x_n)^{\mathrm{T}}$，则 $\boldsymbol{X}$ 的特征函数定义为

$$\varphi(\boldsymbol{t}) \triangleq \varphi(t_1,t_2,\cdots,t_n) = E(\mathrm{e}^{\mathrm{i}\boldsymbol{t}^{\mathrm{T}}\boldsymbol{X}}) = \int\cdots\int \mathrm{e}^{i(t_1x_1+t_2x_2+\cdots+t_nx_n)}\mathrm{d}F(x_1,x_2,\cdots,x_n).$$

多元特征函数 $\varphi(\boldsymbol{t})$ 的性质：

（1）$|\varphi(\boldsymbol{t})| \leqslant \varphi(\boldsymbol{0}) = 1$，其中 $\boldsymbol{0}$ 为 n 维的零向量；

（2）$\varphi(-\boldsymbol{t}) = \overline{\varphi(\boldsymbol{t})}$；

（3）$\varphi(\boldsymbol{t})$ 在 R^n 内一致连续；

（4）若 n 维随机向量 $\boldsymbol{X} = (X_1, X_2, \cdots, X_n)^{\mathrm{T}}$ 的特征函数为 $\varphi_{\boldsymbol{X}}(\boldsymbol{t}) = \varphi_{\boldsymbol{X}}(t_1, t_2, \cdots, t_n)$，则 $Y = a_1 X_1 + a_2 X_2 + \cdots + a_n X_n$ 的特征函数为 $\varphi_Y(t) = \varphi_{\boldsymbol{X}}(a_1 t_1, a_2 t_2, \cdots, a_n t_n)$；

（5）若 n 维随机向量 $\boldsymbol{X} = (X_1, X_2, \cdots, X_n)^{\mathrm{T}}$ 的特征函数为 $\varphi_{\boldsymbol{X}}(\boldsymbol{t}) = \varphi_{\boldsymbol{X}}(t_1, t_2, \cdots, t_n)$，$X_i$ 的特征函数为 $\varphi_{X_i}(t)$，则随机变量 $X_1, X_2, \cdots, X_n$ 相互独立的充分必要条件为

$$\varphi_{\boldsymbol{X}}(t_1, t_2, \cdots, t_n) = \varphi_{X_1}(t_1)\varphi_{X_2}(t_2)\cdots\varphi_{X_n}(t_n);$$

（6）n 维随机向量 $\boldsymbol{X}$ 的特征函数 $\varphi(\boldsymbol{t})$ 与其分布函数 $F(\boldsymbol{x})$ 相互唯一确定.

1.6　大数定律与中心极限定理

1.6.1　随机变量序列的收敛性

定义 1.6.1（**依概率收敛**）　设 $\{X_n\}$ 是一随机变量序列，X 为另一随机变量，若对 $\forall \varepsilon > 0$ 有 $P\{|X_n - X| \geqslant \varepsilon\} \to 0\ (n \to \infty)$，则称 $\{X_n\}$ 依概率收敛于 X，记为 $X_n \xrightarrow{P} X$.

定义 1.6.2（**依分布收敛**）　设 $\{X_n\}$ 是一随机变量序列，$F_n(x)$ 为 X_n 的分布函数，随机变量 X 的分布函数为 $F(x)$，若对 $F(x)$ 的每一个连续点 x，有 $F_n(x) \to F(x)\ (n \to \infty)$，则称 $\{X_n\}$ 依分布收敛于 X，记为 $X_n \xrightarrow{L} X$，或称 $F_n(x)$ 弱收敛于 $F(x)$，记为 $F_n(x) \xrightarrow{w} F(x)$.

定义 1.6.3（**依概率 1 收敛、几乎处处收敛**）　对于随机变量序列 $\{X_n\}$ 和随机变量 X，若满足 $P\{\omega : \lim\limits_{n\to\infty} X_n(\omega) = X(\omega)\} = 1$，则称 $\{X_n\}$ 依概率 1 收敛于 X，或几乎处处收敛于 X，记为 $X_n \to X,\ \ a.s.$.

定义 1.6.4（**矩收敛**）对于随机变量序列 $\{X_n\}$ 和随机变量 X 以及常数 $r > 0$，有 $E(|X_n|^r) < \infty$，$E(|X|^r) < \infty$，若 $E(|X_n - X|^r) \to 0\ (n \to \infty)$，则称 $\{X_n\}$ 依 r 阶矩收敛于 X，记为 $X_n \xrightarrow{r} X$.

四种收敛性之间的关系如图 1.2 所示.

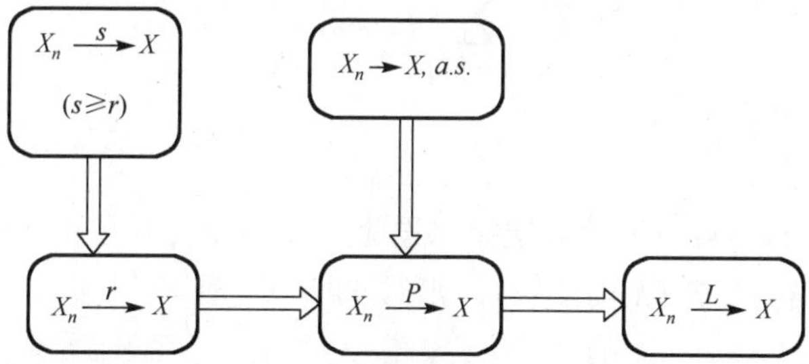

图 1.2

当 X 为常数时，依概率收敛与依分布收敛等价.

定理 1.6.1（**Slutsky**）　设 $\{Z_n\}$ 和 $\{U_n\}$ 为两个随机变量序列，若 $Z_n \xrightarrow{L} Z$，$U_n \xrightarrow{P} a$，其中 a 为常数，则

（1）$Z_n \pm U_n \xrightarrow{L} Z \pm a$；

（2）$Z_n U_n \xrightarrow{L} aZ$；

（3）$\dfrac{Z_n}{U_n} \xrightarrow{L} \dfrac{Z}{a}\ (a \neq 0)$.

推论 1.6.1　若 $Z_n \xrightarrow{L} Z$，$U_n \xrightarrow{P} a$，$V_n \xrightarrow{P} b$，则 $Z_n U_n + V_n \xrightarrow{L} aZ + b$.

定理 1.6.2　设随机变量序列 $\{X_n\}$ 满足 $X_n \xrightarrow{P} a$，其中 a 为常数，函数 $g(x)$ 在 b 处连续，则 $g(X_n) \xrightarrow{P} g(b)$.

定理 1.6.3　设 $a_n \to \infty$，b 为常数，且随机变量序列 $\{X_n\}$ 满足 $a_n(X_n - b) \xrightarrow{L} X$，函数 $g(x)$ 可微，且 $g'(x)$ 在 b 处连续，则 $a_n[g(X_n) - g(b)] \xrightarrow{L} g'(b)X$.

1.6.2　大数定律

定义 1.6.5（**大数定律**）设 $X_1, X_2, \cdots, X_n, \cdots$ 是随机变量序列，若存在常数列 $a_1, a_2, \cdots, a_n, \cdots$，使得对 $\forall \varepsilon > 0$，有

$$\lim_{n\to\infty} P\left\{\left|\frac{1}{n}\sum_{k=1}^{n} X_k - a_n\right| < \varepsilon\right\} = 1,$$

则称随机变量序列 $\{X_n\}$ 服从**大数定律**.

常见的大数定律如下：

（1）伯努利大数定律　设 μ_n 是 n 重伯努利试验中事件 A 出现的次数，A 在每次试验中出现的概率为 p，则对 $\forall \varepsilon > 0$，有

$$\lim_{n\to\infty} P\left\{\left|\frac{\mu_n}{n} - p\right| < \varepsilon\right\} = 1,$$

此时 $\dfrac{\mu_n}{n} \xrightarrow{P} p$.

（2）辛钦（Khinchin）大数定律　设 $X_1, X_2, \cdots, X_n, \cdots$ 是独立同分布的随机变量序列，且 $E(X_k) = \mu\ (k = 1, 2, \cdots)$，则对 $\forall \varepsilon > 0$，有

$$\lim_{n\to\infty} P\left\{\left|\frac{1}{n}\sum_{k=1}^{n} X_k - \mu\right| < \varepsilon\right\} = 1,$$

此时 $\dfrac{1}{n}\displaystyle\sum_{k=1}^{n} X_k \xrightarrow{P} \mu$.

（3）切比雪夫（Chebyshev）大数定律　设 $X_1, X_2, \cdots, X_n, \cdots$ 是相互独立的随机变量序列，且存在常数 C，使 $D(X_k) \leqslant C\ (k = 1, 2, \cdots)$，则对 $\forall \varepsilon > 0$，有

$$\lim_{n\to\infty} P\left\{\left|\frac{1}{n}\sum_{i=1}^{n} X_k - \frac{1}{n}\sum_{i=1}^{n} E(X_k)\right| < \varepsilon\right\} = 1.$$

定义 1.6.6（**强大数定律**）　设 $X_1, X_2, \cdots, X_n, \cdots$ 是随机变量序列，　若

$$P\left\{\lim_{n\to\infty} \frac{1}{n}\sum_{k=1}^{n} [X_k - E(X_k)] = 0\right\} = 1,$$

则称随机变量序列$\{X_n\}$服从**强大数定律**.

常用的强大数定律如下：

（1）波莱尔（Borel）强大数定律　设μ_n是n重伯努利试验中事件A出现的次数，A在每次试验中出现的概率为p，则有

$$P\left\{\lim_{n\to\infty}\frac{\mu_n}{n}=p\right\}=1 .$$

（2）柯尔莫哥洛夫（Kolgomorov）强大数定律　设$X_1,X_2,\cdots,X_n,\cdots$是独立随机变量序列，且$\sum_{n=1}^{\infty}\frac{D(X_n)}{n^2}<+\infty$，则有

$$P\left\{\lim_{n\to\infty}\frac{1}{n}\sum_{k=1}^{n}[X_k-E(X_k)]=0\right\}=1 .$$

（3）柯尔莫哥洛夫（Kolgomorov）强大数定律　设$X_1,X_2,\cdots,X_n,\cdots$是独立同分布的随机变量序列，则

$$\frac{1}{n}\sum_{k=1}^{n}X_k\xrightarrow{a.s.}a$$

成立的充分必要条件为$E(X_n)$存在，且等于a.

1.6.3　中心极限定理

定义 1.6.7（中心极限定理）　设$X_1,X_2,\cdots,X_n,\cdots$是相互独立的随机变量序列，且$E(X_k)$和方差$D(X_k)$ $(k=1,2,\cdots)$均存在，若对任意的实数x，有

$$\lim_{n\to\infty}P\left\{\frac{\sum_{k=1}^{n}X_k-\sum_{k=1}^{n}E(X_k)}{\sqrt{\sum_{k=1}^{n}D(X_k)}}\leqslant x\right\}=\frac{1}{\sqrt{2\pi}}\int_{-\infty}^{x}\mathrm{e}^{-\frac{1}{2}t^2}=\Phi(x) ,$$

其中$\Phi(x)$为标准正态分布的分布函数，则称随机变量序列$\{X_n\}$服从**中心极限定理**.

常见的中心极限定理如下.

（1）棣莫弗-拉普拉斯（De Moivre-Laplace）中心极限定理　设μ_n是n重伯努利试验中事件A出现的次数，A在每次试验中出现的概率为p，则对任意实数x，有

$$\lim_{n\to\infty}P\left\{\frac{\mu_n-np}{\sqrt{np(1-p)}}\leqslant x\right\}=\frac{1}{\sqrt{2\pi}}\int_{-\infty}^{x}\mathrm{e}^{-\frac{1}{2}t^2}=\Phi(x) .$$

（2）林德伯格-列维（Lindburg-Levy）中心极限定理　设$X_1,X_2,\cdots,X_n,\cdots$为相互独立同分布的随机变量序列，且$E(X_n)=\mu$，$D(X_n)=\sigma^2$，则对任意实数$x$，有

$$\lim_{n\to\infty}P\left\{\frac{\sum_{k=1}^{n}X_k-n\mu}{\sigma\sqrt{n}}\leqslant x\right\}=\frac{1}{\sqrt{2\pi}}\int_{-\infty}^{x}\mathrm{e}^{-\frac{1}{2}t^2}=\Phi(x) .$$

（3）林德贝格-费勒（Lindburg-Feller）中心极限定理　设$X_1, X_2, \cdots, X_n, \cdots$为相互独立的随机变量序列，且具有有限的数学期望$a_n = E(X_n)$和方差$\sigma_n^2 = D(X_n)$，记$B_n = \sqrt{\sum_{k=1}^{n} \sigma_k^2}$，若对$\forall \tau > 0$，有$\lim_{n\to\infty} \frac{1}{B_n^2} \sum_{k=1}^{n} \int_{|x-a_k|>\tau B_n} (x-a_k)^2 \mathrm{d}F_k(x) = 0$成立，其中$F_n(x)$为$X_n$的分布函数，则对任意的实数$x$，有

$$\lim_{n\to\infty} P\left\{\frac{1}{B_n}\sum_{k=1}^{n}(X_k - a_k) \leqslant x\right\} = \frac{1}{\sqrt{2\pi}} \int_{-\infty}^{x} \mathrm{e}^{-\frac{1}{2}t^2} = \Phi(x).$$

（4）李雅普诺夫（Liapunov）中心极限定理　设$X_1, X_2, \cdots, X_n, \cdots$是相互独立的随机变量序列，且具有有限的数学期望$a_n = E(X_n)$和方差$\sigma_n^2 = D(X_n)$，记$B_n = \sqrt{\sum_{k=1}^{n} \sigma_k^2}$，若存在$\forall \delta > 0$，使得

$$\lim_{n\to\infty} \frac{1}{B_n^{2+\delta}} \sum_{k=1}^{n} E[|X_k - a_k|^{2+\delta}] = 0,$$

则对任意的实数x，有

$$\lim_{n\to\infty} P\left\{\frac{1}{B_n}\sum_{k=1}^{n}(X_k - a_k) \leqslant x\right\} = \frac{1}{\sqrt{2\pi}} \int_{-\infty}^{x} \mathrm{e}^{-\frac{1}{2}t^2} = \Phi(x).$$

习　题　1

1.1　设$P(A \cup B) = 0.6$，且$P(\bar{A}B) = 0.3$，求$P(\bar{A})$.

1.2　概率为零的事件与不可能事件是否相同？试举例说明之.

1.3　试阐述“频率”与“概率”的含义及其关系.

1.4　试阐述“随机变量”的含义及其类型，并举例说明之.

1.5　试阐述“事件独立性”的含义，并举例说明之.

1.6　袋中有5只球，其中只有1只红球，每次取1只球，取出后不放回.（1）求前3次取到的球中有红球的概率；（2）求第3次取到的球是红球的概率.

1.7　对产品进行重复抽样检查时，从抽取的200件产品中发现有4次品，问：能否相信该厂产品的次品率不超过0.005？

1.8　设随机变量X服从$(1, 2)$区间上的均匀分布，试求：

（1）$Y = \mathrm{e}^{2X}$的概率密度，　（2）$Z = -\ln X$的概率密度.

1.9　已知连续型随机变量X的分布函数为

$$F(x) = \begin{cases} a + b\mathrm{e}^{-\frac{x}{2}} & x \geqslant 0 \\ 0 & x < 0 \end{cases}.$$

其中a, b为未知常数，试求：（1）未知常数a, b；（2）X的概率密度；（3）$P\{\ln 9 \leqslant X \leqslant \ln 16\}$.

1.10　某人练习射击，击中目标的概率为$p\,(0 < p < 1)$，射击直到击中目标两次为止. 设

$X=$“首次击中目标所进行的射击次数”，$Y=$“总共进行的射击次数”．求(X,Y)的联合分布律及条件分布律.

1.11 某种电子元件的使用寿命X（单位：小时）的概率密度函数为：

$$f(x)=\begin{cases}\dfrac{1000}{x^2} & x>1000\\[2ex] 0 & x\leqslant 1000\end{cases}.$$

现有一大批该种元件（设各元件损坏与否相互独立)，任取 5 只元件，问：其中至少有两只元件寿命大于 1500 小时的概率是多少？

1.12 已知某机床工作状态良好时，产品的合格率是 99%，机床发生故障时的产品合格率为 50.设每次新开机器时机床处于良好状态的概率是 95%．如果新开机器后生产的第一件产品是合格品，判断机器处于良好状态的概率.

1.13 在数字通信中，信号由数字 0 和 1 的长序列组成，由于受到随机干扰，有可能出现误码．假设发送信号为 0 或 1 的概率均为 0.5，又已知发送信号 0 时，接收为 0、1 的概率分别为 0.8 和 0.2，发送信号 1 时，接收为 1 和 0 的概率分别为 0.9 和 0.1．求：已知收到信号是 0 时，发出的信号也是 0 的概率.

1.14 某公司生产的机器其无故障工作时间X有概率密度函数（单位：万小时）

$$f(x)=\begin{cases}\dfrac{1}{x^2} & x>1\\[2ex] 0 & x\leqslant 1\end{cases}.$$

公司每售出一台机器可获利 1600 元，若机器售出后使用 1.2 万小时之内出故障，则应予以更换，这时每台亏损 1200 元；若在 1.2 万～2 万小时内出故障，则予以维修，由公司负担维修费 400 元；在使用 2 万小时以后出故障，则用户自己负责，求该公司售出每台机器的平均获利.

1.15 已知X服从参数为λ的泊松分布，试利用特征函数的性质求解$E(X)$和$\mathrm{Var}(X)$.

1.16 设二维随机变量(X,Y)的概率密度函数为

$$f(x,y)=\begin{cases}\dfrac{1}{4}[1+xy(x^2-y^2)] & -1<x<1,-1<y<1\\[2ex] 0 & \text{其他}\end{cases}.$$

试证明：（1）X和Y不相互独立；（2）$X+Y$的特征函数等于X,Y的特征函数的乘积.

1.17 假设生产线组装每件成品的时间服从指数分布，统计资料表明每件成品的组装时间平均为 10 分钟．设各件产品的组装时间相互独立：

（1）试求组装 100 件成品需要 900～1200 分钟的概率；

（2）以 95%的概率在 16 小时内最多可以组装多少件成品?

1.18 某职员每天乘公交车上班．如果该职员每天用于等车的时间服从均值为 5 分钟的指数分布，计算该职员在 303 个工作日中用于上班的等车时间之和大于 24 小时的概率.

1.19 试阐述随机变量序列“以概率收敛”的概念及“大数定律”的含义.

1.20 试阐述随机变量序列“以分布收敛”的概念及“中心极限定理”的含义.

第2章　统计基础

本章是数理统计学习的基础，主要介绍数理统计中一些常用的概念，如总体、个体、样本、统计量、抽样分布、常见分布族、经验分布函数、次序统计量、分位数、充分统计量、完备统计量、指数结构等内容. 一些常见的统计图形，如直方图、茎叶图、箱线图、雷达图等也放在本章中介绍.

2.1　一些基本概念

2.1.1　总体与样本

针对某个统计问题，通常我们把研究对象的全体称为**总体**，把组成总体的每个对象（或单元）称为**个体**. 例如，研究某个批次的机器零件的合格率问题，该批次的全部机器零件就组成了一个总体，其中的每一个机器零件就是一个个体. 总体中所包含的个体的总数称为**总体容量**，根据总体容量是有限或是无限的，将总体分为**有限总体**和**无限总体**两大类. 在实际问题中，为了研究的方便，当总体容量很大时，往往将有限总体当成无限总体进行处理. 例如，考察北京地区常住人口中成年男性的平均身高问题，显然该地区的所有的成年男性是一个有限总体，然而总体容量很大，我们可以将其认为是一个无限总体.

在统计中，我们感兴趣的并不是组成总体的个体本身，而是每个个体所对应的某个数量指标. 还是以研究某个批次的机器零件的合格率问题为例，我们关心的是生产的机器零件是正品还是次品. 若机器零件为次品，记 $X=1$，若其为正品，则记 $X=0$，显然任何一个机器零件是否是正品事先是不确定的，但可以肯定的是该零件要么是正品，要么是次品，即 X 要么等于1，要么等于0，所以 X 是一个随机变量. 总体中的每一个个体是随机试验的一个观察值，对应着随机变量 X 的一个取值，因此一个总体对应一个随机变量 X . 对总体的研究就是对随机变量 X 的研究，X 的分布函数和数字特征也称为总体的分布函数和数字特征.以后我们将不区分总体和对应的随机变量 X ，统称为总体 X .

在实际问题中，总体的分布往往是未知的，或者只知道其分布形式，但不知道其中的未知参数. 为了研究总体的情况，一般从总体中抽取一定数量的个体进行观测，这个过程称为**抽样**，然后根据获得的数据对总体的分布情况进行推断，其中从总体中抽取的若干个个体称为总体的一个**样本**; 样本中包含的个体的数量称为**样本容量**; 从总体抽取一个样本就是对总体 X 进行多次观察.

样本具有二重性，即对于样本（设样本的容量为 n ）中的每个个体而言，由于在观测之前无法确定其具体的数值，因此样本是一组随机变量，一般用大写字母表示，如记为 $X_1,X_2,\cdots,X_n$ ，而在观测之后，样本的取值随之确定，样本的**观测值**一般用小写字母表示，记为 $x_1,x_2,\cdots,x_n$.

设总体 X 的分布函数为 $F(x)$，若样本 $X_1,X_2,\cdots,X_n$ 相互独立，且它们具有相同的分布函数 $F(x)$，则称为 $X_1,X_2,\cdots,X_n$ 为来自总体 X 的**简单随机样本**，简称为**样本**，后继章节若无特殊说明，样本均为简单随机样本.

样本 $X_1, X_2, \cdots, X_n$ 也可以看作是一个 n 维的随机向量 $\boldsymbol{X}=(X_1, X_2, \cdots, X_n)^{\mathrm{T}}$，此时的样本值相应地写为 $\boldsymbol{x}=(x_1, x_2, \cdots, x_n)^{\mathrm{T}}$，样本 $\boldsymbol{X}$ 的所有可能的取值构成的集合称为**样本空间**，样本值 $\boldsymbol{x}$ 是样本空间的一个点.

根据定义，若总体 X 的分布函数为 $F(x)$，则样本 $\boldsymbol{X}=(X_1, X_2, \cdots, X_n)^{\mathrm{T}}$ 的联合分布函数为

$$F^*(\boldsymbol{x})=F^*(x_1, x_2, \cdots, x_n)=\prod_{i=1}^{n} F(x_i). \tag{2.1.1}$$

若总体 X 为连续型随机变量，其密度函数为 $f(x)$，则样本 $\boldsymbol{X}=(X_1, X_2, \cdots, X_n)^{\mathrm{T}}$ 的联合密度函数为

$$f^*(\boldsymbol{x})=f^*(x_1, x_2, \cdots, x_n)=\prod_{i=1}^{n} f(x_i). \tag{2.1.2}$$

若总体 X 为离散型随机变量，其概率分布为 $p(x_i)=P\{X=x_i\}$，则样本 $(X_1, X_2, \cdots, X_n)$ 的联合分布律为

$$P\{X_1=x_1, X_2=x_2, \cdots, X_n=x_n\}=\prod_{i=1}^{n} p(x_i). \tag{2.1.3}$$

例 2.1.1　某加工企业采用自动流水线加工某种机器零件，为了检验产品的次品率，现从某个批次的产品中随机抽取了 n 件，若机器零件为次品，记 $X=1$，若其为正品，则记 $X=0$，显然总体 X 服从两点分布 $b(1, p)$，总体 X 的分布列为

$$P\{X=x\}=p^x(1-p)^{1-x}, \quad x=0,1.$$

由于每个批次生产的机器零件的数量很大，样本 $X_1, X_2, \cdots X_n$ 可以理解为简单随机样本，则样本空间为

$$\Omega=\{(x_1, x_2, \cdots, x_n) \mid x_i=0,1; i=1,2,\cdots,n\}.$$

样本的联合分布列为

$$\begin{aligned} P\{X_1=x_1, X_2=x_2, \cdots, X_n=x_n\} &= P\{X_1=x_1\}P\{X_2=x_2\}\cdots P\{X_n=x_n\} \\ &= \prod_{i=1}^{n} p^{x_i}(1-p)^{1-x_i}=p^{\sum_{i=1}^{n} x_i}(1-p)^{n-\sum_{i=1}^{n} x_i}, \end{aligned}$$

其中 $x_i=0,1; i=1,2,\cdots,n$.

总体、样本、样本观察值的关系如图 2.1 所示，统计的主要任务是利用样本观察值去推断总体的情况（如总体的数字特征、总体的分布等），样本是联系两者的桥梁. 总体分布决定了样本取值的概率规律，反过来，我们可以用样本观察值的取值规律去推断总体的情况.

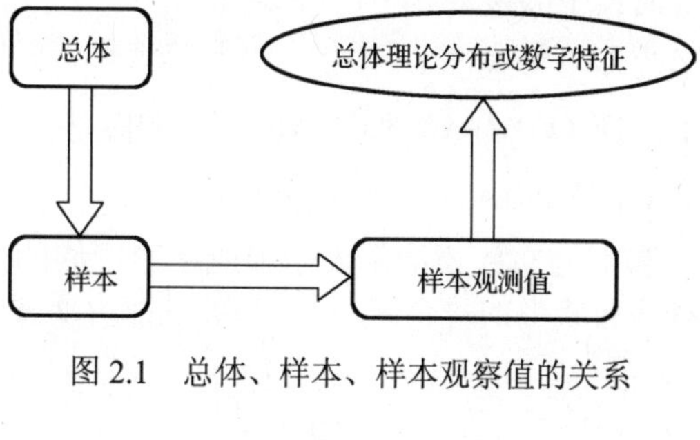

图 2.1　总体、样本、样本观察值的关系

2.1.2　放回与不放回抽样

若样本是采用从总体中逐个抽取的方式获得的，则常用的抽样方式有两种，即放回抽样和不放回抽样.

设总体共有 N 个成员（或元素），现从总体中随机抽取一个样本容量为 n 的样本，**放回抽样**（也称**重复抽样**）指的是每次从总体中抽取一个成员，并把结果记录下来，又放回总体中重新参加下一次的抽取；**不放回抽样**（也称**不重复抽样**）指的是每次从总体中抽取一个成员后就不再将其放回参加下一次的抽选，然后从剩余元素中再抽取下一个成员，直至进行 n（$n \leqslant N$）次.

总体分为有限总体和无限总体的主要作用是判别每次抽样是否独立. 对于无限总体而言，由于抽取一个个体不影响整体的分布，因此采用不放回抽样也可以得到简单随机样本. 对于有限总体而言，采用放回抽样可以得到简单随机样本. 但放回抽样在实际操作时不方便，因此当总体容量 N 远远大于样本容量 n 时，可将不放回抽样近似地当作放回抽样来处理.

2.1.3　参数与非参数分布族

统计中的**参数**通常有两大类，一是分布中所含有的未知常数或未知常数的函数，例如，随机变量 $X\sim N(\mu,\sigma^2)$，其中 μ 与 σ^2 未知，则 μ 与 σ^2 称为参数，又如，

$$P\{X \leqslant 1\} = P\left\{\frac{X-\mu}{\sigma} \leqslant \frac{1-\mu}{\sigma}\right\} = \Phi\left(\frac{1-\mu}{\sigma}\right)$$

为未知常数 μ 与 σ^2 的函数，$P\{X \leqslant 1\}$ 也称为参数；二是分布的各种特征数，如总体均值 $E(X)$、方差 $\mathrm{Var}(X)$ 等也称为参数.

一般情况下，常用 θ 表示未知参数，参数 θ 可能是一维的，也可能是多维的，当参数为多维时，一般用黑体字母 $\boldsymbol{\theta}$ 来表示. θ 所有的可能取值构成的集合称为**参数空间**，一般用 Θ 来表示.

在统计推断中，总体分布一般分为参数型分布族和非参数型分布族两大类. 如果总体的分布形式已知而其中的参数未知时，则称该分布族为**参数型分布族**或**参数分布族**，常记为 $\{P_\theta(x):\theta\in\Theta\}$. 如果总体的分布形式完全未知，则称该分布族为**非参数型分布族**或**非参数分布族**. 根据样本是来自参数分布族还是来自非参数分布族，所做的统计推断相应地称为**参数统计推断**或**非参数统计推断**.

例如，$\mathcal{P}=\{$连续型分布族$\}$ 指的是非参数分布族，该分布族中分布都是连续型的，关于分布的其他信息一概不知. 又如，$\mathcal{P}=\{N(\mu,\sigma^2):-\infty<\mu<+\infty,\sigma^2>0\}$ 指的是参数型分布，该分布族中的分布都是正态分布，而其中的参数 μ 和 σ^2 是未知的.

参数分布族也可以表示为如下形式

$$\{F_\theta(x):\theta\in\Theta\} \text{ 或 } \{F(x;\theta):\theta\in\Theta\}, \tag{2.1.4}$$

其中 $F_\theta(x)$ 或 $F(x;\theta)$ 为总体 X 的分布函数，θ 为未知参数.

在统计理论的研究中，参数分布族还经常表示为概率密度族的形式. 设总体 X 来自参数分布族 $\{F_\theta(x):\theta\in\Theta\}$，若对分布族中的每个 $F_\theta(x)$，都可以使用斯蒂尔杰斯（Stieltjes）积分表示为

$$F_\theta(x)=\int_{-\infty}^{x} f(x;\theta)\mu(\mathrm{d}x), \tag{2.1.5}$$

其中 μ 是 σ 有限测度，则称 $f(x;\theta)$ 为总体 X 的**概率密度函数**. 此时参数分布族式（2.1.4）也可以表示为

$$\{f_\theta(x):\theta\in\Theta\} \text{ 或 } \{f(x;\theta):\theta\in\Theta\}, \tag{2.1.6}$$

其中 $f_\theta(x)$ 或 $f(x;\theta)$ 为总体 X 的概率密度函数.

在数理统计中，当总体分布为离散型分布时，σ 有限测度 μ 一般取为计数测度，此时概率密度函数即为

$$f(x;\theta)=P_\theta\{X=x\},$$

此时，式（2.1.5）可以表示为

$$F_\theta(x)=\sum_{X\leqslant x} f(x;\theta)=\sum_{X\leqslant x} P_\theta\{X=x\}. \tag{2.1.7}$$

当总体分布为连续型分布时，σ 有限测度 μ 一般取为勒贝格（Lebesgue）测度，$\mu(\mathrm{d}x)=\mathrm{d}x$，此时式（2.1.5）可以表示为

$$F_\theta(x)=\int_{-\infty}^{x} f(x;\theta)\mathrm{d}x. \tag{2.1.8}$$

2.1.4 统计量与抽样分布

前面我们曾提及到，统计推断的主要思想就是利用样本观察值去推断总体的情况，如总体的分布或数字特征等. 然而在一般情况下，不会直接利用样本值. 这是因为样本值往往数据量比较大、信息比较凌乱分散，不方便直接使用. 为了将这些分散在样本中的信息集中起来，以反映总体的某些相关特征，需要对样本进行“加工”、“提炼”，而最为常用的样本信息的加工方法就是构造样本的函数，样本的函数也称为统计量.

定义 2.1.1 设 $\boldsymbol{X}=(X_1,X_2,\cdots,X_n)^{\mathrm{T}}$ 为来自总体 X 的一个样本，其观测值分别为 $\boldsymbol{x}=(x_1,x_2,\cdots,x_n)^{\mathrm{T}}$，若 $g(\boldsymbol{x})$ 为 $\boldsymbol{x}$ 的函数，且 $g(\boldsymbol{x})$ 不含有任何未知参数，则称 $T=g(\boldsymbol{X})$ 是一个**统计量**.

统计量的主要作用是对样本信息进行加工、整理，以便将我们感兴趣的问题用简洁的公式（或数值）表示出来. 例如，我们关心某年级学生的专业课成绩分布情况，这是只需要构造两个统计量

$$\overline{X}=\frac{1}{n}\sum_{i=1}^{n}X_i,\quad S_n^2=\frac{1}{n}\sum_{i=1}^{n}(X_i-\overline{X})^2,$$

即可反映出该年级学生的专业课成绩分布情况，其中 $\overline{X}$（样本均值）反映了学生专业课的平均成绩情况；S_n^2（样本方差）反映了学生专业课的成绩的分散程度，S_n^2 越大，学生成绩分散程度越严重，S_n^2 越小，学生的成绩越集中.

显然，统计量也是一个随机变量且不含有任何未知参数.由于样本具有二重性，统计量也具有二重性，即在观测之前，无法确定 $X_1,X_2,\cdots,X_n$ 的具体的数值，因而 $g(\boldsymbol{X})$ 是一个随机变量，而在观测之后，样本值 $\boldsymbol{x}=(x_1,x_2,\cdots,x_n)^{\mathrm{T}}$ 随之确定，$g(\boldsymbol{x})$ 也是一个确定的值.

下面给出统计中几个的常用的统计量，设 $\boldsymbol{X}=(X_1,X_2,\cdots,X_n)^{\mathrm{T}}$ 为来自总体 X 的一个样本.

（1）样本均值

$$\overline{X}=\frac{1}{n}\sum_{i=1}^{n}X_i\ ;$$

（2）样本方差

$$S_n^2=\frac{1}{n}\sum_{i=1}^{n}(X_i-\overline{X})^2=\frac{1}{n}\left(\sum_{i=1}^{n}X_i^2-n\overline{X}^2\right);$$

（3）修正的样本方差

$$S^2=\frac{1}{n-1}\sum_{i=1}^{n}(X_i-\overline{X})^2=\frac{1}{n-1}\left(\sum_{i=1}^{n}X_i^2-n\overline{X}^2\right);$$

（4）修正的样本标准差

$$S=\sqrt{\frac{1}{n-1}\sum_{i=1}^{n}(X_i-\overline{X})^2}\ ;$$

（5）样本 k 阶原点矩

$$A_k=\frac{1}{n}\sum_{i=1}^{n}X_i^k,\ k=1,2,\cdots;$$

（6）样本 k 阶中心矩

$$B_k=\frac{1}{n}\sum_{i=1}^{n}(X_i-\overline{X})^k,\ k=1,2,\cdots.$$

注　修正的样本方差有时也简称为样本方差，需要读者根据上下文加以区别.

在 R 语言中，计算样本均值的函数为 mean(x, ...)，其中，x 是样本构成的向量；计算修正的样本方差的函数为 var（x, na.rm = FALSE, use），其中，x 是由样本构成的向量、矩阵或数据框，na.rm 是逻辑变量，表示缺失值是否被剔除，use 表示有缺失值时的计算方法，在 "everything"、"all.obs"、"complete.obs"、"na.or.complete"、"pairwise.complete.obs"中取值．计算修正的样本标准差的函数为 sd（x, na.rm = FALSE），参数的含义与 var( )中相关参数的含义相同.

若总体 X 的 k 阶原点矩 $\mu_k=E(X^k)$ 存在，$g(\cdot)$ 为连续函数，根据辛钦大数定律和连续函数的性质有如下结论.

命题 2.1.1　设 $\boldsymbol{X}=(X_1,X_2,\cdots,X_n)^{\mathrm{T}}$ 为来自总体 X 的一个样本，X 的 k 阶矩 $\mu_k=E(X^k)\ (k=1,2,\cdots)$ 存在，则当 $n\to\infty$ 时，有

$$A_k=\frac{1}{n}\sum_{i=1}^{n}X_i^k\xrightarrow{P}\mu_k,\quad g(A_1,A_2,\cdots A_k)\xrightarrow{P}g(\mu_1,\mu_2,\cdots\mu_k).$$

统计量是我们对总体的分布函数或数字特征进行推断时所用到的最重要的概念之一，在利用统计量时常常需要知道它的分布.

定义 2.1.2　统计量 $g(\boldsymbol{X})$ 作为样本 $\boldsymbol{X}=(X_1,X_2,\cdots,X_n)^{\mathrm{T}}$ 的函数，仍是一个随机变量，我们把统计量的分布称为**抽样分布**.

需要注意的是，统计量虽然不依赖于任何未知参数，但抽样分布却可能依赖于未知参数，如 $\boldsymbol{X}$ 是来自正态总体 $X \sim N(\mu,\sigma^2)$ 的一个样本，其中 μ,σ^2 为未知参数，显然统计量 $\overline{X}=\dfrac{1}{n}\sum_{i=1}^{n}X_i \sim N\left(\mu,\dfrac{\sigma^2}{n}\right)$，该分布含有未知参数 μ 和 σ^2 .

例 2.1.2 设总体 X 服从参数为 p 的 $(0-1)$ 分布，$\boldsymbol{X}=(X_1,X_2,\cdots,X_n)^{\mathrm{T}}$ 为 X 的一个样本，试求：（1）样本 $\boldsymbol{X}$ 的分布；（2）样本均值 $\overline{X}$ 的分布.

解 （1）由于 X 的分布律为

$$P\{X=k\}=p^k(1-p)^{1-k}，\quad k=0,1，$$

且 $X_1,X_2,\cdots,X_n$ 相互独立、与总体 X 具有相同的分布，因此样本 $\boldsymbol{X}$ 的分布律为

$$\begin{aligned}P\{\boldsymbol{X}=\boldsymbol{x}\}&=P\{X_1=x_1\}P\{X_2=x_2\}\cdots P\{X_n=x_n\}\\&=p^{x_1}(1-p)^{1-x_1}p^{x_2}(1-p)^{1-x_2}\cdots p^{x_n}(1-p)^{1-x_n}\\&=p^{\sum\limits_{i=1}^{n}x_i}(1-p)^{n-\sum\limits_{i=1}^{n}x_i}，\quad 其中\ x_i=0,1,\ i=1,2,\cdots,n .\end{aligned}$$

（2）由于 $X_1,X_2,\cdots,X_n$ 相互独立且服从参数为 p 的 $(0-1)$ 分布，因此 $\sum\limits_{i=1}^{n}X_i \sim b(n,p)$，即

$$P\left\{\sum_{i=1}^{n}X_i=k\right\}=\binom{n}{k}p^k(1-p)^{n-k}，\quad k=0,1,2,\cdots,n .$$

于是样本均值 $\overline{X}$ 的分布律为

$$P\left\{\overline{X}=\frac{k}{n}\right\}=\binom{n}{k}p^k(1-p)^{n-k}，\quad k=0,1,2,\cdots,n .$$

然而在一般情形下，要求解出一个统计量的精确分布是十分困难的. 而在实际问题中，大多数总体都服从正态分布，我们介绍几个来自正态总体的抽样分布.

2.2 三大抽样分布

2.2.1 χ^2 分布

定义 2.2.1 设 $\boldsymbol{X}=(X_1,X_2,\cdots,X_n)^{\mathrm{T}}$ 是来自总体 $X \sim N(0,1)$ 的一个样本，则称统计量 $Y=\sum\limits_{i=1}^{n}X_i^2$ 服从自由度为 n 的 χ^2 分布，记为 $Y \sim \chi^2(n)$.

$\chi^2(n)$ 分布的概率密度函数为

$$f(y)=\begin{cases}\dfrac{1}{2^{\frac{n}{2}}\Gamma\left(\dfrac{n}{2}\right)}y^{\frac{n}{2}-1}\mathrm{e}^{-\frac{y}{2}} & y>0\\ 0 & y\leqslant 0\end{cases}，$$

其中 $\Gamma(s)=\int_0^{\infty}x^{s-1}\mathrm{e}^{-x}\mathrm{d}x \quad (s>0)$ 为伽马（Gamma）函数.

由高等数学的知识可知，伽马函数$\Gamma(s)$满足如下性质：

$$\Gamma(1)=1，\Gamma\left(\frac{1}{2}\right)=\sqrt{\pi}，\Gamma(s+1)=s\Gamma(s)，\Gamma(n+1)=n\Gamma(n)，\Gamma(n+1)=n!$$

$\chi^2(n)$概率密度函数图像如图 2.2 所示.

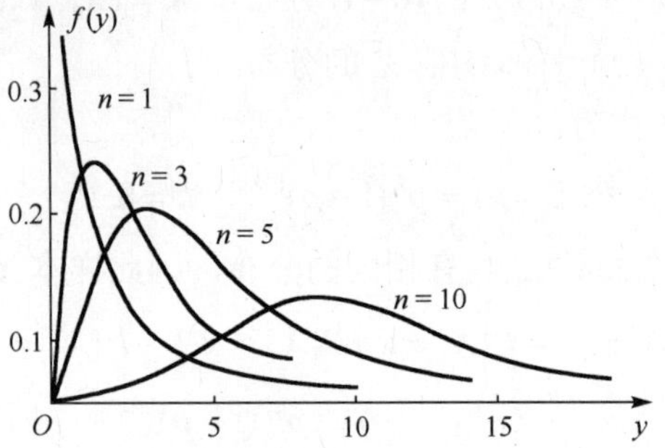

图 2.2

下面讨论χ^2分布的性质.

性质 1　若$Y_1\sim\chi^2(m)$，$Y_2\sim\chi^2(n)$，且Y_1与Y_2相互独立，则有$Y_1+Y_2\sim\chi^2(m+n)$.

证　由χ^2分布的定义容易证明，此处略.

性质 2　若$Y\sim\chi^2(n)$，则$E(Y)=n$，$\mathrm{Var}(Y)=2n$.

证　由于$Y\sim\chi^2(n)$，因此存在来自总体$X\sim N(0,1)$的一个样本$X_1,X_2,\cdots,X_n$，使得$Y\overset{d}{=\!=}\sum_{i=1}^{n}X_i^2$，其中符号$\overset{d}{=\!=}$表示随机变量$Y$与$\sum_{i=1}^{n}X_i^2$的分布相同. 因为$X_i\sim N(0,1)$，故$E(X_i^2)=E(X_i^2)-[E(X_i)]^2=\mathrm{Var}(X_i)=1$，且

$$\mathrm{Var}(X_i^2)=E(X_i^4)-[E(X_i^2)]^2=\int_{-\infty}^{+\infty}x^4\cdot\frac{1}{\sqrt{2\pi}}\mathrm{e}^{-\frac{x^2}{2}}\mathrm{d}x-1=-\frac{1}{\sqrt{2\pi}}\int_{-\infty}^{+\infty}x^3\mathrm{d}\left(\mathrm{e}^{-\frac{x^2}{2}}\right)-1$$

$$=-\frac{1}{\sqrt{2\pi}}\left(x^3\mathrm{e}^{-\frac{x^2}{2}}\right)_{-\infty}^{+\infty}+\frac{3}{\sqrt{2\pi}}\int_{-\infty}^{+\infty}x^2\mathrm{e}^{-\frac{x^2}{2}}\mathrm{d}x-1=\frac{3}{\sqrt{2\pi}}\int_{-\infty}^{+\infty}x^2\mathrm{e}^{-\frac{x^2}{2}}\mathrm{d}x-1$$

$$=3E(X_i^2)-1=2，$$

所以

$$E(Y)=E\left(\sum_{i=1}^{n}X_i^2\right)=\sum_{i=1}^{n}E(X_i^2)=n，\quad\mathrm{Var}(Y)=\mathrm{Var}\left(\sum_{i=1}^{n}X_i^2\right)=\sum_{i=1}^{n}\mathrm{Var}(X_i^2)=2n.$$

注　根据特征函数的定义，可以得到$\chi^2(n)$分布的特征函数为$\varphi(t)=(1-2\mathrm{i}t)^{-\frac{n}{2}}$. 利用特征函数的性质，容易证明$\chi^2(n)$分布的上述两条性质，证明过程请读者自行完成.

设$X\sim\chi^2(n)$，根据上α分位点的定义（见 1.2.3 节），若存在一点$\chi_\alpha^2(n)$，使得

$$P\left\{X>\chi_\alpha^2(n)\right\}=\int_{\chi_\alpha^2(n)}^{+\infty}f(y)\mathrm{d}y=\alpha，$$

则称$\chi_\alpha^2(n)$为$\chi^2(n)$分布的**上α分位点**，其中$f(y)$为$\chi^2(n)$分布的概率密度函数. 如图 2.3 所示.

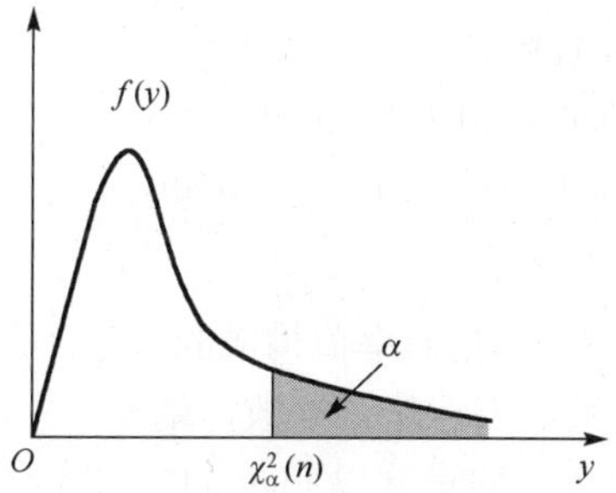

图 2.3

定义 2.2.2（非中心 χ^2 分布） 设随机变量 $X_1, X_2, \cdots, X_n$ 相互独立，且 $X_i \sim N(\mu_i, 1)$，其中 $\mu_i\ (i=1,2,\cdots,n)$ 不全为 0，则称 $Y=\sum_{i=1}^{n} X_i^2$ 服从自由度为 n、非中心参数为 $\gamma=\sum_{i=1}^{n}\mu_i^2$ 的非中心 χ^2 分布，记为 $Y \sim \chi^2(n,\gamma)$．特别地，当 $\gamma=0$ 时，非中心 χ^2 分布退化为 χ^2 分布，即 $\chi^2(n,0)=\chi^2(n)$．

若 $Y \sim \chi^2(n,\gamma)$，则其概率密度函数为

$$f(y;n,\gamma)=\sum_{i=0}^{\infty}\frac{1}{i!}\left(\frac{\gamma}{2}\right)^i \mathrm{e}^{-\frac{1}{2}\gamma}\cdot f(y;n+2i),$$

其中 $f(y;n+2i)$ 为服从自由度为 $n+2i$ 的 χ^2 分布的概率密度函数．

非中心 χ^2 随机变量具有如下性质：

性质 1 若 $Y \sim \chi^2(n,\gamma)$，则 Y 的特征函数为

$$\varphi(t)=(1-2\mathrm{i}t)^{-\frac{n}{2}}\exp\left\{-\frac{\mathrm{i}\gamma t}{1-2\mathrm{i}t}\right\}.$$

性质 2 若 $Y \sim \chi^2(n,\gamma)$，则 $E(Y)=n+\gamma$， $\mathrm{Var}(Y)=2n+4\gamma$．

性质 3 若 $Y_1 \sim \chi^2(n_1,\gamma_1)$， $Y_2 \sim \chi^2(n_2,\gamma_2)$，且 Y_1 与 Y_2 相互独立，则有

$$Y_1+Y_2 \sim \chi^2(n_1+n_2, \gamma_1+\gamma_2).$$

这里我们仅证性质 3，由于 $Y_1 \sim \chi^2(n_1,\gamma_1)$， $Y_2 \sim \chi^2(n_2,\gamma_2)$，因此 Y_1 与 Y_2 的特征函数为

$$\varphi_{Y_1}(t)=(1-2\mathrm{i}t)^{-\frac{n_1}{2}}\exp\left\{-\frac{\mathrm{i}\gamma_1 t}{1-2\mathrm{i}t}\right\},\quad \varphi_{Y_2}(t)=(1-2\mathrm{i}t)^{-\frac{n_2}{2}}\exp\left\{-\frac{\mathrm{i}\gamma_2 t}{1-2\mathrm{i}t}\right\}.$$

又因为 Y_1 与 Y_2 相互独立，因此根据特征函数的性质可知， Y_1+Y_2 的特征函数为

$$\begin{aligned}\varphi_{Y_1+Y_2}(t)&=\varphi_{Y_1}(t)\cdot\varphi_{Y_2}(t)=(1-2\mathrm{i}t)^{-\frac{n_1}{2}}\exp\left\{-\frac{\mathrm{i}\gamma_1 t}{1-2\mathrm{i}t}\right\}(1-2\mathrm{i}t)^{-\frac{n_2}{2}}\exp\left\{-\frac{\mathrm{i}\gamma_2 t}{1-2\mathrm{i}t}\right\}\\&=(1-2\mathrm{i}t)^{-\frac{n_1+n_2}{2}}\exp\left\{-\frac{\mathrm{i}(\gamma_1+\gamma_2)t}{1-2\mathrm{i}t}\right\},\end{aligned}$$

从而 Y_1+Y_2 服从自由度为 n_1+n_2、非中心参数为 $\gamma_1+\gamma_2$ 的非中心 χ^2 分布．

在 R 软件中，产生 χ^2 分布密度函数、分布函数、分位数及随机数的 R 函数分别为：

```
dchisq(x, df, ncp = 0, log = FALSE)
pchisq(q, df, ncp = 0, lower.tail = TRUE, log.p = FALSE)
qchisq(p, df, ncp = 0, lower.tail = TRUE, log.p = FALSE)
rchisq(n, df, ncp = 0)
```

其中，x 和 q 是分位数构成的向量，p 是概率值构成的向量，n 是产生的随机数的个数，df 是 t 分布的自由度，ncp 是非中心参数，若忽略该参数，则表示中心的 t 分布；log 和 log.p 是逻辑变量，如果取值为 TRUE，则概率值向量 p 以 log(p)的形式给出，lower.tail 也是逻辑变量，如果取值为 TRUE，则概率为 $P\{X \leqslant x\}$，否则，概率为 $P\{X > x\}$.

2.2.2　t 分布

定义 2.2.3　设随机变量 X 与 Y 相互独立，$X \sim N(0,1)$，$Y \sim \chi^2(n)$，则称随机变量 $t = \dfrac{X}{\sqrt{Y/n}}$ 服从自由度为 n 的 t 分布，记为 $t \sim t(n)$.

若 $t \sim t(n)$，利用独立随机变量商的密度函数公式可以求出随机变量 t 的密度函数为

$$h_n(t) = \frac{\Gamma\left(\dfrac{n+1}{2}\right)}{\Gamma\left(\dfrac{n}{2}\right)\sqrt{n\pi}}\left(1+\frac{t^2}{n}\right)^{-\frac{n+1}{2}},\quad -\infty < t < +\infty .$$

密度函数 $h_n(t)$ 图像如图 2.4 所示.

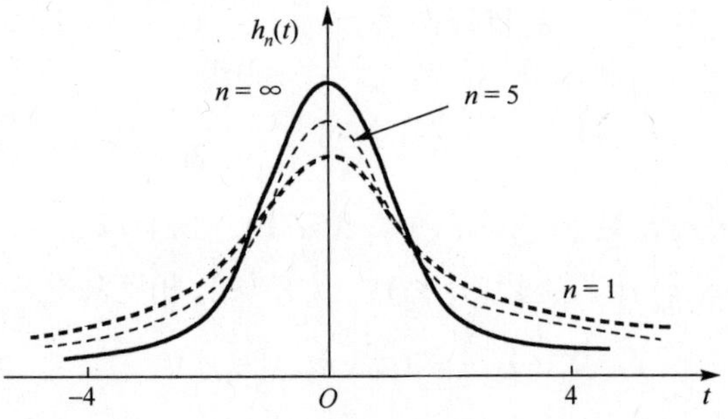

图 2.4

当自由度 $n=1$ 时，t 分布就是**柯西（Cauchy）分布**，其密度函数为

$$h_1(t) = \frac{1}{\pi(1+t^2)},\quad -\infty < t < +\infty .$$

柯西分布还有更一般的形式

$$f(x;a,b) = \frac{b}{\pi[b^2+(x-a)^2]},\quad -\infty < x < +\infty ,$$

其中参数 $b>0$，柯西分布以其期望和方差都不存在而著名.

下面讨论 t 分布的性质.

性质 1　t 分布的概率密度曲线 $h_n(t)$ 的图像关于直线 $t=0$ 对称，即 $h_n(t)$ 为偶函数.

性质 2　$\lim\limits_{n\to\infty}h_n(t)=\dfrac{1}{\sqrt{2\pi}}e^{-\frac{t^2}{2}}$，即当自由度 $n\to\infty$ 时，t 分布的概率密度 $h_n(t)$ 的极限为标准正态分布的概率密度函数 $\varphi(t)$. 于是当 n 足够大时，t 分布近似于标准正态分布 $N(0,1)$.

性质 3　设 t 服从自由度为 n 的 t 分布，则该分布只存在低于 n 的各阶矩，且

$$E(t^{2k+1})=0 \qquad (2k+1<n);$$

$$E(t^{2k})=\frac{n^k}{\sqrt{\pi}}\cdot\frac{\Gamma\left(\frac{n}{2}-k\right)\Gamma\left(k+\frac{1}{2}\right)}{\Gamma\left(\frac{n}{2}\right)} \qquad (2k<n).$$

特殊地，当自由度 $n>2$ 时，有

$$E(t)=0,\quad \mathrm{Var}(t)=E(t^2)=\frac{n}{n-2}.$$

设 $t\sim t(n)$，根据上 α 分位点的定义，若存在一点 $t_\alpha(n)$，使得

$$P\{\,t>t_\alpha(n)\}=\int_{t_\alpha(n)}^{+\infty}h_n(t)\mathrm{d}t=\alpha,$$

则称 $t_\alpha(n)$ 为 $t(n)$ 分布的上 α **分位点**，其中 $h_n(t)$ 为 $t(n)$ 分布的概率密度函数，如图 2.5 所示.

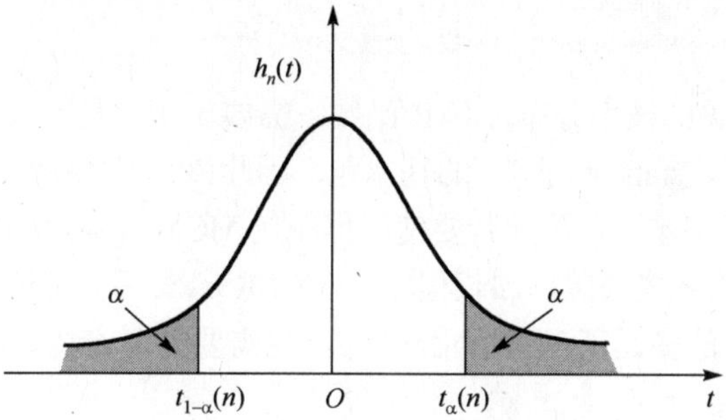

图 2.5

需要注意的是，由于 t 分布的概率密度函数是偶函数，因此其上 α 分位点 $t_\alpha(n)$ 满足 $t_{1-\alpha}(n)=-t_\alpha(n)$. 当自由度 $n>50$ 时，$t_\alpha(n)$ 可以用标准正态分布的上 α 分位点 z_α 近似，即有 $t_\alpha(n)\approx z_\alpha$.

定义 2.2.4（非中心 t 分布）　设随机变量 $X\sim N(\mu,1)$，$Y\sim\chi^2(n)$，其中 $\mu\neq0$，且 X 和 Y 相互独立，则称

$$t=\frac{X}{\sqrt{Y/n}}$$

服从自由度为 n、非中心参数为 $\gamma=\mu$ 的非中心 t 分布，记为 $t\sim t(n,\gamma)$. 特别地，当 $\mu=0$ 时，非中心 t 分布退化为中心 t 分布，即 $t(n,0)=t(n)$.

若 $t\sim t(n,\mu)$，则其概率密度函数为

$$f(x;n,\gamma)=\frac{n^{\frac{n}{2}}\exp\left\{-\frac{\gamma}{2}\right\}}{\sqrt{\pi}\Gamma\left(\frac{n}{2}\right)(n+x^2)^{\frac{n+1}{2}}}\sum_{k=0}^{\infty}\Gamma\left(\frac{n+k+1}{2}\right)\frac{\gamma^{\frac{k}{2}}}{k!}\left(\frac{\sqrt{2}x}{\sqrt{n+x^2}}\right)^k,\quad -\infty<x<+\infty.$$

R 软件中提供了生成 t 分布密度函数、分布函数、分位数及随机数的 R 函数，具体如表 2.1 所示.

表 2.1　常见概率分布及对应的 R 函数

分布名称	R 函数	参数	程序包
χ^2 分布	_chisq	df, ncp = 0	stats
t 分布	_t	df, ncp	stats
F 分布	_f	df1, df2, ncp	stats
伽马分布	_gamma	shape, rate = 1, scale = 1/rate	stats
贝塔分布	_beta	shape1, shape2	stats
柯西分布	_cauchy	location = 0, scale = 1	stats
超几何分布	_hyper	m, n, k	stats
多项分布	_multinom	size, prob	stats
韦布尔分布	_weibull	shape, scale = 1	stats
逆伽马分布	_invgamma	shape, scale = 1	MCMCpack
Wishart 分布	_wish	W, v, S	MCMCpack
多元正态	_mvnorm	mean, sigma	mvtnorm
多元 t 分布	_mvt	sigma = diag（2）, df = 1	mvtnorm

注　R 函数中的下划线部分表示该位置可以用字母“d”“p”“q”以及“r”替代，其含义分别表示密度函数、分布函数、分位数及随机数，程序包 MCMCpack 和 mvtnorm 中的函数只能接受“d”和“r”.

表 2.1 列出了一些常见的概率分布及其 R 函数. 需要说明的是，大部分常用函数都包含在程序包 stats 中，由于程序包 stats 属于 R 的基本包，因此该程序包中的函数可以直接使用. 由于 MCMCpack 程序包不属于基本包，因此若要使用程序包 MCMCpack 中的逆伽马分布、Wishart 分布及逆 Wishart 分布，则需要先安装、加载程序包 MCMCpack 后才能够使用上述函数. 类似地，要使用程序包 mvtnorm 中的多元正态和多元 t 分布，也需要提前安装、加载程序包 mvtnorm.

2.2.3　*F* 分布

定义 2.2.5　设随机变量 X 与 Y 相互独立，且 $X\sim\chi^2(m)$，$Y\sim\chi^2(n)$，则称 $F=\dfrac{X/m}{Y/n}$ 服从自由度为 (m,n) 的 F 分布，记为 $F\sim F(m,n)$.

若 $F\sim F(m,n)$，利用独立随机变量商的密度函数公式可以求出随机变量 F 的概率密度函数为

$$f(y;m,n)=\begin{cases}\dfrac{\Gamma\left(\dfrac{m+n}{2}\right)\left(\dfrac{m}{n}\right)^{\frac{m}{2}}}{\Gamma\left(\dfrac{m}{2}\right)\Gamma\left(\dfrac{n}{2}\right)}y^{\frac{m}{2}-1}\left(1+\dfrac{my}{n}\right)^{-\frac{m+n}{2}} & y>0\\ 0 & y\leqslant 0\end{cases}.$$

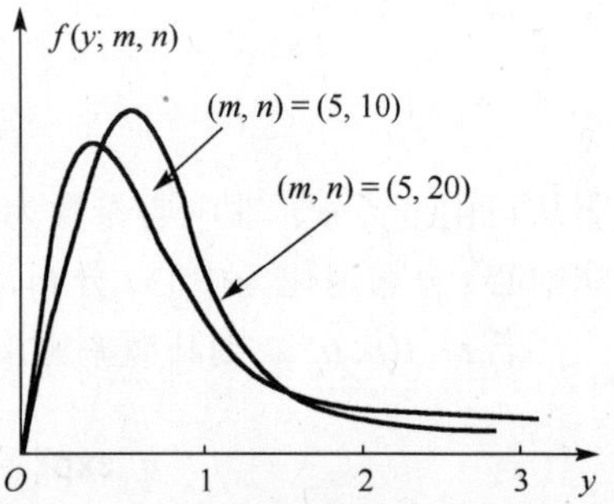

图 2.6

F 分布的密度函数的 $f(y;m,n)$ 图像如图 2.6 所示.

下面讨论 F 分布的性质.

性质 1　若 $F\sim F(m,n)$，则 $\dfrac{1}{F}\sim F(n,m)$.

性质 2 若 $t \sim t(n)$，则 $t^2 \sim F(1,n)$.

性质 3 若 $F \sim F(m,n)$，则有

$$E(F^k) = \left(\frac{n}{m}\right)^k \frac{\Gamma\left(k+\frac{m}{2}\right)\Gamma\left(\frac{n}{2}-k\right)}{\Gamma\left(\frac{m}{2}\right)\Gamma\left(\frac{n}{2}\right)} \quad (0 < 2k < n).$$

特别地，当 $n > 4$ 时，

$$E(F) = \frac{n}{n-2}, \quad \mathrm{Var}(F) = \frac{2n^2(m+n-2)}{m(n-2)^2(n-4)}.$$

设 $F \sim F(m,n)$，根据上 α 分位点的定义，若存在一点 $F_\alpha(m,n)$，使得

$$P\{F > F_\alpha(m,n)\} = \int_{F_\alpha(m,n)}^{+\infty} f(y;m,n)\mathrm{d}y = \alpha,$$

则称 $F_\alpha(m,n)$ 为 $F(m,n)$ 分布的**上 α 分位点**，其中 $f(y;m,n)$ 为 $F(m,n)$ 分布的概率密度函数. 如图 2.7 所示.

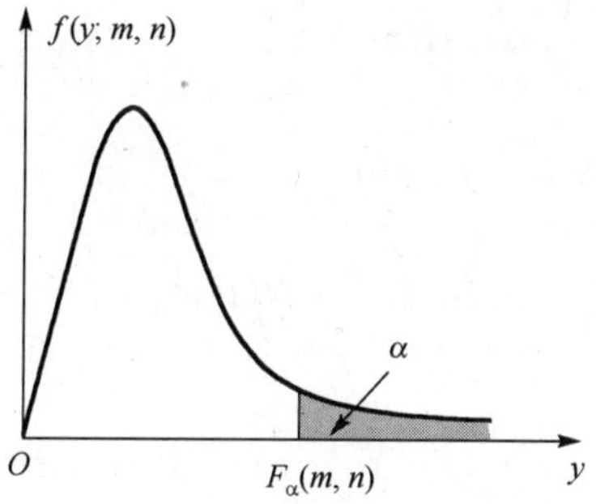

图 2.7

对于 F 分布的上 α 分位点 $F_\alpha(m,n)$，有关系式 $F_{1-\alpha}(n,m) = \dfrac{1}{F_\alpha(m,n)}$.

定义 2.2.6（非中心 F 分布） 设 $X \sim \chi^2(m,\gamma)$，$Y \sim \chi^2(n)$，且 X 和 Y 相互独立，则称 $F = \dfrac{X/m}{Y/n}$ 为服从自由度为 m 和 n，非中心参数为 γ 的**非中心 F 分布**，记为 $F \sim F(m,n,\gamma)$. 特别地，当 $\gamma = 0$ 时，非中心 F 分布退化为中心 F 分布.

$F(m,n,\gamma)$ 的概率密度函数为

$$f(x;m,n,\gamma) = \sum_{k=0}^{\infty} \frac{1}{k!}\left(\frac{\gamma}{2}\right)^k \exp\left\{-\frac{\gamma}{2}\right\} f\left(\frac{mx}{m+2k}; m+2k, n\right)\frac{m}{m+2k},$$

其中 $f(x;m+2k,n)$ 表示服从自由度为 $(m+2k,n)$ 的 F 分布的概率密度函数.

非中心 F 分布具有如下性质.

性质 1 若 $t \sim t(n,\gamma)$，则 $t^2 \sim F(1,n,\gamma)$.

性质 2 若 $F \sim F(m,n,\gamma)$，当 $n > 4$ 时，有

$$E(F) = \frac{(m+\gamma)n}{m(n-2)},$$

$$\operatorname{Var}(F)=\frac{2n^2}{m^2(n-2)^2(n-4)}[(m+\gamma)^2+(n-2)(m+2\delta)].$$

R 软件提供了生成 F 分布的 R 函数，具体参见表 2.1.

2.2.4　两个重要的结论

正态总体在统计推断中有着举足轻重的作用，下面几个推论在正态总体的区间估计和假设检验中扮演着重要角色.

定理 2.2.1（**单总体情形**）设 $X_1,X_2\cdots,X_n$ 为来自正态总体 $X\sim N(\mu,\sigma^2)$ 的一个样本，$\bar{X}$ 和 $S^2=\frac{1}{n-1}\sum_{i=1}^{n}(X_i-\bar{X})^2$ 分别是样本均值和样本方差，则有

（1）$\bar{X}\sim N\left(\mu,\frac{\sigma^2}{n}\right)$，即 $\frac{\bar{X}-\mu}{\sigma/\sqrt{n}}\sim N(0,1)$；

（2）$\frac{(n-1)S^2}{\sigma^2}\sim\chi^2(n-1)$；

（3）$\bar{X}$ 与 S^2 相互独立，且 $\frac{\bar{X}-\mu}{S/\sqrt{n}}\sim t(n-1)$；

（4）$\frac{1}{\sigma^2}\sum_{i=1}^{n}(X_i-\mu)^2\sim\chi^2(n)$；

定理 2.2.2（**双总体情形**）设总体 $X\sim N(\mu_1,\sigma_1^2)$，$Y\sim N(\mu_2,\sigma_2^2)$，且 X 与 Y 独立，$X_1,X_2,\cdots,X_m$ 和 $Y_1,Y_2,\cdots,Y_n$ 分别为来自 X 与 Y 的样本，$\bar{X}$，$\bar{Y}$ 分别是这两个样本的样本均值，$S_1^2=\frac{1}{m-1}\sum_{i=1}^{m}(X_i-\bar{X})^2$，$S_2^2=\frac{1}{n-1}\sum_{i=1}^{n}(Y_i-\bar{Y})^2$ 分别是这两个样本的样本方差，则有

（1）$\dfrac{(\bar{X}-\bar{Y})-(\mu_1-\mu_2)}{\sqrt{\dfrac{\sigma_1^2}{m}+\dfrac{\sigma_2^2}{n}}}\sim N(0,1)$；

（2）$\dfrac{\sum_{i=1}^{m}(X_i-\mu_1)^2\Big/(m\sigma_1^2)}{\sum_{i=1}^{n}(Y_i-\mu_2)^2\Big/(n\sigma_2^2)}\sim F(m,n)$；

（3）$\dfrac{S_1^2/\sigma_1^2}{S_2^2/\sigma_2^2}=\dfrac{\sum_{i=1}^{m}(X_i-\bar{X})^2\Big/[(m-1)\sigma_1^2]}{\sum_{i=1}^{n}(Y_i-\bar{Y})^2\Big/[(n-1)\sigma_2^2]}\sim F(m-1,n-1)$；

（4）当 $\sigma_1^2=\sigma_2^2=\sigma^2$ 时，则有

$$\frac{(\bar{X}-\bar{Y})-(\mu_1-\mu_2)}{S_\omega\sqrt{\dfrac{1}{m}+\dfrac{1}{n}}}\sim t(m+n-2),$$

其中 $S_{\omega}=\sqrt{\dfrac{(m-1)S_1^2+(n-1)S_2^2}{(m+n-2)}}$.

例 2.2.1　设 $X_1,X_2,\cdots,X_m,X_{m+1},\cdots,X_{m+n}$ 为来自总体 $X\sim N(0,\sigma^2)$ 的一个容量为 $m+n$ 的样本，试讨论统计量 $\dfrac{n}{m}\cdot\dfrac{X_1^2+X_2^2+\cdots+X_m^2}{X_{m+1}^2+X_{m+2}^2+\cdots+X_{m+n}^2}$ 的分布.

解　由于 $X_1,X_2,\cdots,X_m,X_{m+1},\cdots,X_{m+n}$ 均服从正态分布 $N(0,\sigma^2)$，因此

$$\frac{X_i}{\sigma}\sim N(0,1),\ i=1,2,3,\cdots,m+n .$$

又因为 $X_1,X_2,\cdots,X_m,X_{m+1},\cdots,X_{m+n}$ 相互独立，故

$$\frac{X_1^2+X_2^2+\cdots+X_m^2}{\sigma^2}\sim\chi^2(m)，\quad \frac{X_{m+1}^2+X_{m+2}^2+\cdots+X_{m+n}^2}{\sigma^2}\sim\chi^2(n)，$$

且 $\dfrac{X_1^2+X_2^2+\cdots+X_m^2}{\sigma^2}$ 与 $\dfrac{X_{m+1}^2+X_{m+2}^2+\cdots+X_{m+n}^2}{\sigma^2}$ 相互独立. 根据 F 分布的定义，

$$\frac{n}{m}\cdot\frac{X_1^2+X_2^2+\cdots+X_m^2}{X_{m+1}^2+X_{m+2}^2+\cdots+X_{m+n}^2}=\frac{\dfrac{X_1^2+X_2^2+\cdots+X_m^2}{m\sigma^2}}{\dfrac{X_{m+1}^2+X_{m+2}^2+\cdots+X_{m+n}^2}{n\sigma^2}}\sim F(m,n).$$

2.3　常见分布族

在概率论中，我们曾学习过一些分布族，如二项分布族、泊松分布族、正态分布族等，在 2.2 节中，我们也介绍过 χ^2 分布族、t 分布族及 F 分布族. 除了上述分布族外，还有一些分布族在数理统计中也经常出现，如伽马分布族、Fisher Z 分布族、贝塔分布族、多项分布族等，本节我们将逐一介绍这些分布族.

2.3.1　伽马分布族

定义 2.3.1　若连续型随机变量 X 概率密度函数可表示为

$$f(x;\alpha,\lambda)=\frac{\lambda^{\alpha}}{\Gamma(\alpha)}x^{\alpha-1}\mathrm{e}^{-\lambda x}I\{x>0\}，\tag{2.3.1}$$

这里 $I\{\cdot\}$ 为示性函数，则称 X 服从参数为 (α,λ) 的**伽马（Gamma）分布**，记为 $X\sim Ga(\alpha,\lambda)$，其中 $\alpha>0$ 称为形状参数，$\lambda>0$ 称为尺度参数.

由定义容易看出，$Ga(1,\lambda)$ 即为指数分布 $Exp(\lambda)$；$Ga\left(\dfrac{n}{2},\dfrac{1}{2}\right)$ 即为自由度为 n 的 χ^2 分布.

$Ga(\alpha,\lambda)$ 分布的密度函数 $f(x;\alpha,\lambda)$ 的图像如图 2.8 所示.

伽马分布具有如下性质.

性质 1　若随机变量 $X\sim Ga(\alpha,\lambda)$，则 X 的 k 阶矩为

$$E(X^k)=\frac{\Gamma(\alpha+k)}{\Gamma(\alpha)}\cdot\frac{1}{\lambda^k},$$

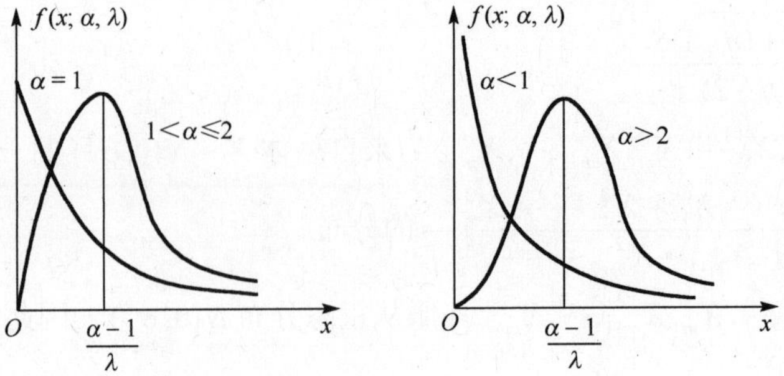

图 2.8

其期望和方差分别为

$$E(X)=\frac{\alpha}{\lambda},\quad \mathrm{Var}(X)=\frac{\alpha}{\lambda^2}.$$

性质 2　伽马分布的特征函数为 $\varphi(t)=\left(1-\frac{\mathrm{i}t}{\lambda}\right)^{-\alpha}$.

性质 3　若 $X_i\sim Ga(\alpha_i,\lambda)$，$i=1,2,\cdots,n$，且 $X_1,X_2\cdots,X_n$ 相互独立，则

$$\sum_{i=1}^{n}X_i\sim Ga\left(\sum_{i=1}^{n}\alpha_i,\lambda\right).$$

该性质称为伽马分布的对形状参数的可加性.

若 $X\sim Ga(\alpha,\lambda)$，则称随机变量 $Y=\frac{1}{X}$ 服从参数为 (α,λ) 的**逆伽马分布**，记为 $Y\sim IG(\alpha,\lambda)$. 逆伽马分布的密度函数为

$$g(x;\alpha,\lambda)=\frac{\lambda^\alpha}{\Gamma(\alpha)}\left(\frac{1}{x}\right)^{\alpha+1}\mathrm{e}^{-\frac{\lambda}{x}}I\{x>0\},\tag{2.3.2}$$

其中参数 $\alpha>0$，$\lambda>0$.

R 软件提供了生成伽马分布和逆伽马分布的函数，具体参见表 2.1. 以产生伽马随机数为例，其调用格式为：

```
rgamma(n, shape, rate = 1, scale = 1/rate)
```

其中，n 是产生的随机数的个数，rate 是指定 scale 的另一种方式，shape 和 scale 是形状参数和尺度参数.

2.3.2　Fisher Z 分布族

定义 2.3.2　若连续型随机变量 X 概率密度函数可表示为

$$f(x;a,b)=\frac{\Gamma(a+b)}{\Gamma(a)\Gamma(b)}\cdot\frac{x^{a-1}}{(1+x)^{a+b}},\quad x\in(0,+\infty),\tag{2.3.3}$$

其中 $a>0$，$b>0$，则称 X 服从参数为 (a,b) 的 **Fisher Z 分布**，简称 Z 分布，记为 $X\sim Z(a,b)$.

Fisher Z 分布族具有如下性质.

性质 1　若 $X\sim Z(a,b)$，则 X 的 k 阶矩为

$$E(X^k)=\frac{(a+k-1)(a+k-2)\cdots a}{(b-1)(b-2)\cdots(b-k)}\quad (k<b),$$

因此 X 的期望和方差分别为

$$E(X)=\frac{a}{b-1}\quad (b>1),\quad \mathrm{Var}(X)=\frac{a(a+b-1)}{(b-1)^2(b-2)}\ (b>2).$$

性质 2 若 $X\sim Z\left(\frac{m}{2},\frac{n}{2}\right)$，则 $Y=\frac{n}{m}\cdot X\sim F(m,n)$.

性质 3 设 $X_1\sim Ga(\alpha_1,\lambda)$，$X_2\sim Ga(\alpha_2,\lambda)$，且 X_1 与 X_2 独立，则 $Y_1=X_1+X_2$ 与 $Y_2=\frac{X_1}{X_2}$ 独立，且 $Y_2\sim Z(\alpha_1,\alpha_2)$.

这里我们仅证明性质 3，性质 1 和性质 2 的证明请读者自行完成.

证 令

$$\begin{cases} y_1=x_1+x_2 \\ y_2=\dfrac{x_1}{x_2}\end{cases} \quad 则 \begin{cases} x_1=\dfrac{y_1y_2}{1+y_2} \\ x_2=\dfrac{y_1}{1+y_2}\end{cases},$$

变换的雅克比行列式 $J=\left|\frac{\partial(x_1,x_2)}{\partial(y_1,y_2)}\right|=-\frac{y_1}{(1+y_2)^2}$，则 Y_1 和 Y_2 的联合密度函数为

$$\begin{aligned} f_{Y_1,Y_2}(y_1,y_2)&=f_{X_1,X_2}(x_1,x_2)\left|J\right|=\frac{\left(\dfrac{y_1y_2}{1+y_2}\right)^{\alpha_1-1}\left(\dfrac{y_1}{1+y_2}\right)^{\alpha_2-1}}{\Gamma(\alpha_1)\Gamma(\alpha_2)}\lambda^{\alpha_1+\alpha_2}\mathrm{e}^{-\lambda y_1}\frac{y_1}{(1+y_2)^2} \\ &=\frac{\lambda^{\alpha_1+\alpha_2}}{\Gamma(\alpha_1+\alpha_2)}\mathrm{e}^{-\lambda y_1}y_1^{\alpha_1+\alpha_2-1}\frac{\Gamma(\alpha_1+\alpha_2)}{\Gamma(\alpha_1)\Gamma(\alpha_2)}\frac{y_2^{\alpha_1-1}}{(1+y_2)^{\alpha_1+\alpha_2}} \\ &=f_{Y_1}(y_1)\cdot f_{Y_2}(y_2), \end{aligned}$$

其中

$$f_{Y_1}(y_1)=\frac{\lambda^{\alpha_1+\alpha_2}}{\Gamma(\alpha_1+\alpha_2)}\mathrm{e}^{-\lambda y_1}y_1^{\alpha_1+\alpha_2-1},\quad f_{Y_2}(y_2)=\frac{\Gamma(\alpha_1+\alpha_2)}{\Gamma(\alpha_1)\Gamma(\alpha_2)}\frac{y_2^{\alpha_1-1}}{(1+y_2)^{\alpha_1+\alpha_2}},$$

因此 $Y_1=X_1+X_2$ 与 $Y_2=\frac{X_1}{X_2}$ 独立，且 $Y_2\sim Z(\alpha_1,\alpha_2)$.

2.3.3 贝塔分布族

定义 2.3.3 若连续型随机变量 X 概率密度函数可表示为

$$f(x;a,b)=\frac{\Gamma(a+b)}{\Gamma(a)\Gamma(b)}x^{a-1}(1-x)^{b-1},\quad x\in(0,1), \tag{2.3.4}$$

其中 $a>0$，$b>0$，则称 X 服从参数 (a,b) 的**贝塔（Beta）分布**，记为 $X\sim Be(a,b)$.

贝塔分布的两个特殊情形．当 $a=b=1$ 时，贝塔分布即为 $(0,1)$ 上的均匀分布，当 $a=b=\frac{1}{2}$

时，贝塔分布即为 $(0,1)$ 上的**反正弦分布**，其密度函数为

$$f(x;a,b)=\frac{1}{\pi\sqrt{x(1-x)}}，\quad x\in(0,1). \tag{2.3.5}$$

贝塔分布族具有如下性质.

性质 1　若 $X\sim Be(a,b)$，则 X 的 k 阶矩为

$$E(X^k)=\frac{\Gamma(a+k)\Gamma(a+b)}{\Gamma(a)\Gamma(a+b+k)},$$

因此 X 的期望和方差分别为

$$E(X)=\frac{a}{a+b}，\quad \mathrm{Var}(X)=\frac{ab}{(a+b)^2(a+b+1)}.$$

性质 2　设 $X_1\sim Ga(\alpha_1,\lambda)$，$X_2\sim Ga(\alpha_2,\lambda)$，且 X_1 与 X_2 独立，则 $Y_1=X_1+X_2$ 与 $Y_2=\dfrac{X_1}{X_1+X_2}$ 独立，且 $Y_2\sim Be(\alpha_1,\alpha_2)$.

性质 3　Z 分布与 Beta 分布的关系. 若 $X\sim Be(a,b)$，则 $Y=\dfrac{X}{1-X}\sim Z(a,b)$；若 $X\sim Z(a,b)$，则 $Y=\dfrac{X}{1+X}\sim Be(a,b)$.

这里我们仅证明性质 3，性质 1 和性质 2 的证明见本节习题.

证　(1) 设 $y=\dfrac{x}{1-x}$，则 $x=\dfrac{y}{1+y}$，$\dfrac{\mathrm{d}x}{\mathrm{d}y}=\dfrac{1}{(1+y)^2}$. 又因为 $X\sim Be(a,b)$，所以

$$f_Y(y)=f_X(x)\cdot\left|\frac{\mathrm{d}x}{\mathrm{d}y}\right|=\frac{\Gamma(a+b)}{\Gamma(a)\Gamma(b)}\left(\frac{y}{1+y}\right)^{a-1}\left(1-\frac{y}{1+y}\right)^{b-1}\left|\frac{\mathrm{d}x}{\mathrm{d}y}\right|I\left\{\frac{y}{1+y}\in(0,1)\right\},$$

即有

$$f_Y(y)=\frac{\Gamma(a+b)}{\Gamma(a)\Gamma(b)}\frac{y^{a-1}}{(1+y)^{a+b-2}}\frac{1}{(1+y)^2}I\{y>0\}=\frac{\Gamma(a+b)}{\Gamma(a)\Gamma(b)}\frac{y^{a-1}}{(1+y)^{a+b}}I\{y>0\},$$

所以 $Y\sim Z(a,b)$.

(2) 设 $y=\dfrac{x}{1+x}$，则 $x=\dfrac{y}{1-y}$，$\dfrac{\mathrm{d}x}{\mathrm{d}y}=-\dfrac{1}{(1-y)^2}$. 因为 $X\sim Z(a,b)$，因此根据随机变量函数的密度公式，有

$$f_Y(y)=\frac{\Gamma(a+b)}{\Gamma(a)\Gamma(b)}\left(\frac{y}{1-y}\right)^{a-1}\left(1+\frac{y}{1-y}\right)^{-(a+b)}\left|\frac{\mathrm{d}x}{\mathrm{d}y}\right|I\left\{\frac{y}{1-y}>0\right\},$$

从而有

$$f_Y(y)=\frac{\Gamma(a+b)}{\Gamma(a)\Gamma(b)}\frac{y^{a-1}}{(1-y)^{-b-1}}\frac{1}{(1-y)^2}=\frac{\Gamma(a+b)}{\Gamma(a)\Gamma(b)}y^{a-1}(1-y)^{b-1}I\{y\in(0,1)\},$$

故 $Y\sim Be(a,b)$.

R 软件提供了生成贝塔分布的 R 函数，具体参见表 2.1.

2.3.4 韦布尔分布族

定义 2.3.4 若连续型随机变量 X 的概率密度函数为

$$f(x;\alpha,\eta)=\frac{\alpha}{\eta}\left(\frac{x}{\eta}\right)^{\alpha-1}\exp\left\{-\left(\frac{x}{\eta}\right)^{\alpha}\right\},\quad x\in(0,+\infty), \tag{2.3.6}$$

其中 $\alpha>0$，$\eta>0$，则称 X 服从形状参数为 α，尺度参数为 η 的**韦布尔（Weibull）分布**，记为 $X\sim W(\alpha,\eta)$. 当 $\eta=1$ 时，称为**标准的韦布尔分布**.

由定义，显然当 $\alpha=1$ 时，韦布尔分布即为**指数分布** $Exp\left(\frac{1}{\eta}\right)$，当 $\alpha=2$ 时，韦布尔分布即为**瑞利（Rayleigh）分布**，其密度函数为

$$f(x;\alpha,\eta)=\frac{2x}{\eta^2}\exp\left\{-\left(\frac{x}{\eta}\right)^{2}\right\},\quad x\in(0,+\infty), \tag{2.3.7}$$

若 $X\sim W(\alpha,\eta)$，则 X 的分布函数为

$$F(x;\alpha,\eta)=1-\exp\left\{-\left(\frac{x}{\eta}\right)^{\alpha}\right\},\quad x\in(0,+\infty). \tag{2.3.8}$$

若 $X\sim W(\alpha,\eta)$，则 X 的期望和方差分别为

$$E(X)=\eta\Gamma\left(1+\frac{1}{\alpha}\right),\quad \mathrm{Var}(X)=\eta^2\left[\Gamma\left(1+\frac{2}{\alpha}\right)-\Gamma^2\left(1+\frac{1}{\alpha}\right)\right].$$

R 软件提供了生成韦布尔分布的 R 函数，具体参见表 2.1.

2.3.5 多项分布族

n 重伯努利试验可以很容易推广到 n 次重复独立试验且每次试验可能的结果不止两个的情形. 现将每次试验的可能结果分别记为 $A_1,A_2,\cdots,A_r$，并记 $p_i=P(A_i)$，$i=1,2,\cdots,r$，则 $p_i\geqslant 0$，$\sum_{i=1}^{r}p_i=1$. 在上述 n 次重复独立试验中，记 X_i 为事件 $A_i\ (i=1,2,\cdots,r)$ 出现的次数，则

$$P\{X_1=n_1,X_2=n_2,\cdots,X_r=n_r\}=\frac{n!}{n_1!n_2!\cdots n_r!}p_1^{n_1}p_2^{n_2}\cdots p_r^{n_r}, \tag{2.3.9}$$

其中 $n_1+n_2+\cdots+n_r=n$，这就是**多项分布**，记为 $M(n,p_1,p_2,\cdots,p_r)$. 显然二项分布是多项分布的一个特例，多项分布是二项分布的一个推广.

值得一提的是，多项分布式（2.3.9）关于 $X_i\ (i=1,2,\cdots,r)$ 的边际分布恰好是二项分布. 以 X_1 为例，每次试验的可能的结果可以理解为只有两个，即 A_1 和 $\overline{A_1}$，其中 $\overline{A_1}=A_2\cup A_3\cup\cdots\cup A_r$，每次试验中事件 A_1 发生的概率为 $p_1=P(A_1)$，事件 $\overline{A_1}$ 发生的概率 $1-p_1$，若事件 A_1 在 n 次重复独立试验中共出现了 n_1 次，则有

$$P\{X_1=n_1\}=\frac{n!}{n_1!(n-n_1)!}p_1^{n_1}(1-p_1)^{n-n_1},$$

故 X_1 服从二项分布 $b(n,p_1)$.

R 软件提供了生成多项分布的 R 函数，具体参见表 2.1.

2.3.6 指数型分布族

定义 2.3.5 设 $\boldsymbol{\theta}=(\theta_1,\theta_2,\cdots,\theta_p)^{\mathrm{T}}$ ，$\boldsymbol{\theta}\in\Theta\subseteq R^p$ ，若存在可测函数 $T_i(x)\ (i=1,2,\cdots,k)$ ，使得随机变量 X 的密度函数 $f(x;\boldsymbol{\theta})$ 可以表示为

$$f(x;\boldsymbol{\theta})=c(\boldsymbol{\theta})\exp\left\{\sum_{i=1}^{k}Q_i(\boldsymbol{\theta})T_i(x)\right\}h(x)\,, \tag{2.3.10}$$

且其支撑 $\{x:f(x;\boldsymbol{\theta})>0\}$ 不依赖于 $\boldsymbol{\theta}$ ，$c(\boldsymbol{\theta})>0$ ，$h(x)$ 为非负可测函数，则称此分布族为**指数型分布族**或**指数结构**.

指数型分布族在数理统计中扮演者重要角色，一方面是因为需要统计推断问题在指数型分布族中获得了比较彻底的解决；另一方面，指数型分布族包含了许多常见的分布，如正态分布族、二项分布族、多项分布族、泊松分布族、伽马分布族、贝塔分布族、Fisher Z 分布族等都属于指数型分布族.

例 2.3.1 证明正态分布族 $\{N(\mu,\sigma^2):-\infty<\mu<+\infty,\sigma^2>0\}$ 是指数型分布族.

证 由于正态分布族的密度函数为

$$f(x;\mu,\sigma^2)=\frac{1}{\sqrt{2\pi\sigma^2}}\exp\left\{-\frac{(x-\mu)^2}{2\sigma^2}\right\}=\frac{1}{\sqrt{2\pi\sigma^2}}\exp\left\{-\frac{\mu^2}{2\sigma^2}-\frac{x^2}{2\sigma^2}+\frac{\mu}{\sigma^2}x\right\},$$

令 $\boldsymbol{\theta}=(\mu,\sigma^2)^{\mathrm{T}}$ ，取

$$c(\boldsymbol{\theta})=\frac{1}{\sqrt{2\pi\sigma^2}}\exp\left\{-\frac{\mu^2}{2\sigma^2}\right\},\quad Q_1(\boldsymbol{\theta})=\frac{\mu}{\sigma^2},\quad Q_2(\boldsymbol{\theta})=-\frac{1}{2\sigma^2},\quad h(x)=1,$$

则有

$$f(x;\boldsymbol{\theta})=c(\boldsymbol{\theta})\exp\{Q_1(\boldsymbol{\theta})x+Q_2(\boldsymbol{\theta})x^2\}h(x)\,,$$

因此正态分布族 $\{N(\mu,\sigma^2):-\infty<\mu<+\infty,\sigma^2>0\}$ 是指数型分布族.

例 2.3.2 证明泊松分布族 $\{P(\lambda):\lambda>0\}$ 是指数型分布族.

证 设 $X\sim P(\lambda)$，则它对计数测度的概率密度函数为

$$f(x;\lambda)=\frac{\lambda^x}{x!}\mathrm{e}^{-\lambda}=\mathrm{e}^{-\lambda}\exp\{x\ln\lambda\}\frac{1}{x!},\quad x=0,1,2,\cdots,$$

取 $c(\lambda)=\mathrm{e}^{-\lambda}$ ，$Q(\lambda)=\ln\lambda$ ，$h(x)=\dfrac{1}{x!}$ ，由指数型分布族的定义可知泊松分布族 $\{P(\lambda):\lambda>0\}$ 是指数型分布族.

例 2.3.3 试问均匀分布族 $\{U(a,b):-\infty<a<b<+\infty\}$ 是否是指数型分布族？

解 由于均匀分布族 $\{U(a,b):-\infty<a<b<+\infty\}$ 的支撑 $\{x:f(x;a,b)>0\}$ 依赖于未知参数 a,b ，因此均匀分布族 $\{U(a,b):-\infty<a<b<+\infty\}$ 不是指数型分布族.

在指数分布族的研究中，经常将密度函数表示为所谓的**标准形式**，即在指数型分布的密度函数（2.3.10）式中重新定义参数，令

$$\omega_i = Q_i(\boldsymbol{\theta}),\quad i=1,\cdots,k, \tag{2.3.11}$$

若从方程组（2.3.11）中能够唯一地解出 $\boldsymbol{\theta}=\theta(\boldsymbol{\omega})=\theta(\omega_1,\cdots,\omega_k)$，再令 $c^*(\boldsymbol{\omega})=c[\boldsymbol{\theta}(\boldsymbol{\omega})]$，此时密度函数（2.3.10）则可以表示为以 $\boldsymbol{\omega}=(\omega_1,\cdots,\omega_k)^{\mathrm{T}}$ 为参数的形式

$$f(x;\boldsymbol{\omega})=c^*(\boldsymbol{\omega})\exp\left\{\sum_{i=1}^{k}\omega_i T_i(x)\right\}\cdot h(x), \tag{2.3.12}$$

式（2.3.12）称为**指数型分布族的标准形式**，其中

$$\Omega=\left\{\boldsymbol{\omega}:0<\int\exp\left\{\sum_{i=1}^{k}\omega_i T_i(x)\right\}\cdot h(x)\mathrm{d}\mu(x)<+\infty\right\}$$

称为自然参数空间.

注　由于 $\int f(x;\boldsymbol{\theta})\mathrm{d}\mu(x)=1$，因此 $\boldsymbol{\theta}\in\Theta$ 等价于 $\{\boldsymbol{\omega}:c^*(\boldsymbol{\omega})>0\}$，从而 $\boldsymbol{\omega}$ 的取值范围为

$$\Omega=\left\{\boldsymbol{\omega}:0<\int\exp\left\{\sum_{i=1}^{k}\omega_i T_i(x)\right\}\cdot h(x)\mathrm{d}\mu(x)<+\infty\right\}. \tag{2.3.13}$$

定理 2.3.1　自然参数空间 Ω 为 R^k 中的凸集.

定理的证明参见茆诗松等编写的《高等数理统计（第 2 版）》(2006)，此处略.

例 2.3.4　试求正态分布族 $\{N(\mu,\sigma^2):-\infty<\mu<+\infty,\sigma^2>0\}$ 的标准形式及自然参数空间.

解　由例 2.3.1 可知，正态分布族的概率密度函数可以表示为

$$f(x;\boldsymbol{\theta})=c(\boldsymbol{\theta})\exp\{Q_1(\boldsymbol{\theta})x+Q_2(\boldsymbol{\theta})x^2\}h(x),$$

其中 $\boldsymbol{\theta}=(\mu,\sigma^2)^{\mathrm{T}}$，$c(\boldsymbol{\theta})=\dfrac{1}{\sqrt{2\pi\sigma^2}}\exp\left\{-\dfrac{\mu^2}{2\sigma^2}\right\}$，$Q_1(\boldsymbol{\theta})=\dfrac{\mu}{\sigma^2}$，$Q_2(\boldsymbol{\theta})=-\dfrac{1}{2\sigma^2}$，$h(x)=1$，令

$$\omega_1=\frac{\mu}{\sigma^2},\quad \omega_2=-\frac{1}{2\sigma^2},$$

则有

$$\mu=-\frac{\omega_1}{2\omega_2},\quad \sigma^2=-\frac{1}{2\omega_2},$$

因此正态分布族的标准形式为

$$f(x;\boldsymbol{\omega})=c^*(\boldsymbol{\omega})\exp\{\omega_1 x+\omega_2 x^2\}h(x),$$

其中 $\boldsymbol{\omega}=(\omega_1,\omega_2)^{\mathrm{T}}$，$c^*(\boldsymbol{\omega})=\sqrt{-\dfrac{\omega_2}{\pi}}\exp\left\{\dfrac{\omega_1^2}{4\omega_2}\right\}$. 自然参数空间为

$$\Omega=\{\boldsymbol{\omega}:-\infty<\omega_1<+\infty,\omega_2<0\}.$$

2.4　常用统计量

2.1.4 节给出一些常见的统计量，如样本均值、样本方差、样本 k 阶矩、样本 k 阶中心矩等，本节将继续讨论一些常用的统计量，如经验分布函数、次序统计量、样本 p 分位点等.

2.4.1 经验分布函数

总体的分布函数也称为理论分布函数，在许多实际问题中，总体的分布函数往往未知，利用样本对总体分布函数进行估计或检验是数理统计的一个重要问题.

定义 2.4.1（经验分布函数） 设 $\boldsymbol{X}=(X_1,X_2\cdots,X_n)^{\mathrm{T}}$ 是总体 X 的一个样本，定义经验分布函数 $F_n(x)$ 为

$$F_n(x)=\frac{1}{n}\sum_{i=1}^{n}I\{X_i\leqslant x\}\qquad(-\infty<x<+\infty).\tag{2.4.1}$$

若 $\boldsymbol{x}=(x_1,x_2\cdots,x_n)^{\mathrm{T}}$ 是总体 X 的一个样本值，从小到大排列后，记为 $x_{(1)},\cdots,x_{(n)}$，则经验分布函数 $F_n(x)$ 的**观测值**为

$$F_n(x)=\begin{cases}0 & x<x_{(1)}\\ \dfrac{k}{n} & x_{(k)}\leqslant x<x_{(k+1)},\ k=1,2,\cdots,n-1\ .\\ 1 & x\geqslant x_{(n)}\end{cases}\tag{2.4.2}$$

由此可见，经验分布函数 $F_n(x)$ 是一个单调不减、右连续的函数，且满足

$$F_n(-\infty)=0,\quad F_n(+\infty)=1,$$

因此 $F_n(x)$ 也是一个分布函数，而且是一个阶梯函数. 当样本观测值无重复时，其跃度等于 $\dfrac{1}{n}$，当样本观测值有重复时，其跃度等于 $\dfrac{k}{n}$，其中 k 为样本观测值重复的次数.

例 2.4.1 总体 F 具有一个样本 1，1，2，3，则经验分布函数 $F_4(x)$ 的观测值为

$$F_4(x)=\begin{cases}0 & x<1\\ \dfrac{1}{2} & 1\leqslant x<2\\ \dfrac{3}{4} & 2\leqslant x<3\\ 1 & x\geqslant 3\end{cases}.$$

对于任意给定的 $x\in(-\infty,+\infty)$，$F(x)=P\{X\leqslant x\}$ 表示随机变量 X 落在区间 $(-\infty,x]$ 上的概率，而 $\sum\limits_{i=1}^{n}I\{X_i\leqslant x\}$ 表示 n 个随机变量 $X_1,X_2,\cdots,X_n$ 落在区间 $(-\infty,x]$ 上的个数，因此 $F_n(x)$ 表示 n 个随机变量 $X_1,X_2,\cdots,X_n$ 落在区间 $(-\infty,x]$ 上的频率，由大数定律可知，当样本容量 n 无限增大时，$F_n(x)\xrightarrow{P}F(x)$.于是当 n 充分大时，$F_n(x)$ 与 $F(x)$ 近似相等.事实上，$F_n(x)$ 与 $F(x)$ 之间还有更好的关系，即格里汶科-坎泰利（Glivenko-Cantelli）定理.

定理 2.4.1（格里汶科-坎泰利） 当 $n\to\infty$ 时，$F_n(x)$ 以概率 1 一致收敛于分布函数 $F(x)$，即

$$P\left\{\lim_{n\to\infty}\sup_{-\infty<x<+\infty}|F_n(x)-F(x)|=0\right\}=1.\tag{2.4.3}$$

2.4.2　次序统计量

定义 2.4.2　设 $\boldsymbol{X}=(X_1,X_2,\cdots,X_n)^{\mathrm{T}}$ 是来自总体 X 的一个样本，当该样本得到一组观测值 $\boldsymbol{x}=(x_1,x_2,\cdots,x_n)^{\mathrm{T}}$ 后，将它们由小到大排列，$x_{(1)}\leqslant x_{(2)}\leqslant\cdots\leqslant x_{(n)}$，其中，第 i 个最小值 $x_{(i)}$ 就是统计量 $X_{(i)}$ 的取值．称 $(X_{(1)},X_{(2)},\cdots,X_{(n)})$ 为此样本的**次序统计量**，其中 $X_{(i)}$ 称为第 i 个次序统计量，$X_{(1)}$ 和 $X_{(n)}$ 分别称为**最小次序统计量**和**最大次序统计量**．

在极值理论中，$X_{(1)}$ 和 $X_{(n)}$ 也称为样本 $\boldsymbol{X}$ 的**极值**，极值统计量在关于自然灾害问题的研究中有着重要作用．

下面我们讨论次序统计量的抽样分布．

定理 2.4.2　设 $\boldsymbol{X}$ 是来自总体 X 的一个样本，X 的分布函数为 $F(x)$，则第 r 个次序统计量 $X_{(r)}$ 的分布函数为

$$F_r(x)=\sum_{i=r}^{n}\binom{n}{i}F^i(x)[1-F(x)]^{n-i}=\frac{n!}{(r-1)!(n-r)!}\int_0^{F(x)}t^{r-1}(1-t)^{n-r}\,\mathrm{d}t\,. \tag{2.4.4}$$

证　根据次序统计量的定义，有

$$\begin{aligned}F_r(x)&=P\{X_{(r)}\leqslant x\}=P\{X_1,X_2,\cdots,X_n\text{ 中至少有 }r\text{ 个小于等于 }x\}\\&=\sum_{i=r}^{n}P\{X_1,X_2,\cdots,X_n\text{ 中恰好有 }i\text{ 个小于等于 }x\}\\&=\sum_{i=r}^{n}\binom{n}{i}F^i(x)[1-F(x)]^{n-i}\,,\end{aligned}$$

连续利用分部积分法，还可以证明

$$\sum_{i=r}^{n}\binom{n}{i}F^i(x)[1-F(x)]^{n-i}=\frac{n!}{(r-1)!(n-r)!}\int_0^{F(x)}t^{r-1}(1-t)^{n-r}\,\mathrm{d}t\,,$$

从而结论得证．

如果总体 X 的密度函数存在，则 $X_{(r)}$ 的概率密度函数为

$$f_r(x)=\frac{n!}{(r-1)!(n-r)!}F^{r-1}(x)[1-F(x)]^{n-r}f(x)\,, \tag{2.4.5}$$

其中 $f(x)$ 为总体 X 的概率密度函数．

特别地，最小次序统计量 $X_{(1)}$ 和最大次序统计量 $X_{(n)}$ 的分布函数和概率密度函数分别为

$$F_1(x)=1-[1-F(x)]^n\,,\quad F_n(x)=F^n(x)\,; \tag{2.4.6}$$

$$f_1(x)=n[1-F(x)]^{n-1}f(x)\,,\quad f_n(x)=nF^{n-1}(x)f(x)\,. \tag{2.4.7}$$

定理 2.4.3　设 $\boldsymbol{X}=(X_1,X_2\cdots,X_n)^{\mathrm{T}}$ 是来自连续型总体 X 的一个样本，且 X 的分布函数和密度函数分别为 $F(x)$ 和 $f(x)$，则次序统计量 $X_{(r)}$ 和 $X_{(s)}$ $(r<s)$ 的联合概率函数为

$$f_{rs}(x,y)=\begin{cases}\dfrac{n!}{(r-1)!(s-r-1)!(n-s)!}[F(x)]^{r-1}[F(y)-F(x)]^{s-r-1}[1-F(y)]^{n-s}f(x)f(y) & x<y\\ 0 & x\geqslant y\end{cases}.$$

证　考虑随机点$(X_{(r)},X_{(s)})$落在(x,y)的邻域的概率，当$x \geqslant y$时，其概率为0．当$x<y$时，令A表示事件：样本$X_1,X_2,\cdots,X_n$中有$r-1$个X_i落入区间$(-\infty,x]$，有1个落入区间$(x,x+\Delta x]$，有$s-r-1$个X_i落入区间$(x+\Delta x,y]$，有1个落入区间$(y,y+\Delta x]$，有$n-s$个X_i落入区间$(y+\Delta y,+\infty)$，如图2.9所示.

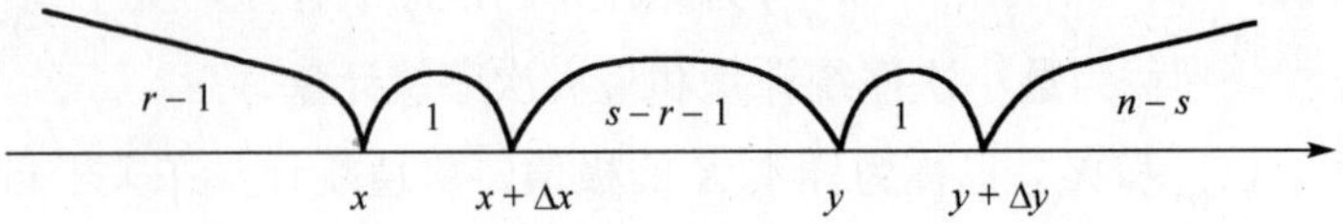

图2.9

注意到

$$P\{X_i \leqslant x\}=F(x)\,,$$
$$P\{x+\Delta x<X_i \leqslant y\}=F(y)-F(x+\Delta x)\,,$$
$$P\{X_i>y+\Delta y\}=1-P\{X_i \leqslant y+\Delta y\}=1-F(y+\Delta y)\,,$$

而

$$P\{x<X_i \leqslant x+\Delta x\} \approx f(x)\Delta x\,,\quad P\{y<X_i \leqslant y+\Delta y\} \approx f(y)\Delta y\,,$$

因此由多项分布可知，事件A发生的概率为

$$\begin{aligned}P(A)&=P\{X_{(r)} \in (x,x+\Delta x], X_{(s)} \in (y,y+\Delta y]\}\\&\approx \frac{n!}{(r-1)!(1!)(s-r-1)!(1!)(n-s)!}[F(x)]^{r-1}f(x)\Delta x[F(y)-F(x+\Delta x)]^{s-r-1}\\&\quad \cdot f(y)\Delta y[1-F(y+\Delta y)]^{n-s}\,,\end{aligned}$$

由于$F(x)$连续，因此当$(\Delta x,\Delta y) \to (0,0)$时，$F(x+\Delta x) \to F(x)$，$F(y+\Delta y) \to F(y)$，因此次序统计量$X_{(r)}$和$X_{(s)}$ $(r<s)$的联合概率函数为

$$\begin{aligned}f_{rs}(x,y)&=\lim_{(\Delta x,\Delta y)\to(0,0)}\frac{P\{X_{(r)} \in (x,x+\Delta x], X_{(s)} \in (y,y+\Delta y]\}}{\Delta x \Delta y}\\&=\frac{n!}{(r-1)!(s-r-1)!(n-s)!}F^{r-1}(x)[F(y)-F(x)]^{s-r-1}[1-F(y)]^{n-s}f(x)f(y),\end{aligned}$$

定理得证.

推论 2.4.1　设$X_1,\cdots,X_n$是来自连续型总体X的一个样本，且X的分布函数和密度函数分别为$F(x)$和$f(x)$，最小次序统计量$X_{(1)}$和最大次序统计量$X_{(n)}$的联合概率函数为

$$f_{1n}(x,y)=\begin{cases}n(n-1)[F(y)-F(x)]^{n-2}f(x)f(y) & x<y\\ 0 & x \geqslant y\end{cases}.$$

在实际问题中，还经常用到极差的概念，称$R_n=X_{(n)}-X_{(1)}$为$X_1,\cdots,X_n$的**样本极差**，该统计量反映了总体分布的离散程度．下面讨论极差R_n的分布.

记$U=X_{(n)}-X_{(1)}$，$V=X_{(1)}$，则$X_{(1)}=V$，$X_{(n)}=U+V$．作变换$\begin{cases}x=v\\y=u+v\end{cases}$，变换的雅克比行列式为

$$J=\frac{\partial(x,y)}{\partial(u,v)}=\begin{vmatrix}\frac{\partial x}{\partial u} & \frac{\partial x}{\partial v}\\ \frac{\partial y}{\partial u} & \frac{\partial y}{\partial v}\end{vmatrix}=\begin{vmatrix}0 & 1\\ 1 & 1\end{vmatrix}=-1,$$

因此 (U,V) 的联合概率密度函数为

$$f_{uv}(u,v)=\begin{cases}n(n-1)[F(u+v)-F(v)]^{n-2}f(v)f(u+v) & u>0\\ 0 & u\leqslant 0\end{cases}.$$

上式对 v 积分，从而 $U=X_{(n)}-X_{(1)}$ 的概率密度函数为

$$f_{R_n}(u)=f_U(u)=\begin{cases}n(n-1)\int_{-\infty}^{+\infty}[F(u+v)-F(v)]^{n-2}f(v)f(u+v)\mathrm{d}v, & u>0\\ 0 & u\leqslant 0\end{cases}.$$

2.4.3 样本 p 分位数

定义 2.4.3（总体 p 分位数） 设总体 X 的分布函数为 $F(x)$，对于 $\forall p\in(0,1)$，称 $\xi_p=\inf\{x:F(x)\geqslant p\}$ 为总体的 p **分位数**，特别地，当 $p=0.5$ 时，$\xi_{0.5}$ 为总体的中位数.

定义 2.4.4（样本 p 分位数） 设 $X_1,\cdots,X_n$ 是来自总体 X 的一个样本，样本的 p 分位数 m_p 满足：

（1）至少有 np 个 X_i 小于或等于 m_p；

（2）至少有 $n(1-p)$ 个 X_i 大于或等于 m_p.

特别地，0.5 分位数 $m_{0.5}$，称为**样本中位数**，也记为 Q_2 或 M_e，0.25 分位数 $m_{0.25}$，也称为**第一四分位数**，也记为 Q_1；0.75 分位数 $m_{0.75}$，也称为**第三四分位数**，也记为 Q_3.

样本的中位数通常定义为

$$m_{0.5}=\begin{cases}X_{(k+1)} & n=2k+1\\ \frac{1}{2}[X_{(k)}+X_{(k+1)}] & n=2k\end{cases}.$$

对于一般的样本 p 分位数，可以通过多种方式进行定义，如：

（1）$m_p^{(1)}=\begin{cases}X_{([np]+1)} & np\text{不是整数}\\ \frac{1}{2}(X_{(np)}+X_{(np+1)}) & np\text{是整数}\end{cases}.$

（2）$m_p^{(2)}=X_{([np])}+(n+1)\left(p-\frac{[np]}{n+1}\right)\left(X_{([np]+1)}-X_{([np])}\right).$

（3）$m_p^{(3)}=\inf\{x:F_n(x)\geq p\}$，其中，$F_n(x)$ 为经验分布函数.

这里[.]为取整函数，上述几种样本分位数的定义虽有所不同，但都可以用某个次序统计量 $X_{(k)}$ 表示，其中 k 与 np 的距离一般不会超过 1. 在一些实际问题中，当样本容量 n 较大时，样本 p 分位数 m_p 甚至简单地表示为 $X_{(k)}$，其中 $k=[np]+1$ 或者 $k=[(n+1)p]$.

例 2.4.2 有一组容量为 8 的样本观测值（已经排序）12,14,15,16,20,22,24,25，求 $m_{0.2},m_{0.5},m_{0.75}$.

解　采用样本 p 分位数的第一种定义，即 $m_p^{(1)}=\begin{cases}X_{([np]+1)} & np\text{不是整数}\\ \frac{1}{2}(X_{[np]}+X_{[np+1]}) & np\text{是整数}\end{cases}$.

因为 $np=8\times0.2=1.6$，所以 $m_{0.2}=X_{(2)}=14$；又因为 $np=8\times0.5=4$，所以 $m_{0.5}=\frac{1}{2}(16+20)=18$；同理，$m_{0.75}=\frac{1}{2}(22+24)=23$.

在 R 软件中，利用 quantile( )可以计算样本分位数，其调用格式为：

quantile(x, probs = seq(0, 1, 0.25), na.rm = FALSE, type = 7, ...)

其中，x 是由样本构成的向量，probs 需要计算分位数的概率值构成的向量，na.rm 是逻辑变量，反映缺失值是否需要剔除，type 可以取 1 到 9 的任意一个整数，表示计算分位数的不同方法．对于上述问题，R 代码及运行结果如下：

```
> x <- c（12, 14, 15, 16, 20, 22, 24, 25）
> quantile（x, probs=c（0.2, 0.5, 0.75）, type = 2）
20%    50%    75%
 14     18     23
```

定理 2.4.4（样本 p 分位数的渐近分布）　设 $\boldsymbol{X}=(X_1,X_2\cdots,X_n)^{\mathrm{T}}$ 是来自密度函数为 $f(x)$ 的一个样本，对于给定的 $p\in(0,1)$，ξ_p 为总体 X 的 p 分位数，$f(x)$ 在 ξ_p 处连续，且有 $f(\xi_p)>0$，m_p 为样本的 p 分位数，则当 $n\to\infty$ 时，有

$$\sqrt{n}(m_p-\xi_p)\xrightarrow{L}N\left(0,\frac{p(1-p)}{f^2(\xi_p)}\right).$$

定理 2.4.4 的证明见陈希孺、倪国熙编写的《数理统计学教程》(2009)．这时也称 m_p 的渐近分布为 $N\left(\xi_p,\frac{p(1-p)}{nf^2(\xi_p)}\right)$，记为

$$m_p\sim AN\left(\xi_p,\frac{p(1-p)}{nf^2(\xi_p)}\right).$$

特别地，

$$m_{0.5}\sim AN\left(\xi_{0.5},\frac{1}{4nf^2(\xi_{0.5})}\right).$$

2.5　充分统计量

2.5.1　充分统计量

2.1.3 节曾提及过，统计推断的主要思想就是通过从样本中获取有用信息，对总体的分布或数字特征进行推断．由于样本值往往数据量较大、信息分散凌乱，因此在一般情况下，往往不会直接利用样本值，而是使用样本的函数，即统计量．统计量就是对样本的加工整理，当然，这种加工整理越简单、越直观、信息越丰富越好．

例如，设总体分布族为参数分布族 $\{b(1,p):0<p<1\}$ ，$\boldsymbol{X}=(X_1,X_2\cdots,X_n)^{\mathrm{T}}$ 是来自总体 X 的样本，显然样本 $\boldsymbol{X}$ 中包含了参数 p 的信息. 设 $T=T(\boldsymbol{X})$ 为统计量，利用 $T(\boldsymbol{X})$ 简化数据会出现两种情况，一是样本 $\boldsymbol{X}$ 中关于参数 p 的信息全部包含在 $T(\boldsymbol{X})$ 中，二是 $T(\boldsymbol{X})$ 仅仅保留了样本 $\boldsymbol{X}$ 中关于参数 p 的部分信息，即信息发生丢失. 在对未知参数 p 做统计推断时，自然希望是第一种情形，这种包含了样本 $\boldsymbol{X}$ 中关于参数 p 的全部信息的统计量，即信息没有丢失的统计量称为**充分统计量**. 充分统计量是数理统计的一个最重要的基本概念之一，是由 R.A.Fisher 早在 1922 年提出来的.

首先通过一个简单的例子说明充分统计量的直观含义.

例 2.5.1　某一零件加工企业利用自动流水线加工一批机器配件，设某批次的产品的次品率为 p ，其中 $0<p<1$ 未知. 现从该批次的产品中有放回地抽取了 n 件，当产品为次品时，记 $X_i=1$ ，当产品为正品时记 $X_i=0$ ，试讨论统计量 $T=\sum\limits_{i=1}^{n}X_i$ 含有的关于参数 p 的信息情况.

解　由题意，样本 $\boldsymbol{X}$ 提供了两种信息：一是事件 A 发生的总次数，二是事件 A 在哪几次试验中发生. 统计量 $T=\sum\limits_{i=1}^{n}X_i$ 可以理解为 n 重伯努利试验中事件 A 发生的次数，即 T 仅仅保留了第一种信息. 而对于估计未知参数 p 而言，有用的信息就是第一种，第二种信息对于估计未知参数 p 并无任何意义，因此从直观含义上来看，$T=\sum\limits_{i=1}^{n}X_i$ 既压缩了数据，又没有丢失关于参数 p 的信息，因此 $T=\sum\limits_{i=1}^{n}X_i$ 为充分统计量.

例 2.5.1 仅仅是从直观含义上给出充分统计量的解释，下面我们讨论充分统计量的确切含义.

以离散型分布为例，设总体 X 服从某离散分布 $f(x;\theta)=P_\theta\{X=x\}$ ， $x=a_1,a_2,\cdots$ ，这里 $\theta\in(0,1)$ 为未知参数， $f(a_i;\theta)>0,\sum\limits_{i=1}^{\infty}f(a_i;\theta)=1$. 现从总体 X 抽取样本 $\boldsymbol{X}=(X_1,\cdots,X_n)^{\mathrm{T}}$ ，显然 $\boldsymbol{X}$ 中含有 θ 的信息. 统计量 $T=T(\boldsymbol{X})$ ，显然 T 中也含有 θ 的信息，问题是：$T(\boldsymbol{X})$ 中含有的 θ 的信息是否与 $\boldsymbol{X}$ 中含有的 θ 的信息一样多？

统计量 $T=T(\boldsymbol{X})$ 的概率分布为 $f_T(t;\theta)=P_\theta\{T=t\}$ ，给定 $T=T(\boldsymbol{X})=t$ 的条件下，$\boldsymbol{X}$ 的条件概率记为 $P_\theta\{\boldsymbol{X}=\boldsymbol{x}\,|\,T=t\}$ ，则样本的联合概率密度为

$$f(\boldsymbol{x};\theta)=f_T(t;\theta)P_\theta\{\boldsymbol{X}=\boldsymbol{x}\,|\,T=t\},\tag{2.5.1}$$

显然样本 $\boldsymbol{X}$ 中关于 θ 的信息全部包含在 $f(\boldsymbol{x};\theta)$ 中，即 $f_T(t;\theta)P_\theta\{\boldsymbol{X}=\boldsymbol{x}\,|\,T=t\}$ 中，$T(\boldsymbol{X})$ 中关于 θ 的信息全部包含在 $f_T(t;\theta)$ 中，因此 $P_\theta(\boldsymbol{X}=\boldsymbol{x}\,|\,T=t)$ 关于 θ 的信息可以理解为是知道 $T(\boldsymbol{X})$ 以后样本 $\boldsymbol{X}$ 中关于 θ 的剩余信息. 我们知道，样本加工不可能增加 θ 的信息，因此若 $T(\boldsymbol{X})$ 是充分统计量，则 $f(\boldsymbol{x};\theta)$ 中含有的 θ 的信息与 $f_T(t;\theta)$ 中含有的 θ 的信息相等，从而在给定 $T=t$ 的条件下，样本 $\boldsymbol{X}$ 的条件分布不依赖于 θ ，即

$$P_\theta\{X=x\,|\,T=t\}=P\{X=x\,|\,T=t\}.\tag{2.5.2}$$

定义 2.5.1（充分统计量）　设样本 $\boldsymbol{X}=(X_1,X_2\cdots,X_n)^{\mathrm{T}}$ 来自于分布族 $\{P_\theta:\theta\in\Theta\}$ ，设 $T=T(\boldsymbol{X})$ 是统计量，若在给定 $T=t$ 的条件下样本 $\boldsymbol{X}$ 的条件分布不依赖于 θ ，则称 T 为该分布

族（或参数 θ ）的充分统计量.

当总体分布为离散型分布时，$T=T(\boldsymbol{X})$ 是充分统计量的充分必要条件为

$$P_\theta\{\boldsymbol{X}=\boldsymbol{x}\mid T=t\}=P\{\boldsymbol{X}=\boldsymbol{x}\mid T=t\}, \tag{2.5.3}$$

当总体分布为连续型分布时，$T=T(\boldsymbol{X})$ 是充分统计量的充分必要条件为

$$f_\theta(\boldsymbol{x}\mid T=t)=f(\boldsymbol{x}\mid T=t),\quad a.s.\,P_\theta^T, \tag{2.5.4}$$

其中 $f_\theta(\boldsymbol{x}\mid T=t)$ 是给定 $T=t$ 的条件下，样本 $\boldsymbol{X}=(X_1,X_2\cdots,X_n)^{\mathrm{T}}$ 的条件联合概率密度函数.

例 2.5.2（续例 2.5.1） 证明统计量 $T=T(\boldsymbol{X})=\sum_{i=1}^{n}X_i$ 是充分统计量.

证 由题意，$T\sim b(n,\theta)$，当 T 取 $0,1,\cdots,n$ 中的任意整数 t 时，样本 $\boldsymbol{X}$ 的条件分布为

$$P_\theta\{\boldsymbol{X}=\boldsymbol{x}\mid T=t\}=\frac{P_\theta\{\boldsymbol{X}=\boldsymbol{x},T=t\}}{P_\theta\{T=t\}}=\frac{P_\theta\left\{X_1=x_1,\cdots,X_n=x_n,\sum_{i=1}^{n}X_i=t\right\}}{P_\theta\{T=t\}}=\frac{\theta^t(1-\theta)^{n-t}}{\binom{n}{t}\theta^t(1-\theta)^{n-t}}=\frac{1}{\binom{n}{t}},$$

即给定 $T=t$ 的条件下样本 $\boldsymbol{X}$ 的条件分布不依赖于 θ，因此 $T=\sum_{i=1}^{n}X_i$ 是充分统计量.

我们不加证明地给出如下结论：

定理 2.5.1 充分统计量的一对一变换仍是充分统计量.

2.5.2 因子分解定理

定理 2.5.2（因子分解定理） 设样本 $\boldsymbol{X}=(X_1,X_2\cdots,X_n)^{\mathrm{T}}$ 来自于参数分布族 $\{f(x;\theta):\theta\in\Theta\}$，设 $T=T(\boldsymbol{X})$ 是统计量，则 T 是参数 θ 的充分统计量的充要条件为存在非负可测函数 $c(\theta)$，$h(x)$ 及 $g_\theta(t)$，使得对 $\forall\theta\in\Theta$，有

$$f(\boldsymbol{x};\theta)=c(\theta)g_\theta[T(\boldsymbol{x})]\cdot h(\boldsymbol{x}),\ a.s.\ \mu. \tag{2.5.5}$$

定理的证明参见陈希孺（1999）. 由因子分解定理，若样本的联合概率密度分解为三部分的乘积，一是仅仅与未知参数 θ 有关的部分 $c(\theta)$，二是仅仅与样本值 $\boldsymbol{x}$ 有关的部分 $h(\boldsymbol{x})$，三是与参数 θ 和样本 $\boldsymbol{x}$ 均有关系，但与样本的关系需通过 $T(\boldsymbol{x})$ 的形式给出，则 $T=T(\boldsymbol{X})$ 即为充分统计量.

注 在许多文献中，式（2.5.5）也可以表示为

$$f(\boldsymbol{x};\theta)=g_\theta[T(\boldsymbol{x})]\cdot h(\boldsymbol{x}),\ a.s.\ \mu, \tag{2.5.6}$$

即样本的联合概率密度分解为两部分的乘积，一是仅仅与样本值 $\boldsymbol{x}$ 有关的部分 $h(\boldsymbol{x})$，二是与参数 θ 和样本 $\boldsymbol{x}$ 均有关系，但与样本的关系需通过 $T(\boldsymbol{x})$ 的形式给出，则 $T=T(\boldsymbol{X})$ 也是充分统计量.

例 2.5.3 样本 $\boldsymbol{X}=(X_1,X_2\cdots,X_n)^{\mathrm{T}}$ 来自泊松分布族 $P(\lambda)$，证明 $T=\sum_{i=1}^{n}X_i$ 是参数 λ 的充分统计量.

证 样本的联合密度函数为

$$P\{\boldsymbol{X}=\boldsymbol{x}\}=\prod_{i=1}^{n}\frac{\lambda^{x_i}}{x_i\,!}\mathrm{e}^{-\lambda}=\mathrm{e}^{-n\lambda}\cdot\lambda^{\sum_{i=1}^{n}x_i}\cdot\left(\prod_{i=1}^{n}\frac{1}{x_i\,!}\right),$$

取 $h(\boldsymbol{x})=\left(\prod_{i=1}^{n}\frac{1}{x_i\,!}\right)$，$T(\boldsymbol{x})=\sum_{i=1}^{n}x_i$，则有

$$P\{\boldsymbol{X}=\boldsymbol{x}\}=\mathrm{e}^{-n\lambda}\cdot\lambda^{T(\boldsymbol{x})}\cdot h(\boldsymbol{x}).$$

根据因子分解定理，$T(\boldsymbol{X})=\sum_{i=1}^{n}X_i$ 为参数 λ 的充分统计量.

例 2.5.4 样本 $\boldsymbol{X}=(X_1,X_2,\cdots,X_n)^{\mathrm{T}}$ 来自均匀分布族 $\mathrm{U}(a,b)$，证明 $T=(X_{(1)},X_{(n)})^{\mathrm{T}}$ 是参数 a,b 的充分统计量.

证 由于总体的概率密度函数为

$$f(x;a,b)=\frac{1}{b-a}I\{a<x<b\},$$

因此样本的联合密度函数为

$$f(\boldsymbol{x};a,b)=\frac{1}{(b-a)^n}I\{x_{(1)}>a\}I\{x_{(n)}<b\},$$

取 $h(\boldsymbol{x})=1$，$T_1(\boldsymbol{x})=x_{(1)}$，$T_2(\boldsymbol{x})=x_{(n)}$，$T(\boldsymbol{x})=(x_{(1)},x_{(n)})^{\mathrm{T}}$，则

$$f(\boldsymbol{x};a,b)=\frac{1}{(b-a)^n}\cdot I\{x_{(1)}>a\}I\{x_{(n)}<b\}\cdot h(\boldsymbol{x}),$$

根据因子分解定理，$T(\boldsymbol{X})=(X_{(1)},X_{(n)})^{\mathrm{T}}$ 是参数 a,b 的充分统计量.

例 2.5.5 样本 $\boldsymbol{X}=(X_1,X_2,\cdots,X_n)^{\mathrm{T}}$ 来自正态分布族 $N(\mu,\sigma^2)$，记 $\boldsymbol{\theta}=(\mu,\sigma^2)^{\mathrm{T}}$，试求参数 $\boldsymbol{\theta}$ 的充分统计量.

解 样本的联合密度函数为

$$\begin{aligned}f(x;\boldsymbol{\theta})&=\left(\frac{1}{\sqrt{2\pi\sigma^2}}\right)^n\exp\left[-\frac{1}{2\sigma^2}\sum_{i=1}^{n}(x_i-\mu)^2\right]\\&=\left(\frac{1}{\sqrt{2\pi\sigma^2}}\right)^n\exp\left[-\frac{1}{2\sigma^2}\sum_{i=1}^{n}(x_i-\overline{x})^2-\frac{n}{2\sigma^2}(\overline{x}-\mu)^2\right]\\&=\left(\frac{1}{\sqrt{2\pi\sigma^2}}\right)^n\exp\left[-\frac{n}{2\sigma^2}(\overline{x}-\mu)^2\right]\exp\left[-\frac{n-1}{2\sigma^2}\cdot\frac{1}{n-1}\sum_{i=1}^{n}(x_i-\overline{x})^2\right],\end{aligned}$$

取

$T_1(\boldsymbol{x})=\overline{x}$，$T_2(\boldsymbol{x})=\frac{1}{n-1}\sum_{i=1}^{n}(x_i-\overline{x})^2$，$T(\boldsymbol{x})=\left(\overline{x},\frac{1}{n-1}\sum_{i=1}^{n}(x_i-\overline{x})^2\right)^{\mathrm{T}}$，$h(\boldsymbol{x})=1$，根据因子分解定理可知，$T(\boldsymbol{X})=\left(\overline{X},\frac{1}{n-1}\sum_{i=1}^{n}(X_i-\overline{X})^2\right)^{\mathrm{T}}$ 为参数 $\boldsymbol{\theta}$ 的充分统计量.

2.5.3 指数型分布族的充分统计量

若样本来自于指数型分布族，关于充分统计量还有一个一般化的结果.

定理 2.5.3 设总体 X 服从指数型分布，其概率密度的标准形式为

$$f(x;\boldsymbol{\omega})=c^*(\boldsymbol{\omega})\exp\left\{\sum_{s=1}^{k}\omega_s T_s(x)\right\}\cdot h(x), \tag{2.5.7}$$

现有来自总体 X 的样本 $\boldsymbol{X}=(X_1,\cdots,X_n)^{\mathrm{T}}$，样本联合密度的标准形式为

$$f(\boldsymbol{x};\boldsymbol{\omega})=c(\boldsymbol{\omega})\exp\left\{\sum_{s=1}^{k}\omega_s T_s(\boldsymbol{x})\right\}h(\boldsymbol{x}), \tag{2.5.8}$$

这里 $c(\boldsymbol{\omega})=[c^*(\boldsymbol{\omega})]^n \quad (\boldsymbol{\omega}\in\Omega)$，$h(\boldsymbol{x})=\prod_{i=1}^{n}h(x_i)$，$T_s(\boldsymbol{x})=\sum_{i=1}^{n}T_s(x_i)$，$s=1,2,\cdots,k$，则有

（1）$(T_1(\boldsymbol{X}),T_2(\boldsymbol{X}),\cdots,T_k(\boldsymbol{X}))=\left(\sum_{i=1}^{n}T_1(X_i),\sum_{i=1}^{n}T_2(X_i),\cdots,\sum_{i=1}^{n}T_k(X_i)\right)$是指数型分布族的充分统计量；

（2）充分统计量的期望方差分别为

$$E_{\boldsymbol{\omega}}[T_s(\boldsymbol{X})]=-\frac{\partial\ln c(\boldsymbol{\omega})}{\partial\omega_s},\quad s=1,\cdots,k; \tag{2.5.9}$$

$$\mathrm{Cov}_{\boldsymbol{\omega}}[T_s(\boldsymbol{X}),T_t(\boldsymbol{X})]=-\frac{\partial^2\ln c(\boldsymbol{\omega})}{\partial\omega_s\partial\omega_t},\quad s,t=1,\cdots,k. \tag{2.5.10}$$

利用因子分解定理，容易证明定理 2.5.3 中的结论（1），请读者自行完成，结论（2）的证明参见茆诗松等编写的《高等数理统计（第 2 版）》(2006).

2.6 完备统计量

2.6.1 分布族的完备性

考虑参数分布族 $\{P_\theta(x):\theta\in\Theta\}$，设总体 X 的取值范围为 $\mathcal{X}$，$\varphi(x)$ 为可测函数，数学期望

$$E_\theta[\varphi(X)]=\int\varphi(x)\mathrm{d}P_\theta(x)\triangleq g(\theta) \tag{2.6.1}$$

可以理解为参数 θ 的函数，其中 $\theta\in\Theta$，因此上述积分可以看作是从 $\mathcal{X}$ 到 Θ 的一个变换，当然对于变换而言，我们自然希望该变换是$1-1$变换，或者在几乎处处意义下是$1-1$变换. 即

$$P_\theta\{\varphi_1(X)=\varphi_2(X)\}=1\Leftrightarrow E_\theta[\varphi_1(X)]=E_\theta[\varphi_2(X)], \tag{2.6.2}$$

或者等价地有

$$E_\theta[\varphi(X)]=0\Rightarrow P_\theta\{\varphi(X)=0\}=1, \tag{2.6.3}$$

当然，并不是所有的分布族都满足式（2.6.3)，若分布族满足式（2.6.3)，则称该分布族是完备的. 完备性在几乎处处的意义相当于积分变换的唯一性，即 $\varphi(x)\mapsto g(\theta)$，若 $g(\theta)=0$，则 $\varphi(x)=0,\quad a.s.P_\theta$.

定义 2.6.1（分布族的完备性） 对于参数分布族 $\{P_\theta(x):\theta\in\Theta\}$，若对于可测函数 $\varphi(x)$，由 $E_\theta[\varphi(X)]=\int\varphi(x)\mathrm{d}P_\theta(x)=0$，$\forall\theta\in\Theta$ 总可以推出 $\varphi(x)=0,\ \text{a.s.}P_\theta$，则称分布族 $\{P_\theta(x):\theta\in\Theta\}$ 是完备的.

例 2.6.1 试证二项分布族 $\{b(n,\theta):\theta\in(0,1)\}$ 是完备的.

证 设 $X\sim b(n,\theta)$，则 X 的概率密度为

$$f(x;\theta)=\binom{n}{x}\theta^x(1-\theta)^{n-x},\quad x=0,1,\cdots,n .$$

若对任意的 $\theta\in(0,1)$，函数 $\varphi(x)$ 满足

$$E_\theta[\varphi(X)]=\sum_{x=0}^{n}\varphi(x)\binom{n}{x}\theta^x(1-\theta)^{n-x}=0,$$

记 $\eta=\dfrac{\theta}{1-\theta}$，由于 $\theta\in(0,1)$，因此对任意的 $\eta\in(0,+\infty)$，有

$$\sum_{x=0}^{n}\varphi(x)\binom{n}{x}\eta^x=0,$$

上式左端是关于 η 的 n 次多项式，它对任意的 $\eta\in(0,+\infty)$ 均为 0，因此其系数全都为 0，即 $\varphi(x)\dbinom{n}{x}=0$，从而 $\varphi(x)=0$，$x=0,1,\cdots,n$．由此可见，二项分布族 $\{b(n,\theta):\theta\in(0,1)\}$ 是完备的.

例 2.6.2 证明正态分布族 $\{N(0,\sigma^2):\sigma^2>0\}$ 是不完备的.

证 由于正态分布族 $\{N(0,\sigma^2):\sigma^2>0\}$ 的概率密度函数为偶函数，因此对于奇函数 $\varphi(x)=x$，有

$$E_{\sigma^2}[\varphi(X)]=E_{\sigma^2}(X)=0,\quad \forall\sigma^2>0 .$$

由于 X 是连续型随机变量，因此

$$P_{\sigma^2}\{\varphi(X)\neq0\}=P_{\sigma^2}\{X\neq0\}=1-P_{\sigma^2}\{X=0\}=1,$$

由完备性的定义可知，该分布族是不完备的.

2.6.2 完备统计量

虽然有的正态分布族不是完备的，但这并不影响完备性的广泛应用，其原因在于由其导出的统计量是完备的．在实际应用中，完备性大都是针对统计量而言的.

定义 2.6.2（完备统计量） 设 $T=T(\boldsymbol{X})$ 是参数型分布族 $\{P_\theta:\theta\in\Theta\}$ 上的统计量，若由 T 诱导的分布族 $\{P_\theta^T,\theta\in\Theta\}$ 是完备的，则称 $T=T(\boldsymbol{X})$ 是完备统计量.

由定义 2.6.2 可知，若由 $E_\theta[\varphi(T)]=0$，$\forall\theta\in\Theta$，可推出 $\varphi(t)=0,\ \text{a.s. } P_\theta^T$，则 $T=T(\boldsymbol{X})$ 是完备统计量．显然，若分布族 $\{P_\theta:\theta\in\Theta\}$ 是完备的，则诱导分布 $\{P_\theta^T,\theta\in\Theta\}$ 也是完备的，即完备分布族上的统计量一定是完备统计量.

因为若对 $\forall\theta\in\Theta$，有 $E_\theta[\varphi(T)]=0$，即

$$E_\theta[\varphi(T)]=\int\varphi(t)\mathrm{d}P_\theta^T=\int\varphi[t(\boldsymbol{x})]\mathrm{d}P_\theta(\boldsymbol{x})=0,$$

由原分布族的完备性可知，$\varphi[t(\boldsymbol{x})]=0,\ \text{a.s. } P_\theta$，所以 $\varphi(t)=0,\ \text{a.s. } P_\theta^T$.

例 2.6.3 设 $\boldsymbol{X}=(X_1,X_2\cdots,X_n)^{\mathrm T}$ 为来自均匀总体 $\mathrm{U}(0,\theta)\ (\theta>0)$ 的样本，证明最大次序统计量 $X_{(n)}$ 是完备统计量.

证 根据最大次序统计量的密度函数公式，$X_{(n)}$ 的密度函数为

$$f(x;\theta)=n\left(\frac{x}{\theta}\right)^{n-1}\frac{1}{\theta}I\{0<x<\theta\}=n\frac{x^{n-1}}{\theta^n}I\{0<x<\theta\},$$

假如 $\varphi(x)$ 满足 $E_\theta[\varphi(X)]=0,\ \forall\theta\in R^+$，则有

$$\int_0^\theta\varphi(x)n\frac{x^{n-1}}{\theta^n}\mathrm{d}x=0,$$

即有 $\int_0^\theta\varphi(x)x^{n-1}\mathrm{d}x=0$，等式两边对 θ 求导数得，

$$\varphi(\theta)\theta^{n-1}=0,\ \text{a.s.} P_\theta,\ \ \forall\theta\in R^+,$$

所以 $\varphi(x)=0, \text{a.s.} P_\theta$，因此 $X_{(n)}$ 是完备统计量.

例 2.6.4 设总体 X 服从正态分布 $N(0,\sigma^2)$，其中 $\sigma^2>0$，样本 $\boldsymbol{X}=(X_1,\cdots X_n)^{\mathrm T}$ 是来自总体 X 的样本，证明 $T=T(\boldsymbol{X})=\sum_{i=1}^n X_i^2$ 是完备统计量.

证 因为 $\frac{T}{\sigma^2}\sim\chi^2(n)$，所以 T 的密度函数为

$$f(t;n)=\frac{1}{2^{n/2}\Gamma(n/2)}\left(\frac{t}{\sigma^2}\right)^{\frac{n}{2}-1}\mathrm{e}^{-\frac{t}{2\sigma^2}}\cdot\frac{1}{\sigma^2}I\{t>0\},$$

即

$$f(t;n)=\frac{1}{\Gamma(n/2)}\left(\frac{1}{2\sigma^2}\right)^{\frac{n}{2}}\cdot t^{\frac{n}{2}-1}\cdot\mathrm{e}^{-\frac{t}{2\sigma^2}}I\{t>0\},$$

若 $\varphi(t)$ 满足 $E_{\sigma^2}[\varphi(T)]=0,\ \ \forall\sigma^2\in R^+$，即

$$\int_0^{+\infty}\varphi(t)\frac{1}{\Gamma(n/2)}\left(\frac{1}{2\sigma^2}\right)^{\frac{n}{2}}\cdot t^{\frac{n}{2}-1}\cdot\mathrm{e}^{-\frac{t}{2\sigma^2}}\mathrm{d}t=0,$$

则

$$\int_0^{+\infty}\varphi(t)\cdot t^{\frac{n}{2}-1}\cdot\mathrm{e}^{-\frac{t}{2\sigma^2}}\mathrm{d}t=0.$$

上式左端是 $\varphi(t)\cdot t^{\frac{n}{2}-1}$ 的拉普拉斯变换，由拉普拉斯变换的唯一性可知，$\varphi(t)\cdot t^{\frac{n}{2}-1}=0,\ \text{a.s. } P_\sigma^T$，从而 $\varphi(t)=0,\ \text{a.s. } P_\sigma^T$，故 $T=\sum_{i=1}^n X_i^2$ 是完备统计量.

2.6.3 指数型分布族的完备统计量

定理 2.6.1 设总体 X 服从指数型分布，其概率密度的标准形式为

$$f(x;\boldsymbol{\omega})=c^{*}(\boldsymbol{\omega})\exp\left\{\sum_{s=1}^{k}\omega_s T_s(x)\right\}\cdot h(x), \tag{2.6.4}$$

$\boldsymbol{\omega}\in\Omega\subseteq R^{k}$，且 Ω 有内点．现有来自总体 X 的样本 $\boldsymbol{X}=(X_1,\cdots,X_n)^{\mathrm{T}}$，样本联合密度的标准形式为

$$f(\boldsymbol{x};\boldsymbol{\omega})=c(\boldsymbol{\omega})\exp\left\{\sum_{s=1}^{k}\omega_s T_s(\boldsymbol{x})\right\}h(\boldsymbol{x}), \tag{2.6.5}$$

这里

$$c(\boldsymbol{\omega})=[c^{*}(\boldsymbol{\omega})]^{n},\quad h(\boldsymbol{x})=\prod_{i=1}^{n}h(x_i),\quad T_s(\boldsymbol{x})=\sum_{i=1}^{n}T_s(x_i),\quad s=1,2,\cdots,k,$$

则

$$(T_1(\boldsymbol{X}),T_2(\boldsymbol{X}),\cdots,T_k(\boldsymbol{X}))=\left(\sum_{i=1}^{n}T_1(X_i),\sum_{i=1}^{n}T_2(X_i),\cdots,\sum_{i=1}^{n}T_k(X_i)\right)$$

是完备统计量．

2.7　常用统计图形

统计图形是统计数据分析的重要工具之一，能够将凌乱分散的数据用生动形象的图形表现出来，因而正确的绘制统计图形是统计分析的基本技能．常用的统计图形包括直方图、茎叶图、箱线图、散点图、折线图等．本节我们将扼要介绍统计图形的含义及在 R 语言中的绘制方法．

2.7.1　直方图

直方图（Histogram）是由若干个矩形条构成的图形，主要用来描述数据的分布情况．直方图一般分为频率直方图和频数直方图，这里我们主要介绍频率直方图．

在作频率直方图时，首先将数据进行整理，找到最小值 a 和最大值 b，然后根据样本容量 n，将 $[a,b]$ 区间等分为若干个区间，设每个小区间 B_j 的长度为 h，计算出样本值落在每个小区间内的频数 n_j，以 $f_j=\dfrac{n_j}{nh}$ 为高，以 B_j 为底作矩形，这样构成的图形称为**频率直方图**．

一般地，设有样本观测值 $\boldsymbol{x}=(x_1,x_2,\cdots,x_n)^{\mathrm{T}}$，选择一个起始点 x_0 和正数 h，把实数轴划分为区间

$$B_j=\left[x_0+(j-1)h,x_0+jh\right),j\in \mathrm{Z},$$

其中，h 称为**窗宽**（bandwidth）；计算落入每一个区间的观测值的个数，在每一个区间上，以 f_j 为高，以 h 为底作矩形．

由上述步骤可知，对于 $\forall x\in B_j$，$j=1,2,\cdots,n$，直方图实际上是由表达式

$$\hat{f}_h(x)=\frac{1}{nh}\sum_{i=1}^{n}I\{X_i\in B_j\}$$

给出，其中

$$I\{X_i \in B_j\} = \begin{cases} 1, & X_i \in B_j \\ 0, & X_i \notin B_j \end{cases}.$$

$\hat{f}_h(x)$ 实际上给出了总体 X 的密度函数 $f(x)$ 的估计，该估计在每个区间 B_j 上具有相同的估计值.

在 R 语言中，利用函数 hist( )可以完成直方图的绘制，其调用格式为

hist(x, freq, prob，breaks,...)

其中 x 为数值型向量; 参数 freq 为逻辑型，若 freq=TRUE 表示绘制频数直方图，若 freq=FALSE 表示绘制频率直方图，当参数 breaks 为等间距时，freq 的默认值为 TRUE; prob 也为逻辑型参数，当 prob=TRUE 表示绘制频率直方图，当 prob=FALSE 表示绘制频数直方图；参数 breaks 用于控制组的数量，默认值为等间距切分. 关于 breaks 参数的设置，R 提供了三种设置组间距离的方式.

（1）以整数值形式给出分组数.

可以通过设置 breaks 为整数值的方式给出分组数，hist( )函数会根据输入的分组数，输出合适的间断点，如图 2.10 所示.

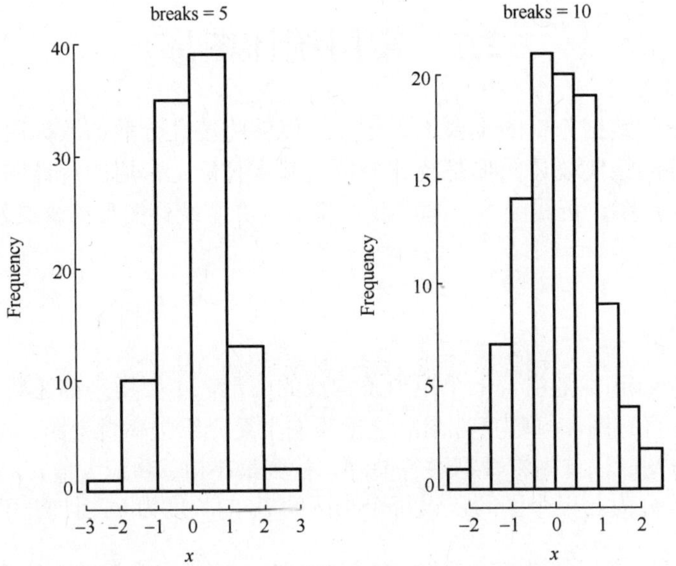

图 2.10　直方图示例（breaks 取整数值）

代码如下：

```
> par(mfrow=c(1,2))
> set.seed(1)①
> x=rnorm(100)②
> hist(x,main="breaks=5",breaks=5)
> hist(x,main="breaks=10",breaks=10)
```

① 用于设定随机数种子，一个特定的种子会产生同一个伪随机数序列，如果不设定种子，每次产生的随机数序列都不一样. 设定随机数种子，可以保证每次产生的伪随机数序列相同，便于结果的对比.

② 生成 100 个来自标准正态分布的随机数.

需要说明的是，函数 hist( )在考虑组间距的时候，会按照以 breaks 的参数值作为依据，但实际的分组数不一定与其完全相同，它会按照 pretty( )[①]函数输出的结果进行修正.

（2）以向量形式给出各组间断点.

在设置 breaks 参数时，也可以用向量形式对 breaks 赋值. 向量的各分量为直方图的间断点. 这种设置方法其好处在可以按照所需的间断点进行划分组距，缺点是比较繁琐，需要对每一个间断点进行赋值. 如图 2.11 所示.

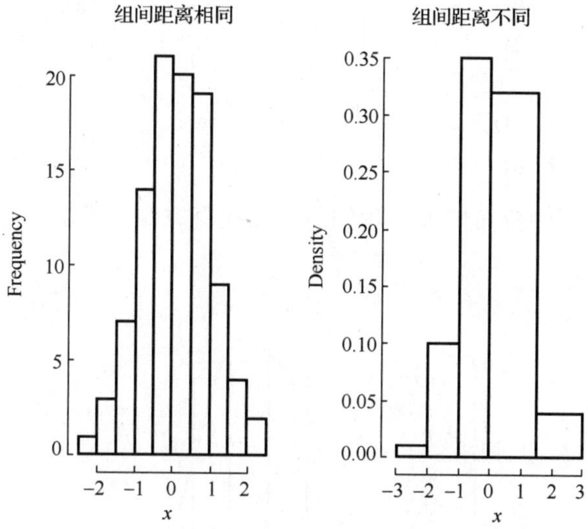

图 2.11 直方图示例（breaks 取向量值）

代码为：

```
> set.seed(1)
> x=rnorm(100)
> hist(x,main="组间距离相同")
> hist(x,main="组间距离不同",breaks=c(-3,-2,-1,0,1.5,3))
```

（3）通过算法设置组间距.

在 breaks 参数的设置中，我们还可以通过算法来进行设置. hist( )函数提供了三种算法，即 Sturges 算法、Scott 算法及 FD 算法，其中默认值为 Sturges 算法. 这里对算法的具体含义不做介绍，仅通过一个正态分布样本的例子给出一个简单结论：随着样本数增加，三种算法的分组数差距越来越大. 其中，FD 算法分组数大于 Scott 算法的分组数，Scott 算法的分组数大于 Sturges 算法的分组数. 例如

```
> set.seed(1)
> x1=rnorm(100)
> x2=rnorm(1000)
> x3=rnorm(10000)
```

① pretty(x, n = 5)按照等间距方式给出 x 的 n 个区间的分段点，n 的默认值为 5. 例如

```
> pretty(1:15,n=3)
[1]  0  5  10  15
> pretty(1:10,n=2)
[1]  0  5  10
```

```
> NC <- function(x)c(Sturges = nclass.Sturges(x),Scott = nclass.scott(x), FD = nclass.FD(x))
> list("n=100"=NC(x1),"n=1000"=NC(x2),"n=10000"=NC(x3))
$`n=100`
Sturges   Scott     FD
     8       7      10
$`n=1000`
Sturges   Scott     FD
    11      19      24
$`n=10000`
Sturges   Scott     FD
    15      49      64
```

为了更好地考查数据的分布情况，我们还可以在直方图中添加密度估计曲线，如图 2.12 所示.

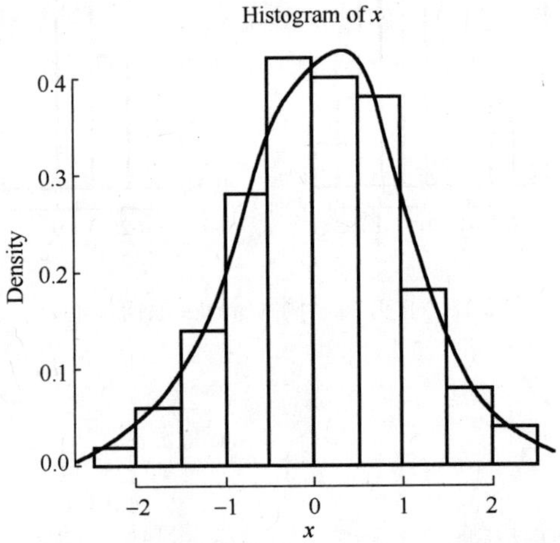

图 2.12　直方图示例（添加密度估计曲线）

代码为：

```
> set.seed(1)
> x=rnorm(100)
> hist(x,prob=TRUE)
> lines(density(x),lwd=2)     #density(x)给出 x 的概率密度估计曲线
```

最后关于 hist( )函数的返回值做一个简单的说明，hist( )函数可以将绘制直方图的信息以列表的形式存储起来，我们可以从这些信息中提取有用的资料，例如

```
> set.seed(1)
> x=rnorm(100,0,1)
> Myhist=hist(x,xlim=c(-3,3),ylim=c(0,0.5),freq=FALSE)
> Myhist
$breaks
 [1] -2.5 -2.0 -1.5 -1.0 -0.5   0.0   0.5   1.0   1.5   2.0   2.5
```

```
$counts
 [1]  1  3  7 14 21 20 19  9  4  2
$density
 [1] 0.02 0.06 0.14 0.28 0.42 0.40 0.38 0.18 0.08 0.04
$mids
 [1] -2.25 -1.75 -1.25 -0.75 -0.25  0.25  0.75  1.25  1.75  2.25
$xname
[1] "x"
$equidist
[1] TRUE
attr(,"class")
[1] "histogram"
```

可以看到，breaks 列出了绘制直方图每一个间断点的横坐标；counts 列出了每一组中含有的样本数；density 列出了每一组对应的概率密度；mids 列出了每一组对应的中点横坐标，等等.

2.7.2 茎叶图

茎叶图（Stem-and-leaf plot）与直方图类似，也是用来描述数据分布情况的一种统计图形，与直方图不同的是，茎叶图用数据代替矩形条，因此茎叶图不仅能够用来描述数据的分布情况，同时也保留了数据的原始信息.

茎叶图将数据分成“茎”和“叶”两部分，通常将该组数据的高位数值作为“茎”，而“叶”的部分只保留该数值的最后一位数字，其中“茎”和“叶”用符号“|”分开. 例如，112 分为 11|2，其中 11 为“茎”，2 为“叶”. 又如，53 分为 5|3，其中 5 为“茎”，3 为“叶”. 我们通过一个例子来说明一下茎叶图的作法及在 R 语言中的实现.

R 软件内置的数据集 women，该数据集共包含了 15 组数据，表示的是 15 名年龄在 30 岁到 39 岁之间的美国妇女的身高和体重. 该数据集在 datasets 程度包中，当然该程序包随着 R 的启动而自动加载，因此不需要单独载入. 利用命令 head（women）可以显示数据集 women 中的前 6 个观测值. 例如

```
> head(women)
  height  weight
1     58     115
2     59     117
3     60     120
4     61     123
5     62     126
6     63     129
```

在 R 语言中，利用 stem( )函数可以做出茎叶图，其代码及结果如下.

```
> stem(women$height)
  The decimal point is 1 digit(s) to the right of the |
```

```
5 | 89
6 | 01234
6 | 56789
7 | 012
```

从结果中可以看到，妇女身高在 60～69 英寸之间最为集中，共有 10 人，低于 60 英寸的有 2 人，70 英寸及以上有 3 人.

值得注意的是，R 软件自动将个位数据分成两段，0～4 为一段，5～9 为一段. 有些时候，当数据容量 n 过大时，茎叶图的横行上就会出现叶子过多的情况，这时可以增加行数来改善茎叶图的效果；相反，若数据容量 n 较小，横行上的叶子太少时，茎叶图看上去过于分散，这时可以适当减少茎叶图的行数. 利用参数 scale 可以实现茎叶图的行数的控制. 函数 stem( )的一般调用格式为

stem(x, scale = 1, width = 80, atom = 1e-08)

其中 x 为数值型向量；参数 scale 用于控制茎叶图的行数，默认值为 1；width 用于设置茎叶图的宽度，默认值为 80. 例如

```
> stem(women$height,scale=0.5)
  The decimal point is 1 digit(s) to the right of the |
  5 | 89
  6 | 0123456789
  7 | 012
```

2.7.3 箱线图

如果仅仅需要比较少量不同组别之间的数据分布时，直方图仍然是一个好的选择，但当需要比较的组别较多时，箱线图（Box plot）就是一个非常好的选择，可以清晰地展示出不同组别之间的关系.

箱线图是由一组数据的最大值 Max 、最小值 Min 、中位数 M 、上四分位数 Q_3 及下四分位数 Q_1 组成，主要用来反映数据的三个特征：中心位置、离散程度及对称性. 除此之外，可以用来检测数据是否存在离群点（或异常值）.

在一个数据集中，若某个观测值相对于该数据集中的其他数据过大或过小，则称其为**疑似异常值**. 记 $IQR = Q_3 - Q_1$，一般地，若数据小于 $Q_1 - 1.5IQR$ 或数据大于 $Q_3 + 1.5IQR$，则该数据就认为是疑似异常值，疑似异常值通常用符号“。”标识.

在 R 语言中，boxplot( )函数可以用来绘制箱线图. boxplot( )函数常用的数据输入方式有两种，一种是分别将每一组数据单独作为一个向量输入；另一种是采用公式方式进行输入. 看一个例子，代码如下.

```
> set.seed(10)
> a=rnorm(200,1,1)
> b=rnorm(200,1,2)
> c=rnorm(200,1,3)
> d=rnorm(200,1,4)
> e=cbind(c(a,b,c,d),rep(c(1,2,3,4),each=200))
```

```
> colnames(e)=c("样本","组别")
> par(mfcol=c(1,2))
> boxplot(a,b,c,d,main="数据输入") ##数据输入方式
> boxplot(样本～组别,data=e,main="公式输入")##公式输入方式
```

结果如图 2.13 所示，我们通过两种方式分别绘制了箱线图，从图中可以看出，两种数据输入方式的绘制效果是一样的．四组数据均来自期望为 1，标准差分别为 1、2、3、4 的正态分布，从图 2.13 中可以看到，四个箱线图的中位数存在一定差异，但差异不大，四分位数及四分数间距存在较大差异，数据分布具有对称性，第三组和第四组数据存在疑似异常值．

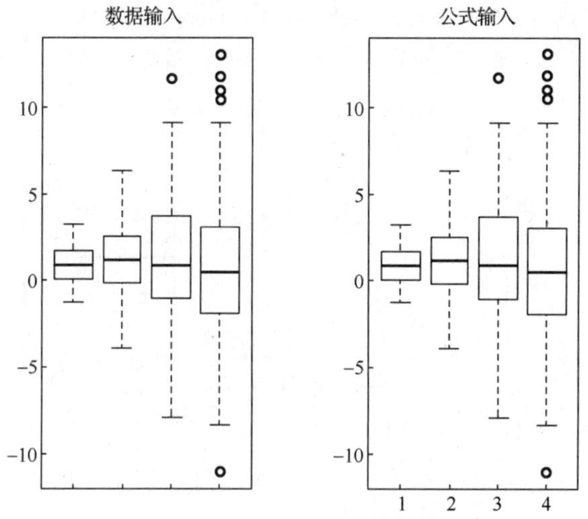

图 2.13　箱线图示例

boxplot( )的一般调用格式为

boxplot(x, ...)或者 boxplot(formula, data = NULL, ...)

其中，x 为要显示的多组向量值，或者以公式的形式输入数据；formula 通过符号“～”来连接数据与组，并且通过 data 参数将数据引入，在公式中输入数据和组所对应的名称即可．箱线图中的常用参数设置如表 2.2 所示．

表 2.2　箱线图中的常用参数设置

参数名称	功能说明
range	表示两条须的长度的最大范围，默认值为 1.5 倍的四分位数距
notch	逻辑型，notch=TRUE 表示箱体会变成沙漏形状，默认值为 FALSE
outline	逻辑型，outline = FALSE 表示不标注离群点，默认值为 TRUE
add	逻辑型，add=TRUE 表示在已有的图形上添加箱线图，add = FALSE 表示重新绘制图形，默认值为 FALSE
subset	数据筛选接口，用于绘制带条件的箱线图
boxwex	设置箱体大小的比例系数，默认值为 0.8
boxlty, boxlwd, boxcol, boxfill	分别用于设置箱体的边线种类、边线宽度、边线颜色及箱体填充色
medlty, medlwd, medcol, medpch, medcex,　medbg	设置箱线图的中位数线所对应的相应参数
outpch, outcex, outcol,　outbg	设置离群点的种类、大小、颜色和背景色

可以看到，箱线图的设置参数比较多，容易造成混乱，这时可以将绘图参数存储为列表，通过 pars 参数直接引用该列表以达到简化参数设置的目的．

在绘制箱线图时，有时会带有一定附加条件．R 自带的数据集 ToothGrowth 包含了维生素 C 对豚鼠牙齿生长发育效果的数据，该数据集共有 60 个观测值和 3 个变量，其中 len 表示豚鼠牙齿的长度，supp 表示补充方式，共有 2 种，维生素 C（VC）或橘子汁（OJ），dose 表示药物的剂量，分别为 0.5、1 和 2 毫克．现在我们想考察一下补充方式为 VC 的条件下，不同剂量对豚鼠牙齿长度的影响．当然，我们可以新生成一个符合要求的数据，用该数据绘制箱线图，也可以通过 subset 参数进行数据筛选，结果如图 2.14 所示，代码如下．

```
> boxplot(len~dose,data=ToothGrowth,subset=which(supp=="VC"),
+       xlab="dose",ylab="len",main="VC 条件下不同剂量对牙齿长度的影响")
```

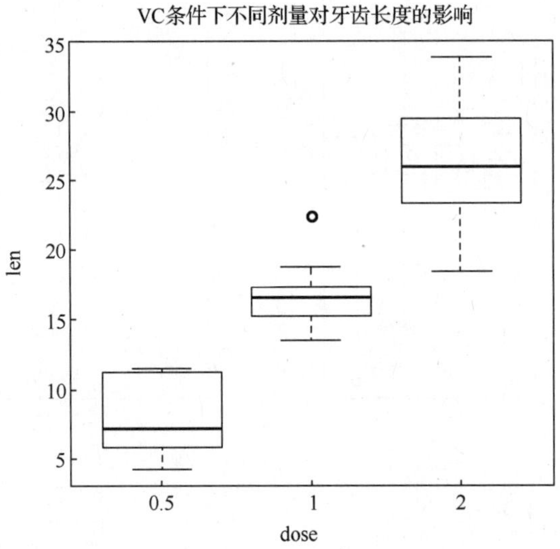

图 2.14　豚鼠牙齿生长发育效果箱线图

2.7.4　散点图

散点图（Scatter diagram）是用于考察两个变量之间关系的一种常用的直观分析方法．在二维平面中，每个坐标点（也称为**散点**）代表一组数据，n 组数据共形成 n 个坐标点，由二维坐标及散点构成的图形称为**散点图**．通过考察散点图中散点的分布情况，判断两个变量之间是否存在某种依赖关系．

以 R 软件内置的数据集 women 为例，考察一下该数据集中妇女的身高和体重的关系．在 R 语言中，利用函数 plot( )可以实现散点图的绘制，如图 2.15 所示，代码如下．

```
> attach(women)            #激活数据集 women
> plot(height,weight)      #绘制 height 和 weight 的散点图
```

再看一个复杂一点的例子．R 语言有一个关于鸢尾花的自带数据集 iris，该数据集共有 150 个观测值，其中包含了萼片的长、宽，花瓣的长、宽，以及鸢尾花种类 5 个变量，其中鸢尾花有三个种类，分别为 Setosa、Versicolour 和 Virginica．我们截取一部分数据，看一下数据的结构：

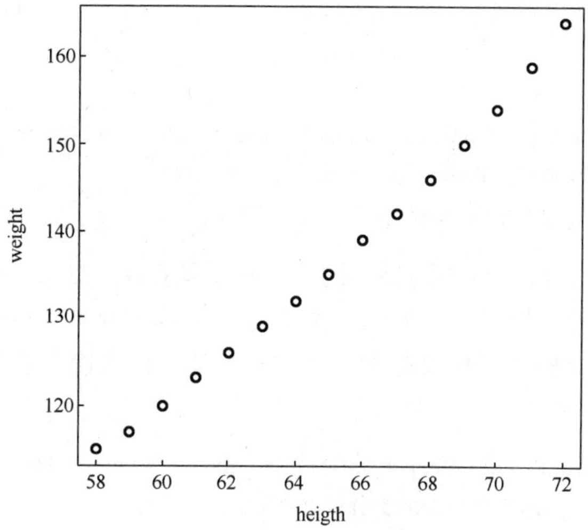

图 2.15　身高和体重的散点图

```
> iris[c(1:3,51:53,101:103),]
    Sepal.Length  Sepal.Width  Petal.Length  Petal.Width  Species
1          5.1        3.5          1.4          0.2       setosa
2          4.9        3.0          1.4          0.2       setosa
3          4.7        3.2          1.3          0.2       setosa
51         7.0        3.2          4.7          1.4       versicolor
52         6.4        3.2          4.5          1.5       versicolor
53         6.9        3.1          4.9          1.5       versicolor
101        6.3        3.3          6.0          2.5       virginica
```

分别用不同形状的符号代表三种不同的鸢尾花种类，其中圆形代表 setosa，方形代表 versicolor，三角形代表 virginica，画出鸢尾花萼片长度与宽度的散点图，如图 2.16 所示.

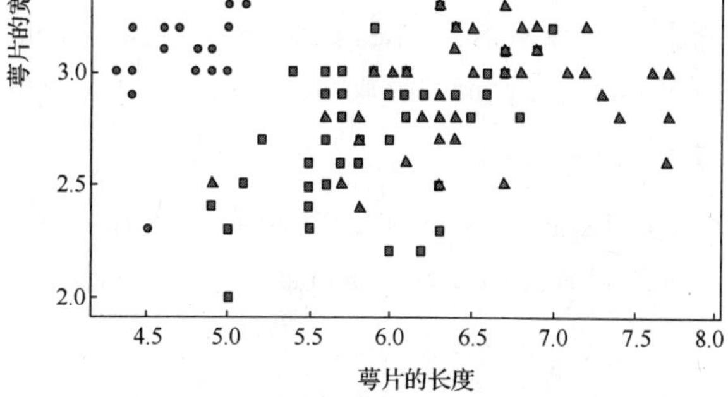

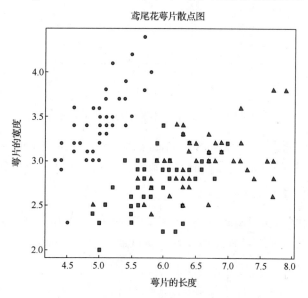

图 2.16　鸢尾花萼片长度与宽度的散点图

代码如下.

```
> attach(iris)
> plot(Sepal.Length,Sepal.Width, pch=c(rep(21,50),rep(22,50),rep(24,50)),
+   bg =c(rep(2,50),rep(3,50),rep(4,50)),xlab="萼片的长度",
+   ylab="萼片的宽度",main="鸢尾花萼片散点图" )
```

从图 2.16 中可以看到，三种不同种类的鸢尾花还是存在一定差异的，尤其是 setosa 与其他两个种类存在较大差异，但仅从萼片的长宽来看，versicolor 与 virginica 的差异并不是特别明显．接下来，看一下三种不同种类的鸢尾花的花瓣是否存在较大差异，代码如下.

```
> attach(iris)
>   plot(Petal.Length,Petal.Width, pch=c(rep(21,50),rep(22,50),rep(24,50)),
+    bg =c(rep(2,50),rep(3,50),rep(4,50)),xlab="花瓣的长度",
+   ylab="花瓣的宽度",main="鸢尾花花瓣散点图" )
```

从图 2.17 中可以看到，三种不同种类的鸢尾花都存在明显的差异.

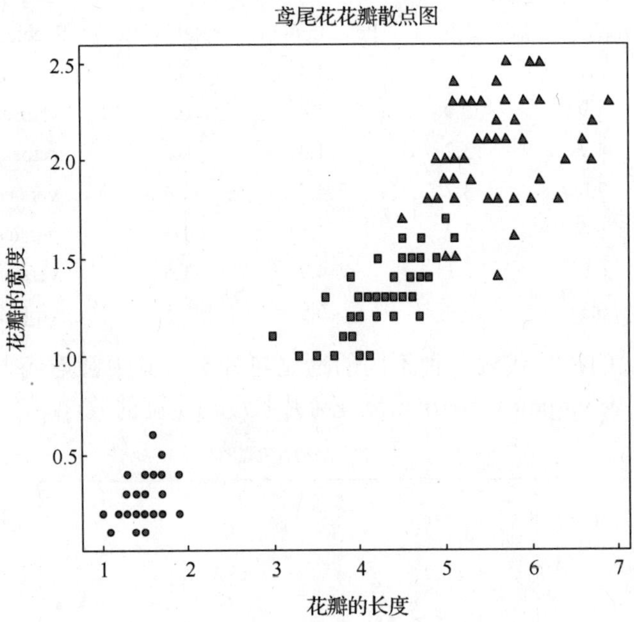

图 2.17　鸢尾花花瓣长度与宽度散点图

如果我们想要同时考查 4 个变量 Sepal.Length、Sepal.Width、Petal.Length 及 Petal.Width 两两之间的关系，这时可用 plot( )或 pairs( )函数创建散点图矩阵，如图 2.18 所示，代码如下.

```
> plot(iris[1:4]) #或者 pairs(iris[1:4])
```

图 2.18 包含着变量 Sepal.Length、Sepal.Width、Petal.Length 及 Petal.Width 两两之间的二元关系．需要说明的是，通过设置图形参数 upper.panel、lower.panel，也可以只显示上三角或下三角的图形.

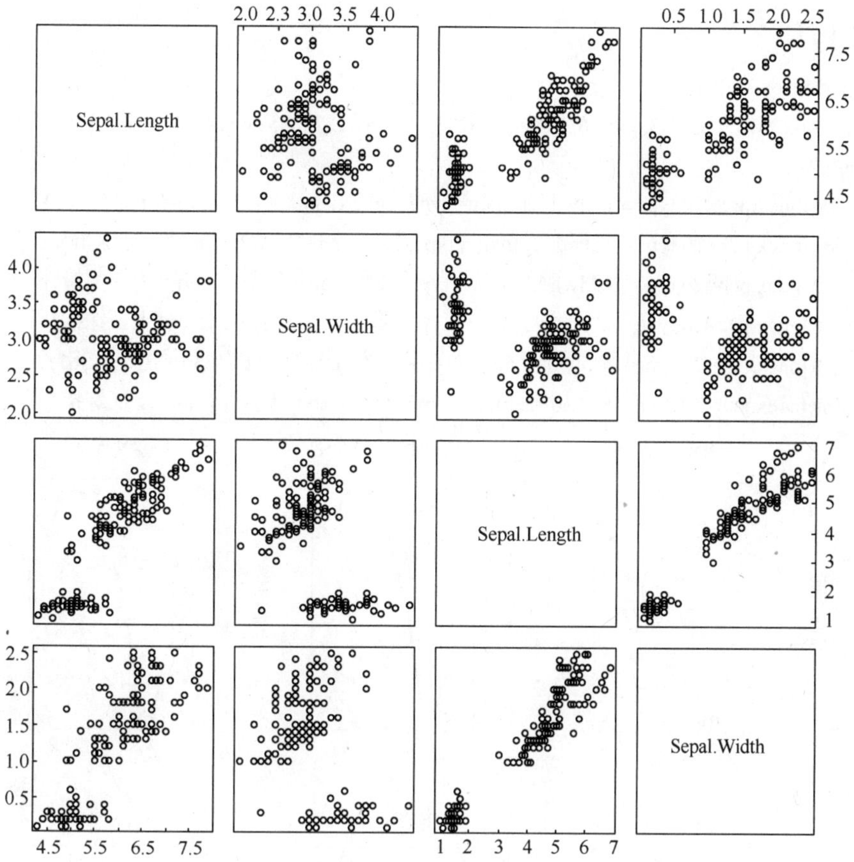

图 2.18　鸢尾花矩阵散点图

2.7.5　折线图

折线图与散点图类似，只是用连接线将散点连接起来，一般用来描述时间序列数据的趋势，看起来比散点图更加直观、生动．在 R 语言中，通过设置 plot( )中的 type 参数也可以完成折线图的绘制．表 2.3 给出了图形参数 type 的取值类型及其含义．

表 2.3　参数 type 的取值类型

取值类型	功能说明
"p"	绘制点，默认值为"p"
"l"	绘制线
"b"	同时绘制点和线
"o"	同时绘制点和线，点与线重合
"s"	绘制阶梯线
"S"	绘制其他类型的阶梯线
"h"	绘制垂直线
"n"	不绘制任何图，仅仅用来创建坐标轴

例如，考察一下 2015 年 11 月 2 日至 12 月 16 日的上证综合指数的波动情况，收集了该时间段内上证综合指数的收盘价的涨跌幅度（%），为了说明参数 type 不同取值的绘图效果，在同一幅图中绘制多个子图，如图 2.19 所示．

代码如下.

```
> par(mfrow=c(2,3))
Index<-c(3375.2,3387.3,3382.6,3325.1,3316.7,3459.6,3522.8,3590,3646.9,3640.5,3650.3,3632.9,3580.4,
3606.9)
> plot(Index,pch=20,type="p",lwd=2, main='type="p"', xlab="期数", ylab="上证综指")
> plot(Index,pch=20,type="l",lwd=2, main='type="l"', xlab="期数", ylab="上证综指")
> plot(Index,pch=20,type="b",lwd=2, main='type="b"', xlab="期数", ylab="上证综指")
> plot(Index,pch=20,type="o", lwd=2,main='type="o"', xlab="期数", ylab="上证综指")
> plot(Index,pch=20,type="s", lwd=2,main='type="s"', xlab="期数", ylab="上证综指")
> plot(Index,pch=20,type="h",lwd=2, main='type="h"', xlab="期数", ylab="上证综指")
```

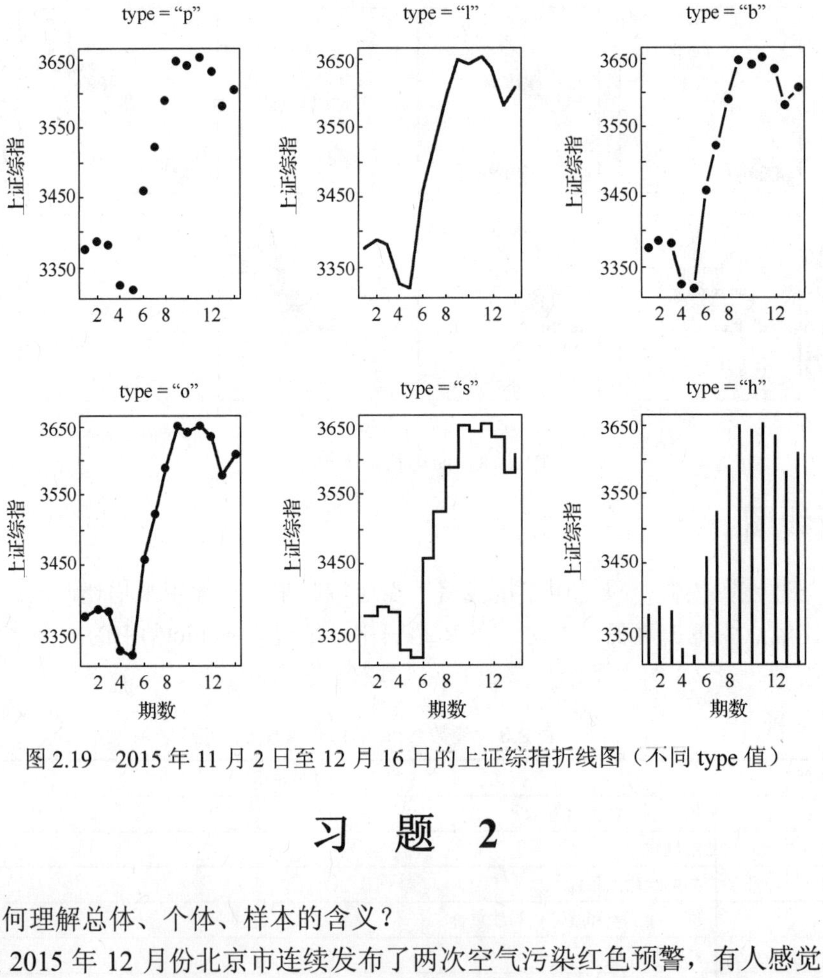

图 2.19　2015 年 11 月 2 日至 12 月 16 日的上证综指折线图（不同 type 值）

习　题　2

2.1　如何理解总体、个体、样本的含义？

2.2　在 2015 年 12 月份北京市连续发布了两次空气污染红色预警，有人感觉北京地区的雾霾天气越来越严重，为了验证这一结论，现从中 2015 年北京市空气质量数据（每天中午 12 点的空气污染指数）中随机抽取了 46 个数据进行分析，试说明该问题中的总体、个体及样本是什么？

2.3　某教育研究工作者为了分析小学生课外辅导班的效果，分别从没有上辅导班的学生中和上辅导班的学生中各随机抽取 50 名学生进行数学能力测试，得到两组各 50 个成绩数据．试说明上述研究中涉及的参数和统计量有哪些？

2.4　设总体 X 服从参数为 p 的 $(0-1)$ 分布，$X_1,X_2,\cdots,X_n$ 为 X 的一个样本，试求：（1）$(X_1,X_2,\cdots,X_n)^{\mathrm{T}}$ 的分布；（2）样本均值 $\overline{X}$ 的分布.

2.5　设 $X_1,X_2,\cdots,X_n,X_{n+1}$ 为来自 $N(\mu,\sigma^2)$ 的一个样本，其中 $\overline{X}=\frac{1}{n}\sum_{i=1}^{n}X_i$，试讨论 $a\overline{X}+bX_{n+1}$ 和 $a\overline{X}+bX_n$ 的分布，其中 a,b 均为不等于 0 的已知常数.

2.6　设 $X_1,X_2,\cdots,X_n,X_{n+1}$ 为来自总体 $X\sim N(\mu,\sigma^2)$ 的一个样本，且 $\overline{X}=\frac{1}{n}\sum_{i=1}^{n}X_i$，$S^2=\frac{1}{n-1}\sum_{i=1}^{n}(X_i-\overline{X})^2$，试讨论统计量 $T=\frac{X_{n+1}-\overline{X}}{S}\sqrt{\frac{n}{n+1}}$ 的分布.

2.7　若 $X\sim Be(a,b)$，证明 X 的 k 阶矩为

$$E(X^k)=\frac{\Gamma(a+k)\Gamma(a+b)}{\Gamma(a)\Gamma(a+b+k)},$$

且 X 的期望和方差分别为

$$E(X)=\frac{a}{a+b},\quad \mathrm{Var}(X)=\frac{ab}{(a+b)^2(a+b+1)}.$$

2.8　设 $X_1\sim Ga(\alpha_1,\lambda)$，$X_2\sim Ga(\alpha_2,\lambda)$，且 X_1 与 X_2 独立，证明：$Y_1=X_1+X_2$ 与 $Y_2=\frac{X_1}{X_1+X_2}$ 独立，且 $Y_2\sim Be(\alpha_1,\alpha_2)$.

2.9　从一个总体中抽取了容量为 8 的一个简单随机样本，其观测值分别为 -2，1，3，1，-1，2，0，-1，试求经验分布函数.

2.10　设 $X_1,\cdots,X_{100}$ 为取自正态分布 $N(\mu,1)$ 的一个样本，试确定尽量大的常数 c，使得对任意的 $\mu>0$ 都有 $P(|\overline{X}|<c)\leqslant\gamma$，其中 $\gamma\in(0,1)$ 为常数.

2.11　试阐述统计量、充分统计量及完备统计量的含义.

2.12　某年级三个班级学生考试成绩如下：

一班：69　68　61　62　95　87　68　63　84　77　64　82　95　100　96　72　88　63　78　76　64　94　100　73　65　87　81　72　100　62　68　87　61　98　64　70　69　79　63　90　98　66　80　70　94　73　86　79　64　98

二班：90　75　93　50　52　82　50　88　66　76　55　94　52　85　69　85　77　85　54　79　54　73　70　83　53　71　82　67　59　61　93　78　84　92　51　73　68　76　89　66　66　68　53　75　86

三班：78　56　85　76　95　70　88　58　54　72　75　80　80　75　86　96　54　79　70　91　100　96　67　81　77　95　51　65　73　69　57　63　98　75　52

试用 R 软件分别做出三个班级及全年级学生成绩的直方图、茎叶图、箱线图及散点图，并说明直方图、茎叶图及箱线图的不同.

2.13　美国洛杉矶湖人队 2000 年 14 名球员的薪水（百万美元）如下表：

球员	薪水	球员	薪水
奥尼尔	17.1	哈伯	2.1
布莱恩特	11.8	格林	2

续表

球员	薪水	球员	薪水
霍利	5	乔治	1
赖斯	4.5	肖	1
费希尔	4.3	萨利	0.8
福克斯	4.2	卢	0.7
奈特	3.1	塞莱斯坦	0.3

```
Frequency    Stem &  Leaf

    3.00        0 . 378
    2.00        1 . 00
    2.00        2 . 01
    1.00        3 . 1
    3.00        4 . 235
    1.00        5 . 0
    2.00 Extremes    (>=11.8)

Stem width:      1.00
Each leaf:       1 case(s)
```

薪水茎叶图

为了确定新年度球员薪水水平，球员工会与老板进行谈判．球队老板计算了 14 名球员的平均收入，其数值为 410 多万美元，老板觉得球员薪水太高了，不能再提高了．而球员工会代表主张用中位数分析球员薪水水平，并绘制了茎叶图以支持自己的说法．

要求：（1）请计算 14 名球员薪水的中位数．

（2）请说明球队老板和球员工会代表的争执原因是什么？你认为谁的主张更合理？为什么？

2.14　试利用 R 软件分别从二项分布 $b(100,0.4)$ 和 $b(100,0.2)$ 中产生 50 个随机数，并画出其频率直方图．

2.15　试利用 R 软件计算 $\chi^2_{0.0.5}(10)$，$\chi^2_{0.95}(10)$，$F_{0.05}(2,10)$，$F_{0.05}(10,2)$，$F_{0.95}(10,2)$ 和 $F_{0.95}(2,10)$．

第3章 点估计

统计分析的一个基本内容是利用样本对总体分布或总体的数字特征进行推断，这一过程通常称为**统计推断**．统计推断主要分为两大类，即**参数估计**与**假设检验**．根据估计的形式不同，参数估计又分为**点估计**和**区间估计**两种类型．我们将在第 4 章介绍假设检验的有关问题，并将主要探讨点估计，而将区间估计放到了第 5 章．文献中关于点估计的求解方法有很多，其中矩估计法、极大似然估计方法及最小二乘方法是三种常见的点估计方法，本章我们主要讨论矩估计和极大似然估计方法，最小二乘方法我们将在第 6 章讨论．

3.1 点估计与优良性

在许多实际问题中，根据历史经验可以认为总体的分布类型已知，而其中的参数是未知的，即总体 X 来自参数分布族 $\{P_\theta(x):\theta\in\Theta\}$．这时，可以通过利用样本 $\boldsymbol{X}=(X_1,X_2,\cdots,X_n)^{\mathrm{T}}$ 估计参数 θ 来推断总体的分布情况．在另外一些问题中，有时可能仅仅关心总体的某些数字特征（也称为参数），如总体的均值 $E(X)$、方差 $\mathrm{Var}(X)$ 等，这时也可以利用样本给出其估计．这些问题都可以归结为参数的点估计问题．

3.1.1 点估计的概念

定义 3.1.1 设 $\boldsymbol{X}=(X_1,X_2,\cdots,X_n)^{\mathrm{T}}$ 是来自总体 X 的一个样本，θ 为总体的未知参数，若用统计量 $\hat\theta=\hat\theta(\boldsymbol{X})=\hat\theta(X_1,X_2,\cdots,X_n)$（$\hat\theta$ 与 θ 的维数相同）来估计参数 θ，则称 $\hat\theta=\hat\theta(\boldsymbol{X})$ 为参数 θ 的**点估计量**．若将其中的样本换成样本观测值 $\boldsymbol{x}=(x_1,x_2,\cdots,x_n)^{\mathrm{T}}$，即有 $\hat\theta=\hat\theta(\boldsymbol{x})=\hat\theta(x_1,x_2,\cdots,x_n)$，称 $\hat\theta=\hat\theta(\boldsymbol{x})$ 为参数 θ 的**点估计值**．

通常，参数 θ 的点估计量和点估计都通称为 θ 的**点估计**或**估计**．从定义中可以看出，未知参数 θ 的点估计量可以有很多，因此，点估计的一个重要内容就是在一定的优良准则下给出一个“好”的估计量．下面讨论估计的优良性标准．

3.1.2 无偏性

定义 3.1.2 设 $\hat\theta=\hat\theta(\boldsymbol{X})$ 是参数 θ 的点估计量，若 $E(\hat\theta)=\theta$，则称 $\hat\theta=\hat\theta(\boldsymbol{X})$ 为参数 θ 的**无偏估计量**；若 $E(\hat\theta)\neq\theta$，则称 $E(\hat\theta)-\theta$ 为估计量 $\hat\theta$ 的**偏差**，记为 $\mathrm{Bias}(\hat\theta)$；若 $\lim\limits_{n\to\infty}E(\hat\theta)=\theta$，则称 $\hat\theta=\hat\theta(\boldsymbol{X})$ 为参数 θ 的**渐近无偏估计量**．

无偏性的定义可以改为 $E(\hat\theta-\theta)=0$．由于 $\hat\theta$ 为随机变量，因此用 $\hat\theta$ 估计 θ 时，二者之间在很多时候都存在偏差，这种偏差可能为正，可能为负，可能大，可能小．无偏性的含义就是这些偏差的平均值为 0，即不存在系统偏差．

例 3.1.1 设 $\boldsymbol{X}=(X_1,X_2,\cdots,X_n)^{\mathrm{T}}$ 为来自总体 X 的一个样本，记 $E(X)=\mu$，$\mathrm{Var}(X)=\sigma^2$，

试证明样本均值 $\bar{X}$ 和修正的样本方差 $S^2=\dfrac{1}{n-1}\sum_{i=1}^{n}(X_i-\bar{X})^2$ 分别为 μ 和 σ^2 的无偏估计，样本方差 $S_n^2=\dfrac{1}{n}\sum_{i=1}^{n}(X_i-\bar{X})^2$ 为 σ^2 的渐近无偏估计.

证 因为 $E(\bar{X})=\dfrac{1}{n}\sum_{i=1}^{n}E(X_i)=\mu$，所以 $\bar{X}$ 是 μ 的无偏估计．又因为修正的样本方差

$$S^2=\frac{1}{n-1}\sum_{i=1}^{n}(X_i-\bar{X})^2=\frac{1}{n-1}\left[\sum_{i=1}^{n}X_i^2-n\bar{X}^2\right],$$

所以

$$E(S^2)=\frac{1}{n-1}\left[\sum_{i=1}^{n}E(X_i^2)-nE(\bar{X}^2)\right]=\frac{1}{n-1}\left[\sum_{i=1}^{n}(\sigma^2+\mu^2)-n\left(\frac{\sigma^2}{n}+\mu^2\right)\right]=\sigma^2,$$

故 S^2 为 σ^2 的无偏估计．而

$$E(S_n^2)=\frac{n-1}{n}\cdot E\left[\frac{1}{n-1}\sum_{i=1}^{n}(X_i-\bar{X})^2\right]=\frac{n-1}{n}\sigma^2\to\sigma^2 \quad, \quad n\to\infty,$$

因此 S_n^2 为 σ^2 的渐近无偏估计.

例 3.1.2 设 $\boldsymbol{X}=(X_1,X_2,\cdots,X_n)^{\mathrm{T}}$ 为来自总体 $X\sim N(\mu,\sigma^2)$ 的样本，试问 $\bar{X}^2$ 是否为 μ^2 的无偏估计量？

解 由例 3.1.1 可知，$\bar{X}$ 是 μ 的无偏估计量，即 $E(\bar{X})=\mu$，因此

$$E(\bar{X}^2)=\mathrm{Var}(\bar{X})+[E(\bar{X})]^2=\frac{1}{n^2}\sum_{i=1}^{n}\mathrm{Var}(X_i)+\mu^2=\frac{\sigma^2}{n}+\mu^2\neq\mu^2,$$

故 $\bar{X}^2$ 不是 μ^2 的无偏估计量.

3.1.3 有效性

若参数 θ 同时存在多个无偏估计，如何选择一个好的无偏估计量？一个自然的想法就是方差越小越好，因为方差越小，该无偏估计在参数 θ 真值的附近波动程度就越小.

定义 3.1.3 设 $\boldsymbol{X}=(X_1,X_2,\cdots,X_n)^{\mathrm{T}}$ 为来自总体 X 的一个样本，$\hat{\theta}_1(\boldsymbol{X})$ 与 $\hat{\theta}_2(\boldsymbol{X})$ 都是 θ 的无偏估计量，若有

$$\mathrm{Var}_\theta(\hat{\theta}_1)\leqslant\mathrm{Var}_\theta(\hat{\theta}_2),\ \forall\theta\in\Theta, \tag{3.1.1}$$

且至少对某一个 $\theta_0\in\Theta$，有 $\mathrm{Var}_{\theta_0}(\hat{\theta}_1)<\mathrm{Var}_{\theta_0}(\hat{\theta}_2)$，则称 $\hat{\theta}_1(\boldsymbol{X})$ 比 $\hat{\theta}_2(\boldsymbol{X})$ **有效**.

例 3.1.3 设 $\boldsymbol{X}=(X_1,X_2,\cdots,X_n)^{\mathrm{T}}$ 为来自总体 X 的样本，记 $E(X)=\mu$，$\mathrm{Var}(X)=\sigma^2$，常数 $c_i>0$，$i=1,2,\cdots,n$，$\sum_{i=1}^{n}c_i=1$，试证明在 μ 的形如 $\sum_{i=1}^{n}c_iX_i$ 的无偏估计中，$\bar{X}=\dfrac{1}{n}\sum_{i=1}^{n}X_i$ 是最有效的.

证 由于

$$E\left(\sum_{i=1}^{n}c_iX_i\right)=\sum_{i=1}^{n}c_iE(X_i)=\sum_{i=1}^{n}c_i\mu=\mu\sum_{i=1}^{n}c_i=\mu ,$$

故 $\sum_{i=1}^{n}c_iX_i$ 为 μ 的无偏估计量. 又因为对于 $\forall\mu\in R$，有

$$\mathrm{Var}\left(\sum_{i=1}^{n}c_iX_i\right)=\sum_{i=1}^{n}c_i^2\cdot\mathrm{Var}(X_i)=\sigma^2\sum_{i=1}^{n}c_i^2\geqslant\frac{\left(\sum_{i=1}^{n}c_i\right)^2\sigma^2}{n}=\frac{\sigma^2}{n} ,$$

当且仅当 $c_1=c_2=\cdots=c_n=\dfrac{1}{n}$ 时，上述不等式中的等号成立，因此在 μ 的形如 $\sum_{i=1}^{n}c_iX_i$ 的无偏估计中，$\bar{X}=\dfrac{1}{n}\sum_{i=1}^{n}X_i$ 是最有效的.

3.1.4　均方误差准则

对于无偏估计而言，可以通过比较方差来判断其优劣，但有些时候，也可以通过牺牲一定的无偏性来换取方差的大幅下降. 这时可以通过均方误差准则评价估计量的优劣.

定义 3.1.4　设 $\boldsymbol{X}=(X_1,X_2,\cdots,X_n)^{\mathrm{T}}$ 为来自总体 X 的一个样本，$\hat{\theta}=\hat{\theta}(\boldsymbol{X})$ 是参数 θ 的点估计量，$\hat{\theta}$ 的均方误差定义为

$$\mathrm{MSE}_\theta(\hat{\theta})=E(\hat{\theta}-\theta)^2 . \tag{3.1.2}$$

均方误差是评价点估计的最一般的标准，反映了估计量 $\hat{\theta}$ 与参数真值 θ 之间的平均差异程度，自然希望估计量 $\hat{\theta}$ 的均方误差越小越好. 那么，是否存在估计量 $\hat{\theta}^*$，使得对所有的估计量 $\hat{\theta}$，有

$$\mathrm{MSE}_\theta(\hat{\theta}^*)\leqslant\mathrm{MSE}_\theta(\hat{\theta}) ,\qquad \forall\theta\in\Theta . \tag{3.1.3}$$

答案是否定的，即这样的 $\hat{\theta}^*$ 是不存在的. 因为若这样的 $\hat{\theta}^*$ 存在，则对某个 $\theta_0\in\Theta$，取 $\hat{\theta}\equiv\theta_0$，有 $\mathrm{MSE}_{\theta_0}(\hat{\theta})=0$，因此 $\hat{\theta}^*=\theta_0$，a.s.，由于 θ_0 具有任意性，因此这样的 $\hat{\theta}^*$ 是不存在的.

尽管使得均方误差一致达到最小的最优估计是不存在的，但我们可以对估计的合理性提出一些正则性的要求，如可以在某个估计类中去寻求这样的最优估计.

经简单计算可知，

$$\mathrm{MSE}_\theta(\hat{\theta})=\mathrm{Var}_\theta(\hat{\theta})+[E_\theta(\hat{\theta})-\theta]^2=\mathrm{Var}_\theta(\hat{\theta})+[\mathrm{Bias}(\hat{\theta})]^2 , \tag{3.1.4}$$

即估计量 $\hat{\theta}$ 的均方误差等于 $\hat{\theta}$ 的方差与 $\hat{\theta}$ 偏差的平方之和. 显然，若 $\hat{\theta}$ 是 θ 的无偏估计，则有 $\mathrm{MSE}_\theta(\hat{\theta})=\mathrm{Var}_\theta(\hat{\theta})$. 因此相对于无偏估计方差最小原则而言，利用均方误差评价估计量的优劣更具有一般化，如有些时候，可以通过牺牲一定的无偏性来换取方差的大幅下降.

3.1.5　相合性

定义 3.1.5　设 $\boldsymbol{X}=(X_1,X_2,\cdots,X_n)^{\mathrm{T}}$ 为来自总体 X 的一个样本，$\hat{\theta}_n=\hat{\theta}_n(\boldsymbol{X})$ 是参数 θ 的点估计量，若对 $\forall\varepsilon>0$，有

$$\lim_{n\to\infty} P_\theta\{|\hat{\theta}_n-\theta|<\varepsilon\}=1\text{，或 }\lim_{n\to\infty} P_\theta\{|\hat{\theta}_n-\theta|\geqslant\varepsilon\}=0\text{，}\tag{3.1.5}$$

则称 $\hat{\theta}_n$ 是参数 θ 的（弱）**相合估计量**，记作 $\hat{\theta}_n \xrightarrow{P} \theta$．

定义 3.1.6　设 $\boldsymbol{X}=(X_1,X_2,\cdots,X_n)^{\mathrm{T}}$ 为来自总体 X 的一个样本，$\hat{\theta}_n=\hat{\theta}_n(\boldsymbol{X})$ 是参数 θ 的点估计量，若

$$P_\theta\{\lim_{n\to\infty}\hat{\theta}_n=\theta\}=1\text{，}\tag{3.1.6}$$

则称 $\hat{\theta}_n$ 是参数 θ 的**强相合估计量**，记作 $\hat{\theta}_n\to\theta$，a.s.．

由 1.6 节的内容可知，强相合性可以推出弱相合性．在绝大多数情况下，弱相合性能够满足统计分析的需要，因此本书主要讨论弱相合性．

相合性的直观含义是随着样本容量 n 的不断增大，估计量 $\hat{\theta}$ 不断逼近参数 θ 的真值．相合性是估计量的一个最基本的要求，如果随着样本容量 n 的不断增大，用 $\hat{\theta}$ 估计 θ 的精度没有提高，说明该估计就不是一个好的估计．

例 3.1.4　设 $\boldsymbol{X}=(X_1,X_2,\cdots,X_n)^{\mathrm{T}}$ 为来自总体 $X\sim N(\mu,\sigma^2)$，试证明 $S^2=\dfrac{1}{n-1}\sum\limits_{i=1}^{n}(X_i-\bar{X})^2$ 为 σ^2 的相合估计．

证　由于 $\dfrac{(n-1)S^2}{\sigma^2}\sim\chi^2(n-1)$，因此

$$E\left[\frac{(n-1)S^2}{\sigma^2}\right]=n-1\text{，}\quad \operatorname{Var}\left[\frac{(n-1)S^2}{\sigma^2}\right]=2(n-1)\text{，}$$

从而

$$E(S^2)=\sigma^2\text{，}\quad \operatorname{Var}(S^2)=2(n-1)\cdot\frac{\sigma^4}{(n-1)^2}=\frac{2\sigma^4}{n-1}.$$

对 $\forall\varepsilon>0$，当 $n\to\infty$ 时，有

$$0\leqslant P\{|S^2-\sigma^2|\geqslant\varepsilon\}\leqslant\frac{D(S^2)}{\varepsilon^2}=\frac{2\sigma^4}{\varepsilon^2(n-1)}\to 0\text{，}$$

因此 $\lim\limits_{n\to\infty}P\{|S^2-\sigma^2|\geqslant\varepsilon\}=0$，故 S^2 为 σ^2 的相合估计．

定理 3.1.1　设 $T_{ni}=T_{ni}(\boldsymbol{X})$ 为参数 $g_i(\theta)$ 的相合估计，$i=1,2,\cdots,k$，记 $\boldsymbol{g}=(g_1(\theta),g_2(\theta),\cdots,g_k(\theta))^{\mathrm{T}}$，$\boldsymbol{T}_n=(T_{n1},T_{n2},\cdots,T_{nk})^{\mathrm{T}}$，若函数 $f(\boldsymbol{y})=f(y_1,y_2,\cdots,y_k)$ 在 $\boldsymbol{g}$ 处连续，则 $f(\boldsymbol{T}_n)$ 为 $f(\boldsymbol{g})$ 的相合估计．

证　因为 $f(\boldsymbol{y})$ 在 $\boldsymbol{g}=(g_1(\theta),g_2(\theta),\cdots,g_k(\theta))^{\mathrm{T}}$ 处连续，因此对 $\forall\delta>0$，$\exists\eta>0$，使得当 $|y_i-g_i(\theta)|<\eta$，$i=1,2,\cdots,k$ 时，总有

$$|f(\boldsymbol{y})-f(\boldsymbol{g})|<\delta\text{．}$$

由此可推知

$$P_\theta\{|f(\boldsymbol{T}_n)-f(\boldsymbol{g})|\geqslant\delta\}\leqslant P_\theta\left(\bigcup_{i=1}^{k}\{|T_{ni}-g_i(\theta)|\geqslant\eta\}\right).$$

又因为 $T_{ni}=T_{ni}(\boldsymbol{X})$ 为 $g_i(\theta)$ 的相合估计，因此对于 $\forall\varepsilon>0$ 和上述的 $\delta>0$，存在正整数 N，使得当 $n>N$ 时，有

$$P\{|T_{ni}-g_i(\theta)|\geqslant\delta\}<\frac{\varepsilon}{k},\quad i=1,2,\cdots,k.$$

故对上述的 $\varepsilon>0$，当 $n>N$ 时，有

$$P\{|f(\boldsymbol{T}_n)-f(\boldsymbol{g})|\geqslant\delta\}\leqslant P_\theta\left(\bigcup_{i=1}^{k}\{|T_{ni}-g_i(\theta)|\geqslant\eta\}\right)\leqslant\sum_{i=1}^{k}P\{|T_{ni}-g_i(\theta)|\geqslant\eta\}=\varepsilon,$$

结论得证.

3.1.6 渐近正态性

定义 3.1.7 设 $\hat{\theta}_n=\hat{\theta}_n(\boldsymbol{X})$ 是参数 θ 的一个估计量，若存在 $\sigma_n(\theta)>0$ 满足 $\lim\limits_{n\to\infty}\sqrt{n}\sigma_n(\theta)=\sigma(\theta)$，其中 $0<\sigma(\theta)<+\infty$，使得当 $n\to\infty$ 时，有

$$\frac{\hat{\theta}_n-\theta}{\sigma_n(\theta)}\xrightarrow{L}N(0,1),\tag{3.1.7}$$

则称 $\hat{\theta}_n$ 为 θ 的**渐近正态估计量**，记为 $\hat{\theta}_n\sim AN(\theta,\sigma_n^2(\theta))$，$\sigma_n^2(\theta)$ 称为 $\hat{\theta}_n$ 的**渐近方差**.

值得注意的是，定义 3.1.7 中的渐近方差 $\sigma_n^2(\theta)$ 是不唯一的. 由 Slutsky 定理可知，如果存在 $\tilde{\sigma}_n(\theta)$ 满足 $\lim\limits_{n\to\infty}\dfrac{\tilde{\sigma}_n(\theta)}{\sigma_n(\theta)}=1$，则 $\tilde{\sigma}_n^2(\theta)$ 也是 $\hat{\theta}_n$ 的渐近方差. 一般地，可取渐近方差 $\sigma_n^2(\theta)=D(\hat{\theta}_n)$.

探讨估计量的渐近正态性是现代统计分析的一个重要内容. 对于渐近正态估计 $\hat{\theta}_n$ 而言，当样本容量 n 比较大时，可以用渐近分布 $N(\theta,\sigma_n^2(\theta))$ 作为 $\hat{\theta}_n$ 的近似分布. 由于渐近正态估计可能有很多，往往利用渐近方差 $\sigma_n^2(\theta)$ 的大小评价其优劣，显然渐近方差越小，估计效果越好.

我们不加证明地给出如下结论.

定理 3.1.2 渐近正态估计一定是相合估计.

例 3.1.5 设 $\boldsymbol{X}=(X_1,X_2,\cdots,X_n)^{\mathrm{T}}$ 是来自总体 $X\sim b(m,p)$ 的一个样本，其中 $p\in(0,1)$ 为未知参数，试求 p 的渐近正态估计，并给出渐近方差.

解 由题意，$E(X)=mp$，$\mathrm{Var}(X)=mp(1-p)$，从而

$$E(\bar{X})=mp,\quad \mathrm{Var}(\bar{X})=\frac{mp(1-p)}{n},$$

由中心极限定理可知，当 $n\to\infty$ 时，有

$$\frac{\bar{X}-mp}{\sqrt{\dfrac{mp(1-p)}{n}}}\xrightarrow{L}N(0,1).$$

从而有

$$\frac{\dfrac{\bar{X}}{m}-p}{\sqrt{\dfrac{p(1-p)}{nm}}}\xrightarrow{L}N(0,1).$$

故 $\dfrac{\bar{X}}{m}$ 为未知参数 p 的渐近正态估计，渐近方差为 $\dfrac{p(1-p)}{nm}$.

3.2 矩 估 计

矩估计法是由英国著名统计学家 K.Pearson 于 1894 年提出来的，其理论依据是命题 2.1.1，即样本矩依概率收敛于总体矩，样本矩的连续函数依概率收敛于总体矩的连续函数.

设 $\boldsymbol{X}=(X_1,X_2,\cdots,X_n)^{\mathrm{T}}$ 是来自总体 X 的一个样本，以 μ_k 表示总体的 k 阶原点矩，以 A_k 表示样本的 k 阶原点矩，即

$$\mu_k=E(X^k)\,,\quad A_k=\frac{1}{n}\sum_{i=1}^{n}X_i^k\,, \tag{3.2.1}$$

若参数 $\boldsymbol{\theta}=(\theta_1,\theta_2,\cdots,\theta_r)^{\mathrm{T}}$ 可以表示为总体前 m 阶矩的函数，即

$$\theta_j=\phi_j(\mu_1,\mu_2,\cdots,\mu_m)\,,\quad j=1,\ 2,\ \cdots,r\,,$$

则 $\hat{\theta}_j=\phi_j(A_1,A_2,\cdots,A_m)$ 称为参数 θ_j 的**矩估计量**.

设 $\boldsymbol{X}=(X_1,X_2,\cdots,X_n)^{\mathrm{T}}$ 为来自总体 X 的一组样本，X 的分布函数为 $F(x;\boldsymbol{\theta})$，其中 $\boldsymbol{\theta}=(\theta_1,\theta_2,\cdots,\theta_r)^{\mathrm{T}}$. 矩估计的具体做法为：

（1）求出总体 X 的前 m 阶矩

$$\mu_k=E(X^k)=g(\theta_1,\theta_2,\cdots,\theta_r)\,,\quad k=1,\ 2,\ \cdots,m\,; \tag{3.2.2}$$

（2）对方程组（3.2.2）进行求解，得到

$$\theta_j=\phi_j(\mu_1,\mu_2,\cdots,\mu_m)\,,\quad j=1,\ 2,\ \cdots,r\,; \tag{3.2.3}$$

（3）将式（3.2.3）中的 μ_k 分别换成 A_k，即可得到参数 $\boldsymbol{\theta}=(\theta_1,\theta_2,\cdots,\theta_m)^{\mathrm{T}}$ 的矩估计量 $\hat{\boldsymbol{\theta}}=(\hat{\theta}_1,\ \hat{\theta}_2,\cdots,\ \hat{\theta}_r)^{\mathrm{T}}$，其中 $A_k=\dfrac{1}{n}\sum\limits_{i=1}^{n}X_i^k$ 为样本的 k 阶矩，$k=1,\ 2,\ \cdots,m$.

注　选择矩估计时尽量选择低阶矩，若式（3.2.2）中的 m 个方程无法解出 θ_j 时，可以使用高于 m 阶的矩.

从矩估计的定义可以看出，矩估计的概率基础是大数定律，因此该估计方法是以大样本为应用前提的；由于矩估计没有用到总体的分布信息，因此本质上来讲，该方法是一种非参数估计方法.

例 3.2.1　$\boldsymbol{X}=(X_1,X_2,\cdots,X_n)^{\mathrm{T}}$ 是来自泊松分布 $X\sim P(\lambda)$ 的样本，因为 $E(X)=\lambda$，$\mathrm{Var}(X)=\lambda$，所以 $\bar{X}$ 和 $S_n^2=\dfrac{1}{n}\sum\limits_{i=1}^{n}(X_i-\bar{X})^2$ 都可以作为 λ 的矩估计. 由于 $\bar{X}$ 的阶数较低，一般地我们选择 $\bar{X}$ 作为 λ 的矩估计.

例 3.2.2　设总体 X 的密度函数为

$$f(x;\theta)=\begin{cases}(\theta+1)x^{\theta} & 0<x<1\\ 0 & \text{其他}\end{cases}\,,$$

其中，$\theta>-1$ 为未知参数，$\boldsymbol{X}=(X_1,X_2,\cdots,X_n)^{\mathrm{T}}$ 为来自总体 X 的样本，试求参数 θ 的矩估计.

解 由于

$$\mu = E(X) = \int_{-\infty}^{+\infty} x f(x;\theta)\mathrm{d}x = \int_0^1 x(\theta+1)x^{\theta}\mathrm{d}x = \frac{\theta+1}{\theta+2},$$

因此有 $\theta = \frac{1}{1-\mu} - 2$，故参数 θ 的矩估计为 $\hat{\theta} = \frac{1}{1-\bar{X}} - 2$，其中 $\bar{X}$ 为样本均值.

例 3.2.3 设 $\boldsymbol{X} = (X_1, X_2, \cdots, X_n)^{\mathrm{T}}$（$n > 2$）为来自二项分布 $b(k, p)$ 的样本，其中 k 和 p 未知，试求 k 和 p 的矩估计量.

解 由于

$$\mu_1 = E(X) = kp, \quad \mu_2 = E(X^2) = k^2 p^2 + kp(1-p),$$

解得

$$p = 1 + \mu_1 - \frac{\mu_2}{\mu_1}, \quad k = \frac{\mu_1^2}{\mu_1 + \mu_1^2 - \mu_2},$$

从而 k 和 p 的矩估计为

$$\hat{p} = 1 + \bar{X} - \frac{A_2}{\bar{X}}, \quad \hat{k} = \frac{\bar{X}^2}{\bar{X} + \bar{X}^2 - A_2},$$

其中 $A_2 = \frac{1}{n}\sum_{i=1}^{n} X_i^2$.

为了说明矩估计法的估计效果，可以利用 R 软件从一个已知的二项分布 $b(k, p)$ 中产生随机数，然后利用矩估计给出未知参数的估计. R 代码及结果如下：

```
> set.seed(1)
> n=500;k=20;p=0.8
> x<-rbinom(n,k,p)
> A1<-mean(x)
> A2<-mean(x^2)
> p_esti<-1+A1-A2/A1
> k_esti<-A1^2/(A1+A1^2-A2)
> p_esti
[1] 0.8093514
> k_esti
[1] 19.76644
```

从运行结果可以看到，当抽样个数 n 较大时，矩估计的估计效果还是不错的.

3.3 极大似然估计

极大似然估计最早是由德国数学家 Gauss 于 1821 年针对正态分布提出的一种参数估计方法，之后由英国著名统计学家 R.A. Fisher 于 1922 年针对一般分布再次提出并研究了它的性质，使之成为一种普遍使用的点估计方法.

极大似然估计的基本思想是，概率大的事件比概率小的事件容易发生，概率最大的事件最容易发生.

3.3.1 极大似然估计的原理

若总体 X 为离散型，设 X 的分布列为 $P\{X=x\}=f(x;\boldsymbol{\theta})$，其中 $\boldsymbol{\theta}$ 为未知参数，$\boldsymbol{\theta}\in\Theta\subseteq R^r$，则样本 $\boldsymbol{X}=(X_1,X_2,\cdots,X_n)^{\mathrm{T}}$ 的联合分布列为 $\prod_{i=1}^{n}f(x_i;\boldsymbol{\theta})$，即事件 $\{\boldsymbol{X}=\boldsymbol{x}\}$ 发生的概率为

$$L(\boldsymbol{\theta};\boldsymbol{x})=L(\boldsymbol{\theta};x_1,\cdots,x_n)=\prod_{i=1}^{n}f(x_i;\boldsymbol{\theta}), \tag{3.3.1}$$

这里 $L(\theta;\boldsymbol{x})$ 称为样本的**似然函数**.

若总体 X 为连续型，设 X 的密度函数为 $f(x;\boldsymbol{\theta})$，$\boldsymbol{\theta}\in\Theta\subseteq R^r$，则样本 $\boldsymbol{X}$ 的联合密度函数为 $\prod_{i=1}^{n}f(x_i;\boldsymbol{\theta})$，随机点 $\boldsymbol{X}$ 落在 $\boldsymbol{x}$ 的邻域[①]内的概率为

$$\prod_{i=1}^{n}f(x_i;\boldsymbol{\theta})\mathrm{d}x_i=\prod_{i=1}^{n}f(x_i;\boldsymbol{\theta})\cdot\prod_{i=1}^{n}\mathrm{d}x_i \tag{3.3.2}$$

显然 $\prod_{i=1}^{n}\mathrm{d}x_i$ 与 $\boldsymbol{\theta}$ 无关，称 $L(\boldsymbol{\theta};\boldsymbol{x})=\prod_{i=1}^{n}f(x_i;\boldsymbol{\theta})$ 为样本的**似然函数**.

定义 3.3.1 设 X 服从参数型分布族 $\{f(x;\boldsymbol{\theta}):\boldsymbol{\theta}\in\Theta\subseteq R^r\}$，$\boldsymbol{X}=(X_1,X_2,\cdots,X_n)^{\mathrm{T}}$ 为来自总体 X 的一个样本，对于固定的 $\boldsymbol{x}=(x_1,x_2,\cdots,x_n)^{\mathrm{T}}$，若存在 $\boldsymbol{\theta}$ 的估计值 $\hat{\boldsymbol{\theta}}=\hat{\boldsymbol{\theta}}(\boldsymbol{x})=(\hat{\theta}_1(\boldsymbol{x}),\hat{\theta}_2(\boldsymbol{x}),\cdots,\hat{\theta}_r(\boldsymbol{x}))^{\mathrm{T}}$，使得似然函数达到最大，即

$$L(\hat{\boldsymbol{\theta}};\boldsymbol{x})=\max_{\boldsymbol{\theta}\in\Theta}L(\boldsymbol{\theta};\boldsymbol{x}), \tag{3.3.3}$$

则称 $\hat{\boldsymbol{\theta}}=\hat{\boldsymbol{\theta}}(\boldsymbol{x})$ 称为参数 θ 的**极大似然估计**或**最大似然估计**（Maximum Likelihood Estimate），简记为 MLE. 通常 $\hat{\boldsymbol{\theta}}=\hat{\boldsymbol{\theta}}(\boldsymbol{x})$ 称为参数 $\boldsymbol{\theta}$ 的**极大似然估计值**，$\hat{\boldsymbol{\theta}}=\hat{\boldsymbol{\theta}}(\boldsymbol{X})$ 称为参数 $\boldsymbol{\theta}$ 的**极大似然估计量**.

一般地，若 $f(x;\boldsymbol{\theta})$ 关于 $\boldsymbol{\theta}$ 可微，且 MLE 存在时，$\boldsymbol{\theta}$ 的极大似然估计通过求导数的方式求得，即若 $\hat{\boldsymbol{\theta}}=\hat{\boldsymbol{\theta}}(\boldsymbol{x})$ 是 Θ 的内点，则 $\hat{\boldsymbol{\theta}}(\boldsymbol{x})=(\hat{\theta}_1(\boldsymbol{x}),\hat{\theta}_2(\boldsymbol{x}),\cdots,\hat{\theta}_k(\boldsymbol{x}))^{\mathrm{T}}$ 是下列似然方程的解，

$$\frac{\partial L(\boldsymbol{\theta};\boldsymbol{x})}{\partial\theta_i}=0,\quad i=1,2,\cdots,k. \tag{3.3.4}$$

又因为 $L(\boldsymbol{\theta};\boldsymbol{x})$ 与 $\ln L(\boldsymbol{\theta};\boldsymbol{x})$ 在同一 $\boldsymbol{\theta}$ 处取到极值，因此 $\boldsymbol{\theta}$ 的 MLE $\hat{\boldsymbol{\theta}}=\hat{\boldsymbol{\theta}}(\boldsymbol{x})$ 也可从下述方程解得

$$\frac{\partial\ln L(\boldsymbol{\theta};\boldsymbol{x})}{\partial\theta_i}=0,\quad i=1,2,\cdots,k, \tag{3.3.5}$$

其中，$\ln L(\boldsymbol{\theta};\boldsymbol{x})$ 也称为样本的**对数似然函数**. 式（3.3.4）或式（3.3.5）称为**似然方程**.

例 3.3.1 设 $\boldsymbol{X}=(X_1,X_2,\cdots,X_n)^{\mathrm{T}}$ 为来自总体 $X\sim N(\mu,\sigma^2)$ 的一个样本，求 μ 和 σ^2 的极大似然估计量.

解 记 $\boldsymbol{\theta}=(\mu,\sigma^2)^{\mathrm{T}}$，总体 X 的密度函数为

$$f(x;\boldsymbol{\theta})=\frac{1}{\sqrt{2\pi\sigma^2}}\exp\left\{-\frac{(x-\mu)^2}{2\sigma^2}\right\},$$

---

① 邻域指的是边长分别为 $\mathrm{d}x_1,\mathrm{d}x_2,\cdots,\mathrm{d}x_n$ 的 n 维立方体.

故似然函数为

$$L(\boldsymbol{\theta};\boldsymbol{x})=\prod_{i=1}^{n}f(x_i;\boldsymbol{\theta})=(2\pi\sigma^2)^{-\frac{n}{2}}\exp\left\{-\frac{1}{2\sigma^2}\sum_{i=1}^{n}(x_i-\mu)^2\right\},$$

取对数得

$$\ln L(\boldsymbol{\theta};\boldsymbol{x})=-\frac{n}{2}\ln(2\pi)-\frac{n}{2}\ln\sigma^2-\frac{1}{2\sigma^2}\sum_{i=1}^{n}(x_i-\mu)^2,$$

令

$$\begin{cases}\dfrac{\partial l\ln L(\boldsymbol{\theta};\boldsymbol{x})}{\partial\mu}=\dfrac{1}{\sigma^2}\sum\limits_{i=1}^{n}(x_i-\mu)=0\\ \dfrac{\partial\ln L(\boldsymbol{\theta};\boldsymbol{x})}{\partial\sigma^2}=-\dfrac{n}{2\sigma^2}+\dfrac{1}{2\sigma^4}\sum\limits_{i=1}^{n}(x_i-\mu)^2=0\end{cases},$$

解得

$$\hat{\mu}=\bar{x},\quad \hat{\sigma}^2=\frac{1}{n}\sum_{i=1}^{n}(x_i-\bar{x})^2.$$

例 3.3.2 设 $\boldsymbol{X}=(X_1,X_2,\cdots,X_n)^{\mathrm{T}}$ 为来自总体 $X\sim b(1,p)$ 的一个样本，其中 $p\in(0,1)$ 为未知参数，求 p 得极大似然估计值.

解 总体 X 的分布律为

$$P\{X=x\}=p^x(1-p)^{1-x},\quad x=0,1,$$

似然函数为

$$L(p;\boldsymbol{x})=\prod_{i=1}^{n}p^{x_i}(1-p)^{1-x_i}=p^{\sum\limits_{i=1}^{n}x_i}(1-p)^{n-\sum\limits_{i=1}^{n}x_i},\quad x_i=0,1,$$

取对数得

$$\ln L(p;\boldsymbol{x})=\sum_{i=1}^{n}x_i\ln p+\left(n-\sum_{i=1}^{n}x_i\right)\ln(1-p),$$

令

$$\frac{\mathrm{d}\ln L(p;\boldsymbol{x})}{\mathrm{d}p}=\frac{\sum\limits_{i=1}^{n}x_i}{p}-\frac{n-\sum\limits_{i=1}^{n}x_i}{1-p}=0,$$

可解得

$$\hat{p}=\bar{x}=\frac{1}{n}\sum_{i=1}^{n}x_i.$$

当 $0<\bar{x}<1$ 时，容易验证 $\bar{x}$ 为 p 的 MLE；当 $\bar{x}=0$ 或 1 时，$\bar{x}\notin\Theta$，严格意义上 p 的 MLE 不存在，但由于 0 和 1 处于 Θ 的边界，因此在实际意义中，人们仍把 $\bar{x}$ 称为 p 的 MLE.

例 3.3.3 设总体 X 服从双参数指数分布，其密度函数为

$$f(x;\theta,c)=\begin{cases}\dfrac{1}{\theta}\mathrm{e}^{-\frac{x-c}{\theta}} & x\geqslant c\\ 0 & x<c\end{cases},$$

其中$\theta>0$，$c>0$为未知参数，$\boldsymbol{x}=(x_1,x_2\cdots,x_n)^{\mathrm{T}}$为来自总体$X$的样本观测值，试求参数$\theta$和$c$的 MLE.

解 记$x_{(1)}=\min\{x_1,x_2,\cdots,x_n\}$，则似然函数为

$$L(\theta,c;\boldsymbol{x})=\prod_{i=1}^{n}f(x_i;\theta,c)=\begin{cases}\prod\limits_{i=1}^{n}\dfrac{1}{\theta}\mathrm{e}^{-\frac{x_i-c}{\theta}} & x_{(1)}\geqslant c\\ 0 & x_{(1)}<c\end{cases},$$

则当$x_{(1)}\geqslant c$时，

$$\ln L(\theta,c;\boldsymbol{x})=-n\ln\theta-\frac{1}{\theta}\sum_{i=1}^{n}x_i+\frac{nc}{\theta},$$

由于$\dfrac{n}{\theta}>0$，因此$\ln L(\theta,c;\boldsymbol{x})$为$c$的单调递增函数，故要使得$\ln L(\theta,c;\boldsymbol{x})$达到最大，$c$应该取最大值，从而$c$的最大似然估计值为$\hat{c}=x_{(1)}$. 令

$$\frac{\partial\ln L(\theta,c;\boldsymbol{x})}{\partial\theta}=-\frac{n}{\theta}+\frac{1}{\theta^2}\sum_{i=1}^{n}x_i-\frac{nc}{\theta^2}=0,$$

解得$\theta=\dfrac{1}{n}\sum\limits_{i=1}^{n}x_i-c=\overline{x}-c$，从而参数$\theta$的最大似然估计值为$\hat{\theta}=\overline{x}-x_{(1)}$.

在单参数情形下，我们可以调用 R 函数 optimize( )或 optimise( )来求参数的极大似然估计. 其调用格式为：

```
optimize(f = , interval = , ..., lower = min(interval), upper = max(interval),
        maximum = FALSE, tol = .Machine$double.eps^0.25)
```

其中，f 为似然函数；interval 为二维向量，表示参数θ的取值范围；lower 和 upper 分别为搜索区间的最小值和最大值，默认值即为 interval 的左端点和右端点；maximum 为逻辑值，maximum =TRUE 表示求最大值，默认值为 FALSE，表示求最小值；tol 用来给出求值的精度. optimize( )的返回值为极值点和极值.

以例 3.3.2 为例，若样本容量$n=20$，$\sum\limits_{i=1}^{n}x_i=13$，R 代码及结果如下：

```
> myfunction<-function(p,n,sum)   sum*log(p)+(n-sum)*log(1-p)   #对数似然函数
> optimize(myfunction,n=20,sum=13,c(0,1),maximum=TRUE)
$maximum
[1] 0.6500073
$objective
[1] -12.94893
```

其中$maximum 为最大值点，即极大似然估计值为 $\hat{\theta}=0.6500073\approx 0.65$；$objective 为在近似解处的对数似然函数值，这里为−12.94893.

若似然方程或对数似然方程没有显示解，对于一元方程可以用 R 软件中的 uniroot()函数求得其数值解．uniroot()函数的调用格式为

```
uniroot(f, interval, ...,lower = min(interval), upper = max(interval),
        f.lower = f(lower, ...), f.upper = f(upper, ...),
        extendInt = c("no", "yes", "downX", "upX"), check.conv = FALSE,
        tol = .Machine$double.eps^0.25, maxiter = 1000, trace = 0)
```

其中，f 为所求函数；interval 为二维向量，表示包含方程根的搜索区间； lower 和 upper 分别为求根区间的左、右端点（默认值为初始区间的左、右端点）；参数 extendInt =“TRUE”可以自动扩展参数搜索范围；tol 表示计算精度；maxiter 为最大迭代次数（默认值为 1000）．还是以例 3.3.2 为例，R 代码如下：

```
> f<-function(p,n,sum) sum/p-(n-sum)/(1-p)
> uniroot(f,n=20,sum=13,c(0,1))
```

运行结果为：

```
$root
   [1] 0.6499916
$f.root
   [1] 0.0007365165
$iter
   [1] 7
$init.it
   [1] NA
$estim.prec
   [1] 6.103516e-05
```

这里，$root 为方程的近似解，即极大似然估计值为 $\hat{\theta}=0.6499916\approx 0.65$；$f.root 为近似点处的函数值；$iter 为迭代次数；$estim.prec 为近似解绝对误差的估计值．

在多参数情形下，可以利用 optim( )或 nlm( )来求解未知参数的极大似然估计，其中 nlm()使用 Newton- Raphson 算法，而 optim( )有 5 种优化方法可供选择．

程序包 stats4 中的 mle( )函数也可以进行极大似然估计．其调用格式为

```
mle(minuslogl, start = formals(minuslogl), method = "BFGS", fixed = list(), ...)
```

其中，minuslogl 为用来计算的非负对数似然函数，start 为初始值，method 用于指定优化算法，默认值为 BFGS 算法，fixed 用于设定优化过程中保持固定的参数值．

以例 3.3.2 为例，R 代码如下：

```
> x<-c(0,1);y<-c(7,13)
> xx<-rep(x,y)
> nL<-function(prob) -sum(dbinom(xx,size=1,prob,log=TRUE))
> mle(nL, start = list(prob = 0.5))
```

运行结果为：

```
Call:
mle(minuslogl = nL, start = list(prob = 0.5))
Coefficients:
     prob
0.6499999
```

从运行结果可以看到，极大似然估计值为 $\hat{\theta}=0.6499999\approx 0.65$.

3.3.2 极大似然估计的性质

在实际问题中，有些时候需要给出未知参数的函数的极大似然估计，这时可以利用极大似然估计的不变性进行求解.

定理 3.3.1（极大似然估计的不变性） 设 $\hat{\boldsymbol{\theta}}=\hat{\boldsymbol{\theta}}(\boldsymbol{x})$ 为 $\boldsymbol{\theta}$ 的 MLE，$g(\boldsymbol{\theta})$ 为可测函数，则 $g(\hat{\boldsymbol{\theta}})$ 为 $g(\boldsymbol{\theta})$ 的 MLE.

证明见茆诗松等（2006），此处略. 利用极大似然估计的不变性可以很容易地给出参数函数的极大似然估计. 例如，例 3.3.1 给出 σ^2 的 MLE 为 $\hat{\sigma}^2=\frac{1}{n}\sum_{i=1}^{n}(X_i-\bar{X})^2$ ，则 $\hat{\sigma}=\sqrt{\frac{1}{n}\sum_{i=1}^{n}(X_i-\bar{X})^2}$ 为 σ 的 MLE .

定理 3.3.2 设 $\boldsymbol{X}=(X_1,X_2,\cdots,X_n)^{\mathrm{T}}$ 为来自总体 X 的一个样本，$T=T(\boldsymbol{X})$ 为参数 $\boldsymbol{\theta}$ 的充分统计量，则 $\boldsymbol{\theta}$ 的极大似然估计 $\hat{\boldsymbol{\theta}}=\hat{\boldsymbol{\theta}}(\boldsymbol{X})$ 可以表示为 T 的函数.

证 由于 $T=T(\boldsymbol{X})$ 为参数 $\boldsymbol{\theta}$ 的充分统计量，因此由因子分解定理可知，似然函数可以表示为

$$L(\boldsymbol{\theta};\boldsymbol{x})=g_{\boldsymbol{\theta}}[T(\boldsymbol{x})]\cdot h(\boldsymbol{x}),$$

其中 $h(\boldsymbol{x})$ 与参数 $\boldsymbol{\theta}$ 无关，因此最大化 $L(\boldsymbol{\theta};\boldsymbol{x})$ 等价于最大化 $g_{\boldsymbol{\theta}}[T(\boldsymbol{x})]$，因此 $\boldsymbol{\theta}$ 的极大似然估计 $\hat{\boldsymbol{\theta}}$ 可以表示为 T 的函数.

3.4 一致最小方差无偏估计

我们在 3.1.2 节给出了无偏估计的定义，然而在许多情形中，未知参数 θ 的无偏估计是不唯一的，这时一个自然的想法就是寻求一个无偏估计，使得它的方差达到最小，这就引出了一致最小方差无偏估计的概念.

3.4.1 一致最小方差无偏估计的概念

在讨论参数的无偏估计时，值得注意的是，在有些场合下，未知参数 $g(\theta)$ 的无偏估计是不存在的.

例 3.4.1 设 $X\sim b(n,\theta)$，其中 $\theta\in(0,1)$ 为未知参数，试证明当样本容量 $n=1$ 时，参数 $g(\theta)=\sin\theta$ 不存在无偏估计.

证　假若 $T=T(X_1)$ 是参数 $g(\theta)=\sin\theta$ 的无偏估计，则对 $\forall\theta\in(0,1)$，有

$$E_\theta(T)=\sum_{i=0}^{n}T(i)\binom{n}{i}\theta^i(1-\theta)^{n-i}=g(\theta)=\sin\theta,$$

显然 $\sum_{i=0}^{n}T(i)\binom{n}{i}\theta^i(1-\theta)^{n-i}$ 是关于 θ 的 n 阶多项式，它不可能在 $(0,1)$ 中处处等于一个超越函数 $\sin\theta$，因此 $g(\theta)=\sin\theta$ 不存在无偏估计.

为讨论方便，将存在无偏估计的参数称为**可估参数**. 以后讨论无偏估计时，总是对可估参数而言的. 设 $g(\theta)$ 为可估参数，把 $g(\theta)$ 的所有无偏估计组成的类记为 $\mathcal{U}_g$. 我们关心的问题是：在 $\mathcal{U}_g$ 中选取一个好的估计.

定义 3.4.1　设 $g(\theta)$ 为可估参数，$\boldsymbol{X}=(X_1,X_2,\cdots,X_n)^{\mathrm{T}}$ 为来自总体 X 的一个样本，$T(\boldsymbol{X})$ 为 $g(\theta)$ 的无偏估计，$\mathcal{U}_g$ 为 $g(\theta)$ 的所有无偏估计组成的类，对于 $\mathcal{U}_g$ 中的任意无偏估计 $\varphi(\boldsymbol{X})$，有

$$\mathrm{Var}_\theta(T(\boldsymbol{X}))\leqslant\mathrm{Var}_\theta(\varphi(\boldsymbol{X})),\quad\forall\theta\in\Theta,\tag{3.4.1}$$

则称 $T(\boldsymbol{X})$ 为 $g(\theta)$ 的**一致最小方差无偏估计**（Uniformly Minimum Variance Unbiased Estimate），简记为 UMVUE.

关于 UMVUE 的唯一性问题，我们不加证明地给出如下结论.

定理 3.4.1　参数 $g(\theta)$ 的 UMVUE 若存在则在几乎处处意义下是唯一的，即若 $T_1(\boldsymbol{X})$ 和 $T_2(\boldsymbol{X})$ 同为 $g(\theta)$ 的 UMVUE，则

$$P_\theta\{T_1(\boldsymbol{X})=T_2(\boldsymbol{X})\}=1,\quad\forall\theta\in\Theta.\tag{3.4.2}$$

由于参数 θ 的充分统计量包含了参数所有信息，因此猜想 $g(\theta)$ 的 UMVUE 是否可以仅仅在充分统计量的无偏估计类中寻找？换言之，若 $T=T(\boldsymbol{X})$ 是 θ 的充分统计量，$g(\theta)$ 的 UMVUE 能否表示为 T 的函数？

定理 3.4.2（Rao-Blackwell）　设 $S(\boldsymbol{X})$ 为 θ 的充分统计量，$\varphi(\boldsymbol{X})$ 为 $g(\theta)$ 的无偏估计，令 $T(\boldsymbol{X})=E[\varphi(\boldsymbol{X})\,|\,S(\boldsymbol{X})]$，则 $T(\boldsymbol{X})$ 也是 $g(\theta)$ 的无偏估计，且

$$\mathrm{Var}_\theta(T(\boldsymbol{X}))\leqslant\mathrm{Var}_\theta(\varphi(\boldsymbol{X})),\quad\forall\theta\in\Theta.\tag{3.4.3}$$

且等号成立当且仅当

$$P_\theta\{T(\boldsymbol{X})=\varphi(\boldsymbol{X})\}=1,\quad\forall\theta\in\Theta.\tag{3.4.4}$$

证　因为 $S(\boldsymbol{X})$ 是充分统计量，因此 $T(\boldsymbol{X})=E[\varphi(\boldsymbol{X})\,|\,S(\boldsymbol{X})]$ 与 θ 无关，故 $T(\boldsymbol{X})$ 为统计量，且

$$E_\theta[T(\boldsymbol{X})]=E_\theta\{E[\varphi(\boldsymbol{X})\,|\,S(\boldsymbol{X})]\}=E_\theta[\varphi(\boldsymbol{X})]=g(\theta),\quad\forall\theta\in\Theta,$$

因此 $T(\boldsymbol{X})$ 为 $g(\theta)$ 的无偏估计. 而

$$\begin{aligned}\mathrm{Var}_\theta[\varphi(\boldsymbol{X})]&=E_\theta[\varphi(\boldsymbol{X})-g(\theta)]^2=E_\theta[\varphi(\boldsymbol{X})-T(\boldsymbol{X})+T(\boldsymbol{X})-g(\theta)]^2\\&=E_\theta[\varphi(\boldsymbol{X})-T(\boldsymbol{X})]^2+\mathrm{Var}_\theta(T(\boldsymbol{X}))+2E_\theta\{[\varphi(\boldsymbol{X})-T(\boldsymbol{X})][T(\boldsymbol{X})-g(\theta)]\},\end{aligned}$$

而

$$\begin{aligned}E_\theta\{[\varphi(\boldsymbol{X})-T(\boldsymbol{X})][T(\boldsymbol{X})-g(\theta)]\}&=E_\theta\{E[(\varphi-T)(T-g)\,|\,S(\boldsymbol{X})]\}\\&=E_\theta\{(T-g)E[(\varphi-T)\,|\,S(\boldsymbol{X})]\}=E_\theta[(T-g)(T-T)]=0,\end{aligned}$$

因此对 $\forall\theta\in\Theta$，有

$$\mathrm{Var}_\theta[\varphi(\boldsymbol{X})] = E_\theta[\varphi(\boldsymbol{X}) - T(\boldsymbol{X})]^2 + \mathrm{Var}_\theta(T(\boldsymbol{X})) \geqslant \mathrm{Var}_\theta(T(\boldsymbol{X})) . \tag{3.4.5}$$

又因为式（3.4.5）中的等号成立当且仅当 $E_\theta[\varphi(\boldsymbol{X}) - T(\boldsymbol{X})]^2 = 0$，因此式（3.4.4）成立.

由定理 3.4.2 可知，寻求参数 $g(\theta)$ 的 UMVUE，只需在基于充分统计量的无偏估计类中讨论即可.

下面给出两种常用的 UMVUE 的求解方法.

3.4.2 零无偏估计法

为讨论方便，引入如下无偏估计类：

$$\mathcal{U}_0 = \{T : E_\theta[T(\boldsymbol{X})] = 0, E_\theta(T^2) < +\infty, \forall \theta \in \Theta\} , \tag{3.4.6}$$

即 $\mathcal{U}_0$ 表示 0 的具有二阶矩的无偏估计类.

定理 3.4.3　设 $g(\theta)$ 为可估参数，$T = T(\boldsymbol{X})$ 为 $g(\theta)$ 的无偏估计，且对 $\forall \theta \in \Theta$，有 $\mathrm{Var}_\theta(T(\boldsymbol{X})) < +\infty$，则 $T = T(\boldsymbol{X})$ 为 $g(\theta)$ 的 UMVUE 的充分必要条件是对于任意的 $\varphi = \varphi(\boldsymbol{X}) \in \mathcal{U}_0$，有

$$E_\theta(\varphi T) = \mathrm{Cov}(\varphi, T) = 0 ,\quad \forall \theta \in \Theta . \tag{3.4.7}$$

证明参见王兆军和邹长亮的《数理统计教程》(2014).

例 3.4.2　设 $\boldsymbol{X} = (X_1, X_2, \cdots, X_n)^{\mathrm{T}}$ 是来自指数分布 $Exp(\lambda)$ 的样本，试求总体期望 $g(\lambda) = \dfrac{1}{\lambda}$ 的 UMVUE.

解　由于 $X_i \sim Exp(\lambda) = \Gamma(1, \lambda)$，由伽马分布的可加性可知，$T = \sum_{i=1}^{n} X_i \sim \Gamma(n, \lambda)$，因此 T 的概率密度函数为

$$f(t; \lambda) = \frac{\lambda^n}{(n-1)!} t^{n-1} \mathrm{e}^{-\lambda t} I\{t > 0\} ,$$

易证 $\dfrac{T}{n}$ 为 $g(\lambda)$ 的无偏估计. 由指数分布族的性质可知，T 为 λ 的充分统计量. 根据定理 3.4.2，$g(\lambda)$ 的 UMVUE 一定可以表示为 T 的函数. 设 $\varphi = \varphi(T)$ 为 0 的任一无偏估计，即有

$$0 = \int_0^{+\infty} \varphi(t) \frac{\lambda^n}{(n-1)!} t^{n-1} \mathrm{e}^{-\lambda t} \mathrm{d}t ,\quad \forall \lambda > 0 ,$$

即有

$$0 = \int_0^{+\infty} \varphi(t) t^{n-1} \mathrm{e}^{-\lambda t} \mathrm{d}t ,\quad \forall \lambda > 0 ,$$

等式两边关于 λ 求导数得

$$0 = \int_0^{+\infty} t\varphi(t) t^{n-1} \mathrm{e}^{-\lambda t} \mathrm{d}t ,\quad \forall \lambda > 0 ,$$

因此，对于 $\forall \lambda > 0$，有 $E_\theta(\varphi T) = 0$. 由定理 3.4.3 可知，$\dfrac{T}{n} = \dfrac{1}{n}\sum_{i=1}^{n} X_i$ 为 $\dfrac{1}{\lambda}$ 的 UMVUE.

3.4.3 充分完备统计量法

设 $T=T(\boldsymbol{X})$ 是充分统计量，由定理 3.4.2 可知，若 $g(\theta)$ 的 UMVUE 存在，则它必为 T 的函数．若进一步知道 $g(\theta)$ 的无偏估计在几乎处处意义下是唯一的，则它一定为 $g(\theta)$ 的 UMVUE．

定理 3.4.4 设 $S(\boldsymbol{X})$ 为参数型分布族 $\{P_\theta,\theta\in\Theta\}$ 的充分完备统计量，$g(\theta)$ 为可估参数，$\varphi(\boldsymbol{X})$ 为 $g(\theta)$ 的一个无偏估计，且满足 $\mathrm{Var}_\theta(\varphi(\boldsymbol{X}))<+\infty$，$\forall\theta\in\Theta$，则

$$T(\boldsymbol{X})=E[\varphi(\boldsymbol{X})\,|\,S(\boldsymbol{X})] \tag{3.4.8}$$

是 $g(\theta)$ 的 UMVUE，且在几乎处处意义下是唯一的．

结合定理 3.4.2 和完备统计量的定义，容易证明定理 3.4.4 成立．定理 3.4.4 给出了一种寻求UMVUE的方法，即若 $S(\boldsymbol{X})$ 为 θ 的充分完备统计量，$h[S(\boldsymbol{X})]$ 为 $g(\theta)$ 的无偏估计，则 $h[S(\boldsymbol{X})]$ 必为 $g(\theta)$ 的 UMVUE．

例 3.4.3 设 $\boldsymbol{X}=(X_1,X_2,\cdots,X_n)^{\mathrm{T}}$ 为来自均匀分布 $U(0,\theta)$ 的一个样本，求 θ 的 UMVUE．

解 由因子分解定理可知，$T=X_{(n)}$ 是充分统计量，且概率密度函数为

$$p(t;\theta)=nt^{n-1}/\theta^n,\quad 0<t<\theta .$$

下证 $X_{(n)}$ 也是完备统计量．若函数 $\varphi(T)$ 是 0 的无偏估计，即

$$\int_0^\theta \varphi(t)\cdot\frac{nt^{n-1}}{\theta^n}\mathrm{d}t=0,\quad \forall\theta>0,$$

因此

$$\int_0^\theta \phi(t)\cdot t^{n-1}\mathrm{d}t=0,\quad \forall\theta>0,$$

等式两边对 θ 求导得，$\varphi(\theta)\theta^{n-1}=0$，从而 $\varphi(\theta)=0$，$\forall\theta>0$，故 $X_{(n)}$ 是完备统计量．又因为

$$E(X_{(n)})=\int_0^\theta t\cdot\frac{nt^{n-1}}{\theta^n}\mathrm{d}t=\frac{n}{n+1}\theta,$$

从而 $E\left(\dfrac{n+1}{n}X_{(n)}\right)=\theta$，故 $\dfrac{n+1}{n}X_{(n)}$ 为 θ 的 UMVUE．

3.5 Cramer-Rao 不等式

在前面的讨论中，我们的主要目的是在可估参数 $g(\theta)$ 的无偏估计类中寻找方差最小的估计．最小的方差到底有多大？本节我们将讨论可估参数 $g(\theta)$ 的无偏估计方差的下界．

3.5.1 C-R 正则分布族与 Fisher 信息

定义 3.5.1 若下列 5 个条件成立，参数分布族 $\{f(x;\boldsymbol{\theta}),\boldsymbol{\theta}\in\Theta\}$ 称为 **Cramer-Rao** 正则分布族或 **C-R** 正则族：

（1）Θ 为 R^r 上的开矩形；

（2）对于 $\forall\boldsymbol{\theta}\in\Theta$，$\dfrac{\partial\ln f(x;\boldsymbol{\theta})}{\partial\theta_i}$ $(i=1,2,\cdots,r)$ 都存在；

（3）支撑 $\mathcal{A}=\{x: f(x;\boldsymbol{\theta})>0\}$ 与 $\boldsymbol{\theta}$ 无关；

（4）对 $f(x;\boldsymbol{\theta})$ 的积分与微分可交换，即

$$\frac{\partial}{\partial\theta_i}\int f(x;\boldsymbol{\theta})\mathrm{d}x=\int\frac{\partial f(x;\boldsymbol{\theta})}{\partial\theta_i}\mathrm{d}x,\quad i=1,2,\cdots,r;$$

（5）对于 $\forall\boldsymbol{\theta}\in\Theta$，$E_{\boldsymbol{\theta}}\left(\dfrac{\partial\ln f(X;\boldsymbol{\theta})}{\partial\theta_i}\right)^2<+\infty$，　$i=1,2,\cdots,r$.

常见的分布族大都属于 C-R 正则族，如指数型分布族是 C-R 正则族，但有些分布族不属于 C-R 正则族．如均匀分布族 $U(\theta-1,\theta+1)$ 不属于 C-R 正则族，因为其支撑 $\mathcal{A}$ 与未知参数 θ 有关系．

定义 3.5.2　设 $\{f(x;\boldsymbol{\theta}),\boldsymbol{\theta}\in\Theta\subseteq R^r\}$ 为 C-R 正则族，记

$$\boldsymbol{S}_{\boldsymbol{\theta}}(x)=\left(\frac{\partial\ln f(x;\boldsymbol{\theta})}{\partial\theta_1},\frac{\partial\ln f(x;\boldsymbol{\theta})}{\partial\theta_2},\cdots,\frac{\partial\ln f(x;\boldsymbol{\theta})}{\partial\theta_r}\right)^{\mathrm{T}},\tag{3.5.1}$$

则有 $E_{\boldsymbol{\theta}}[\boldsymbol{S}_{\boldsymbol{\theta}}(X)]=0$，定义

$$I(\boldsymbol{\theta})=\mathrm{Var}_{\boldsymbol{\theta}}[\boldsymbol{S}_{\boldsymbol{\theta}}(X)]=E_{\boldsymbol{\theta}}[\boldsymbol{S}_{\boldsymbol{\theta}}(X)\boldsymbol{S}_{\boldsymbol{\theta}}^{\mathrm{T}}(X)],\tag{3.5.2}$$

则称 $I(\boldsymbol{\theta})$ 为该分布族的 **Fisher 信息矩阵**，简称 **Fisher 信息**；$r=1$ 时，$I(\theta)$ 称为 **Fisher 信息量**.

根据定义 3.5.2，当 $r=1$ 时，Fisher 信息量为

$$I(\theta)=\mathrm{Var}_\theta\left[\frac{\partial\ln f(x;\theta)}{\partial\theta}\right]=E_\theta\left[\frac{\partial\ln f(x;\theta)}{\partial\theta}\right]^2.\tag{3.5.3}$$

当 $r=2$ 时，Fisher 信息矩阵为

$$\boldsymbol{I}(\theta)=\begin{pmatrix}I_{11}&I_{12}\\I_{21}&I_{22}\end{pmatrix},\tag{3.5.4}$$

其中

$$I_{11}=E_{\boldsymbol{\theta}}\left[\frac{\partial\ln f(X;\boldsymbol{\theta})}{\partial\theta_1}\right]^2,$$

$$I_{12}=I_{21}=E_{\boldsymbol{\theta}}\left[\frac{\partial\ln f(X;\boldsymbol{\theta})}{\partial\theta_1}\frac{\partial\ln f(X;\boldsymbol{\theta})}{\partial\theta_2}\right],$$

$$I_{22}=E_{\boldsymbol{\theta}}\left[\frac{\partial\ln f(X;\boldsymbol{\theta})}{\partial\theta_2}\right]^2.$$

例 3.5.1　已知正态分布族 $\{N(\mu,\sigma^2),(\mu,\sigma^2)\in R\times R^+\}$ 为 Cramer-Rao 正则族，求其 Fisher 信息.

解　记 $\boldsymbol{\theta}=(\mu,\sigma^2)^{\mathrm{T}}$，则分布族的概率密度函数为

$$f(x;\boldsymbol{\theta})=\frac{1}{\sqrt{2\pi\sigma^2}}\exp\left\{-\frac{(x-\mu)^2}{2\sigma^2}\right\},$$

取对数得

$$\ln f(x;\boldsymbol{\theta}) = -\frac{1}{2}\ln\sigma^2 - \frac{(x-\mu)^2}{2\sigma^2} - \ln\sqrt{2\pi}\,,$$

因此

$$\frac{\partial \ln f(x;\boldsymbol{\theta})}{\partial \mu} = \frac{x-\mu}{\sigma^2}\,,\quad \frac{\partial \ln f(x;\boldsymbol{\theta})}{\partial \sigma^2} = -\frac{1}{2\sigma^2} + \frac{(x-\mu)^2}{2\sigma^4}\,,$$

故有

$$I_{11} = \mathrm{Var}_{\boldsymbol{\theta}}\left(\frac{X-\mu}{\sigma^2}\right) = \frac{1}{\sigma^4}\mathrm{Var}_{\boldsymbol{\theta}}(X) = \frac{1}{\sigma^2}\,,$$

$$I_{22} = \mathrm{Var}_{\boldsymbol{\theta}}\left(-\frac{1}{2\sigma^2} + \frac{(X-\mu)^2}{2\sigma^4}\right) = \frac{1}{4\sigma^4}\mathrm{Var}_{\boldsymbol{\theta}}\left[\left(\frac{X-\mu}{\sigma}\right)^2\right] = \frac{2}{4\sigma^4} = \frac{1}{2\sigma^4}\,,$$

$$I_{12} = E_{\boldsymbol{\theta}}\left[\left(\frac{X-\mu}{\sigma^2}\right)\left(-\frac{1}{2\sigma^2} + \frac{(X-\mu)^2}{2\sigma^4}\right)\right] = E_{\boldsymbol{\theta}}\left(-\frac{X-\mu}{2\sigma^4} + \frac{(X-\mu)^3}{2\sigma^6}\right) = 0\,,$$

Fisher 信息阵为

$$I(\boldsymbol{\theta}) = \begin{pmatrix} \frac{1}{\sigma^2} & 0 \\ 0 & \frac{1}{2\sigma^4} \end{pmatrix}.$$

若进一步假定 $f(x;\boldsymbol{\theta})$ 对 $\boldsymbol{\theta}$ 存在二阶偏导，且积分与微分可交换次序，这时可以利用二阶偏导数求 Fisher 信息.

命题 3.5.1 设 $\{f(x;\boldsymbol{\theta}), \boldsymbol{\theta}\in\Theta\subseteq R^r\}$ 为 C-R 正则族，若 $\dfrac{\partial^2 f(x;\boldsymbol{\theta})}{\partial\theta_i\partial\theta_j}$ $(i,j=1,2,\cdots,r)$ 存在，则分布族的 Fisher 信息为 $I(\boldsymbol{\theta}) = (I_{ij})_{r\times r}$，其中

$$I_{ij} = -E_{\boldsymbol{\theta}}\left(\frac{\partial^2 \ln f(X;\boldsymbol{\theta})}{\partial\theta_i\partial\theta_j}\right). \tag{3.5.5}$$

例 3.5.2（续例 3.5.1） 求正态分布族 $\{N(\mu,\sigma^2), (\mu,\sigma^2)\in R\times R^+\}$ 的 Fisher 信息.

解 由例 3.5.1 可知，

$$\frac{\partial \ln f(x;\boldsymbol{\theta})}{\partial \mu} = \frac{x-\mu}{\sigma^2}\,,\quad \frac{\partial \ln f(x;\boldsymbol{\theta})}{\partial \sigma^2} = -\frac{1}{2\sigma^2} + \frac{(x-\mu)^2}{2\sigma^4}\,,$$

从而

$$\frac{\partial^2 \ln f(x;\boldsymbol{\theta})}{\partial \mu^2} = \frac{-1}{\sigma^2}\,,\quad \frac{\partial^2 \ln f(x;\boldsymbol{\theta})}{\partial\mu\partial \sigma^2} = -\frac{x-\mu}{\sigma^4}\,,\quad \frac{\partial^2 \ln f(x;\boldsymbol{\theta})}{\partial (\sigma^2)^2} = \frac{1}{2\sigma^4} - \frac{(x-\mu)^2}{\sigma^6}\,,$$

故

$$I_{11} = -E_{\boldsymbol{\theta}}\left[\frac{\partial^2 \ln f(X;\boldsymbol{\theta})}{\partial \mu^2}\right] = \frac{1}{\sigma^2}\,,\quad I_{12} = -E_{\boldsymbol{\theta}}\left[\frac{\partial^2 \ln f(X;\boldsymbol{\theta})}{\partial\mu\partial \sigma^2}\right] = 0\,,$$

$$I_{22} = -E_{\boldsymbol{\theta}}\left[\frac{\partial^2 \ln f(X;\boldsymbol{\theta})}{\partial \sigma^2}\right] = \frac{1}{2\sigma^4}\,.$$

因此正态分布族的 Fisher 信息为

$$I(\boldsymbol{\theta})=\begin{pmatrix}\dfrac{1}{\sigma^2} & 0\\ 0 & \dfrac{1}{2\sigma^4}\end{pmatrix}.$$

命题 3.5.2 若 $\boldsymbol{X}=(X_1,X_2,\cdots,X_n)^{\mathrm{T}}$ 是来自总体 C-R 正则族 $\{f(x;\boldsymbol{\theta}),\boldsymbol{\theta}\in\Theta\subseteq R^r\}$ 的一个样本，记总体的 Fisher 信息为 $I_1(\boldsymbol{\theta})$，则样本 $\boldsymbol{X}$ 的 Fisher 信息为

$$I_n(\boldsymbol{\theta})=nI_1(\boldsymbol{\theta}). \tag{3.5.6}$$

证 样本 $\boldsymbol{X}$ 的概率密度函数为 $f(\boldsymbol{x};\boldsymbol{\theta})=\prod_{i=1}^{n}f(x_i;\boldsymbol{\theta})$，因此 $\ln f(\boldsymbol{x};\boldsymbol{\theta})=\sum_{i=1}^{n}\ln f(x_i;\boldsymbol{\theta})$，从而

$$\boldsymbol{S}_{\boldsymbol{\theta}}(\boldsymbol{x})=\frac{\partial}{\partial\boldsymbol{\theta}}\sum_{i=1}^{n}\ln f(x_i;\boldsymbol{\theta})=\sum_{i=1}^{n}\frac{\partial\ln f(x_i;\boldsymbol{\theta})}{\partial\boldsymbol{\theta}},$$

故样本 $\boldsymbol{X}$ 的 Fisher 信息为

$$I_n(\boldsymbol{\theta})=\mathrm{Var}_{\boldsymbol{\theta}}[\boldsymbol{S}_{\boldsymbol{\theta}}(\boldsymbol{X})]=\sum_{i=1}^{n}\mathrm{Var}_{\boldsymbol{\theta}}\left[\frac{\partial\ln f(x_i;\boldsymbol{\theta})}{\partial\boldsymbol{\theta}}\right]=nI_1(\boldsymbol{\theta}). \tag{3.5.7}$$

3.5.2 统计量的 Fisher 信息

Fisher 信息是数理统计中的一个基本概念，很多统计结果都与 Fisher 信息有关．在实际问题中，一个常用的概念就是统计量的 Fisher 信息．

定义 3.5.3 设 $T=T(\boldsymbol{X})$ 是分布族 $\{f(x;\boldsymbol{\theta}),\boldsymbol{\theta}\in\Theta\}$ 上的统计量，$\{f_T(x;\boldsymbol{\theta}),\boldsymbol{\theta}\in\Theta\}$ 是 $T(\boldsymbol{X})$ 诱导的分布族，则分布族 $\{f_T(x;\boldsymbol{\theta}),\boldsymbol{\theta}\in\Theta\}$ 的 Fisher 信息称为统计量 $T(\boldsymbol{X})$ 的 Fisher 信息，记为 $I_T(\boldsymbol{\theta})$．

定理 3.5.1 设 $\boldsymbol{X}=(X_1,X_2,\cdots,X_n)^{\mathrm{T}}$ 是来自 C-R 正则族 $\{f(x;\boldsymbol{\theta}),\boldsymbol{\theta}\in\Theta\}$ 的一个样本，样本 $\boldsymbol{X}$ 的 Fisher 信息为 $I_n(\boldsymbol{\theta})$，又设统计量 $T=T(\boldsymbol{X})$ 的 Fisher 信息存在，记为 $I_T(\boldsymbol{\theta})$，则有

$$I_T(\boldsymbol{\theta})\leqslant I_n(\boldsymbol{\theta}),$$

且等号成立的充分必要条件为 $T=T(\boldsymbol{X})$ 为充分统计量．

定理 3.5.1 的证明参见韦博成的《参数统计教程》(2006)．该结论的直观含义非常明显，因为统计量 $T(\boldsymbol{X})$ 是对样本的加工、整理，统计量含有的参数 $\boldsymbol{\theta}$ 的信息不可能多于样本含有的参数信息．充分统计量包含了样本 $\boldsymbol{X}$ 中关于参数 $\boldsymbol{\theta}$ 的全部信息，因此其 Fisher 信息与样本 $\boldsymbol{X}$ 的 Fisher 信息相等．

推论 3.5.1 设 $Y=Y(\boldsymbol{X})$ 和 $T=T(\boldsymbol{X})$ 是 C-R 正则族 $\{f(x;\boldsymbol{\theta}),\boldsymbol{\theta}\in\Theta\}$ 上的两个统计量，其 Fisher 信息分别为 $I_Y(\boldsymbol{\theta})$ 和 $I_T(\boldsymbol{\theta})$，存在可测函数 $g(\cdot)$ 满足 $Y=g(T)$，则有

$$I_Y(\boldsymbol{\theta})\leqslant I_T(\boldsymbol{\theta}).$$

3.5.3 信息不等式与有效估计

信息不等式也称为 Cramer-Rao 不等式或 C-R 不等式，用 Fisher 信息表示无偏估计方差（协方差）的下界．

定理 3.5.2 设 $\{f(x;\theta),\theta\in\Theta\}$ 是单参数 Cramer-Rao 正则族，$g(\theta)$ 关于 θ 可导，$T=T(\boldsymbol{X})$

是 $g(\theta)$ 的无偏估计，且对于 $\forall\theta\in\Theta$，有

$$\operatorname{Var}_\theta[T(\boldsymbol{X})]<+\infty\,,\quad \frac{\partial}{\partial\theta}\int T(\boldsymbol{x})f(\boldsymbol{x};\theta)\mathrm{d}\boldsymbol{x}=\int T(\boldsymbol{x})\frac{\partial f(\boldsymbol{x};\theta)}{\partial\theta}\mathrm{d}\boldsymbol{x}\,,$$

其中 $f(\boldsymbol{x};\theta)=\prod_{i=1}^{n}f(x_i;\theta)$ 为样本 $\boldsymbol{X}=(X_1,X_2,\cdots,X_n)^{\mathrm{T}}$ 的联合概率密度，则当分布族的 Fisher 信息量 $I(\theta)>0$ 时，有

$$\operatorname{Var}_\theta[T(\boldsymbol{X})]\geqslant\frac{[g'(\theta)]^2}{nI(\theta)}\,,\quad \forall\theta\in\Theta\,. \tag{3.5.8}$$

证 记 $S=S_\theta(\boldsymbol{X})=\dfrac{\partial\ln f(\boldsymbol{X};\theta)}{\partial\theta}$，则

$$\begin{aligned}\operatorname{Cov}_\theta(T,S)&=E_\theta\{[T-g(\theta)]S\}=E_\theta(TS)=\int T(\boldsymbol{x})S(\boldsymbol{x})f(\boldsymbol{x};\theta)\mathrm{d}\boldsymbol{x}\\&=\int T(\boldsymbol{x})\frac{\partial f(\boldsymbol{x};\theta)}{\partial\theta}\mathrm{d}\boldsymbol{x}=\frac{\partial}{\partial\theta}\int T(\boldsymbol{x})f(\boldsymbol{x};\theta)\mathrm{d}\boldsymbol{x}=g'(\theta)\,.\end{aligned}$$

根据 Cauchy-Schwarz 不等式，有

$$[g'(\theta)]^2=[\operatorname{Cov}_\theta(T,S)]^2\leqslant\operatorname{Var}_\theta(T)\operatorname{Var}_\theta(S)=\operatorname{Var}_\theta(T)I_n(\theta)\,,$$

从而

$$\operatorname{Var}_\theta(T)\geqslant\frac{[g'(\theta)]^2}{I_n(\theta)}=\frac{[g'(\theta)]^2}{nI(\theta)}\,.$$

由 C-R 不等式可以看到，样本含有参数 θ 的信息越多，$g(\theta)$ 的无偏估计的方差下界越小．对于多参数分布族，不加证明地给出如下结论．

定理 3.5.3 设 $\{f(x;\boldsymbol{\theta}),\boldsymbol{\theta}\in\Theta\subseteq R^r\}$ 是 Cramer-Rao 正则族，分布族的 Fisher 信息 $\boldsymbol{I}(\boldsymbol{\theta})$ 为非奇异矩阵．$\boldsymbol{X}=(X_1,X_2,\cdots,X_n)^{\mathrm{T}}$ 为来自总体的一个样本，记

$$\boldsymbol{g}(\boldsymbol{\theta})=(g_1(\boldsymbol{\theta}),g_2(\boldsymbol{\theta}),\cdots,g_m(\boldsymbol{\theta}))^{\mathrm{T}}\,,\quad s\leqslant r\,,$$

且 $D_{ij}(\boldsymbol{\theta})=\dfrac{\partial g_i(\boldsymbol{\theta})}{\partial\theta_j},i=1,2,\cdots,m,j=1,2,\cdots,r$ 都存在，$D(\boldsymbol{\theta})=\dfrac{\partial\boldsymbol{g}(\boldsymbol{\theta})}{\partial\boldsymbol{\theta}^{\mathrm{T}}}=(D_{ij}(\boldsymbol{\theta}))_{m\times r}$．又设

$$\boldsymbol{T}(\boldsymbol{X})=(T_1(\boldsymbol{X}),T_2(\boldsymbol{X}),\cdots,T_m(\boldsymbol{X}))^{\mathrm{T}}$$

是 $\boldsymbol{g}(\boldsymbol{\theta})$ 的模平方可积的无偏估计，则有

$$\operatorname{Var}_{\boldsymbol{\theta}}[\boldsymbol{T}(\boldsymbol{X})]\geqslant\boldsymbol{D}(\boldsymbol{\theta})\boldsymbol{I}_n^{-1}(\boldsymbol{\theta})\boldsymbol{D}^{\mathrm{T}}(\boldsymbol{\theta})\,,\quad\forall\boldsymbol{\theta}\in\Theta\,. \tag{3.5.9}$$

其中 $\boldsymbol{I}_n^{-1}(\boldsymbol{\theta})$ 为样本 Fisher 信息 $\boldsymbol{I}_n(\boldsymbol{\theta})=n\boldsymbol{I}(\boldsymbol{\theta})$ 的逆矩阵．$\boldsymbol{D}(\boldsymbol{\theta})\boldsymbol{I}_n^{-1}(\boldsymbol{\theta})\boldsymbol{D}^{\mathrm{T}}(\boldsymbol{\theta})$ 称为 $\boldsymbol{g}(\boldsymbol{\theta})$ 的无偏估计的**协方差阵下界**，或称为 $\boldsymbol{g}(\boldsymbol{\theta})$ 的无偏估计 **Cramer-Rao 方差下界**，简称 **C-R 下界**．

显然当 $m=r=1$ 时，式（3.5.9）即为单参数 C-R 不等式，即式（3.5.8）．

注 （1）信息不等式的成立是有条件的，当定理的条件不满足时，可能存在方差比 C-R 下界更小的无偏估计．Bhattacharyya 在更强的条件下，得到了另外一个不等式，其下界称为 Bhattacharyya 下界，Bhattacharyya 下界较 C-R 下界要大一些．

（2）对满足定理 3.5.3 条件的无偏估计类而言，既然信息不等式给出了方差的下界，若一个无偏估计达到 C-R 下界，则该无偏估计一定是 UMVUE．

例 3.5.3　设 $\boldsymbol{X}=(X_1,X_2,\cdots,X_n)^{\mathrm{T}}$ 为来自 $N(0,\sigma^2)$ 的一个样本，试求 σ^2 的 UMVUE.

解　记 $\theta=\sigma^2$，则概率密度函数为 $f(x;\theta)=\dfrac{1}{\sqrt{2\pi\theta}}\exp\left\{-\dfrac{x^2}{2\theta}\right\}$，取对数得

$$\ln f(x;\theta)=\ln\frac{1}{\sqrt{2\pi}}-\frac{1}{2}\ln\theta-\frac{x^2}{2\theta},$$

从而

$$\frac{\mathrm{d}}{\mathrm{d}\theta}\ln f(x;\theta)=-\frac{1}{2\theta}+\frac{x^2}{2\theta^2},\quad \frac{\mathrm{d}^2}{\mathrm{d}\theta^2}\ln f(x;\theta)=\frac{1}{2\theta^2}-\frac{x^2}{\theta^3},$$

故分布族的 Fisher 信息为

$$I(\theta)=-E_\theta\left(\frac{\mathrm{d}^2}{\mathrm{d}\theta^2}\ln f(X;\theta)\right)=-E_\theta\left(\frac{1}{2\theta^2}-\frac{X^2}{\theta^3}\right)=\frac{1}{2(\sigma^2)^2}.$$

由信息不等式知，对任一无偏估计 $T(\boldsymbol{X})\in\mathcal{U}_\theta$ 有

$$\mathrm{Var}_\theta[T(\boldsymbol{X})]\geqslant\frac{(\theta')^2}{I_n(\theta)}=\frac{1}{nI(\theta)}=\frac{2(\sigma^2)^2}{n}.$$

若取 $T(\boldsymbol{X})=\dfrac{1}{n}\sum\limits_{i=1}^{n}X_i^2$，由 $\dfrac{X_i^2}{\sigma^2}\sim\chi^2(1)$ 可知，$\dfrac{nT(\boldsymbol{X})}{\sigma^2}=\sum\limits_{i=1}^{n}\dfrac{X_i^2}{\sigma^2}\sim\chi^2(n)$，所以

$$E\left[\frac{nT(\boldsymbol{X})}{\sigma^2}\right]=n,\quad \mathrm{Var}\left[\frac{nT(\boldsymbol{X})}{\sigma^2}\right]=2n,$$

即 $E[T(\boldsymbol{X})]=\sigma^2$，$\mathrm{Var}[T(\boldsymbol{X})]=\dfrac{2(\sigma^2)^2}{n}$. 从而 $T(\boldsymbol{X})=\dfrac{1}{n}\sum\limits_{i=1}^{n}X_i^2$ 是参数 σ^2 的 UMVUE.

定义 3.5.4　设 $\{f(x;\theta),\theta\in\Theta\}$ 是单参数 C-R 正则族，$g(\theta)$ 为可估参数，设 $T=T(\boldsymbol{X})$ 是 $g(\theta)$ 的无偏估计，称

$$e_\theta(T)=\frac{[g'(\theta)]^2}{\mathrm{Var}_\theta(T)I_n(\theta)}\tag{3.5.10}$$

为估计量 T 的**效率**（efficiency）. 若 $e_\theta(T)=1$，则称 T 为 $g(\theta)$ 的**有效估计**；若

$$\lim_{n\to\infty}e_\theta(T)=\lim_{n\to\infty}\frac{[g'(\theta)]^2}{\mathrm{Var}_\theta(T)I_n(\theta)}=1,\tag{3.5.11}$$

则称 T 为 $g(\theta)$ 的**渐近有效估计**.

由定义 3.5.3 可知，有效估计指的是达到 C-R 下界的无偏估计，有效估计量一定为 UMVUE. 下面讨论有效估计存在的条件.

定理 3.5.4　设 $\{f(x;\theta),\theta\in\Theta\}$ 是单参数 C-R 正则族，Fisher 信息 $I(\theta)$ 存在且不为 0，可估参数 $g(\theta)$ 满足 $g'(\theta)\neq 0$，若 $T=T(\boldsymbol{X})$ 为 $g(\theta)$ 的有效估计，则存在函数 $c(\theta)$，$h(\theta)$ 和 $d(\boldsymbol{x})$，使得

$$f(\boldsymbol{x};\theta)=\exp\{h(\theta)T(\boldsymbol{x})+c(\theta)+d(\boldsymbol{x})\}.\tag{3.5.12}$$

定理 3.5.4 的证明参见茆诗松等编写的《高等数理统计（第 2 版）》(2006)，此处略. 该定理表明，只有在指数型分布族的场合下有效估计才可能存在. 然而对于指数型分布族中的任一可估参数，并不一定都存在有效估计，定理 3.5.5 说明只有满足一定条件的可估参数，有效估计才存在.

定理 3.5.5　设样本 $\boldsymbol{X}=(X_1,X_2,\cdots,X_n)^{\mathrm{T}}$ 来自指数型分布族 $\{f(x;\theta),\theta\in\Theta\}$，其中 $f(x;\theta)$ 如式（3.5.12）所示，$T=T(\boldsymbol{X})$ 为 $g(\theta)$ 的有效估计，则可估参数 $g(\theta)$ 存在有效估计的充分必要条件为存在常数 a、b，使得

$$g(\theta)=a\cdot E_\theta[T(\boldsymbol{X})]+b. \tag{3.5.13}$$

定理 3.5.5 的证明参见茆诗松等编写的《高等数理统计（第 2 版）》（2006），此处略.

3.6　U 统计量

在参数估计和检验中，充分完备统计量是寻找一致最小方差无偏估计的一条重要途径，在非参数统计中，类似的统计量也存在，U 统计量在此扮演了重要角色.

若对于非参数分布族 $\{P\in\mathcal{P}\}$，待估参数为 $g(P)$，通常将能够估计出 $g(P)$ 的最小的样本容量 k 称为 $g(P)$ 的**阶**（order）. 由容量为 k 的样本给出的 $g(P)$ 的无偏估计称为 $g(P)$ 的**核**（kernel），若无偏估计是样本的对称函数，则称为**对称核**.

一般地，若 $g(P)$ 具有如下形式：

$$g(P)=\int\cdots\int h(x_1,x_2,\cdots,x_k)\mathrm{d}F(x_1)\mathrm{d}F(x_2)\cdots\mathrm{d}F(x_k),\quad P\in\mathcal{P}, \tag{3.6.1}$$

则 $h(X_1,X_2,\cdots,X_k)$ 即为 $g(P)$ 的核，k 为 $g(P)$ 的阶；若 $h(X_1,X_2,\cdots,X_k)$ 是样本的对称函数，则 h 为 $g(P)$ 的对称核.

例如，$g(P)=E_P(X)=\int x\,\mathrm{d}F(x)$，则 X_1 是 $g(P)$ 的对称核，这里 $k=1$；又如

$$g(P)=\mathrm{Var}_P(X)=\iint(x_1^2-x_1x_2)\mathrm{d}F(x_1)\mathrm{d}F(x_2),$$

因此 $X_1^2-X_1X_2$ 是核，但不是对称核，这里 $k=2$.

由核可以构造对称核，只需将 k 个可能不同的核加以平均即可，令

$$f_k(X_1,X_2,\cdots,X_k)=\frac{1}{k!}\sum h(X_{i_1},X_{i_2},\cdots,X_{i_k}), \tag{3.6.2}$$

此处求和的范围是对 $(1,2,\cdots,k)$ 的全部排列 $(i_1,i_2,\cdots,i_k)$，则 $f_k(X_1,X_2,\cdots,X_k)$ 为对称核.

例如，$X_1^2-X_1X_2$ 是 $g(P)=\mathrm{Var}_P(X)$ 的核，则 $g(P)=\mathrm{Var}_P(X)$ 的对称核为

$$\frac{1}{2}[(X_1^2-X_1X_2)+(X_2^2-X_2X_1)]=\frac{1}{2}(X_1-X_2)^2.$$

定义 3.6.1　假如有 n 个元素组成的样本 $(n\geqslant k)$，其中任意 k 个元素都可以给出一个对称核，把所有的 C_n^k 个对称核的平均称为 U **统计量**，记为 U_n，即

$$U_n=\frac{1}{C_n^k}\sum_{1\leqslant i_1\leqslant\cdots\leqslant i_k\leqslant n}f_k(X_{i_1},X_{i_2},\cdots,X_{i_k}). \tag{3.6.3}$$

由定义 3.6.1 可知，U_n 是样本的对称函数，因此 U_n 是次序统计量 $(X_{(1)},X_{(2)},\cdots,X_{(n)})$ 的函数.

命题 3.6.1　设样本 $\boldsymbol{X}=(X_1,X_2,\cdots,X_n)^{\mathrm{T}}$ 来自于非参数分布族 $\mathcal{P}$，则次序统计量 $(X_{(1)},X_{(2)},\cdots,X_{(n)})$ 是 $\mathcal{P}$ 的充分统计量；若 $\mathcal{P}$ 包含所有的连续型分布或所有的离散型分布，则 $(X_{(1)},X_{(2)},\cdots,X_{(n)})$ 是完备统计量.

显然 U_n 是 $g(P)$ 的无偏估计，同时又是充分完备统计量 $(X_{(1)},X_{(2)},\cdots,X_{(n)})$ 的函数，因此 U_n 是 $g(P)$ 的 UMVUE.

例 3.6.1　设非参数分布族 $\mathcal{P}=\{$一阶矩存在的一维分布$\}$，$g(P)=u=\int x\mathrm{d}F(x)$ 的对称核为 X_1，所以相应的 U 统计量为 $\dfrac{1}{n}\sum_{i=1}^{n}X_i=\bar{X}$. 故 $\bar{X}$ 为总体均值的 UMVUE.

例 3.6.2　设非参数分布族 $\mathcal{P}=\{$二阶矩存在的一维分布$\}$，$g(P)=\mathrm{Var}_P(X)$ 的对称核为 $\dfrac{1}{2}(X_1-X_2)^2$，所以相应的 U 统计量为

$$U_n=\frac{2}{n(n-1)}\sum_{1\leqslant i<j\leqslant n}\frac{1}{2}(X_i-X_j)^2=\frac{1}{n(n-1)}[(n-1)\sum_{i=1}^{n}X_i^2-2\sum_{i<j}X_iX_j]$$

$$=\frac{1}{n(n-1)}\left[n\sum_{i=1}^{n}X_i^2-\left(\sum_{i=1}^{n}X_i\right)^2\right]=\frac{1}{n-1}\sum_{i=1}^{n}(X_i-\bar{X})^2,$$

故 $\dfrac{1}{n-1}\sum_{i=1}^{n}(X_i-\bar{X})^2$ 为总体方差的 UMVUE.

3.7　同 变 估 计

3.7.1　同变性的引入

在实际问题中，有时需要对数据进行变换，如使用英镑作为计量单位的数据转换为以千克为单位的数据，又如使用英尺测算的数据转换为以米为单位测算的数据，等等. 问题是利用原数据和变换后的数据进行统计推断时，其效果是否相同？类似于对估计量无偏性的要求，也可以提出估计量需要适应数据变换的要求，如随机变量 X 在位移变换 $X\to X+C$（其中 C 为常数）下有如下性质：

$$E(X+C)=E(X)+C,\quad \mathrm{Var}(X+C)=\mathrm{Var}(X). \tag{3.7.1}$$

现有样本 $\boldsymbol{X}=(X_1,X_2,\cdots,X_n)^{\mathrm{T}}$，我们自然希望参数 $E(X)$ 的估计量 $\hat{u}(X_1,X_2,\cdots,X_n)$ 满足

$$\hat{u}(X_1+C,X_2+C,\cdots,X_n+C)=\hat{u}(X_1,X_2,\cdots,X_n)+C; \tag{3.7.2}$$

类似地，我们希望参数 $\mathrm{Var}(X)$ 的估计量 $\hat{\sigma}^2(X_1,X_2,\cdots,X_n)$ 满足

$$\hat{\sigma}^2(X_1+C,X_2+C,\cdots,X_n+C)=\hat{\sigma}^2(X_1,X_2,\cdots,X_n), \tag{3.7.3}$$

估计量的这种性质称之为**同变性**.

定义 3.7.1　给定分布族 $X\sim P_{\theta_0}\in\mathcal{P}=\{P_\theta,\theta\in\Theta\}$，且假定若 $\theta_1\neq\theta_2$，则 $P_{\theta_1}\neq P_{\theta_2}$，设 $G=\{g\}$ 是某个可测变换集合，若对 $\forall g\in G$，对存在 $\theta'\in\Theta$，使得 $Y=g(X)$ 服从 $P_{\theta'}\in\mathcal{P}=\{P_\theta,\theta\in\Theta\}$，记 $\theta'=\bar{g}(\theta_0)$，称 $\bar{g}$ 为 g 在参数空间 Θ 中的**导出变换**，$\bar{G}=\{\bar{g}\}$ 称为 G 在参数空间 Θ 中的**导出变换集**.

例 3.7.1　设总体分布族为 $\{F(x-\theta),\ \theta\in\Theta\}$，此时 θ 也称为分布族的**位置参数**，考虑平移变换 $g(x)=x+C$，$C\in R$，因为

$$P_\theta\{g(X)\leqslant x\}=P_\theta\{X+C\leqslant x\}=P_\theta\{X\leqslant x-C\}=F(x-C-\theta)=P_{\theta+C}\{X\leqslant x\},$$

所以导出变换为 $\bar{g}(\theta)=\theta+C$.

例 3.7.2 设总体分布族为 $\left\{F\left(\dfrac{x}{\theta}\right),\ \theta>0\right\}$，此时的 θ 也称为分布族的**尺度参数**，考虑尺度变换 $g(x)=Cx$ ， $C\in R$ ，因为

$$P_\theta\{g(X)\leqslant x\}=P_\theta\{CX\leqslant x\}=P_\theta\left\{X\leqslant\frac{x}{C}\right\}=F\left(\frac{x}{C\theta}\right)=P_{C\theta}\{X\leqslant x\},$$

所以导出变换为 $\bar{g}(\theta)=C\theta$.

定义 3.7.2 若样本 $\boldsymbol{X}=(X_1,X_2,\cdots,X_n)^{\mathrm{T}}$ 来自分布 $P_{\theta_0}\in\mathcal{P}=\{P_\theta,\theta\in\Theta\}$， $G=\{g\}$ 和 $\bar{G}=\{\bar{g}\}$ 分别为变换集和导出变换集，若 θ 的估计量 $\hat{\theta}=\hat{\theta}(X_1,X_2,\cdots,X_n)$ 满足

$$\hat{\theta}[g(X_1),g(X_2),\cdots,g(X_n)]=\bar{g}[\hat{\theta}(X_1,X_2,\cdots,X_n)],\quad \forall g\in G, \tag{3.7.4}$$

则称统计量 $\hat{\theta}$ 关于 G 中的变换是**同变估计**.

为了不损失信息，一般要求可测变换 g 是可逆的，这样无论通过原数据还是变换后的数据得到的参数 θ_0 的估计 $\hat{\theta}_0$ 都是相同的.

例 3.7.3 设样本 $\boldsymbol{X}$ 来自分布族 $\mathcal{P}=\{F(x-\theta),\ \theta\in\Theta\}$ ，作平移变换 $g(X_i)=X_i+C$ ， $i=1,2,\cdots,n$ ，导出变换为 $\bar{g}(\theta)=\theta+C$ ，因此，关于位置参数 θ 平移变换的同变估计应满足

$$\hat{\theta}(X_1+C,X_2+C,\cdots,X_n+C)=\hat{\theta}(X_1,X_2,\cdots,X_n)+C,\quad \forall C\in R. \tag{3.7.5}$$

例 3.7.4 设样本 $\boldsymbol{X}$ 来自分布族 $\left\{F\left(\dfrac{x}{\theta}\right),\ \theta>0\right\}$，作尺度变换 $g(X_i)=CX_i$ ， $i=1,2,\cdots,n$ ，导出变换为 $\bar{g}(\theta)=C\theta$ ，因此关于尺度参数 θ 的尺度变换的同变估计应满足

$$\hat{\theta}(CX_1,CX_2,\cdots,CX_n)=C\hat{\theta}(X_1,X_2,\cdots,X_n),\quad \forall C\in R. \tag{3.7.6}$$

3.7.2 最优同变估计

对于给定的一类变换，同变估计往往不止一个，这时需要选择一个“好”的估计，“好”的标准又是什么呢？

定义 3.7.3 设总体分布为 $\mathcal{P}=\{P_\theta,\theta\in\Theta\}$， $G=\{g\}$ 为变换集，若参数 θ 的估计量 $\hat{\theta}^*=\hat{\theta}^*(\boldsymbol{X})$ 关于 G 中的变换为同变，且对于任意的关于 G 的同变估计 $\hat{\theta}$ 有

$$E_\theta(\hat{\theta}^*-\theta)^2\leqslant E_\theta(\hat{\theta}-\theta)^2,\quad \forall\theta\in\Theta, \tag{3.7.7}$$

则称统计量 $\hat{\theta}^*$ 为 θ 在变换集 G 中的**最优同变估计**.

例 3.7.5 设样本 $\boldsymbol{X}$ 来自均匀分布族 $\{\mathrm{U}(0,\theta),\ \theta>0\}$ ，求在尺度变换下仅依赖于充分统计量的 θ 的最优同变估计.

解 由于均匀分布族 $\{\mathrm{U}(0,\theta),\ \theta>0\}$ 的充分统计量为 $X_{(n)}$ ，以下寻找仅依赖于 $X_{(n)}$ 的最优同变估计. 设 $\hat{\theta}=\hat{\theta}(X_{(n)})$ 是 θ 的同变估计，在尺度变换下， $\hat{\theta}$ 应满足

$$\hat{\theta}(CX_{(n)})=C\hat{\theta}(X_{(n)}),\quad \forall C>0,$$

取 $C=\dfrac{1}{X_{(n)}}$，则并记 $t=\hat{\theta}(1)$，则有

$$\hat{\theta}(X_{(n)})=tX_{(n)}.$$

$X_{(n)}$ 的概率密度函数为 $f(x;\theta)=\dfrac{nx^{n-1}}{\theta^n}I\{0<x<\theta\}$，故

$$E_\theta[\hat{\theta}(X_{(n)})-\theta]^2=E_\theta[tX_{(n)}-\theta]^2=n\theta^2\left(\frac{t^2}{n+2}-\frac{2t}{n+1}+\frac{1}{n}\right), \tag{3.7.8}$$

从而当 $t=\dfrac{n+2}{n+1}$ 时，估计量 $\hat{\theta}=\dfrac{n+2}{n+1}X_{(n)}$ 在仅依赖于 $X_{(n)}$ 的同变估计中是最优的.

由例 3.4.3 可知，$\dfrac{n+1}{n}X_{(n)}$ 是 θ 的 UMVUE，显然 $\hat{\theta}=\dfrac{n+2}{n+1}X_{(n)}$ 是 θ 的有偏估计，其均方误差为 $\dfrac{\theta^2}{(n+1)^2}$，而 $\dfrac{n+1}{n}X_{(n)}$ 的均方误差为 $\dfrac{\theta^2}{n(n+2)}$，因此从均方误差的角度来看，这里依赖于 $X_{(n)}$ 的最优同变估计要优于 UMVUE.

3.7.3　Pitman 估计

Pitman 研究了单参数分布族 $\{F(x-\theta),\ \theta\in R\}$ 中参数在平移变换下的最优同变估计问题，该估计也称为 **Pitman 估计**.

定理 3.7.1（Pitman 定理） 样本 $\boldsymbol{X}=(X_1,X_2,\cdots,X_n)^{\mathrm{T}}$ 来自方差有限的分布族 $\{F(x-\theta),\ \theta\in R\}$，则参数 θ 在平移变换下的最优同变估计为

$$\hat{\theta}^*(\boldsymbol{X})=X_1-E_0[X_1\,|\,\boldsymbol{Y}], \tag{3.7.9}$$

其中 $\boldsymbol{Y}=(X_2-X_1,\cdots,X_n-X_1)^{\mathrm{T}}$，$E_0[X_1|\boldsymbol{Y}]$ 是在 $\theta=0$ 时，X_1 对 $\boldsymbol{Y}$ 的条件期望．$\hat{\theta}^*=\hat{\theta}^*(\boldsymbol{X})$ 的均方误差与 θ 无关.

证明过程参见范金城和吴可法编写的《统计推断导引》（2001），此处略．下面不加证明地给出 Pitman 估计的两个常用结论.

命题 3.7.1　参数 θ 的 Pitman 估计是无偏的.

命题 3.7.2　若分布族 $\{F(x-\theta),\ \theta\in R\}$ 存在密度函数 $f(x;\theta)=f(x-\theta)$，则 θ 的在平移变换下的最优同变估计值为

$$\hat{\theta}^*(\boldsymbol{x})=\frac{\int\theta\prod_{i=1}^{n}f(x_i-\theta)\mathrm{d}\theta}{\int\prod_{i=1}^{n}f(x_i-\theta)\mathrm{d}\theta}. \tag{3.7.10}$$

例 3.7.6　设样本 $\boldsymbol{X}=(X_1,X_2,\cdots,X_n)^{\mathrm{T}}$ 来自均匀分布族 $\{\mathrm{U}(\theta,\theta+2),\ \theta\in R\}$，试求 θ 的最优同变估计.

解　总体的概率密度函数为

$$f(x-\theta)=\begin{cases}\dfrac{1}{2}, & 0<x-\theta<2,\\ 0, & \text{其他}.\end{cases}$$

现给定样本值 $\boldsymbol{x}=(x_1,x_2,\cdots,x_n)^{\mathrm{T}}$，使得 $f(x_i-\theta)>0\ (i=1,2,\cdots,n)$ 的 θ 的取值范围为

$$x_{(n)}-2<\theta<x_{(1)},$$

其中 $x_{(1)}$ 和 $x_{(n)}$ 分别为最小、最大次序统计量的观测值，由式（3.7.10）可知

$$\hat{\theta}^*(\boldsymbol{x})=\frac{\int\theta\prod_{i=1}^{n}f(x_i-\theta)\mathrm{d}\theta}{\int\prod_{i=1}^{n}f(x_i-\theta)\mathrm{d}\theta}=\frac{\int_{x_{(n)}-2}^{x_{(1)}}\theta\mathrm{d}\theta}{\int_{x_{(n)}-2}^{x_{(1)}}\mathrm{d}\theta}=\frac{1}{2}(x_{(1)}+x_{(n)}-2).$$

因此 θ 的最优同变估计量为 $\hat{\theta}^*(\boldsymbol{X})=\dfrac{1}{2}(X_{(1)}+X_{(n)}-2)$.

习　题　3

3.1　矩估计的理论依据是什么？

3.2　极大似然估计的原理是什么？

3.3　试简要阐述点估计优劣的评价标准有哪些？其主要含义是什么？

3.4　什么是一致最小方差无偏估计，一致最小方差无偏估计的常用求解方法有哪些？

3.5　设总体 X 的密度函数为

$$f(x;\theta)=\begin{cases}\dfrac{2(\theta-x)}{\theta^2}, & 0<x<\theta,\\ 0, & \text{其他}.\end{cases}$$

其中未知参数 $\theta>0$，$X_1,X_2,\cdots,X_n$ 为来自总体 X 的样本，试求 θ 的矩估计 $\hat{\theta}$，并求 $E(\hat{\theta})$ 和 $\mathrm{Var}(\hat{\theta})$.

3.6　设总体 X 的分布律为

X	-1	0	1	2
P	θ	$1-4\theta$	2θ	θ

其中未知参数 $0<\theta<\dfrac{1}{4}$，$X_1,X_2,\cdots,X_n$ 为来自总体 X 的样本，则：

（1）试求参数 θ 的矩估计量；

（2）若已取得样本值 -1，1，-1，2，0，1，1，2，试求 θ 的矩估计值.

3.7　设总体 X 的分布律为

$$P\{X=x\}=\binom{m}{x}\theta^x(1-\theta)^{m-x},\quad x=0,1,\cdots,m,$$

其中 $0<\theta<1$ 为未知参数，$X_1,X_2,\cdots,X_n$ 是来自总体 X 的样本，试求参数 θ 和 $P\{X=1\}$ 的最大似然估计.

3.8　设总体 X 密度为 $f(x)=\theta x^{\theta-1}$，$0<x<1$（θ 未知），$X_1,X_2,\cdots,X_n$ 是来自总体 X 的样本，求 $g(\theta)=\mathrm{e}^{-\frac{1}{\theta}}$ 的极大似然估计量.

3.9　设总体 X 的分布律为

X	-1	0	1	2
P	$(1-\theta)^2$	$\theta-\theta^2$	θ^2	$\theta-\theta^2$

其中未知参数 $0<\theta<1$，若已取得样本值 -1，1，-1，2，0，试求 θ 的最大似然估计值.

3.10　设 $X_1,X_2,\cdots,X_n$ $(n\geqslant 2)$ 为来自总体 X 样本，$E(X)=\mu$，$\mathrm{Var}(X)=\sigma^2$，试确定常数 c，使得 $(\bar{X})^2-c\sum_{i=1}^{n-1}(X_{i+1}-X_i)^2$ 为 μ^2 的无偏估计.

3.11　设从总体 X 中抽取样本容量分别为 m,n 的独立样本，$\bar{X}_1$ 和 $\bar{X}_2$ 分别为两样本的均值，已知 $E(X)=\mu$，$\mathrm{Var}(X)=\sigma^2$，则：

（1）试证明对于任意的常数 t，$\hat{u}(t)=t\bar{X}_1+(1-t)\bar{X}_2$ 为 μ 的无偏估计；

（2）试确定常数 t_0，使得 $\hat{u}(t_0)$ 在 μ 的形如 $\hat{u}(t)$ 的估计中有效.

3.12　设 $X_1,X_2,\cdots,X_n$ 是来自均匀分布 $U(0,\theta)$ 上的一个样本，试证明最大次序统计量 $X_{(n)}$ 是参数 θ 的相合估计.

3.13　对泊松分布 $P_\theta(x)=\dfrac{\theta^x}{x!}\mathrm{e}^{-\theta}, x=0,1,2,\cdots$，

（1）求 θ 的 Fisher 信息 $I(\theta)$；（2）求 $\dfrac{1}{\theta}$ 的 Fisher 信息 $I\left(\dfrac{1}{\theta}\right)$.

3.14　设 $X_1,X_2,\cdots,X_n$ 为来自正态分布总体 $N(0,\theta)$ 的一组简单随机样本，其中 $\theta>0$ 为未知参数，则

（1）试寻求未知参数 θ 的无偏估计；

（2）试求该重复抽样结构的 Fisher 信息；

（3）试构造未知参数 θ 的 UMVUE.

3.15　设样本 $X_1,X_2,\cdots,X_n$ 是来自正态分布 $N(\mu,1)$ 的一组简单样本，试构造 μ^2 的 UMVUE，并讨论该估计是否达到了 C-R 不等式下界.

3.16　设 $T(\boldsymbol{X})$ 是参数 θ 的 UMVUE，$g=g(\boldsymbol{X})$ 是 θ 的任一无偏估计，且对 $\forall\theta\in\Theta$，有 $\mathrm{Var}_\theta(g)<+\infty$，试证明对于 $\forall\theta\in\Theta$，$\mathrm{Cov}_\theta(T,g)=0$.

3.17　设 $X_1,X_2,\cdots,X_n$ 是来自总体 X 的一个样本，X 的概率密度函数为 $f(x)=\dfrac{kx^{k-1}}{\theta^k}$，$0<x<\theta$，$k>0$ 为已知常数，$\theta>0$ 为未知参数，试在尺度变换下求 θ 的最优同变估计.

第 4 章　假 设 检 验

在科学研究、工农业生产及社会科学中，我们常常需要对某些重要问题做出是或否的回答. 例如，一种新药对某种疾病的治疗是否有效？某企业新投产的产品合格率是否达标？为了回答这些问题，我们需要对感兴趣的问题进行试验或观察获得相关数据，根据这些数据决定是或否的过程称为**假设检验**（Hypothesis Testing）. 假设检验是统计推断中的另一个主要内容，它的基本思想是根据所获得的样本，运用统计方法对总体分布的某种假设做出是否拒绝的判断. 本章首先介绍假设检验的基本概念，然后分别介绍参数假设检验和非参数假设检验.

4.1　基 本 概 念

4.1.1　假设检验问题

假设检验问题在实际生活中有很多应用，在介绍基本概念之前，先看一个例子.

例 4.1.1　某小商品加工企业为了提高产品产量，决定对企业员工分批进行为期 10 天的业务培训，为了检验培训是否有效果，随机选取了 10 名员工，对每个人分别记录其培训前和培训后的日产量（单位：件），做对比试验，试验结果如表 4.1 所示.

表 4.1　员工的日产量

培训后 y	16	18	15	16	18	19	16	20	14	17
培训前 x	12	14	14	11	16	15	14	16	10	13

问企业的业务培训是否有效果，即培训是否能够提高员工的日产量？

记 $D_i = X_i - Y_i\ (i=1,2,\cdots,10)$，可以认为 D_i 是总体分布为 $N(\mu_D,\sigma_D^2)$ 的样本，其中，μ_D,σ_D^2 均未知，由题意，可考虑建立如下假设：

$$H_0:\mu_D=0,\ H_1:\mu_D\neq 0. \tag{4.1.1}$$

其中，H_0 称为**原假设**，H_1 称为**备择假设**. 我们设计一个合理的法则，根据这一法则，利用表 4.1 提供的数据做出接受 H_0 还是拒绝 H_0 . 若接受 H_0 ，则认为企业的业务培训没有效果，否则认为业务培训有效果.

一般地，在总体的分布函数完全未知或只知其形式、但不知其参数的情况下，提出的某些关于总体分布或总体参数的论断或猜测，这些论断或猜测称为**统计假设**，人们往往根据样本所提供的信息对所提出的假设做出接受或拒绝的决策，做出决策的过程称为**假设检验**. 样本分布族为参数族时的假设检验问题称为**参数假设检验**；样本分布族为非参数族时的假设检验问题称为**非参数假设检验**问题；这里我们主要讨论参数假设检验问题.

定义 4.1.1　设总体 X 服从参数分布族 $\mathcal{P}=\{P_\theta:\theta\in\Theta\}$，$\Theta_0$ 和 Θ_1 是 Θ 的两个互不相交的非空子集，即 $\Theta_0\cap\Theta_1=\varnothing$，命题“$\theta\in\Theta_0$”称为**原假设**，命题“$\theta\in\Theta_1$”称为**备择假设**.

参数假设检验问题的原假设和备择假设分别记为

$$H_0:\theta\in\Theta_0,\quad H_1:\theta\in\Theta_1\,. \tag{4.1.2}$$

类似地，对于非参数假设检验问题（$\mathcal{P}_1,\mathcal{P}_2$）原假设和备择假设分别记为

$$H_0:P\in\mathcal{P}_1,\quad H_1:P\in\mathcal{P}_2, \tag{4.1.3}$$

这里 $\mathcal{P}_1$ 和 $\mathcal{P}_2$ 是 $\mathcal{P}$ 的两个互不相交的非空子集.

在参数假设检验中，根据参数空间中所包含元素个数的多寡，我们可以将假设分为简单假设和复合假设.

定义 4.1.2　如果 Θ_0 仅包含一个元素，即 $\Theta_0=\{\theta_0\}$，则称 H_0 为**简单假设**（Simple Hypothesis），否则称为**复合假设**（Composite Hypothesis），对备择假设也有简单假设和复合假设之分.

例如，在例 4.1.1 中，原假设 $H_0:\mu_D=0$ 为简单假设，备择假设 $H_1:\mu_D\neq 0$ 为复合假设.

4.1.2　拒绝域与检验统计量

有了原假设和备择假设之后，需要利用样本根据某种法则在这两个假设中做出选择，这就涉及到对假设的检验问题.

定义 4.1.3　对于假设（4.1.2）或（4.1.3），需要设计一个法则在原假设和备择假设之间做出选择，对于每个样本观测值 $\boldsymbol{x}=(x_1,x_2,\cdots,x_n)^{\mathrm{T}}$，根据这一法则做出的拒绝 H_0 或接受 H_0 的决定，每个这样的法则称为一个**检验**.

这样一个检验就等同于将样本空间分成两个互不相交的子集 W 和 $\overline{W}$. 当样本值 $\boldsymbol{x}\in W$ 时，我们就拒绝原假设 H_0，认为备择假设 H_1 成立；当 $\boldsymbol{x}\in\overline{W}$ 时，我们就不能拒绝 H_0，或者说接受 H_0. 称 W 为检验的**拒绝域**（Rejection Region），$\overline{W}$ 为检验的**接受域**（Acceptance Region）. 检验和拒绝域之间存在一一对应关系：给定了一个检验，就确定了一个拒绝域 W，给定一个拒绝域 W，也就有一个检验以 W 作为它的拒绝域.

为了确定拒绝域，我们往往需要根据问题的实际背景寻找合适的统计量 $T(\boldsymbol{X})$，当原假设 H_0 为真时，能由统计量 $T(\boldsymbol{X})$ 确定出拒绝域 W，这样的统计量 $T(\boldsymbol{X})$ 为**检验统计量**（Test Statistic）. 在例 4.1.1 中，检验统计量可取为 $T=\dfrac{1}{10}\sum\limits_{i=1}^{10}D_i=\overline{D}$，由题意，$\overline{D}\sim N(\mu_D,\sigma_D^2)$. 直观上来看，当原假设 $H_0:\mu_D=0$ 成立时，$|T|$ 的取值相对较小，当备择假设 $H_1:\mu_D\neq 0$ 成立时，$|T|$ 的取值相对较大，因此，当 $|T|$ 的取值相对较大时，拒绝原假设，故检验问题（4.1.1）的拒绝域的形式为 $W=\{x:|T|\geqslant c\}$.

4.1.3　两类错误和功效函数

在进行假设检验时，我们是根据随机样本的观测值做出接受 H_0 或拒绝 H_0 决定，虽然样本中含有总体的信息，但并不一定包含全部信息，因此在做出决策时可能会犯错误，如表 4.2 所示，当 H_0 为真时，却拒绝 H_0，这样的错误称为**第一类错误**（error of type I），其概率为

$$\alpha(\theta)=P_\theta\{\boldsymbol{X}\in W\},\quad \theta\in\Theta_0\,; \tag{4.1.4}$$

反之，当 H_0 为假时，却接受 H_0，这样的错误称为**第二类错误**（error of type II），其概率为

$$\beta(\theta)=P_\theta\{\boldsymbol{X}\notin W\}=1-P_\theta\{\boldsymbol{X}\in W\},\quad \theta\in\Theta_1\,. \tag{4.1.5}$$

表 4.2 假设检验中的两类错误

	H_0为真	H_0为假
接受 H_0	判断正确	第二类错误
拒绝 H_0	第一类错误	判断正确

为了更好地讨论犯两类错误的概率 $\alpha(\theta)$ 和 $\beta(\theta)$ 及比较不同检验法之间的优劣，我们引入功效函数的概念.

定义 4.1.4 称样本观测值落在拒绝域的概率为检验的**功效函数**，即

$$g(\theta)=P_\theta\{\boldsymbol{X}\in W\},\ \theta\in\Theta. \tag{4.1.6}$$

由此可见，功效函数是定义在参数空间 Θ 上的一个函数. 当 $\theta\in\Theta_0$ 时， $g(\theta)$ 就是该检验犯第一类错误的概率，即 $g(\theta)=\alpha(\theta)$；当 $\theta\in\Theta_1$ 时，$1-g(\theta)$ 就是该检验犯第二类错误的概率，即 $g(\theta)=1-\beta(\theta)$.

例 4.1.2 某市质检单位从某个批次的儿童奶酪制品中随机抽取了 n 件产品，测得其质量（单位：克）分别为 $x_1,x_2,\cdots,x_n$，假设同一批次的奶酪制品的质量服从正态分布 $N(\mu,1)$，问该批次产品的质量是否不小于 15 克？

解 由题意，检验如下假设

$$H_0:\mu\geqslant 15,\ H_1:\mu<15.$$

取检验统计量 $T(\boldsymbol{X})=\bar{X}$，则 $T(\boldsymbol{X})\sim N\left(\mu,\dfrac{1}{n}\right)$. 一般来说，原假设 H_0 成立时，$T(\boldsymbol{X})$ 的值较大，H_1 成立时，$T(\boldsymbol{X})$ 的值较小. 因此，存在一个临界值 c，当 $T=T(\boldsymbol{X})\leqslant c$ 时，拒绝原假设 H_0，当 $T>c$ 时，接受原假设. 因此，拒绝域为

$$W=\{\boldsymbol{x}:T\leqslant c\}.$$

检验的功效函数为

$$g(\mu)=P_\mu\{\bar{X}\leqslant c\}=P_\mu\left\{\frac{\bar{X}-\mu}{1/\sqrt{n}}\leqslant\frac{c-\mu}{1/\sqrt{n}}\right\}=\Phi\left(\frac{c-\mu}{1/\sqrt{n}}\right),\quad \mu\in(-\infty,+\infty);$$

第一类错误概率为

$$\alpha(\mu)=\Phi\left(\frac{c-\mu}{1/\sqrt{n}}\right),\quad \mu\geqslant 15;$$

第二类错误概率为

$$\beta(\mu)=1-\Phi\left(\frac{c-\mu}{1/\sqrt{n}}\right),\quad \mu<15.$$

4.1.4 Neyman-Pearson 原则

在进行假设检验时，自然希望犯两类错误的概率越小越好，但是，当样本容量 n 固定时，要减少犯第一类错误的概率，犯第二类错误的概率就会增大；反之，若要减少犯第二类错误的概率，犯第一类错误的概率就会增大. 也就是说当样本容量 n 固定时，不可能同时减少犯两类错误的概率，这是一对不可调和的矛盾.

Neyman 和 Pearson 建议首先控制犯第一类错误的概率，即首先给定一个较小的正数 α，$0<\alpha<1$，要求检验满足

$$g(\theta)=P_\theta\{\boldsymbol{X}\in W\}\leqslant\alpha,\ \forall\theta\in\Theta_0, \tag{4.1.7}$$

然后在满足式（4.1.7）的检验中寻求犯第二类错误的概率尽可能小的检验，即寻找使得功效

$$g(\theta)=P_\theta\{\boldsymbol{X}\in W\},\ \theta\in\Theta_1, \tag{4.1.8}$$

尽可能大的检验．该检验思想称为 Neyman-Pearson 检验原则，简称 N-P 原则．

定义 4.1.5　满足式（4.1.7）的检验称为**水平为 α 的检验**，相应的 α 称为**显著性水平**．

由于 α 用于控制犯第一类错误的概率，因此 α 常取为一个较小的正数，如 0.1、0.05、0.01 等，在实际应用中，α 视具体情况而定．

例 4.1.3（续例 4.1.2）　由于 $g(\mu)=\Phi\left(\dfrac{c-\mu}{1/\sqrt{n}}\right)$ 是 μ 的单调递减函数，因此要使得第一类错误不超过 α，只需

$$g(15)=\Phi\left(\frac{c-15}{1/\sqrt{n}}\right)\leqslant\alpha$$

即可．若取 $n=16,\alpha=0.05$，则当

$$\frac{c-15}{1/\sqrt{n}}=4(c-15)\leqslant-1.65,$$

即当 $c\approx14.588$ 时，$g(15)=0.05$，因此取 $c=14.588$，检验的拒绝域为 $W=\{\boldsymbol{x}:\bar{\boldsymbol{x}}\leqslant14.588\}$，犯第一类错误的概率

$$\alpha(\mu)=\Phi\left(\frac{14.588-\mu}{1/\sqrt{16}}\right)\leqslant\Phi\left(\frac{14.588-15}{1/\sqrt{16}}\right)=0.05.$$

根据实际推断原理，在一次观测中，小概率事件是几乎不可能发生的，由 N-P 原则可知，拒绝 H_0 的理由是充足的．由于犯第二类错误的概率并没有加以控制，仅要求它尽可能的小，因此当 H_1 正确，而样本落在接受域时，“接受原假设 H_0”的理由可能是不充分的，此时说“不拒绝原假设 H_0”应该更为贴切．在实际应用中，“接受原假设 H_0”与“不拒绝原假设 H_0”我们一般不加以区别．

在 N-P 原则下，由于犯第一类错误的概率是可以控制的，犯第二类错误的概率是无法控制的，因此原假设 H_0 和备择假设 H_1 的地位是不对等的，在选择 H_0 和 H_1 时，要使得两类错误中后果更严重的错误成为第一类错误，以最大程度地降低因犯错误造成的不良影响．如果在两类错误中，造成的后果严重程度差不多，则常常取 H_0 为维持现状，即采用保守策略，以减少不必要的经济损失．

4.1.5　检验函数与充分统计量

定义函数

$$\varphi(\boldsymbol{x})=\begin{cases}1 & \boldsymbol{x}\in W\\ 0 & \boldsymbol{x}\notin W\end{cases}, \tag{4.1.9}$$

它是拒绝域W的示性函数，仅取0和1两个值．反之，如果一个函数$\varphi(\boldsymbol{x})$仅取0和1两个值，则$W=\{\boldsymbol{x}:\varphi(\boldsymbol{x})=1\}$就可以作为某个检验的拒绝域．因此，给定这样一个函数$\varphi(\boldsymbol{x})$，就等于给了一种检验法．

定义 4.1.6 设W表示检验的拒绝域，由式（4.1.9）确定的示性函数$\varphi(\boldsymbol{x})$称为**检验函数**．此时检验的拒绝域也可以记为$W=\{\boldsymbol{x}:\varphi(\boldsymbol{x})=1\}$，功效函数为

$$g(\theta)=P_\theta\{\boldsymbol{X}\in W\}=E_\theta[\varphi(\boldsymbol{X})]\,. \tag{4.1.10}$$

定义 4.1.6 给出的检验函数实际上是非随机化的检验函数，即检验函数$\varphi(\boldsymbol{x})$只能取0或1两个数．若允许检验函数$\varphi(\boldsymbol{x})$满足

$$0\leqslant\varphi(\boldsymbol{x})\leqslant 1\,, \tag{4.1.11}$$

称这样的检验函数称为**随机化**（Randomized）检验函数．随机化检验是为了能够造出水平被“足量”使用的检验而对检验函数所做的推广．随机化检验在实际使用中用的不多，但在理论上有一定的用处．关于随机化检验函数本书不予详细介绍，相关内容可以参见陈希孺的《高等数理统计学》（1999）．

由于假设检验中犯两类错误的概率完全可由功效函数决定，因此功效函数相同的两个检验，其优劣程度也相同，此时称两个检验函数是**等价**的．

定理 4.1.1 若样本$\boldsymbol{X}$来自参数分布族$\mathcal{P}=\{f(x;\theta):\theta\in\Theta\}$，$T(\boldsymbol{X})$是关于$\theta$的充分统计量，则对于任意检验函数$\varphi(\boldsymbol{x})$，存在仅依赖于$T(\boldsymbol{x})$的检验函数$\phi[T(\boldsymbol{x})]$，使得$\phi[T(\boldsymbol{x})]$与$\varphi(\boldsymbol{x})$具有相同的功效函数．

证明见范金城与吴可法编写的《统计推断导引》（2001）．定理 4.1.1 表明，关于参数θ的任何检验问题，只需在充分统计量构成的检验函数中寻找即可，这就是假设检验中的“**充分性原则**”．

4.2 Neyman-Pearson 基本引理

上一节我们介绍了检验函数的概念，如果检验函数中的拒绝域是用密度函数比或离散分布的概率比定义的，那么相应的检验法就是似然比检验．本节我们主要讨论简单原假设对简单备择假设的似然比检验问题．

4.2.1 最大功效检验

在进行假设检验时，我们希望犯第一类错误和第二类错误的概率都尽可能的小，然而在样本容量一定的条件下，使得犯两类错误的概率同时减少是不可能的．下面介绍的最大功效检验不仅能控制检验的第一类错误概率，而且也能在一定程度上控制检验的第二类错误概率，且比一般的水平为α的检验更有效．

为了叙述方便，我们把$H_0:\theta\in\Theta_0$，$H_1:\theta\in\Theta_1$简记为(Θ_0,Θ_1)，若进一步要求水平为α的检验，则我们将其简记为$(\alpha,\Theta_0,\Theta_1)$．

定义 4.2.1 在参数检验问题$(\Theta_0,\{\theta_1\})$中，设$\varphi(\boldsymbol{x})$是水平为α的检验，若对于任一水平为α的检验$\varphi_1(\boldsymbol{x})$，都有

$$E_{\theta_1}[\varphi(\boldsymbol{X})]\geqslant E_{\theta_1}[\varphi_1(\boldsymbol{X})], \tag{4.2.1}$$

则称$\varphi(\boldsymbol{x})$是水平为α的**最大功效检验**或**最优势检验**，记为 MPT（Most Powerful Test）．

从控制两类错误的角度看，最大功效检验是一种非常好的检验，因为最大功效检验在所有水平为 α 的检验中，犯第二类错误的概率最小．那么这种好的检验是否存在呢？下面的 Neyman-Pearson 基本引理证明了在简单原假设对简单备择假设的检验问题中，MPT 一定存在，并且给出了构造 MPT 检验函数的方法．首先看一个定义．

定义 4.2.2　设有参数检验问题 $(\{\theta_0\},\{\theta_1\})$，并记 $\Theta=\{\theta_0,\theta_1\}$，样本 $\boldsymbol{X}$ 的分布具有概率密度 $\{f(x;\theta),\theta\in\Theta\}$（连续或离散），若存在常数 k，使得检验函数 $\varphi(\boldsymbol{x})$ 具有如下形式：

$$\varphi(\boldsymbol{x})=\begin{cases}1 & \dfrac{f(\boldsymbol{x};\theta_1)}{f(\boldsymbol{x};\theta_0)}>k\\ 0 & \dfrac{f(\boldsymbol{x};\theta_1)}{f(\boldsymbol{x};\theta_0)}<k\end{cases},\tag{4.2.2}$$

则称相应的检验法为**似然比检验**．

定理 4.2.1（Neyman-Pearson 基本引理或 N-P 基本引理）　设参数空间为 $\Theta=\{\theta_0,\theta_1\}$，样本 $\boldsymbol{X}$ 的分布具有概率密度 $\{f(\boldsymbol{x};\theta),\theta\in\Theta\}$，对下列假设检验问题和 $\alpha\in(0,1)$，

$$H_0: f(\boldsymbol{x};\theta)=f(\boldsymbol{x};\theta_0),\ \ H_1: f(\boldsymbol{x};\theta)=f(\boldsymbol{x};\theta_1)\tag{4.2.3}$$

（1）存在性：必存在非负常数 k 及一个似然比检验函数 $\phi(\boldsymbol{x})$，满足

$$E_{\theta_0}[\varphi(\boldsymbol{X})]=\int\varphi(\boldsymbol{x})f(\boldsymbol{x};\theta_0)\mathrm{d}\boldsymbol{x}=\alpha\,,\tag{4.2.4}$$

其中 $\varphi(\boldsymbol{x})$ 满足式（4.2.2）．

（2）充分性：满足式（4.2.2）和式（4.2.4）的似然比检验 $\varphi_0(\boldsymbol{x})$ 是检验问题式（4.2.3）的水平为 α 的 MPT，即对任一水平 α 的检验函数 $\varphi(\boldsymbol{x})$，成立 $E_{\theta_1}[\varphi_0(\boldsymbol{X})]\geqslant E_{\theta_1}[\varphi(\boldsymbol{X})]$．

（3）必要性：若 $\varphi(\boldsymbol{x})$ 为水平 α 的 MPT，则 $\varphi(\boldsymbol{x})$ 必为似然比检验式（4.2.2）．

证明参见茆诗松等编写的《高等数理统计（第 2 版）》(2006)，此处略．

注　（1）N-P 基本引理告诉我们，在简单原假设对简单备择假设的检验中，MPT 一定存在，且 MPT 就是似然比检验；反之，似然比检验是最大功效检验．

（2）在集合 $\{\boldsymbol{x}: f(\boldsymbol{x};\theta_0)>0 \text{ 或 } f(\boldsymbol{x};\theta_1)>0\}$ 上定义似然比函数

$$\lambda(\boldsymbol{x})=\frac{f(\boldsymbol{x};\theta_1)}{f(\boldsymbol{x};\theta_0)},\tag{4.2.5}$$

如果似然比函数 $\lambda(\boldsymbol{x})$ 的分布是连续的，则假设（4.2.2）的 MPT 可以取为非随机化检验；

$$\varphi(\boldsymbol{x})=\begin{cases}1 & \lambda(\boldsymbol{x})\geqslant k\\ 0 & \lambda(\boldsymbol{x})<k\end{cases}.\tag{4.2.6}$$

其中 k 由式（4.2.4）确定．

如果似然比函数 $\lambda(\boldsymbol{x})$ 的分布是离散的，则假设（4.2.2）的 MPT 可以取为随机化，即在集合 $\{\boldsymbol{x}:\lambda(\boldsymbol{x})=k\}$ 上实施随机化，检验函数可取为

$$\varphi(\boldsymbol{x})=\begin{cases}1 & \lambda(\boldsymbol{x})>k\\ r & \lambda(\boldsymbol{x})=k\\ 0 & \lambda(\boldsymbol{x})<k\end{cases}.\tag{4.2.7}$$

其中 k 与 r 由式（4.2.4）确定，即满足

$$P_{\theta_0}\{\lambda(\boldsymbol{X})\geqslant k\}\geqslant\alpha>P_{\theta_0}\{\lambda(\boldsymbol{X})>k\}=\alpha_1\,,\tag{4.2.8}$$

$$r=\frac{\alpha-\alpha_1}{P_{\theta_0}\{\lambda(\boldsymbol{X})=k\}}\,.\tag{4.2.9}$$

例 4.2.1 设 $\boldsymbol{X}=(X_1,X_2,\cdots,X_n)^{\mathrm{T}}$ 是来自正态分布 $N(\mu,1)$ 的一个样本，考虑如下检验问题

$$H_0:\mu=\mu_0,\quad H_1:\mu=\mu_1\,,$$

其中 $\mu_0<\mu_1$，取水平为 α $(0<\alpha<1)$，试求其 MPT.

解 似然比函数为

$$\lambda(\boldsymbol{x})=\frac{f(\boldsymbol{x};\mu_1)}{f(\boldsymbol{x};\mu_0)}=\exp\left\{(\mu_1-\mu_0)\sum_{i=1}^{n}x_i-\frac{n(\mu_1^2-\mu_0^2)}{2}\right\},$$

易见 $\lambda(\boldsymbol{x})$ 是 $\sum\limits_{i=1}^{n}x_i=n\overline{x}$ 的单调递增函数，所以检验函数 $\varphi(\boldsymbol{x})$ 具有如下等价形式：

$$\varphi(\boldsymbol{x})=\begin{cases}1 & \overline{x}\geqslant c_1\\ 0 & \overline{x}<c_1\end{cases}.$$

由于 $\sqrt{n}(\overline{X}-\mu_0)\sim N(0,1)$，因此检验函数 $\varphi(\boldsymbol{x})$ 进一步写出如下等价形式：

$$\varphi(\boldsymbol{x})=\begin{cases}1 & \sqrt{n}(\overline{x}-\mu_0)\geqslant c\\ 0 & \sqrt{n}(\overline{x}-\mu_0)<c\end{cases}.$$

为保证检验的水平为 α，要求

$$E_{\mu_0}[\varphi(\boldsymbol{X})]=P_{\mu_0}\{\sqrt{n}(\overline{X}-\mu_0)\geqslant c\}=\alpha,$$

所以 $c=z_\alpha$，其中 z_α 为标准正态分布的上 α 分位数，从而 MPT 为

$$\varphi(\boldsymbol{x})=\begin{cases}1 & \sqrt{n}(\overline{x}-\mu_0)\geqslant z_\alpha\\ 0 & \sqrt{n}(\overline{x}-\mu_0)<z_\alpha\end{cases}.$$

注 这个检验与 μ_1 的具体数值无关，只要求 $\mu_1>\mu_0$ 即可.

4.2.2 一致最大功效检验

对于简单原假设对简单备择假设的检验问题，N-P 基本引理给出了寻求最优检验的方法. 对于复合假设检验问题，最优的检验标准是什么？如何寻求最优的检验？根据 N-P 原则，首先控制犯第一类错误的概率，使得犯第一类错误的概率不超过 α，然后在水平为 α 检验中，寻求功效 $g(\theta)=P_\theta\{\boldsymbol{X}\in W\}$ 在 $\theta\in\Theta_1$ 上越大越好.

定义 4.2.3 在检验问题 (Θ_0,Θ_1) 中，设 $\varphi(\boldsymbol{x})$ 是水平为 α 的检验，若对于任一水平 α 的检验 $\phi(\boldsymbol{x})$，都有 $E_{\theta_1}[\varphi(\boldsymbol{X})]\geqslant E_{\theta_1}[\varphi(\boldsymbol{X})]$，$\forall\theta_1\in\Theta_1$，则称 $\varphi(\boldsymbol{x})$ 是水平 α 的**一致最大功效检验**或**一致最优势检验**，记为 UMPT（Uniformly Most Powerful Test）.

在某些情况下，可通过 N-P 基本引理寻求 UMPT，当然在很多场合下 UMPT 不一定存在. 我们不加证明地给出如下结论.

引理 4.2.1 设 $\varphi(\boldsymbol{x})$ 是 $(\alpha,\Theta_0,\Theta_1)$ 的一个检验，Θ_{01} 是 Θ_0 的一个子集，则 $\varphi(\boldsymbol{x})$ 是 $(\alpha,\Theta_0,\Theta_1)$

的 UMPT 的充要条件为：$\varphi(\boldsymbol{x})$ 是 $(\alpha,\Theta_{01},\Theta_1)$ 的 UMPT.

引理 4.2.2　设 $\varphi(\boldsymbol{x})$ 是 $(\alpha,\Theta_0,\Theta_1)$ 的一个检验，则 $\varphi(\boldsymbol{x})$ 是 $(\alpha,\Theta_0,\Theta_1)$ 的 UMPT 的充要条件为对每一个 $\theta_1\in\Theta_1$，$\varphi(\boldsymbol{x})$ 是 $(\alpha,\Theta_0,\{\theta_1\})$ 的 MPT.

定理 4.2.2　设 $\varphi(\boldsymbol{x})$ 是 $(\alpha,\Theta_0,\Theta_1)$ 的一个检验，$\varphi(\boldsymbol{x})$ 是 $(\alpha,\Theta_0,\Theta_1)$ 的 UMPT 的充要条件为：对某个 $\theta_0\in\Theta_0$ 和每一个 $\theta_1\in\Theta_1$，$\varphi(\boldsymbol{x})$ 是 $(\alpha,\{\theta_0\},\{\theta_1\})$ 的 MPT.

例 4.2.2　设 $\boldsymbol{X}=(X_1,X_2,\cdots,X_n)^{\mathrm{T}}$ 是来自正态分布 $N(\mu,1)$ 的一个样本，试寻求检验问题 $H_0:\mu\leqslant\mu_0$，$H_1:\mu>\mu_0$ 的 UMPT.

解　由例 4.2.1 可知，对检验问题 $H_0:\mu=\mu_0$，$H_1:\mu=\mu_1$，其中 $\mu_0<\mu_1$，已经求得其 MPT 为

$$\varphi(\boldsymbol{x})=\begin{cases}1 & \sqrt{n}(\overline{x}-\mu_0)\geqslant z_\alpha\\ 0 & \sqrt{n}(\overline{x}-\mu_0)<z_\alpha\end{cases}.$$

一方面，这个 MPT 与 μ_1 的具体数值无关．另一方面，由于 $\varphi(\boldsymbol{x})$ 的功效函数

$$\begin{aligned}g(\mu)=E_\mu[\varphi(\boldsymbol{X})]&=P_\mu\{\sqrt{n}(\overline{X}-\mu+\mu-\mu_0)\geqslant z_\alpha\}\\&=P_\mu\{\sqrt{n}(\overline{X}-\mu)\geqslant z_\alpha+\sqrt{n}(\mu_0-\mu)\}\\&=1-\Phi[z_\alpha+\sqrt{n}(\mu_0-\mu)],\end{aligned}$$

且 $g(\mu)$ 是 μ 的严格单增函数，所以对 $\forall\mu\leqslant\mu_0$，有

$$E_\mu[\varphi(\boldsymbol{X})]\leqslant E_{\mu_0}[\varphi(\boldsymbol{X})]=\alpha,$$

根据定理 4.2.2，我们可以知道 $\varphi(\boldsymbol{x})$ 是检验 $H_0:\mu\leqslant\mu_0$，$H_1:\mu>\mu_0$ 的 UMPT.

由此我们可以看出，在简单原假设对简单备择假设中，若 MPT 不依赖于备择假设的具体数值，则可适当增大备择假设，而当功效函数是单调函数时，也可适当增大原假设，这样就可以直接由 MPT 得到 UMPT.

4.3　似然比检验

对于一般的参数检验问题，我们当然希望能够找到 UMPT，但是在许多情况下 UMPT 往往不存在．本节我们介绍一种构造检验函数的一般方法，即似然比检验法．在一般情况下，虽然我们不能证明似然比检验法的最优性，但是似然比检验法可以运用于多种场合，并且对于正态场合而言，利用似然比检验法可以导出常用的且具有一定最优性的检验方法.

设样本 $\boldsymbol{X}=(X_1,X_2,\cdots,X_n)^{\mathrm{T}}$ 的概率密度函数为 $f(\boldsymbol{x};\theta)$，$\theta\in\Theta$ 为未知参数，对于简单原假设对简单备择假设检验问题

$$H_0:\theta=\theta_0,\quad H_1:\theta=\theta_1,$$

其中 $\theta_0\neq\theta_1$，在 4.2.1 节给出了似然比函数

$$\lambda(\boldsymbol{x})=\frac{f(\boldsymbol{x};\theta_1)}{f(\boldsymbol{x};\theta_0)}.$$

类似地，对于复合假设

$$H_0:\theta\in\Theta_0,\quad H_1:\theta\in\Theta_1,\text{ 其中 }\Theta_0\cup\Theta_1=\Theta,\tag{4.3.1}$$

构造似然比函数

$$\lambda(\boldsymbol{x})=\frac{\sup\limits_{\theta\in\Theta_1}f(\boldsymbol{x};\theta)}{\sup\limits_{\theta\in\Theta_0}f(\boldsymbol{x};\theta)}=\frac{f(\boldsymbol{x};\hat{\theta}_1)}{f(\boldsymbol{x};\hat{\theta}_0)}, \tag{4.3.2}$$

其中 $\hat{\theta}_0$ 和 $\hat{\theta}_1$ 分别是 H_0 和 H_1 成立时参数 θ 的极大似然估计．若原假设 H_0 成立时，$f(\boldsymbol{x};\theta)$ 的最大值将在 $\theta\in\Theta_0$ 中取到，若备择假设 H_1 成立时，则 $f(\boldsymbol{x};\theta)$ 的最大值将在 $\theta\in\Theta_1$ 中取到，故取检验的拒绝域的形式为

$$W=\{\boldsymbol{x}:\lambda(\boldsymbol{x})\geqslant c\}.$$

但是在实际计算中，式（4.3.2）中的 $\sup\limits_{\theta\in\Theta_1}f(\boldsymbol{x};\theta)$ 的计算往往比较复杂．为处理方便，定义如下似然比函数

$$\lambda(\boldsymbol{x})=\frac{\sup\limits_{\theta\in\Theta}f(\boldsymbol{x};\theta)}{\sup\limits_{\theta\in\Theta_0}f(\boldsymbol{x};\theta)}=\frac{f(\boldsymbol{x};\hat{\theta})}{f(\boldsymbol{x};\hat{\theta}_0)}, \tag{4.3.3}$$

其中 $\hat{\theta}_0$ 和 $\hat{\theta}$ 分别是 $\theta\in\Theta_0$ 和 $\theta\in\Theta$ 成立时 θ 的极大似然估计．类似地，检验的拒绝域的形式可取为

$$W=\{\boldsymbol{x}:\lambda(\boldsymbol{x})\geqslant c\}.$$

例 4.3.1 设 $\boldsymbol{X}=(X_1,X_2,\cdots,X_n)^{\mathrm{T}}$ 是来自 $\{N(\mu,\sigma^2):\mu\in R,\sigma^2>0\}$ 的样本，求检验问题 $H_0:\mu=0$，$H_1:\mu\neq 0$ 的似然比检验．

解 样本的联合密度函数为

$$f(\boldsymbol{x};\mu,\sigma^2)=(2\pi\sigma^2)^{-n/2}\exp\left\{-\frac{1}{2\sigma^2}\sum_{i=1}^{n}(x_i-\mu)^2\right\},$$

在 $\{(\mu,\sigma^2):\mu\in R,\sigma^2>0\}$ 上，μ 和 σ^2 的极大似然估计分别为

$$\begin{cases}\hat{\mu}=\bar{x}\\ \hat{\sigma}^2=\dfrac{1}{n}\displaystyle\sum_{i=1}^{n}(x_i-\bar{x})^2\end{cases},$$

在 $\{(\mu,\sigma^2):\mu=0,\sigma^2>0\}$ 上，σ^2 的极大似然估计分别为 $\hat{\sigma}_0^2=\frac{1}{n}\sum\limits_{i=1}^{n}x_i{}^2$，因此似然比函数为

$$\lambda(\boldsymbol{x})=\frac{f(\boldsymbol{x};\hat{\theta})}{f(\boldsymbol{x};\hat{\theta}_0)}=\frac{(2\pi\hat{\sigma}^2)^{-n/2}\exp\left\{-\dfrac{1}{2\hat{\sigma}^2}\displaystyle\sum_{i=1}^{n}(x_i-\hat{\mu})^2\right\}}{(2\pi\hat{\sigma}_0^2)^{-n/2}\exp\left\{-\dfrac{1}{2\hat{\sigma}_0^2}\displaystyle\sum_{i=1}^{n}x_i^2\right\}},$$

整理得

$$\lambda(\boldsymbol{x})=\left(\frac{\hat{\sigma}_0^2}{\hat{\sigma}^2}\right)^{n/2}=\left(\frac{\sum\limits_{i=1}^{n}x_i^2}{\sum\limits_{i=1}^{n}(x_i-\bar{x})^2}\right)^{n/2}=\left(\frac{\sum\limits_{i=1}^{n}(x_i-\bar{x})^2+n\bar{x}^2}{\sum\limits_{i=1}^{n}(x_i-\bar{x})^2}\right)^{n/2}=\left(1+\frac{T^2}{n-1}\right)^{n/2},$$

其中，$T(\boldsymbol{x})=\sqrt{n(n-1)}\dfrac{\overline{x}}{\sqrt{\sum\limits_{i=1}^{n}(x_i-\overline{x})^2}}$. 当 $H_0:\mu=0$ 成立时，$T(\boldsymbol{X})\sim t(n-1)$，因此拒绝域为

$$W=\{\boldsymbol{x}:\lambda(\boldsymbol{x})\geqslant k\}=\{\boldsymbol{x}:|T(\boldsymbol{x})|\geqslant c\},$$

其中 $c=t_{\alpha/2}(n-1)$ 表示 t 分布的上 $\alpha/2$ 分位数.

4.4 正态总体的参数检验

正态总体在实际中是最常用的一种分布，本节我们将从似然比检验的角度讨论单个正态总体和两个正态总体情形下总体均值和总体方差的假设检验问题.

4.4.1 均值的检验

例 4.4.1 设 $\boldsymbol{X}=(X_1,X_2,\cdots,X_n)^{\mathrm{T}}$ 是来自于总体 $X\sim N(\mu,\sigma_0^2)$ 的一个样本，其中 $\sigma_0^2>0$ 已知，讨论双边检验问题

$$H_0:\mu=\mu_0,\quad H_1:\mu\neq\mu_0 \tag{4.4.1}$$

的似然比检验.

解 似然函数为

$$f(\boldsymbol{x};\mu)=(2\pi\sigma^2)^{-n/2}\exp\left\{-\frac{1}{2\sigma^2}\sum_{i=1}^{n}(x_i-\mu)^2\right\},$$

μ 的极大似然估计为 $\hat{\mu}=\overline{X}$，因此似然比函数为

$$\begin{aligned}\lambda(\boldsymbol{x})=\frac{f(\boldsymbol{x};\hat{\mu})}{f(\boldsymbol{x};\mu_0)}&=\frac{(2\pi\sigma_0^2)^{-n/2}\exp\left\{-\dfrac{1}{2\sigma_0^2}\sum\limits_{i=1}^{n}(x_i-\overline{x})^2\right\}}{(2\pi\sigma_0^2)^{-n/2}\exp\left\{-\dfrac{1}{2\sigma_0^2}\sum\limits_{i=1}^{n}(x_i-\mu_0)^2\right\}}\\&=\exp\left\{\frac{1}{2\sigma_0^2}\sum_{i=1}^{n}\left[(x_i-\mu_0)^2-(x_i-\overline{x})^2\right]\right\}\\&=\exp\left\{\frac{1}{2\sigma_0^2}\sum_{i=1}^{n}(\overline{x}-\mu_0)(2x_i-\overline{x}-\mu_0)\right\}\\&=\exp\left\{\frac{n(\overline{x}-\mu_0)^2}{2\sigma_0^2}\right\}.\end{aligned}$$

检验的拒绝域的形式为

$$W=\{\boldsymbol{x}:\lambda(\boldsymbol{x})\geqslant c\}=\{\boldsymbol{x}:|\overline{x}-\mu_0|\geqslant k\},$$

因此可适当选定一个正数 k，当 $|\overline{x}-\mu_0|\geqslant k$ 时，拒绝原假设，当 $|\overline{x}-\mu_0|<k$ 时，接受原假设. 当原假设成立时，

$$\frac{\overline{X}-\mu_0}{\sigma_0/\sqrt{n}}\sim N(0,1),$$

由标准正态分布的上α分位数的定义可知

$$P\left\{\left|\frac{\bar{X}-\mu_0}{\sigma_0/\sqrt{n}}\right|\geqslant z_{\alpha/2}\right\}=\alpha ,$$

其中$z_{\alpha/2}$表示标准正态分布的上$\alpha/2$分位数．因而若观察值满足$\left|\dfrac{\bar{x}-\mu_0}{\sigma_0/\sqrt{n}}\right|\geqslant k=z_{\alpha/2}$，则拒绝原假设，若观察值满足$\left|\dfrac{\bar{x}-\mu_0}{\sigma_0/\sqrt{n}}\right|< k=z_{\alpha/2}$，则接受原假设．

对于σ^2未知时μ的双边检验问题式（4.4.1），分析方法与例4.3.1类似，具体的推导过程不再赘述．这里，我们仅给出R软件中实现单样本正态总体均值t检验的代码，t检验的一般调用格式为：

```
t.test(x, alternative = c("two.sided", "less", "greater"), mu = 0, conf.level = 0.95)
```

其中，参数x表示样本的观测值；参数alternative表示备择假设，三个选项“two.sided”（默认）、“less”和“greater”，分别表示备择假设$\mu\neq\mu_0$、$\mu<\mu_0$和$\mu>\mu_0$；参数mu表示原假设中的μ_0；参数conf.level表示置信水平$1-\alpha$（置信水平的概念见第5章）．例如：

```
x <- c(87, 77, 92, 68, 80, 78, 84, 77, 81, 80, 80, 77, 92, 86, 76,  80, 81, 75, 77, 72, 81, 90, 84, 86, 80, 68,
77, 87, 86, 81, 91, 77, 79, 76, 83, 88, 80, 85, 90, 70, 82, 87, 76, 77, 78, 92, 75, 80, 78, 78)
 > t.test(x, alternative = "two.sided", mu = 60, conf.level = 0.95)
```

运行结果为：

```
            One Sample t-test
data:   x
t = 24.7239, df = 49, p-value < 2.2e-16
alternative hypothesis: true mean is not equal to 60
95 percent confidence interval:
  79.14611    82.53389
sample estimates:
mean of x
     80.84
```

该例进行的是一个单样本的双边假设检验问题，其中$H_0:\mu=60$，$H_1:\mu\neq 60$，检验统计量取值为24.724，自由度为49，p值小于$2.2e-16<0.05$，因此拒绝原假设，认为总体均值不等于60．值得注意的是，该检验同时还给出了95%的置信区间（79.146， 82.534）（置信区间的概念见第5章），总体均值μ的估计值为80.840．

例 4.4.2 设有两个相互独立的正态总体$X\sim N(\mu_1,\sigma_1^2)$和$Y\sim N(\mu_2,\sigma_2^2)$，总体参数$\mu_1$，$\mu_2$，$\sigma_1^2$，$\sigma_2^2$均未知．$\boldsymbol{X}=(X_1,X_2,\cdots,X_m)^{\mathrm{T}}$是来自正态总体$N(\mu_1,\sigma_1^2)$的样本，$\boldsymbol{Y}=(Y_1,Y_2,\cdots,Y_n)^{\mathrm{T}}$是来自正态总体$N(\mu_2,\sigma_2^2)$的样本，样本均值分别为$\bar{X}$和$\bar{Y}$，样本方差分别为$S_1^2$和$S_2^2$．且$\sigma_1^2=\sigma_2^2=\sigma^2$未知，试讨论

$$H_0:\mu_1-\mu_2=0,\quad H_1:\mu_1-\mu_2\neq 0 \tag{4.4.2}$$

的似然比检验问题.

解 原假设参数空间为$\Theta_0=\{\boldsymbol{\theta}=(\mu_1,\mu_2,\sigma^2)^{\mathrm{T}}:\mu_1=\mu_2\in R,\sigma^2>0\}$，一般参数空间为$\Theta=\{\boldsymbol{\theta}=(\mu_1,\mu_2,\sigma^2)^{\mathrm{T}}:\mu_1\in R,\mu_2\in R,\sigma^2>0\}$.

当$\boldsymbol{\theta}\in\Theta$时，参数的极大似然估计为

$$\hat{\mu}_1=\bar{X}=\frac{1}{m}\sum_{i=1}^m X_i,\quad \hat{\mu}_2=\bar{Y}=\frac{1}{n}\sum_{j=1}^n Y_j,$$

$$\hat{\sigma}^2=\frac{1}{m+n}\left[\sum_{i=1}^m (X_i-\bar{X})^2+\sum_{j=1}^n (Y_j-\bar{Y})^2\right],$$

从而

$$L(\hat{\boldsymbol{\theta}})=\sup_{\theta\in\Theta}L(\boldsymbol{\theta})=\frac{1}{(\sqrt{2\pi})^{m+n}(\hat{\sigma})^{m+n}}\exp\left\{-\frac{m+n}{2}\right\}.$$

当$\boldsymbol{\theta}\in\Theta_0$时，参数的极大似然估计为

$$\hat{\mu}_0=\frac{1}{m+n}\left(\sum_{i=1}^m X_i+\sum_{j=1}^n Y_j\right)=\frac{m\bar{X}+n\bar{Y}}{m+n},$$

$$\begin{aligned}\hat{\sigma}_0^2&=\frac{1}{m+n}\left[\sum_{i=1}^m (X_i-\hat{\mu}_0)^2+\sum_{j=1}^n (Y_j-\hat{\mu}_0)^2\right]\\&=\frac{1}{m+n}\left[\sum_{i=1}^m (X_i-\bar{X})^2+\sum_{j=1}^n (Y_j-\bar{Y})^2\right]+\frac{1}{m+n}\left[m(\bar{X}-\hat{\mu}_0)^2+n(\bar{Y}-\hat{\mu}_0)^2\right]\\&=\hat{\sigma}^2+\frac{mn}{(m+n)^2}(\bar{X}-\bar{Y})^2.\end{aligned}$$

从而

$$L(\hat{\boldsymbol{\theta}}_0)=\sup_{\theta\in\Theta_0}L(\boldsymbol{\theta})=\frac{1}{(\sqrt{2\pi})^{m+n}(\hat{\sigma}_0)^{m+n}}\exp\left\{-\frac{m+n}{2}\right\}.$$

因此，式（4.4.2）的似然比函数为

$$\begin{aligned}\frac{L(\hat{\boldsymbol{\theta}})}{L(\hat{\boldsymbol{\theta}}_0)}&=\left(\frac{\hat{\sigma}_0^2}{\hat{\sigma}^2}\right)^{\frac{m+n}{2}}=\left(1+\frac{mn}{(m+n)^2}\frac{(\bar{X}-\bar{Y})^2}{\hat{\sigma}^2}\right)^{\frac{m+n}{2}}\\&=\left[1+\frac{1}{m+n-2}\left(\frac{\bar{X}-\bar{Y}}{S_w\cdot\sqrt{\dfrac{1}{m}+\dfrac{1}{n}}}\right)^2\right]^{\frac{m+n}{2}},\end{aligned}$$

其中$S_w^2=\dfrac{(m-1)S_1^2+(n-1)S_2^2}{m+n-2}$. 当原假设$H_0$成立时，检验统计量

$$T=\frac{\bar{X}-\bar{Y}}{S_w\cdot\sqrt{\frac{1}{m}+\frac{1}{n}}}\sim t(m+n-2),$$

拒绝域的形式为 $\left|\frac{\bar{x}-\bar{y}}{s_w\cdot\sqrt{\frac{1}{m}+\frac{1}{n}}}\right|\geqslant k$ ．令 $P_{H_0}\left\{\left|\frac{\bar{X}-\bar{Y}}{S_w\cdot\sqrt{\frac{1}{m}+\frac{1}{n}}}\right|\geqslant k\right\}=\alpha$，则有 $k=t_{\alpha/2}(m+n-2)$，其中，$t_{\alpha/2}(m+n-2)$ 表示 $t(m+n-2)$ 分布的上 $\alpha/2$ 分位数．因而，若观察值满足 $\left|\frac{\bar{x}-\bar{y}}{s_w\cdot\sqrt{\frac{1}{m}+\frac{1}{n}}}\right|\geqslant k=t_{\alpha/2}(m+n-2)$，则拒绝原假设，若观察值满足 $\left|\frac{\bar{x}-\bar{y}}{s_w\cdot\sqrt{\frac{1}{m}+\frac{1}{n}}}\right|<k=t_{\alpha/2}(m+n-2)$，则接受原假设．

下面给出 R 软件中实现两样本正态总体均值差 t 检验的代码，t 检验的一般调用格式为

```
t.test(x, y, alternative = c("two.sided", "less", "greater"),
      mu = 0, paired = FALSE, var.equal = FALSE,
      conf.level = 0.95)
```

其中，参数 x 和 y 分别表示两样本的观测值；参数 alternative 表示备择假设，三个选项“two.sided”（默认）、“less”和“greater”分别表示备择假设 $\mu_1-\mu_2\neq\mu_0$、$\mu_1-\mu_2<\mu_0$ 和 $\mu_1-\mu_2>\mu_0$；参数 mu 表示原假设中的 μ_0；参数 paired 为逻辑变量，表示数据是否为成对数据，paired = FALSE 表示非成对数据，paired = TRUE 表示成对数据；参数 var.equal 是逻辑变量，表示两样本的方差是否相等．如果不知道两样本的方差是否相等，那么在进行此检验之前需要对两样本的方差是否相等进行检验；参数 conf.level 表示置信水平 $1-\alpha$ ．

例 4.4.3 在进行消费者信心指数的研究中，为比较两城市的消费者信心指数是否有显著差异，调查人员按照同样的标准分别在两城市抽取 10 位和 12 位居民进行调查，调查结果为

城市 A：98.1, 92.4, 96.2, 94.3, 97.4, 98.4, 96.0, 95.5, 96.7, 97.3

城市 B：99.1, 91.0, 97.3, 99.1, 90.0, 99.1, 99.4, 97.3, 90.2, 92.1, 99.1, 91.0

设这两个样本相互独立，且分别来自正态总体 $N(\mu_1,\sigma^2)$ 和 $N(\mu_2,\sigma^2)$，其中，μ_1、μ_2、σ^2 均未知．问两城市的消费者信心指数是否存在显著差异？

解 根据题意，需要进行的假设检验为

$$H_0:\mu_1-\mu_2=0,\quad H_1:\mu_1-\mu_2\neq 0,$$

这里已知 $\sigma_1^2=\sigma_2^2=\sigma^2$，所以可以用方差未知但相等的条件下两样本正态总体均值差的 t 检验．具体 R 代码如下：

```
> a <- c(98.1, 92.4, 96.2, 94.3, 97.4, 98.4, 96.0, 95.5, 96.7, 97.3)
> b <- c(99.1, 91.0, 97.3, 99.1, 90.0, 99.1, 99.4, 97.3, 90.2, 92.1, 99.1, 91.0)
> t.test(x=a, y=b, alternative = "two.sided", mu = 0, paired = F,
+           var.equal = T, conf.level = 0.95)
```

运行结果如下：

```
        Two Sample t-test
data:   a and b
t = 0.599, df = 20, p-value = 0.5559
alternative hypothesis: true difference in means is not equal to 0
95 percent confidence interval:
 -2.081278   3.757944
sample estimates:
mean of x mean of y
 96.23000   95.39167
```

该例进行的是一个两样本的假设检验问题，从运行结果可以看到，检验统计量取值为0.599，自由度为20，p值为$0.556>0.05$，所以不能拒绝原假设，即不能根据这些数据说明两个城市的消费者信心指数有显著的差异．另外，该检验同时还给出了$\mu_1-\mu_2$的95%的置信区间（–2.081，3.758）（置信区间的概念见第5章），城市A和城市B的总体均值的估计值分别为96.230和95.392．

例 4.4.4 为了检测两种不同型号的温度计的测量效果是否存在显著差异，分别用来测量6个不同人的腋下体温，测得的数值如表4.3所示．

表 4.3　体温数值

型号 A (x)	36.7	36.4	36.6	36.2	36.6	36.8
型号 B (y)	36.6	36.5	36.8	36.3	36.4	36.9

问能否认为这两种不同型号的温度计的测量效果存在显著差异？（$\alpha=0.05$）

分析　这属于成对数据的检验问题．由于不同人的体温是存在一定差异的，而同一对数据中的两个数据的差异可以看成是仅有两种不同型号的温度计的性能引起的．

一般地，设有两个相互独立的正态总体$X\sim N(\mu_1,\sigma_1^2)$，$Y\sim N(\mu_2,\sigma_2^2)$，$\mu_1$、$\mu_2$、$\sigma_1^2$，$\sigma_2^2$均未知．假设有$n$对相互独立的观察结果$(X_1,Y_1),(X_2,Y_2),\cdots,(X_n,Y_n)$，检验假设：

（1）$H_0:\mu_1=\mu_2$，$H_1:\mu_1\neq\mu_2$，　(4.4.3)

（2）$H_0:\mu_1\leqslant\mu_2$，$H_1:\mu_1>\mu_2$，　(4.4.4)

（3）$H_0:\mu_1\geqslant\mu_2$，$H_1:\mu_1<\mu_2$．　(4.4.5)

令$D_1=X_1-Y_1,D_2=X_2-Y_2,\cdots,D_n=X_n-Y_n$，则$D_1,D_2,\cdots,D_n$独立同分布，设$D_i\sim N(\mu_D,\sigma_D^2)$，$\mu_D,\sigma_D^2$未知．则上面的检验问题转化为：

（1）$H_0:\mu_D=0,\ H_1:\mu_D\neq 0$，　(4.4.6)

（2）$H_0:\mu_D\leqslant 0,\ H_1:\mu_D>0$，　(4.4.7)

（3）$H_0:\mu_D\geqslant 0,\ H_1:\mu_D<0$，　(4.4.8)

这样就转化为方差未知的条件下单个正态总体均值的t检验问题．

解　记$D_i=X_i-Y_i\ (i=1,2,\cdots,6)$，可以认为$D_i$是总体分布为$N(\mu_D,\sigma_D^2)$的样本，其中$\mu_D,\sigma_D^2$均未知．由题意，检验如下假设

$$H_0:\mu_D=0,\ H_1:\mu_D\neq 0.$$

检验统计量为 $t=\dfrac{\bar{D}}{S_D/\sqrt{n}}$，$\alpha=0.05$，检验的拒绝域为

$$|t|=\frac{|\bar{d}|}{s_D/\sqrt{n}}\geqslant t_{0.025}(5)=2.571.$$

由 $d_i=x_i-y_i$，计算得 $\bar{d}=-0.033$，$s_d=\sqrt{\dfrac{1}{n-1}\left(\sum\limits_{i=1}^{n}d_i^2-n\bar{d}^2\right)}=0.1502$，计算的 $t=\dfrac{\bar{d}}{s_D/\sqrt{n}}=-0.5423$．由于 $|t|<t_{0.025}(5)=2.5706$，因此接受原假设 H_0，认为这两种不同型号的温度计的测量效果不存在显著差异.

本例的 R 代码如下：

```
> a <- c(36.7, 36.4, 36.6, 36.2, 36.6, 36.8)
> b <- c(36.6, 36.5, 36.8, 36.3, 36.4, 36.9)
> t.test(x=a, y=b, alternative = "two.sided", paired = T,conf.level = 0.95)
```

运行结果如下：

```
            Paired t-test
data:   a and b
t = -0.5423, df = 5, p-value = 0.6109
alternative hypothesis: true difference in means is not equal to 0
95 percent confidence interval:
 -0.1913306   0.1246640
sample estimates:
mean of the differences
               -0.03333333
```

从运行结果可以看到，检验统计量取值为−0.5423，自由度为 5，p 值为 $0.6109>0.05$，所以不能拒绝原假设，认为两台仪器的测量结果并无显著差异．该检验同时还给出了 μ_D 的95%的置信区间（−0.191，0.125），μ_D 的估计值为−0.033.

4.4.2　方差的检验

对于单个正态总体和两个正态总体的方差的检验问题，利用似然比方法也可以推导出很好的结果.

例 4.4.5　设 $\boldsymbol{X}=(X_1,X_2,\cdots,X_n)^{\mathrm{T}}$ 是来自总体 $X\sim N(\mu,\sigma^2)$ 的样本，其中 μ，σ^2 未知．讨论双边检验问题

$$H_0:\sigma^2=\sigma_0^2,\quad H_1:\sigma^2\neq\sigma_0^2. \tag{4.4.9}$$

利用似然比检验法可以得到检验统计量为

$$\chi^2=\frac{(n-1)S^2}{\sigma_0^2},$$

其中 $S^2=\frac{1}{n-1}\sum_{i=1}^{n}(X_i-\overline{X})^2$．且拒绝域的形式为

$$\left\{\frac{(n-1)s^2}{\sigma_0^2}\leqslant k_1 \quad 或 \quad \frac{(n-1)s^2}{\sigma_0^2}\geqslant k_2\right\},$$

当原假设成立时，

$$\frac{(n-1)S^2}{\sigma_0^2}\sim\chi^2(n-1),$$

给定的显著性水平α，令

$$P_{\sigma_0^2}\left(\left\{\frac{(n-1)S^2}{\sigma_0^2}\leqslant k_1\right\}\cup\left\{\frac{(n-1)S^2}{\sigma_0^2}\geqslant k_2\right\}\right)=\alpha,$$

一般地，习惯上取

$$P_{\sigma_0^2}\left\{\frac{(n-1)S^2}{\sigma_0^2}\leqslant k_1\right\}=\frac{\alpha}{2},\quad P_{\sigma_0^2}\left\{\frac{(n-1)S^2}{\sigma_0^2}\geqslant k_2\right\}=\frac{\alpha}{2},$$

故得$k_1=\chi^2_{1-\alpha/2}(n-1)$，$k_2=\chi^2_{\alpha/2}(n-1)$，其中$\chi^2_{1-\alpha/2}(n-1)$ 和 $\chi^2_{\alpha/2}(n-1)$分别表示$\chi^2(n-1)$分布的上$1-\alpha/2$和上$\alpha/2$分位数．因此，拒绝域为

$$\left\{\boldsymbol{x}:\frac{(n-1)s^2}{\sigma_0^2}\leqslant\chi^2_{1-\alpha/2}(n-1)\text{或}\frac{(n-1)s^2}{\sigma_0^2}\geqslant\chi^2_{\alpha/2}(n-1)\right\}. \tag{4.4.10}$$

对于单边检验问题H_0：$\sigma^2\leqslant\sigma_0^2$，$H_1:\sigma^2>\sigma_0^2$，可以得到拒绝域为

$$\{\boldsymbol{x}:\chi^2\geqslant\chi^2_\alpha(n-1)\}, \tag{4.4.11}$$

其中$\chi^2_\alpha(n-1)$ 表示$\chi^2(n-1)$ 分布的上α分位数．

对于单边检验问题$H_0:\sigma^2\geqslant\sigma_0^2$，$H_1:\sigma^2<\sigma_0^2$，可以得到拒绝域为

$$\{\boldsymbol{x}:\chi^2\leqslant\chi^2_{1-\alpha}(n-1)\}, \tag{4.4.12}$$

其中$\chi^2_{1-\alpha}(n-1)$ 表示$\chi^2(n-1)$ 分布的上$1-\alpha$分位数．

例 4.4.6　设$\boldsymbol{X}=(X_1,X_2,\cdots,X_m)^{\mathrm{T}}$是来自总体$X\sim N(\mu_1,\sigma_1^2)$ 的样本，$\boldsymbol{Y}=(Y_1,Y_2,\cdots,Y_n)^{\mathrm{T}}$是来自总体$Y\sim N(\mu_2,\sigma_2^2)$ 的样本，其中μ_1、μ_2、σ_1^2、σ_2^2未知．给定显著性水平α，考虑关于方差检验问题

$$H_0:\sigma_1^2=\sigma_2^2,\quad H_1:\sigma_1^2\neq\sigma_2^2 \tag{4.4.13}$$

利用似然比检验法可以得到检验统计量

$$F=\frac{S_1^2}{S_2^2},$$

其中$S_1^2=\frac{1}{m-1}\sum_{i=1}^{m}(X_i-\bar{X})^2$，$S_2^2=\frac{1}{n-1}\sum_{i=1}^{n}(Y_i-\bar{Y})^2$，且拒绝域的形式为

$$\left\{\frac{S_1^2}{S_2^2}\leqslant k_1\text{或}\frac{S_1^2}{S_2^2}\geqslant k_2\right\},$$

由于S_1^2和S_2^2相互独立，且当原假设成立时，

$$\frac{(m-1)S_1^2}{\sigma_1^2}\sim\chi^2(m-1)，\quad \frac{(n-1)S_2^2}{\sigma_2^2}\sim\chi^2(n-1)，$$

所以

$$F=\frac{S_1^2}{S_2^2}=\frac{S_1^2/\sigma_1^2}{S_2^2/\sigma_2^2}\sim F(m-1,n-1)，$$

令

$$P_{H_0}\left(\left\{\frac{S_1^2}{S_2^2}\leqslant k_1\right\}\cup\left\{\frac{S_1^2}{S_2^2}\geqslant k_2\right\}\right)=\alpha，$$

一般地，习惯上取

$$P_{H_0}\left\{\frac{S_1^2}{S_2^2}\leqslant k_1\right\}=\frac{\alpha}{2}，\quad P_{H_0}\left\{\frac{S_1^2}{S_2^2}\geqslant k_2\right\}=\frac{\alpha}{2}，$$

解得

$$k_1=F_{1-\alpha/2}(m-1,n-1)，\quad k_2=F_{\alpha/2}(m-1,n-1)，$$

其中，$F_{1-\alpha/2}(m-1,n-1)$和$F_{\alpha/2}(m-1,n-1)$分别表示$F(m-1,n-1)$分布的上$1-\frac{\alpha}{2}$和上$\frac{\alpha}{2}$分位数．因此，拒绝域为

$$\left\{F=\frac{s_1^2}{s_2^2}\leqslant F_{1-\alpha/2}(m-1,n-1)\text{ 或 }F=\frac{s_1^2}{s_2^2}\geqslant F_{\alpha/2}(m-1,n-1)\right\}.$$

对于单边检验问题$H_0:\sigma_1^2\leqslant\sigma_2^2$，$H_1:\sigma_1^2>\sigma_2^2$，检验统计量为$F=\frac{S_1^2}{S_2^2}$，拒绝域为

$$\left\{\frac{s_1^2}{s_2^2}\geqslant F_\alpha(m-1,n-1)\right\}.$$

其中$F_\alpha(m-1,n-1)$表示$F(m-1,n-1)$分布的上α分位数．

对于单边检验问题$H_0:\sigma_1^2\geqslant\sigma_2^2$，$H_1:\sigma_1^2<\sigma_2^2$，拒绝域为

$$\left\{\frac{s_1^2}{s_2^2}\leqslant F_{1-\alpha}(m-1,n-1)\right\},$$

其中，$F_{1-\alpha}(m-1,n-1)$表示$F(m-1,n-1)$分布的上$1-\alpha$分位数．

在R语言，利用函数var.test()可以进行两正态总体方差检验，其一般调用格式为

```
var.test(x, y, ratio = 1, alternative = c("two.sided", "less", "greater"), conf.level = 0.95)
```

其中，参数x和y表示两样本的观测值；参数ratio表示方差比的原假设；参数alternative表示备择假设，有三个选项“two.sided”(默认)、“less”和“greater”，分别表示备择假设$\sigma_1^2\neq\sigma_2^2$、$\sigma_1^2<\sigma_2^2$以及$\sigma_1^2>\sigma_2^2$；参数conf.level表示$1-\alpha$．

例 4.4.7 某工厂利用甲、乙两条流水线加工同一型号的机器零件，现从甲、乙两条流水

线加工的零件中分别随机抽取了样本容量为 10 和 12 的样本，样本值分别为

98.1, 92.4, 96.2, 94.3, 97.4, 98.4, 96.0, 95.5, 96.7, 97.3；

99.1, 91.0, 97.3, 99.1, 90.0, 99.1, 99.4, 97.3, 90.2, 92.1, 99.1, 91.0

根据工艺要求，生产的零件的方差越小越好，试问甲流水线是否优于乙流水线？

解 这是一个单边假设检验 $H_0:\sigma_1^2 \geqslant \sigma_2^2$， $H_1:\sigma_1^2 < \sigma_2^2$ 问题，R 代码和运行结果如下：

```
a <- c(98.1, 92.4, 96.2, 94.3, 97.4, 98.4, 96.0, 95.5, 96.7, 97.3)
b <- c(99.1, 91.0, 97.3, 99.1, 90.0, 99.1, 99.4, 97.3, 90.2, 92.1, 99.1, 91.0)
var.test(x=a, y=b, alternative = "less", conf.level = 0.95)
```

运行结果为：

```
          F test to compare two variances
data:   a and b
F = 0.199, num df = 9, denom df = 11, p-value = 0.01107
alternative hypothesis: true ratio of variances is less than 1
95 percent confidence interval:
 0.0000000 0.6173282
sample estimates:
ratio of variances
         0.1989786
```

从运行结果可以看到，检验统计量的取值为 0.199，自由度分别为 9 和 11，由于 p 值为 $0.01107 < 0.05$，因此拒绝原假设，认为 $\sigma_1^2 < \sigma_2^2$ 成立．从运行结果还可以看到，σ_1^2/σ_2^2 的95%的置信区间为（0.000 0.617）（置信区间的概念见第 5 章），σ_1^2/σ_2^2 的估计值为 0.199.

4.5　非参数假设检验

我们在前面讨论的问题都是关于总体分布族中的某些参数的检验，在实际问题中，除了参数检验外，还有一类重要检验，即非参数检验．非参数检验往往不假定总体的分布类型，而是直接对总体的分布或总体的某些数字特征进行检验．例如，需要根据样本判断总体是否服从某个指定的分布，这是分布拟合检验问题，即做显著性检验

$$H_0: F(x) = F_0(x), \quad H_1: F(x) \neq F_0(x) , \tag{4.5.1}$$

其中， $F_0(x)$ 为形式已知的分布函数．有些时候还需要比较两个总体的分布函数是否相同，即做如下检验

$$H_0: F_1(x) = F_2(x), \quad H_1: F_1(x) \neq F_2(x) . \tag{4.5.2}$$

又如，在某些实际问题中，可能仅仅需要考察总体的某些数字特征而不是总体的整体分布情况，如考察总体的中位数是否等于某个特定值，即做如下检验

$$H_0: M_e = m_0, \quad H_1: M_e \neq m_0 , \tag{4.5.3}$$

其中 m_0 为已知的某个常数，等等．

在本节中，我们将对上述检验问题分别进行探讨，内容主要包括皮尔逊 χ^2 拟合检验、柯尔莫哥洛夫-斯米尔诺夫检验、符号检验、秩和检验及游程检验等．

4.5.1　皮尔逊 χ^2 拟合检验

该检验是由皮尔逊（K.Pearson）针对分类数据的检验而提出的，我们分单个分布的 χ^2 拟合检验和分布族的 χ^2 拟合检验两种情况分别进行讨论.

首先讨论单个分布的检验问题. 设总体 X 的分布函数 $F(x)$ 未知，$\boldsymbol{X}=(X_1,X_2,\cdots,X_n)^{\mathrm{T}}$ 为来自总体 X 的样本，$\boldsymbol{x}=(x_1,x_2,\cdots,x_n)^{\mathrm{T}}$ 为样本观测值，对于检验（4.5.1），皮尔逊 χ^2 拟合检验的基本思想是：在 H_0 下将 X 可能取值的全体 Ω 分成互不相交的子集 $A_1,A_2,\cdots,A_k$，以 f_i 记样本观测值 $x_1,x_2,\cdots,x_n$ 中落入 A_i 的个数，构造统计量：

$$\sum_{i=1}^{k} C_i\left(\frac{f_i}{n}-p_i\right)^2, \tag{4.5.4}$$

其中，$C_i \geqslant 0$ 为给定的常数，$p_i=P(A_i)$ 表示当总体分布函数 $F(x)$ 为 F_0 时集合 A_i 的概率. 显然，当原假设 H_0 成立时，统计量（4.5.4）的值应该比较小；反之，若统计量（4.5.4）的取值较大，则有理由认为原假设 H_0 不真. 若采用逆概率加权思想，取 $C_i=\dfrac{n}{p_i}$，则得到皮尔逊检验统计量

$$\chi^2=\sum_{i=1}^{k}\frac{n}{p_i}\left(\frac{f_i}{n}-p_i\right)^2=\sum_{i=1}^{k}\frac{f_i^2}{np_i}-n . \tag{4.5.5}$$

定理 4.5.1　当样本容量 $n\to\infty$ 时，若 H_0 为真，

$$\chi^2=\sum_{i=1}^{k}\frac{f_i^2}{np_i}-n \xrightarrow{L} \chi^2(k-1), \tag{4.5.6}$$

其中，k 为分组的个数（证明略）.

由定理 4.5.1 可知，当 n 充分大（$n\geqslant 50$）时，皮尔逊检验统计量近似地服从 $\chi^2(k-1)$. 如果给定显著性水平为 α，则易知检验的拒绝域为

$$\{\boldsymbol{x}:\chi^2\geqslant\chi^2_\alpha(k-1)\},$$

其中，$\chi^2_\alpha(k-1)$ 表示 $\chi^2(k-1)$ 分布的上 α 分位数.

需要注意的是，在进行 χ^2 拟和检验时，分组数 k 太大、太小都不好，一个经验法则是要求 $n\geqslant 50$，而 $np_i\geqslant 5$，若 np_i 太小，则需要适当合并分组 A_i.

下面给出 R 软件中实现 Pearson χ^2 拟合检验的代码：

```
chisq.test(x, y= NULL, correct = TRUE, p = rep(1/length(x), length(x)),
          rescale.p = FALSE, simulate.p.value = FALSE, B = 2000)
```

其中，参数 x 是由观测数据构成的向量或矩阵；参数 y 是数据向量（当 x 为矩阵时，y 无效）；参数 correct 是逻辑变量，表明是否用于连续修正，correct = TRUE（默认）表示修正，correct = FALSE 表示不修正；p 是原假设落在小区间的理论概率，默认值表示等可能检验；rescale.p 是逻辑变量，rescale.p = FALSE（默认）表示要求输入的 p 应满足 $\sum_{i=1}^{k} p_i=1$，rescale.p = TRUE 表示程序将重新计算 p 值；simulate.p.value 是逻辑变量，表示是否用模拟的方法计算检验的 p 值，

simulate.p.value = TRUE，则表示将使用模拟的方法来计算检验的 p 值，这里 B 表示模拟抽样的次数.

例 4.5.1 某条大街在一年内的交通事故按星期日、星期一……星期六分为 7 类进行统计，记录如表 4.4 所示.

表 4.4　交通事故数据

星期	日	一	二	三	四	五	六	合计
事故数	11	11	8	9	7	9	12	67

令 p_i 表示星期 i 发生事故的概率，问：假设 $p_i=\frac{1}{7}, i=1,2,\cdots,7$ 是否成立，即事故的发生是否与特定日期有关？（$\alpha=0.05$）

解　由题意，需检验假设

$$H_0: p_i=\frac{1}{7},\quad i=1,2,\cdots,7 .$$

在 H_0 成立条件下，样本按星期分为 7 个互不相交的子集 $A_1,A_2,\cdots,A_7$，如表 4.5 所示.

表 4.5

A_i	f_i	p_i	np_i	f_i^2/np_i
A_1	11	1/7	9.57	12.64
A_2	11	1/7	9.57	12.64
A_3	8	1/7	9.57	6.69
A_4	9	1/7	9.57	8.46
A_5	7	1/7	9.57	5.12
A_6	9	1/7	9.57	8.46
A_7	12	1/7	9.57	15.05

现 $\chi^2=\sum_{i=1}^{7}\frac{f_i^2}{np_i}-n=69.06-67=2.06$，$k=7$，查表 $\chi_{0.05}^2(6)=12.592$，由于 $\chi^2=2.06<\chi_{0.05}^2(6)$，故接受原假设 H_0，认为事故的发生与星期几无关.

上述求解过程的 R 代码及运行结果为：

```
> x<-c(11,11,8,9,7,9,12)
> chisq.test(x)
              Chi-squared test for given probabilities
data:   x
X-squared = 2.0597, df = 6, p-value = 0.9141
```

从运行结果可以看到，χ^2 统计量的值为 2.0597，自由度为 6，由于 p 值为 $0.9141>0.05$，故接受原假设，认为事故的发生与星期几无关.

若检验（4.5.1）中的 $F_0(x)$ 仅仅是形式已知，但含有未知参数，即需要做如下检验：

$$H_0: F(x)=F_0(x;\boldsymbol{\theta}),\quad H_1: F(x)\neq F_0(x;\boldsymbol{\theta}), \tag{4.5.7}$$

其中 $\boldsymbol{\theta}=(\theta_1,\theta_2,\cdots,\theta_r)^{\mathrm{T}}$ 为未知参数，这时只需利用样本求出在 H_0 成立的条件下未知参数的极大似然估计 $\hat{\boldsymbol{\theta}}$，以此极大似然估计值 $\hat{\boldsymbol{\theta}}$ 替代参数值 $\boldsymbol{\theta}$ 即可.

定理 4.5.2　当样本容量 $n\to\infty$ 时，若 H_0 为真，则

$$\chi^2=\sum_{i=1}^{k}\frac{f_i^2}{n\hat{p}_i}-n\xrightarrow{L}\chi^2(k-r-1)\text{，}\tag{4.5.8}$$

其中 k 为分组的个数，r 为未知参数向量 $\boldsymbol{\theta}$ 的维数，$\hat{p}_i=\hat{P}(A_i)$ 为 $p_i=P(A_i)=p_i(\boldsymbol{\theta})$ 的估计值（证明略）.

例 4.5.2　设 X 为每分钟内进入某银行的顾客人数，任取 90 分钟，所得数据如表 4.6 所示.

表 4.6　进入某银行的顾客人数

顾客人数	0	1	2	3	4	≥5
频数 f_i	30	38	16	4	2	0

能否认为 X 服从泊松分布？（$\alpha=0.05$）

解　由题意，需检验假设

$$H_0:X\text{ 的分布律为 }P\{X=k\}=\frac{\lambda^k}{k!}\mathrm{e}^{-\lambda}\text{，}\quad k=0,1,2,\cdots.$$

由于 H_0 中含有未知参数 λ，利用极大似然估计给出 λ 的估计值为 $\hat{\lambda}=\bar{x}=1.0$，记

$$\hat{p}_i=\hat{P}\{X=k\}=\frac{\mathrm{e}^{-1}}{k!}\text{，}\quad k=0,1,2,\cdots$$

如表 4.7 所示，现 $\chi^2=92.16-90=2.16$，经合并分组后 $k=4$，$r=1$.

表 4.7

A_i	f_i	$\hat{p}_i$	$n\hat{p}_i$	$f_i^2/n\hat{p}_i$
$A_0:\{X=0\}$	30	0.368	33.12	27.17
$A_1:\{X=1\}$	38	0.368	33.12	43.60
$A_2:\{X=2\}$	16	0.184	16.56	15.46
$A_3:\{X=3\}$	4	0.061	5.49	5.93
$A_4:\{X=4\}$	2	0.015	1.35	
$A_5:\{X\geq5\}$	0	0.004	0.36	

$\chi^2_{0.05}(k-r-1)=\chi^2_{0.05}(2)=5.992$，由于 $\chi^2=2.16<\chi^2_{0.05}(2)$，故接受 H_0，认为每分钟内进入某银行的顾客人数服从泊松分布.

上述求解过程的 R 代码为：

```
> x<-0:5;y<-c(30,38,16,4,2,0)
> mydata<-rep(x,y);n<-length(y)
> lambda<-mean(mydata)    ##计算极大似然估计
> pd<-ppois(x,lambda)
> p<-rep(0,5)
> p[1]<-pd[1]
> p[2:(n-1)] <-pd[2:(n-1)]-pd[1:(n-2)]
> p[n]<-1-pd[n-1]
> ##由于原数据中后三组的频数小于5，因此需要合并
```

```
> z<-c(30,38,16,6);n<-length(z)
> p<-p[1:(n-1)];p[n]<-1-pd[n-1]
> chisq.test(z,p=p)
```

运行结果为：

```
        Chi-squared test for given probabilities

data:  z
X-squared = 1.2414, df = 3, p-value = 0.7431
```

从运行结果可以看到，由于 p 值为 $0.7431 > 0.05$，故接受原假设，认为每分钟内进入某银行的顾客人数服从泊松分布.

4.5.2 柯尔莫哥洛夫-斯米尔诺夫检验法

对于分布拟合检验式（4.5.1）

$$H_0: F(x) = F_0(x),\quad H_1: F(x) \neq F_0(x),$$

皮尔逊 χ^2 拟合检验的基本思想是将总体 X 可能取值的全体 Ω 分成互不相交的子集 $A_1, A_2, \cdots, A_k$，通过比较频率 $\dfrac{f_i}{n}$ 与概率 $p_i(i=1,2,\cdots,k)$ 的大小关系进而做出总体分布是否为 $F_0(x)$ 的决定，事实上，该方法仅仅检验了 $P(A_i)=\int_{A_i}\mathrm{d}F(x)$ 与 $P_0(A_i)=\int_{A_i}\mathrm{d}F_0(x)$ $(i=1,2,\cdots,k)$ 是否相等的问题，并没有从本质上检验 $F(x)$ 与 F_0 是否相同，因此对于连续型的总体分布而言，皮尔逊 χ^2 拟合检验的效果并不好.

在本小节中我们来介绍另外一种检验样本是否来自某一特定分布的方法：柯尔莫哥洛夫-斯米尔诺夫（Kolmogorov-Smirmov）检验法（也称为 D_n 检验法或 K-S 检验法）. 该方法的主要特点是在每一点处考察了经验分布函数 $F_n(x)$ 与总体分布 $F_0(x)$ 之间的差异.

根据格里汶科定理，

$$P\left\{\lim_{n\to\infty}\sup_{-\infty<x<+\infty}|F_n(x)-F(x)|=0\right\}=1,$$

可知经验分布函数是总体分布函数的一个非常合理的估计，因此，当经验分布函数与特定理论分布差距很小时，可以推断该样本取自某特定的分布族. 定义

$$D_n = \max_{1\leqslant i\leqslant n}|F_n(x_{(i)}) - F_0(x_{(i)})|, \tag{4.5.9}$$

则当实际观测值 $D_n > D_{n,\alpha}$（$D_{n,\alpha}$ 的取值参见附录 D.5）时，拒绝原假设.

R 软件中实现柯尔莫哥洛夫-斯米尔诺夫检验法的代码为：

```
ks.test(x, y, alternative = c("two.sided", "less", "greater"))
```

其中，参数 x 表示样本的观测值；参数 y 表示累积分布函数的名称；参数 alternative 表示备择假设，有三个选项“two.sided”（默认）“less”“greater”，分别表示备择假设 $F(x)\neq F_0$、$F(x)<F_0$ 及 $F(x)>F_0$.

标准的 D_n 检验法要求总体分布 $F_0(x)$ 中不能含有未知参数. 事实上，D_n 检验法做适当修改后可能适用于总体包含未知参数的情形. 例如，总体分布函数为 $F_0(x;\boldsymbol{\theta})$，其中 $\boldsymbol{\theta}$ 为未知参

数，当样本容量比较大时，可以利用参数估计给出$\boldsymbol{\theta}$的相合估计值$\hat{\boldsymbol{\theta}}$，然后将$F_0(x;\hat{\boldsymbol{\theta}})$作为已知分布进行检验．需要说明的是，此时的$D_n$检验是仅仅近似的，且检验的显著性水平不宜太小．

例 4.5.3　欲了解某大学二年级男生的体重分布情况，现从该校二年级学生中随机抽取了56位男生进行测量，数据如表4.8所示，试问该数据是否来自正态分布．

表 4.8　某大学二年级 56 位男生的体重（单位：千克）

67	77	74	68	59	78	78	77	61	65	65	62	77	71
70	65	64	62	57	52	63	68	72	76	68	61	64	72
71	69	55	68	76	67	63	72	59	63	64	69	72	81
59	55	68	76	74	74	69	63	59	62	64	68	63	70

解　设该校二年级男生的体重为X，其分布函数为$F(x)$，由题意，即检验

$$H_0: F(x)\text{为正态分布函数},\quad H_1: F(x)\text{不是正态分布函数}.$$

首先给出总体分布中未知参数的相合估计值：

$$\hat{\mu}=\overline{x}=67.25,$$

$$\hat{\sigma}=s=\sqrt{\frac{1}{56-1}\sum_{i=1}^{56}(x_i-\overline{x})^2}=6.66,$$

由于样本容量$n=56$比较大，故假定要检验的原假设H_0为：$X\sim N(67.25,6.66^2)$．

表4.9为计算的观测频数与理论分布对照表．由表4.9可以看出，实际观测

$$D_n=\max_{1\leqslant i\leqslant n}\left|F_n(x_{(i)})-F(x_{(i)})\right|=0.0808<D_{56,0.05}=0.1798,$$

故不能拒绝原假设，认为该校二年级男生的体重服从正态分布．

表 4.9　观测频数与理论分布对照表

体重 (x)	频数 (f)	累计次数 (F)	$F_n(x_{(i)})$	标准化值 $Z=\dfrac{x-\hat{\mu}}{\hat{\sigma}}$	理论分布 $F_0(x_{(i)})$	$\left\|F_n(x_{(i)})-F(x_{(i)})\right\|$
52	1	1	0.0179	−2.290	0.0110	0.0069
55	2	3	0.0536	−1.839	0.0329	0.0027
57	1	4	0.0714	−1.539	0.0618	0.0096
59	4	8	0.1429	−1.239	0.1075	0.0354
61	2	10	0.1786	−0.9384	0.1736	0.0050
62	3	13	0.2321	−0.7883	0.2148	0.0173
63	5	18	0.3214	−0.6381	0.2611	0.0603
64	4	22	0.3929	−0.4878	0.3124	0.0808*
65	3	25	0.4464	−0.3378	0.3669	0.0795
67	2	27	0.4821	−0.0375	0.4840	0.0019
68	6	33	0.5893	0.1126	0.5438	0.0455
69	3	36	0.6429	0.2628	0.6026	0.0403
70	2	38	0.6786	0.4129	0.6591	0.0195
71	2	40	0.7143	0.5630	0.7123	0.0020
72	4	44	0.7857	0.7132	0.7611	0.0246
74	3	47	0.8393	1.0135	0.8438	0.0045
76	3	50	0.8929	1.3138	0.9049	0.0120
77	3	53	0.9464	1.4639	0.9278	0.0186
78	2	55	0.9821	1.6141	0.9463	0.0358
81	1	56	1.0000	2.0646	0.9803	0.0197

R 代码如下：

```
> x<-c(67,77,74,68,59,78,78,77,61,65,65,62,77,71,70,65,64,62,57,52,63,68,72,76,
68,61,64,72,71,69,55,68,76,67,63,72,59,63,64,69,72,81,59,55,68,76,74,74,69,63,59,62,64,68,63,70)
> m<-mean(x)
> sd<-sd(x)
> ks.test(x,"pnorm", m,sd)
```

运行结果为：

```
        One-sample Kolmogorov-Smirnov test
data:   x
D = 0.0802, p-value = 0.8642
alternative hypothesis: two-sided
```

从运行结果可以看到，检验统计量的值为 0.0802，由于 p 值为 0.8642，所以不能拒绝原假设，即认为该校二年级男生的体重服从正态分布.

4.5.3 符号检验法

在统计分析中，我们一般用均值或中位数来刻画数据的中心位置，从稳健性和效率的角度来看，在参数统计推断问题中，一般采用均值来刻画总体的中心位置，而在非参数统计推断问题中，一般采用中位数来刻画总体的中心位置.

设总体 X 的中位数为 M_e，即 $M_e=\inf\left\{x:F(x)\geqslant\dfrac{1}{2}\right\}$，现从总体 X 中抽取了一组简单随机样本 $\boldsymbol{X}=(X_1,X_2,\cdots,X_n)^{\mathrm{T}}$，样本值为 $\boldsymbol{x}=(x_1,x_2,\cdots,x_n)^{\mathrm{T}}$. 考虑检验问题式（4.5.3）

$$H_0:M_e=m_0,\quad H_1:M_e\neq m_0,$$

其中 m_0 为已知的某个数.

当 H_0 成立时，X 落在 m_0 两边的概率均为 0.5，因而 $x_i-M_e(i=1,2,\cdots,n)$ 中取正值和负值的个数应接近；若 H_1 成立，则取正值的个数与取负值的个数有较大差异. 因此，如果样本中取正值（或负值）的个数过多，应拒绝 H_0.

定义

$$Y_i=I\{X_i>m_0\},\quad Z_i=I\{X_i<m_0\},\quad S_n^+=\sum_{i=1}^{n}Y_i,\quad S_n^-=\sum_{i=1}^{n}Z_i,\quad K_n=\min\{S_n^+,S_n^-\}$$

则有 $S_n^++S_n^-=n'\leqslant n$. 在原假设 H_0 下，问题转换为

$$Y_i\sim b(1,p),\ p=P\{X_i>m_0\},i=1,2,\cdots,n,$$

而要检验的假设检验问题（4.5.3）转化为

$$H_0:p=0.5,\quad H_1:p\neq 0.5, \tag{4.5.10}$$

检验统计量为

$$K_n=\min\{S_n^+,S_n^-\}. \tag{4.5.11}$$

如果给定显著性水平为 α，检验的拒绝域为

$$\{\boldsymbol{x}: K_n \leqslant k_\alpha\},$$

其中

$$k_\alpha = \max\left\{k: \sum_{i=0}^{k}\binom{n'}{i}0.5^i 0.5^{n'-i} \leqslant \frac{\alpha}{2}\right\}.$$

当然我们也可以计算检验的 p 值．当 K_n 的取值为 k_0 时，

$$p = 2\cdot\sum_{i=0}^{k_0}\binom{n'}{i}0.5^i 0.5^{n'-i},$$

当 $p<\alpha$ 时，拒绝原假设．

当 n 较大时，可以根据中心极限定理给出 k_α 的近似值．因为 $S_n^+ \sim b\left(n', \frac{1}{2}\right)$，所以当 $n\to\infty$ 时，有

$$Z_n = \frac{S_n^+ - \frac{n'}{2}}{\sqrt{\frac{n'}{4}}} \xrightarrow{L} N(0, 1),$$

从而

$$k_\alpha = z_{1-\alpha/2},$$

相应地，$p = 2P_{N(0,1)}\{Z_n < z\}$，其中 $z = \dfrac{2k_0 - n'}{\sqrt{n'}}$．

在 R 软件中，我们可以利用 binom.test()函数实现符号检验，其一般调用格式为：

```
binom.test(x, n, p = 0.5, alternative = c("two.sided", "less", "greater"), conf.level = 0.95)
```

其中，参数 x 表示样本的观测值；参数 n 和 p 是二项分布 $b(n,p)$ 的两个参数；参数 alternative 表示备择假设，有三个选项“two.sided”（默认）、“less”、“greater”，分别表示 $H_1: p\neq 0.5$ 、$H_1: p<0.5$ 、$H_1: p>0.5$ ；参数 conf.level 表示置信水平 $1-\alpha$ ．

例 4.5.4 设 $X_1, X_2, \cdots, X_{50}$ 分别表示 50 位健康男性在未进食前的血糖浓度，其观察值如表 4.10 所示，试利用符号检验法检验这组数据的中位数是否为 80，即对中位数 M_e 进行检验

$$H_0: M_e = 80, \quad H_1: M_e \neq 80.$$

表 4.10 50 位健康男性在未进食前的血糖浓度

87	77	92	68	80	78	84	77	81	80	80	77	92	86
76	80	81	75	77	72	81	90	84	86	80	68	77	87
86	81	91	77	79	76	83	88	80	85	90	70	82	87
76	77	78	92	75	80	78	78	$n=50$					

解 定义 $Y_i = I\{X_i > 80\}$，$Z_i = I\{X_i < 80\}$，$S_n^+ = \sum_{i=1}^{n} Y_i = 22$，$S_n^- = \sum_{i=1}^{n} Z_i = 21$，$K = \min\{S_n^+, S_n^-\} = 21$，$S_n^+ + S_n^- = n' = 43 \leqslant n$．在 H_0 成立条件下，问题转换为

$$Y_i \sim b(1,p), p = P\{X_i > 80\}, i = 1,2,\cdots,50,$$

而要检验的假设检验问题转化为

$$H_0: p = 0.5, \quad H_1: p \neq 0.5,$$

检验统计量为

$$K_n = \min\{S_n^+, S_n^-\}.$$

给定显著性水平为 $\alpha = 0.05$，则检验的拒绝域为

$$\{\boldsymbol{x}: K_n \leqslant k_\alpha\},$$

其中

$$k_\alpha = \max\left\{k: \sum_{i=0}^{k}\binom{43}{i}0.5^i 0.5^{43-i} \leqslant 0.025\right\} = 15.$$

因为 $K_n = \min\{S_n^+, S_n^-\} = 21 > 15$，所以不能拒绝原假设，即认为健康成年男性血糖浓度的中位数是 80.

R 代码如下：

```
> a <- c(87, 77, 92, 68, 80, 78, 84, 77, 81, 80, 80, 77, 92, 86, 76, 77, 79, 76, 83, 88, 80, 85, 90, 70, 82, 87,
76, 77, 78, 92, 75, 80, 78, 78)
> s1 <- sum(a>80)
> s2 <- sum(a<80)
> result <- qbinom(0.025, (s1+s2), 0.5, lower.tail = T, log.p = F)
> result
```

运行结果为：

```
[1] 15
```

我们也可以直接进行检验，R 代码如下：

```
> a <- c(87, 77, 92, 68, 80, 78, 84, 77, 81, 80, 80, 77, 92, 86, 76, 80, 81, 75, 77, 72, 81, 90, 84, 86, 80, 68,
77, 87, 86, 81, 91, 77, 79, 76, 83, 88, 80, 85, 90, 70, 82, 87, 76, 77, 78, 92, 75, 80, 78, 78)
> binom.test(sum(a>80), length(a), alternative="two.sided")
```

运行结果为：

```
          Exact binomial test
data:   sum(a > 80) and length(a)
number of successes = 22, number of trials = 50, p-value = 0.4799
alternative hypothesis: true probability of success is not equal to 0.5
95 percent confidence interval:
 0.2999072 0.5874559
sample estimates:
probability of success
                    0.44
```

从运行结果可以看到，概率 p 的估计值为 0.44，95%的置信区间为（0.2999, 0.5874），因为 p 值等于 $0.4799 > 0.05$，所以不能拒绝原假设，即认为健康成年男性血糖浓度的中位数为 80.

4.5.4　Wilcoxon 符号秩检验

符号检验法的优点在于简单、直观，且对总体分布没有任何特殊要求，缺点是只利用了观察值和中位数之差的符号信息，没有考虑差别的大小，显然这样会丢失信息．例如，有一批数据为 $-0.6, -0.3, -0.8, -1.2, 21, 14, 56, 27$，如果我们仅仅考查数据的符号，不考察数据的大小，就会丢失数据分布不对称的重要信息．Wilcoxon 符号秩检验把两者有机结合起来，既考虑了数据的符号差异，也考虑了数据的大小差异，是对符号检验法的一种改进，比符号检验法更有效．

Wilcoxon 符号秩检验中涉及秩的概念，这也是非参数检验中最常使用的概念．将样本从小到大排列，再统一编号后，每一个数在排列中的序数称为该数对应的秩．

定义 4.5.1　设样本 $\boldsymbol{X} = (X_1, X_2, \cdots, X_n)^{\mathrm{T}}$ 为来自总体 X 的一个样本，其值两两不同，记

$$R_i = \sum_{j=1}^{n} I\{X_j \leqslant X_i\}, \tag{4.5.12}$$

称 R_i 为 X_i 在样本 $\boldsymbol{X}$ 中的**秩**．并称 $\boldsymbol{R} = (R_1, R_2, \cdots, R_n)^{\mathrm{T}}$ 为**秩统计量**（rank statistics）．

例如，表 4.11 给出了的样本的观察值及其对应的秩．

表 4.11　样本的秩的计算

X_i	15	9	18	3	17	8	5	13	7	19
R_i	7	5	9	1	8	4	2	6	3	10

如果样本中有相同的观测值，则称其为**结**．结中数字的秩为它们按升幂排列后位置的平均值．例如，表 4.12 中的样本 X_i 的秩为 R_i，其中，样本值 17 对应的秩为 $\dfrac{8+9}{2} = 8.5$．

表 4.12　带有结的样本的秩的计算

X_i	15	9	17	3	17	8	5	13	7	19
R_i	7	5	8.5	1	8.5	4	2	6	3	10

在 R 软件中，可以用函数 rank()来求数据的秩．例如：

```
> a <- c(15, 9, 18, 3, 17, 8, 5, 13, 7, 19)
> rank(a)
[1]  7  5  9  1  8  4  2  6  3 10
> b <- c(15, 9, 17, 3, 17, 8, 5, 13, 7, 19)
> rank(b)
[1]  7.0  5.0  8.5  1.0  8.5  4.0  2.0  6.0  3.0  10.0
```

定义 4.5.2　若 $\boldsymbol{X} = (X_1, X_2, \cdots, X_n)^{\mathrm{T}}$ 为一个样本，记 R_i^+ 为 $|X_i|$ 在 $|X_1|, |X_2|, \cdots, |X_n|$ 中的秩，则称 R_i^+ 为**绝对秩**（absolute rank）．记 $\psi_i = I\{X_i > 0\}$，则称

$$R_i^* = \psi_i R_i^+ = \begin{cases} R_i^+ & X_i > 0 \\ 0 & X_i \leqslant 0 \end{cases} \tag{4.5.13}$$

为**符号秩**（signed rank）. 并称 $\boldsymbol{R}^* = (R_1^*, R_2^*, \cdots, R_n^*)^{\mathrm{T}}$ 为**符号秩统计量**（signed rank statistics）.

下面讨论 Wilcoxon 符号秩检验法，该检验法主要用来处理连续的对称分布问题. 设 $\boldsymbol{X}$ 是来自连续型对称分布的一个样本，总体分布函数为 $F(x)$，在此情形下，总体中位数 M_e 与总体均值相等，首先讨论如下检验问题

$$H_0: M_e = 0, \quad H_1: M_e > 0. \tag{4.5.14}$$

Wilcoxon 提出了如下检验统计量为

$$W^+ = \sum_{i=1}^{n} R_i^* = \sum_{i=1}^{n} \psi_i R_i^+ \,, \tag{4.5.15}$$

显然式（4.5.15）给出的符号秩统计量 W^+ 既包含了数据的符号信息，又包含了数据的大小信息，而符号检验法仅仅利用了样本数据的符号信息. 由于 M_e 是总体对称分布的中位数，在原假设 H_0 成立时，X_i 分布关于 $M_e = 0$ 对称，取正或取负有相同的分布，取正值的观测值的秩和与取负值观测值的秩和也有相同的分布. 而在备择假设 H_1 成立时，X_i 中位数为不为零，X_i 取正值的可能性较大，取正值的观测值的秩和也随之较大. 因此给定显著性水平为 α，则该检验的拒绝域为

$$\{\boldsymbol{x}: W^+ \geqslant w_\alpha^+(n)\}\,,$$

其中 $w_\alpha^+(n) = \inf\{w: P(W^+ \geqslant w) \leqslant \alpha\}$. Wilcoxon 符号秩检验的临界值表见附录 D5.

类似地，对假设

$$H_0: M_e = 0, \quad H_1: M_e < 0. \tag{4.5.16}$$

我们仍使用符号秩和 W^+ 为检验统计量，检验水平为 α 的拒绝域为

$$\{\boldsymbol{x}: W^+ \leqslant w_{1-\alpha}^+(n)\}\,,$$

其中 $w_{1-\alpha}^+(n) = \sup\{w: P(W^+ \leqslant w) \leqslant \alpha\}$.

对假设

$$H_0: M_e = 0, \quad H_1: M_e \neq 0, \tag{4.5.17}$$

我们仍使用符号秩和 W^+ 为检验统计量，该检验水平 α 的拒绝域为

$$\{\boldsymbol{x}: W^+ \leqslant w_{1-\alpha/2}^+(n) \text{或} W^+ \geqslant w_{\alpha/2}^+(n)\}\,.$$

当样本容量 n 较大，如 $n > 30$ 时，可以利用 W^+ 的渐近分布确定临界值，可以证明当 $n \to \infty$ 时，有

$$\frac{W^+ - \dfrac{n(n+1)}{4}}{\sqrt{\dfrac{n(n+1)(2n+1)}{24}}} \xrightarrow{L} N(0,1)\,. \tag{4.5.18}$$

结论式（4.5.18）的证明参见郑明等编写的《数量统计讲义》(2006)，此处略. 若数据存在多个结，则式（4.5.18）应修正为

$$\frac{W^+ - \dfrac{n(n+1)}{4}}{\sqrt{\dfrac{n(n+1)(2n+1)}{24} - \dfrac{1}{48}\sum_{i=1}^{g} t_i(t_i^2 - 1)}} \xrightarrow{L} N(0,1)\,. \tag{4.5.19}$$

其中 g 为结的个数，t_i 为第 i 个结的长度.

关于 Wilcoxon 符号秩检验做如下两点注解.

（1）若 $\boldsymbol{X}=(X_1,X_2,\cdots,X_n)^{\mathrm{T}}$ 为来自连续型分布且总体分布函数为 $F(x)$ 的一个样本，$F(x)$ 关于中位数对称，对于假设检验问题

$$H_0: M_e = m_0,\quad H_1: M_e \neq m_0\ (M_e > m_0, M_e < m_0)\,, \tag{4.5.20}$$

只需做变换 $Z_i = X_i - m_0$，然后再应用上述的 Wilcoxon 符号秩检验即可.

（2）若 $\boldsymbol{X}$ 为来自连续型分布且总体分布族 $\mathcal{F}=\{F(x-\theta),\theta\in R\}$ 的一个样本，其中 $F(x)$ 关于直线 $x=0$ 对称，对于假设检验问题

$$H_0: \theta = m_0,\quad H_1: \theta \neq m_0(\theta > m_0, \theta < m_0)\,, \tag{4.5.21}$$

也可使用上述 Wilcoxon 符号秩检验法.

R 软件中利用函数 wilcox.test( )实现 Wilcoxon 秩和检验，其调用格式为

```
wilcox.test(x, y = NULL,alternative = c("two.sided", "less", "greater"),
            mu = 0, paired = FALSE, exact = NULL, correct = TRUE,
            conf.int = FALSE, conf.level = 0.95, ...)
```

其中，参数 x 和 y 是观测数据构成的数据向量；参数 alternative 表示备择假设，有三个选项“two.sided”（默认）“less”“greater”，分别表示 $H_1: M_e \neq m_0$、$H_1: M_e < m_0$、$H_1: M_e > m_0$；参数 mu 为待检参数，如中位数 m_0；参数 paired 是逻辑变量，表示变量 x 和 y 是否为成对数据；参数 exact 是逻辑变量，表示是否精确计算 p 值，当样本量较小时，此参数起作用，当样本量较大时，软件自动采用正态分布近似计算 p 值；correct 是逻辑变量，表示是否对 p 值的计算进行连续性修正；参数 conf.int 是逻辑变量，说明是否给出相应的置信区间；参数 conf.level 表示 $1-\alpha$.

例 4.5.5　有研究人员认为某城市的消费者信心指数中位数不小于 95. 为了检验该结论是否正确，现从该城市消费者调查问卷中随机抽取 12 份问卷，测算结果如下：

99.1, 91.0, 97.3, 99.1, 90.0, 99.1, 99.4, 97.3, 90.2, 92.1, 99.1, 91.0.

试用 Wilcoxon 秩和检验分析该城市消费者信心指数的中位数是否不小于 95.

解　要检验的假设为

$$H_0: M_e \geqslant 95,\quad H_1: M_e < 95.$$

R 代码如下：

```
> a <- c(99.1, 91.0, 97.3, 99.1, 90.0, 99.1, 99.4, 97.3, 90.2, 92.1, 99.1, 91.0)
> wilcox.test(x=a, alternative = "less", mu = 95, paired = F,
+            exact = F, correct = T, conf.int = T, conf.level = 0.95)
```

运行结果为：

```
            Wilcoxon signed rank test with continuity correction
data:   a
V = 43, p-value = 0.6386
alternative hypothesis: true location is less than 95
95 percent confidence interval:
```

-Inf 98.20008

sample estimates:

(pseudo)median

95.05002

从运行结果可以看到，中位数 M_e 的 95%的单侧置信区间为 $(-\infty,98.2)$，中位数的估计值为 95.05，由于 p 值等于 $0.6386>0.05$，所以不能拒绝原假设，即认为该城市的消费者信心指数不小于 95.

4.5.5 Wilcoxon-Mann-Whitney 秩和检验

Wilcoxon 符号秩检验法考虑的是单个总体的位置参数的检验问题，在本节中我们讨论两个总体的位置参数的检验问题.

设独立样本 $\boldsymbol{X}=(X_1,X_2,\cdots,X_m)^{\mathrm{T}}$ 和 $\boldsymbol{Y}=(Y_1,Y_2,\cdots,Y_n)^{\mathrm{T}}$ 分别来自连续型分布 $F(x)$ 和 $G(y)$，且假设 $G(y)=F(y-\delta)$. 考虑如下假设检验问题

$$H_0:\delta=0,\quad H_1:\delta>0\,, \tag{4.5.22}$$

现将样本 $\boldsymbol{X}$ 和 $\boldsymbol{Y}$ 混合在一起，得到混合样本 $X_1,X_2,\cdots,X_m,Y_1,Y_2,\cdots,Y_n$，设其秩为 $\boldsymbol{S}=(Q_1,Q_2,\cdots,Q_m,R_1,R_2,\cdots,R_n)^{\mathrm{T}}$，因为

$$\sum_{i=1}^{m}Q_i+\sum_{j=1}^{n}R_j=\frac{(m+n)(m+n+1)}{2}\,,$$

即当样本容量 m 和 n 固定时，$\sum_{i=1}^{m}Q_i$ 和 $\sum_{j=1}^{n}R_j$ 的和为常数，因此我们只需讨论 $W_Y=\sum_{j=1}^{n}R_j$ 即可. 统计量 W_Y 称为 **Wilcoxon 秩和统计量**，该统计量是 Wilcoxon 于 1945 年提出的. 经简单计算可知，

$$W_Y=\sum_{i=1}^{m}\sum_{j=1}^{n}I\{X_i<Y_j\}+\frac{n(n+1)}{2}\,, \tag{4.5.23}$$

记

$$U=\sum_{i=1}^{m}\sum_{j=1}^{n}I\{X_i<Y_j\}\,, \tag{4.5.24}$$

类似地，由于 W_Y 和 U 相差一个常数，因此讨论 W_Y 和讨论 U 实际上是等价的. 统计量 U 称为 **Mann-Whitney 统计量**，该统计量是 Mann 和 Whitney 于 1947 年提出的，因此两样本的秩和检验问题也称为 **Wilcoxon-Mann-Whitney 检验**.

显然，当原假设 $\delta=0$ 成立时，$W_Y=\sum_{j=1}^{n}R_j$ 与 $W_X=\sum_{i=1}^{m}Q_i$ 的取值大小相当，当备择假设 $\delta>0$ 成立时，W_Y 的取值有偏大的倾向，因此当 W_Y 比较大时拒绝原假设，检验的拒绝域为 $\{\boldsymbol{x}:W_Y\geqslant c_\alpha\}$，其中 $c_\alpha=\inf\{c:P(W_Y\geqslant c)\leqslant\alpha\}$. Wilcoxon 秩和检验的临界值表见附录 D5.

类似地，对于检验

$$H_0:\delta=0,\quad H_1:\delta<0\,, \tag{4.5.25}$$

检验的拒绝域为 $\{\boldsymbol{x}:W_Y \leqslant c_{1-\alpha}\}$，其中 $c_{1-\alpha}=\sup\{c:P(W_Y \leqslant c)\leqslant \alpha\}$. 对于检验

$$H_0:\delta=0,\quad H_1:\delta\neq 0\ , \tag{4.5.26}$$

检验的拒绝域为 $\{\boldsymbol{x}:W_Y \geqslant c_{\alpha/2}或W_Y \leqslant c_{1-\alpha/2}\}$. 当样本容量 $n\leqslant m$，且 m,n 比较大时，可以利用 W_Y 的大样本性质计算拒绝域的临界值.

命题 4.5.1　在原假设 $\delta=0$ 成立的条件下，当 $m,n\to\infty$ 且样本不存在结时，有

$$\frac{W_Y-\dfrac{n(m+n+1)}{2}}{\sqrt{\dfrac{mn(m+n+1)}{12}}}\xrightarrow{L} N(0,1)\ , \tag{4.5.27}$$

对于给定的显著性水平 α，则检验式（4.5.22）的拒绝域为 $\{(\boldsymbol{x},\boldsymbol{y}):W_Y\leqslant w_\alpha\}$，其中 $w_\alpha \approx \dfrac{n(m+n+1)}{2}+z_\alpha\sqrt{\dfrac{mn(m+n+1)}{12}}$，

z_α 为标准正态分布的上 α 分位数. 类似地，可以给出检验式（4.5.23）和检验式（4.5.24）的拒绝域.

当数据存在结时，式（4.5.27）应修正为

$$\frac{W_Y-\dfrac{n(m+n+1)}{2}}{\sqrt{\dfrac{mn(m+n+1)}{12}-\dfrac{mn}{12(m+n)(m+n-1)}\sum_{i=1}^{g}t_i(t_i^2-1)}}\xrightarrow{L} N(0,1)\ . \tag{4.5.28}$$

其中 g 为结的个数，t_i 为第 i 个结的长度.

注　对于更一般的检验，

$$H_0:F(x)=G(x),\quad H_1:F(x)>G(x)\ , \tag{4.5.29}$$

$$H_0:F(x)=G(x),\quad H_1:F(x)<G(x)\ , \tag{4.5.30}$$

$$H_0:F(x)=G(x),\quad H_1:F(x)\neq G(x)\ , \tag{4.5.31}$$

Wilcoxon-Mann-Whitney 检验法也是适用的.

R 软件中的 wilcox.test( )也可以用于实现 Wilcoxon 秩和检验，此时逻辑参数 paired 应取值为 FALSE，其调用格式见 4.5.4 节.

例 4.5.6　设有甲乙两条生产流水线加工同一型号的产品，从这两条流水线生产的产品中随机抽取了若干件，测得其质量如下（单位：g）.

甲：16.4，16.6, 17.1，17.2, 16.8，16.5, 16.0, 17.6

乙：17.2, 17.6，16.8, 16.6，16.9，17.5, 17.2，16.2, 17.4

试问甲乙两条生产流水线所加工产品的质量是否来自同一分布.

解　由题意，需检验

$$H_0:F(x)=G(x),\quad H_1:F(x)\neq G(x)\ ,$$

R 程序如下：

```
> x<-c(16.4,16.6,17.1,17.2,16.8,16.5,16.0,17.6)
> y<-c(17.2,17.6,16.8,16.6,16.9,17.5,17.2,16.2,17.4)
> wilcox.test(x,y,alternative="two.sided",exact=FALSE,paired=FALSE,correct=TRUE)
```

运行结果为：

```
        Wilcoxon rank sum test with continuity correction
data:   x and y
W = 23.5, p-value = 0.2462
alternative hypothesis: true location shift is not equal to 0
```

从运行结果可以看到，Wilcoxon 秩和统计量为 23.5，p 值为 $0.2462 > 0.05$，因此无法拒绝原假设，认为两条生产流水线所加工产品的质量来自同一分布.

4.5.6　游程检验

游程检验法也可以用来检验两个总体分布是否相同的问题．设 X 和 Y 均为连续型随机变量，其分布函数分别为 $F(x)$ 和 $G(y)$，设 $\boldsymbol{X}=(X_1,X_2,\cdots,X_m)^{\mathrm{T}}$ 与 $\boldsymbol{Y}=(Y_1,Y_2,\cdots,Y_n)^{\mathrm{T}}$ 是分别来自总体 X 和 Y 的样本，检验如下假设

$$H_0: F(x)=G(x),\quad H_1: F(x)\neq G(x), \tag{4.5.32}$$

现将样本 $\boldsymbol{X}$ 和 $\boldsymbol{Y}$ 混合在一起，得到混合样本 $X_1,X_2,\cdots,X_m,Y_1,Y_2,\cdots,Y_n$，并将其从小到大排列，凡是来自总体 X 的样本均标记为 0，来自 Y 的样本均标记为 1，这样就得到了一个仅有 0 和 1 构成的一个序列，如

$$1\,1\,0\,0\,1\,1\,1\,1\,0\,0\,1\,1\,1\,1\,0\,0\,0\,1\,1\,1\,0\,1\,1. \tag{4.5.33}$$

通常，将连续出现的 0（或 1）构成的数串称为一个**游程**，每个游程中含有的数据的个数称为**游程的长度**．我们用 R 表示一个 0/1 序列中游程的总个数，R 的大小表示了 0 和 1 交替轮换的频繁程度．例如，在式（4.5.33）序列中，总共有 23 个数，0 的总个数为 $n_0=8$，1 的总个数为 $n_1=15$．共有 4 个 0 游程，5 个 1 游程，共有 9 个游程，即 $R=9$．

若原假设 $F(x)=G(x)$ 成立，则样本 $\boldsymbol{X}$ 和 $\boldsymbol{Y}$ 是来自于同一个分布的样本，因此 0 和 1 在序列中的排列应该比较均匀，即 0 和 1 在序列中的排列不会太集中，也不会太分散，总的游程个数 R 相对较大，序列中最大的游程长度 L 相对较小．若样本 $\boldsymbol{X}$ 和 $\boldsymbol{Y}$ 的取值分散过大，游程的总个数 R 接近于 2 或最大的游程长度 L 接近于 $\max\{n_0,n_1\}$，这时则拒绝原假设，认为总体分布函数 $F(x)$ 和 $G(y)$ 是不同的.

（1）Wand 游程个数检验法：

给定显著性水平 $\alpha\ (0<\alpha<1)$，若游程的总个数 $R\leqslant R_\alpha$，则拒绝原假设，认为总体分布函数 $F(x)$ 和 $G(y)$ 是不同的；若 $R>R_\alpha$，则接受原假设，认为总体分布函数 $F(x)$ 和 $G(y)$ 是相同的．临界值 R_α 表见附录 D5.

（2）Wolfowitz 最大游程长度检验法：

给定显著性水平 $\alpha\ (0<\alpha<1)$，若最大的游程长度 $L\geqslant L_\alpha$，则拒绝原假设，认为总体分布函数 $F(x)$ 和 $G(y)$ 是不同的；若 $L<L_\alpha$，则接受原假设，认为总体分布函数 $F(x)$ 和 $G(y)$ 是相同的．临界值 L_α 表见附录 D5.

R 软件包 tseries 提供了进行游程检验的函数 runs.test( )，由于该程序包不属于 R 基本包，因此使用时需要提前下载安装该程序包．函数 runs.test( )其一般调用格式为

```
runs.test(x, alternative = c("two.sided", "less", "greater"))
```

其中，x 为两个因子的因子向量，alternative 表示双边或单边检验，默认值为"two.sided"，即双边检验．

例如，检验式（4.5.33）给出的序列中的数据是否来自相同分布，程序如下：

```
> x<-c(1,1,0,0,1,1,1,1,0,0,1,1,1,1,0,0,0,1,1,1,0,1,1)
> y=factor(x)
> runs.test(y)
```

运行结果为：

```
        Runs Test
data:  y
Standard Normal = -1.151, p-value = 0.2497
alternative hypothesis: two.sided
```

从运行结果可以看到，p 值为 $0.2497>0.05$，接受原假设，认为式（4.5.33）序列中的数据是来自相同的分布．

例 4.5.7（续例 4.5.6） 设有甲乙两条生产流水线加工同一型号的产品，从这两条流水线生产的产品中随机抽取了若干件，测得其质量如下（单位：g）．

甲：16.4，16.6, 17.1，17.2, 16.8，16.5, 16.0, 17.6

乙：17.2, 17.6，16.8, 16.6，16.9，17.5, 17.2，16.2, 17.4

试问甲乙两条生产流水线所加工产品的质量是否来自同一分布？

解 将两组样本观测值合在一起，并从小到大排列，将属于甲组的样本全部标记为 0，将属于乙组的全部标记为 1，得到序列

0 1 0 0 0 1 0 1 1 0 0 1 1 1 1 0 1.

程序代码为：

```
> x<-c(0,1,0,0,0,1,0,1,1,0,0,1,1,1,1,0,1)
> y=factor(x)
> runs.test(y)
```

运行结果为

```
        Runs Test
data:  y
Standard Normal = 0.2662, p-value = 0.7901
alternative hypothesis: two.sided
```

从运行结果可以看到，p 值为 $0.7901>0.05$，接受原假设，认为甲乙两条生产流水线所加工产品的质量来自同一分布．

习 题 4

4.1 在一个假设检验问题中，当检验的最终结果是接受 H_1 时，可能会犯什么错误？当检验的最终结果是拒绝 H_1 时，可能会犯什么错误？

4.2　什么是检验的功效函数？与两类检验的错误之间的关系是什么？

4.3　假设检验的理论依据是什么？

4.4　试简要阐述在显著性检验中选择原假设与备择假设的基本原则.

4.5　设样本 $X_1,X_2,\cdots,X_n$ 来自总体 $N(\mu,\sigma_0^2)$，其中 σ_0^2 已知．对于检验

$$H_0:\ \mu=\mu_0,\ H_1:\ \mu=\mu_1,\ (\mu_1>\mu_0)$$

设检验的拒绝域为 $\bar{x}-\mu_0\geqslant c$，其中 c 为常数，试计算犯两类错误的概率.

4.6　设 $X_1,X_2,\cdots,X_n$ 是来自 Poisson 分布 $P(\lambda)$ 的样本，其中 $\lambda>0$ 为未知参数．求假设

$$H_0:\lambda=1,\quad H_1:\lambda=\lambda_1(>1)$$

的水平为 α 的 MPT.

4.7　设 $X_1,X_2,\cdots,X_n$ 是来自 Poisson 分布 $P(\lambda)$ 的样本，其中未知参数 $\lambda>0$．求假设

$$H_0:\lambda=\lambda_0,\quad H_1:\lambda>\lambda_0$$

的水平为 α 的 UMPT.

4.8　设 $X_1,X_2,\cdots,X_n$ 是来自正态总体 $N(0,\sigma^2)$ 的样本，求假设

$$H_0:\sigma^2\leqslant\sigma_0^2,\quad H_1:\sigma^2>\sigma_0^2$$

的水平为 α 的 UMPT.

4.9　设 $X_1,X_2,\cdots,X_n$ 是来自具有密度函数 $f(x,\mu)=\mathrm{e}^{-(x-\mu)},x\geqslant\mu$ 的总体的样本，试求假设

$$H_0:\mu=0,\quad H_1:\mu\neq0$$

的水平为 α 的似然比检验.

4.10　为调查两城市家庭平均可支配收入的差异，现从两城市分别抽取 180 户和 230 户家庭，假设两城市的家庭可支配收入均服从正态分布，标准差均为 500 元．经计算得到两城市家庭平均可支配收入分别为 25600 元和 28900 元，试问在显著性水平 $\alpha=0.05$ 的条件下，这两个城市的家庭平均可支配收入是否存在显著差异？

4.11　为了比较两种安眠药的疗效，现选取了 9 名测试者，分别测得了他们服用两种药物的睡眠延长时间（单位：小时），数值如下：

编号	1	2	3	4	5	6	4	7	8
服用药物 A 的延睡时间 x	0.8	1.2	0.1	0.6	2.6	4.3	1.2	3.4	1.9
服用药物 B 的延睡时间 y	1.2	0.9	−0.1	0.2	1.8	3.8	1.6	2.8	1.2
$z=x-y$	−0.4	0.3	0.2	0.4	0.8	0.5	−0.4	0.6	0.7

假定服用两种药物后的延睡时间服从正态分布，给定显著性水平 $\alpha=0.05$，试问这两种药物的疗效是否存在显著差异.

4.12　某药厂研制了某种止痛药的新配方，声称在相同剂量下，药效持续时间能比原来配方平均增加 2 个小时．根据以往资料，原配方的平均药效持续时间为 6 小时．为了检验新配方是否达到疗效，收集了 16 个用新配方的药效持续时间数据，算得样本均值为 $\bar{x}=8.4$ 小时，样本标准差 $s=0.6$ 小时，假定药效持续时间服从正态分布，试在显著性水平 $\alpha=0.05$ 下，检验药物的新配方是否达到疗效.

4.13　设总体 $X\sim N(\mu_1,\sigma_0^2)$ 和 $Y\sim N(\mu_2,\sigma_0^2)$ 相互独立，其中 σ_0^2 已知，现从两总体中分别抽

取样本 $X_1, X_2, \cdots, X_{n1}$ 和 $Y_1, Y_2, \cdots, Y_{n2}$，给定显著性水平 α，试给出检验

$$H_0: \mu_1 \leqslant k\mu_2, \quad H_1: \mu_1 > k\mu_2$$

的拒绝域，其中 $k>0$ 为常数.

4.14 为了检测某种电子元件的使用寿命，现从某个批次的电子元件中随机抽取了80只电子元件做生存实验，测得结果如下：

寿命 $X(h)$	$[0, 50)$	$[50, 100)$	$[100, 200)$	$[200, 300)$	$[300, +\infty)$
元件个数	21	14	19	16	10

且样本均值 $\bar{x}=156$，取显著性水平 $\alpha=0.05$，能否认为该批次的电子元件的寿命服从指数分布？给出R实现程序，并分析相应的运行结果.

4.15 某企业开发了一种新型的食品，初步设想出五种不同的包装方式，现欲了解消费者对这些不同包装方式的偏好是否有差异，经过市场实验，得到如下销售数据：

包装方式	A	B	C	D	E	合计
销售量	325	384	320	326	345	1700

试在 $\alpha=0.05$ 下，检验五种包装的产品在销量上是否存在显著差异？给出R实现程序，并分析相应的运行结果.

4.16 为检验两种小麦种子的产量，将现有麦地分为10块，再将每一块分为两部分，一半播种种子A，一半播种种子B，所得产量数据如下：

地号	1	2	3	4	5	6	7	8	9	10
种子A	559	467	403	492	410	442	521	546	530	512
种子B	514	406	421	543	381	401	453	491	505	490

问种子A是否比种子B高产？给出R实现程序，并分析相应的运行结果.

4.17 现有82只小鼠后代，其中灰色36只、黑色25只、白色21只，按照孟德尔遗传规律，它们之间的比例应该为 $2:1:1$，给定显著性水平 $\alpha=0.05$，试问这些数据与孟德尔遗传定律是否一致？

4.18 在水平为 $\alpha=0.05$ 的条件下，利用Kolmogorov-Smirmov检验法判断样本

0.437, 0.863, 0.034, 0.964, 0.366, 0.469, 0.637, 0.623, 0.804, 0.261

是否来自均匀分布 $U(0,1)$？并给出R实现程序.

4.19 试证Wilcoxon统计量 W 可以写成 $W=\sum_{i=1}^{m}\sum_{j=1}^{n} I\{X_i<Y_j\}+\frac{n(n+1)}{2}$ 的形式.

第5章　区 间 估 计

在第 3 章中，我们讨论了点估计的一些基本方法和评价准则．设 $\hat{\theta}=\hat{\theta}(\boldsymbol{X})$ 为参数 θ 的某个点估计量，通常可以利用估计的均方误差 $E_\theta[(\hat{\theta}-\theta)^2]$ 表示估计的精度，本章我们将给出未知参数 θ 的另外一种估计形式，即给出一个随机区间 $[\hat{\theta}_L(\boldsymbol{X}),\hat{\theta}_U(\boldsymbol{X})]$，使得该区间包含 θ 的可能性尽量大，并用随机区间的平均长度表示估计的精度，这种估计方法称为**区间估计**．

如前所述，区间估计是通过两个统计量 $\hat{\theta}_L=\hat{\theta}_L(\boldsymbol{X})$ 和 $\hat{\theta}_U=\hat{\theta}_U(\boldsymbol{X})$（也有适当的优良性准则）给出未知参数 θ 的估计，并使覆盖概率 $P_\theta\{\hat{\theta}_L\leqslant\theta\leqslant\hat{\theta}_U\}$ 达到一定的水平，如 $\geqslant 95\%$、$\geqslant 90\%$ 等．

区间估计与假设检验紧密相连，利用假设检验可以得到对应的区间估计；反之，利用区间估计也可以得到相应的假设检验．这一内容我们将在 5.2.2 节做进一步的探讨．下面首先讨论区间估计的基本概念．

5.1　区间估计的基本概念

定义 5.1.1　对于参数分布族 $\mathcal{P}=\{P_\theta:\theta\in\Theta\subseteq R\}$，若存在统计量 $\hat{\theta}_L=\hat{\theta}_L(\boldsymbol{X})$ 和 $\hat{\theta}_U=\hat{\theta}_U(\boldsymbol{X})$ 满足条件

$$P_\theta\{\hat{\theta}_L\leqslant\theta\leqslant\hat{\theta}_U\}\geqslant 1-\alpha,\forall\theta\in\Theta, \tag{5.1.1}$$

则称 $[\hat{\theta}_L,\hat{\theta}_U]$ 为 θ 的**置信水平**为 $1-\alpha$ 的**置信区间**，$\hat{\theta}_L$ 和 $\hat{\theta}_U$ 分别称为**置信下限**和**置信上限**．

需要注意的是，在定义 5.1.1 中，置信区间的含义是随机区间 $[\hat{\theta}_L,\hat{\theta}_U]$ 以概率 $1-\alpha$ 包含未知参数 θ．这里的随机性指的是区间 $[\hat{\theta}_L,\hat{\theta}_U]$ 带有随机性，为方便起见，有时也表述为未知参数 θ 以 $1-\alpha$ 的概率落入随机区间 $[\hat{\theta}_L,\hat{\theta}_U]$．值得一提的是，每次抽取样本计算得到的置信区间是一个具体的区间，如 $[21,25]$，这并不是说 $P_\theta\{21\leqslant\theta\leqslant 25\}\geqslant 1-\alpha$，因为参数 θ 不带有随机性．置信区间 $[\hat{\theta}_L,\hat{\theta}_U]$ 的统计含义是：在相同条件下反复抽样 M 次（每次抽样的样本容量均为 n），由于每次得到的样本值不同，故每次得到的区间也可能不同，这样就得到了 M 个区间．对每个区间而言，要么包含 θ 的真值，要么不包含 θ 的真值，据 Bernoulli 大数定律，在这 M 个区间中，包含 θ 真值的约占 $100(1-\alpha)\%$，不包含 θ 真值的约占 $100\alpha\%$．

对于参数函数 $g(\theta)$，也可以类似地定义置信区间．

定义 5.1.2　对于参数函数 $g(\theta)$，若存在统计量 $\hat{g}_L=\hat{g}_L(\boldsymbol{X})$ 和 $\hat{g}_U=\hat{g}_U(\boldsymbol{X})$ 满足条件

$$P_\theta\{\hat{g}_L\leqslant g(\theta)\leqslant\hat{g}_U\}\geqslant 1-\alpha,\quad\forall\theta\in\Theta, \tag{5.1.2}$$

则称 $[\hat{g}_L,\hat{g}_U]$ 为 $g(\theta)$ 的置信水平为 $1-\alpha$ 的置信区间．

由定义 5.1.2 可以看到，置信水平 $1-\alpha$ 反映了置信区间的可靠程度．对于 $\alpha<\alpha'<1$，若 $1-\alpha$ 为置信水平，则 $1-\alpha'$ 也为置信水平，为了更好地反映置信区间的可靠程度，引进了如下置信系数的概念．

定义 5.1.3　设 $[\hat{\theta}_L(\boldsymbol{X}),\hat{\theta}_U(\boldsymbol{X})]$ 为 θ 的区间估计，称

$$\inf_{\theta\in\Theta} P_\theta\{\hat{\theta}_L(\boldsymbol{X}) \leqslant \theta \leqslant \hat{\theta}_U(\boldsymbol{X})\}, \tag{5.1.3}$$

为该区间估计的**置信系数**.

显然，一个区间估计的置信系数越大，说明该估计的可靠程度越高. 另外，在构造置信区间时，我们还希望区间估计的精度越高越好. 关于区间估计的精度，一个常用的标准是区间估计的平均长度 $E_\theta[\hat{\theta}_U(\boldsymbol{X})-\hat{\theta}_L(\boldsymbol{X})]$ 越小越好. 然而，当样本容量 n 给定的条件下，区间估计的可靠度与精度相互制约，是一对矛盾，这与假设检验中两类错误之间的关系是类似的. Neyman 提出了一种折中方案，建议在使得置信系数达到一定要求的前提下，寻找精确度尽可能高的置信区间.

例 5.1.1　设 $\boldsymbol{X}=(X_1,X_2,\cdots,X_n)^{\mathrm{T}}$ 为来自正态总体 $X\sim N(\mu,\sigma^2)$ 的一个样本，其中 $\mu\in R$ 和 $\sigma^2\in R^+$ 均为未知参数，试给出 μ 的区间估计，并讨论其可靠度和精度.

解　由题意，有

$$T=\frac{\sqrt{n}(\overline{X}-\mu)}{S}\sim t(n-1),$$

其中 $\overline{X}$ 和 $S=\sqrt{\dfrac{1}{n-1}\sum_{i=1}^{n}(X_i-\overline{X})^2}$ 分别是样本均值和样本标准差. 由于

$$P_\mu\left\{\left|\frac{\sqrt{n}(\overline{X}-\mu)}{S}\right| \leqslant t_{\alpha/2}(n-1)\right\}=1-\alpha,$$

因此

$$P_\mu\left\{\overline{X}-\frac{S}{\sqrt{n}}t_{\alpha/2}(n-1)\leqslant\mu\leqslant\overline{X}+\frac{S}{\sqrt{n}}t_{\alpha/2}(n-1)\right\}=1-\alpha,$$

故 μ 的置信水平为 $1-\alpha$ 的置信区间为

$$\left[\overline{X}-\frac{S}{\sqrt{n}}t_{\alpha/2}(n-1), \overline{X}+\frac{S}{\sqrt{n}}t_{\alpha/2}(n-1)\right].$$

此时，置信区间的置信系数为 $1-\alpha$，置信系数反映了置信区间的可靠程度.

下面我们考虑该区间估计的精度. 因为

$$\xi_n=\frac{(n-1)S^2}{\sigma^2}\sim\chi^2(n-1),$$

所以区间的平均长度为

$$2E\left[\frac{S}{\sqrt{n}}t_{\alpha/2}(n-1)\right]=\frac{2t_{\alpha/2}(n-1)}{\sqrt{n}}\cdot E(S),$$

而 $S=\dfrac{\sigma}{\sqrt{n-1}}\cdot\xi_n^{1/2}$，所以

$$E(S)=\frac{\sigma}{\sqrt{n-1}}\cdot\int_0^{+\infty}y^{1/2}\cdot\frac{1}{2^{(n-1)/2}\cdot\Gamma\left(\dfrac{n-1}{2}\right)}\cdot y^{\frac{n-1}{2}-1}\mathrm{e}^{-\frac{y}{2}}\mathrm{d}y=\frac{\sigma}{\sqrt{n-1}}\cdot\frac{2^{n/2}\cdot\Gamma\left(\dfrac{n}{2}\right)}{2^{(n-1)/2}\cdot\Gamma\left(\dfrac{n-1}{2}\right)},$$

因此，区间的平均长度为 $\frac{2\sqrt{2}\sigma}{\sqrt{n(n-1)}}\cdot\frac{\Gamma\left(\frac{n}{2}\right)}{\Gamma\left(\frac{n-1}{2}\right)}\cdot t_{\alpha/2}(n-1)$，区间的平均长度的大小反映了置信区间的精确程度.

从例 5.1.1 可以看到，在样本容量一定的条件下，当 α 增大，平均区间长度减小，精确度越高，而置信系数 $1-\alpha$ 减小，可靠度降低；当 α 减小，置信系数 $1-\alpha$ 增大，可靠度提高，而平均区间长度增大，精确度降低.

在构造置信水平为 $1-\alpha$ 的置信区间时，为了使得置信水平被“足量”使用，常常希望置信系数能达到 $1-\alpha$，这时构造的置信区间称为同等置信区间，当然在不至于引起混淆的情况下，我们也简称同等置信区间为置信区间．例如，在例 5.1.1 中构造的置信区间就是同等置信区间.

定义 5.1.4　若 $[\hat{\theta}_L(\boldsymbol{X}),\hat{\theta}_U(\boldsymbol{X})]$ 为 θ 的置信水平为 $1-\alpha$ 的置信区间，且满足

$$P_\theta\{\hat{\theta}_L(\boldsymbol{X})\leqslant\theta\leqslant\hat{\theta}_U(\boldsymbol{X})\}=1-\alpha，\ \forall\theta\in\Theta， \tag{5.1.4}$$

则称 $[\hat{\theta}_L(\boldsymbol{X}),\hat{\theta}_U(\boldsymbol{X})]$ 为 θ 的置信水平为 $1-\alpha$ 的**同等置信区间**.

在某些实际问题中，人们感兴趣的可能仅仅是未知参数 θ 的置信下限或置信上限．例如，我们希望电子产品的平均寿命越大越好，不合格率越小越好．又如，某种新开发的药物的疗效越大越好，而药物的副作用越小越好．此时，我们关心的是在一定置信水平下的单侧置信下限或单侧置信上限.

定义 5.1.5　若对 $\forall\theta\in\Theta$，统计量 $\hat{\theta}_L(\boldsymbol{X})$ 和 $\hat{\theta}_U(\boldsymbol{X})$ 满足条件

$$P_\theta\{\theta\leqslant\hat{\theta}_U(\boldsymbol{X})\}\geqslant1-\alpha，\ P_\theta\{\theta\geqslant\hat{\theta}_L(\boldsymbol{X})\}\geqslant1-\alpha， \tag{5.1.5}$$

则称 $\hat{\theta}_U(\boldsymbol{X})$ 和 $\hat{\theta}_L(\boldsymbol{X})$ 分别为 θ 的水平为 $1-\alpha$ 的**单侧置信上限**和**单侧置信下限**．单侧置信上限和单侧置信下限也统称为**单侧置信限**.

类似地，也可以定义同等单侧置信区间.

定义 5.1.6　假设统计量 $\hat{\theta}_L(\boldsymbol{X})$ 和 $\hat{\theta}_U(\boldsymbol{X})$ 满足条件

$$P_\theta\{\theta\leqslant\hat{\theta}_U(\boldsymbol{X})\}=1-\alpha，\ P_\theta\{\theta\geqslant\hat{\theta}_L(\boldsymbol{X})\}=1-\alpha，\ \forall\theta\in\Theta， \tag{5.1.6}$$

则称 $\hat{\theta}_U(\boldsymbol{X})$ 和 $\hat{\theta}_L(\boldsymbol{X})$ 分别为 θ 的置信水平为 $1-\alpha$ 的同等单侧置信上限（下限）.

命题 5.1.1　设 $\hat{\theta}_U(\boldsymbol{X})$ 和 $\hat{\theta}_L(\boldsymbol{X})$ 分别为参数 θ 的置信水平为 $1-\alpha_1$、$1-\alpha_2$ 的（同等）单侧置信上限和下限，且

$$P_\theta\{\hat{\theta}_U(\boldsymbol{X})\geqslant\hat{\theta}_L(\boldsymbol{X})\}=1,\forall\theta\in\Theta，$$

则 $[\hat{\theta}_L(\boldsymbol{X}),\hat{\theta}_U(\boldsymbol{X})]$ 为 θ 的水平 $1-\alpha_1-\alpha_2$ 的（同等）置信区间.

证　因为

$$\begin{aligned}&\{X:\hat{\theta}_L(X)\leqslant\hat{\theta}_U(X)\}\\=&\{X:\theta<\hat{\theta}_L(X)\leqslant\hat{\theta}_U(X)\}+\{X:\hat{\theta}_L(X)\leqslant\theta\leqslant\hat{\theta}_U(X)\}+\{X:\hat{\theta}_L(X)\leqslant\hat{\theta}_U(X)<\theta\},\end{aligned}$$

所以

$$
\begin{aligned}
&P_\theta\{\hat{\theta}_L(X)\leqslant\theta\leqslant\hat{\theta}_U(X)\}\\
&=P_\theta\{\hat{\theta}_L(X)\leqslant\hat{\theta}_U(X)\}-P_\theta\{\theta<\hat{\theta}_L(X)\leqslant\hat{\theta}_U(X)\}-P_\theta\{\hat{\theta}_L(X)\leqslant\hat{\theta}_U(X)<\theta\}\\
&=1-P_\theta\{\theta<\hat{\theta}_L(X))\}-P_\theta\{\hat{\theta}_U(X)<\theta\}\\
&\geqslant(=)1-\alpha_1-\alpha_2,
\end{aligned}
$$

即$[\hat{\theta}_L(\boldsymbol{X}),\hat{\theta}_U(\boldsymbol{X})]$为$\theta$的水平$1-\alpha_1-\alpha_2$的（同等）置信区间.

置信区间的概念可以推广到更一般的情况.

定义 5.1.7 对于一般的参数空间，若仅依赖于样本$\boldsymbol{X}$的区域$S_\alpha(\boldsymbol{X})\subset\Theta\subseteq R^k$，且满足

$$P_{\boldsymbol{\theta}}\{\boldsymbol{\theta}\in S_\alpha(\boldsymbol{X})\}\geqslant1-\alpha，\ \forall\boldsymbol{\theta}\in\Theta， \tag{5.1.7}$$

则称$S_\alpha(\boldsymbol{X})$为参数$\boldsymbol{\theta}$的水平为$1-\alpha$的**置信域**.

5.2 置信区间（置信域）的构造

求解参数置信区间（置信域）的方法有很多，我们在这里介绍三种常见的方法，即枢轴量法、假设检验法及近似分布法.

5.2.1 枢轴量法

设$\boldsymbol{X}=(X_1,X_2,\cdots,X_n)^{\mathrm{T}}$为来自参数分布族$\{P_\theta:\boldsymbol{\theta}\in\Theta\subseteq R^k\}$的一个样本，利用枢轴量可以给出未知参数$\boldsymbol{\theta}$的置信域的一般构造方法. 首先，构造一个依赖于样本$\boldsymbol{X}$和参数$\boldsymbol{\theta}$的函数$G=G(\boldsymbol{X},\boldsymbol{\theta})$，使得其分布与$\boldsymbol{\theta}$无关，具有这种性质的函数$G$称为**枢轴量**，一般地，可以基于$\boldsymbol{\theta}$的点估计或充分统计量构造枢轴量. 对于给定的$\alpha(0<\alpha<1)$，选取常数$c$和$d(c<d)$，使得

$$P_{\boldsymbol{\theta}}\{c\leqslant G(\boldsymbol{X},\boldsymbol{\theta})\leqslant d\}\geqslant1-\alpha，\ \forall\boldsymbol{\theta}\in\Theta. \tag{5.2.1}$$

若$c\leqslant G(\boldsymbol{X},\boldsymbol{\theta})\leqslant d$可等价地转化为$\hat{\boldsymbol{\theta}}_L(\boldsymbol{X})\leqslant\boldsymbol{\theta}\leqslant\hat{\boldsymbol{\theta}}_U(\boldsymbol{X})$，则有

$$P_{\boldsymbol{\theta}}\{\hat{\boldsymbol{\theta}}_L(\boldsymbol{X})\leqslant\boldsymbol{\theta}\leqslant\hat{\boldsymbol{\theta}}_U(\boldsymbol{X})\}\geqslant1-\alpha，\ \forall\boldsymbol{\theta}\in\Theta，$$

故$[\hat{\boldsymbol{\theta}}_L(\boldsymbol{X}),\ \hat{\boldsymbol{\theta}}_U(\boldsymbol{X})]$为参数$\boldsymbol{\theta}$的置信水平为$1-\alpha$的置信域.

例 5.2.1 设$\boldsymbol{X}=(X_1,X_2,\cdots,X_n)^{\mathrm{T}}$为来自均匀$\mathrm{U}(0,\theta)$的样本，$\theta>0$，试构造$\theta$的置信水平为$1-\alpha$的（同等）置信区间.

解 由于$\hat{\theta}=X_{(n)}$是θ的极大似然估计，也是θ的充分统计量，因此可以基于$X_{(n)}$构造θ的区间估计. 又因为$\dfrac{X_{(n)}}{\theta}$的密度函数为

$$f(y)=\begin{cases}n\cdot y^{n-1} & 0<y<1\\ 0 & \text{其他}\end{cases}，$$

与未知参数θ无关，故可取$G(\boldsymbol{X},\theta)=\dfrac{X_{(n)}}{\theta}$为枢轴量. 对于给定的$\alpha(0<\alpha<1)$，选取常数$c$和$d\ (c<d)$，使得

$$P_\theta\left\{c \leqslant \frac{X_{(n)}}{\theta} \leqslant d\right\} = \int_c^d n \cdot y^{n-1}\mathrm{d}y = d^n - c^n = 1-\alpha .$$

根据 Neyman 的建议，应该选取适当的c和d，使得在$d^n - c^n = 1-\alpha$的条件下，表达式$\frac{1}{c}-\frac{1}{d}$达到最小．可以证明当$c=\sqrt[n]{\alpha}$，$d=1$时，置信区间的平均长度达到最小，因此θ的置信水平为$1-\alpha$的置信区间为$\left[X_{(n)}, \frac{X_{(n)}}{\sqrt[n]{\alpha}}\right]$．

在枢轴量法构造置信域的过程中，枢轴量的选取起了关键性的作用，下面我们来介绍构造枢轴量的一般做法．

命题 5.2.1　设$F(x)=P\{X \leqslant x\}$，若$0 \leqslant y \leqslant 1$，则有

$$P\{F(X) \leqslant y\} \leqslant y \leqslant P\{F(X-0) < y\}. \tag{5.2.2}$$

这里符号$F(x-0)$表示函数$F(x)$在x处的左极限，命题 5.2.1 的证明参见茆诗松等编写的《高等数理统计（第 2 版）》（2006），这里略．显然，当$F(X)$连续时，有

$$P\{F(X) \leqslant y\} = y , \tag{5.2.3}$$

从而$F(X)$服从均匀分布$U(0,1)$．

下面以一维参数为例，讨论枢轴量的构造问题．设$\theta \in \Theta \subset R$，$T(\boldsymbol{X})$为未知参数$\theta$的估计量，$T(\boldsymbol{X})$的分布函数为

$$G(t;\theta) = P_\theta\{T(\boldsymbol{X}) \leqslant t\} .$$

显然，当$T(\boldsymbol{X})$是连续型随机变量时，由式（5.2.3）可知，$G(T(\boldsymbol{X});\theta)$服从均匀分布$U(0,1)$，因此可以取$G(T(\boldsymbol{X});\theta)$为枢轴量．

例 5.2.2　设$\boldsymbol{X}=(X_1,X_2,\cdots,X_n)^{\mathrm{T}}$为来自总体密度函数为$f(x;\theta)=\mathrm{e}^{-(x-\theta)}$，$x \geqslant \theta$的样本，试构造$\theta$的置信水平为$1-\alpha$的单侧置信限．

解　经简单计算，最小次序统计量$T=X_{(1)}$是参数θ的极大似然估计，也是θ的充分统计量，其密度函数为

$$g(t;\theta) = n\mathrm{e}^{-n(t-\theta)}，\quad t \geqslant \theta .$$

其分布函数为

$$G(t;\theta) = 1-\mathrm{e}^{-n(t-\theta)}，\quad t \geqslant \theta .$$

可取$G(X_{(1)};\theta)=1-\mathrm{e}^{-n(X_{(1)}-\theta)}$作为枢轴量．由于$G(X_{(1)};\theta) \sim U(0,1)$，故

$$P_\theta\left\{1-\mathrm{e}^{-n(X_{(1)}-\theta)} \leqslant 1-\alpha\right\} = 1-\alpha ,$$

解得

$$P_\theta\left\{\theta \geqslant X_{(1)} + \frac{1}{n}\ln\alpha\right\} = 1-\alpha ,$$

所以θ的置信水平为$1-\alpha$的单侧置信下限为$\hat{\theta}_L(\boldsymbol{X}) = X_{(1)} + \frac{1}{n}\ln\alpha$．

由

$$P_\theta\left\{\alpha \leqslant 1-\mathrm{e}^{-n(X_{(1)}-\theta)}\right\}=1-\alpha,$$

解得

$$P_\theta\left\{\theta \leqslant X_{(1)}+\frac{1}{n}\ln(1-\alpha)\right\}=1-\alpha,$$

所以θ的置信水平为$1-\alpha$的单侧置信上限为$\hat{\theta}_U(\boldsymbol{X})=X_{(1)}+\dfrac{1}{n}\ln(1-\alpha)$.

当$T(\boldsymbol{X})$是离散型随机变量时，$G(T(\boldsymbol{X});\theta)$不再服从均匀分布$U(0,1)$，根据命题 5.2.1，对于任意的$0\leqslant y\leqslant 1$，有

$$P_\theta\{G(T(\boldsymbol{X});\theta)\leqslant y\}\leqslant y\leqslant P_\theta\{G(T(\boldsymbol{X})-0;\theta)<y\}. \tag{5.2.4}$$

利用式（5.2.4），可以证明如下结论.

定理 5.2.1　若$G(t;\theta)$是θ的严格减函数，则对于给定的α $(0<\alpha<1)$，

$$\hat{\theta}_L=\sup_{\theta\in\Theta}\{\theta:G(T-0;\theta)\geqslant 1-\alpha\}，\ \hat{\theta}_U=\inf_{\theta\in\Theta}\{\theta:G(T;\theta)\leqslant\alpha\} \tag{5.2.5}$$

分别为θ的置信水平为$1-\alpha$的单侧置信下限和单侧置信上限.

推论 5.2.1　若$G(t;\theta)$是θ的严格增函数，则对于给定的α $(0<\alpha<1)$，

$$\hat{\theta}_L=\sup_{\theta\in\Theta}\{\theta:G(T;\theta)\leqslant\alpha\}，\ \hat{\theta}_U=\inf_{\theta\in\Theta}\{\theta:G(T-0;\theta)\geqslant 1-\alpha\} \tag{5.2.6}$$

分别为θ的置信水平为$1-\alpha$的单侧置信下限和单侧置信上限.

推论 5.2.2　若$G(t;\theta)$是θ的严格减函数，则对于给定的α $(0<\alpha<1)$，θ的置信水平为$1-\alpha$的置信区间为$[\hat{\theta}_L,\hat{\theta}_U]$，其中

$$\hat{\theta}_L=\sup_{\theta\in\Theta}\{\theta:G(T-0;\theta)\geqslant 1-\alpha_1\}，\ \hat{\theta}_U=\inf_{\theta\in\Theta}\{\theta:G(T;\theta)\leqslant\alpha_2\}, \tag{5.2.7}$$

这里$\alpha_1+\alpha_2=\alpha$.

推论 5.2.3　若$G(t;\theta)$是θ的严格增函数，则对于$0<\alpha<1$，θ的置信水平为$1-\alpha$的置信区间为$[\hat{\theta}_L,\hat{\theta}_U]$，其中

$$\hat{\theta}_L=\sup_{\theta\in\Theta}\{\theta:G(T;\theta)\leqslant\alpha_1\}，\ \hat{\theta}_U=\inf_{\theta\in\Theta}\{\theta:G(T-0;\theta)\geqslant 1-\alpha_2\}, \tag{5.2.8}$$

这里$\alpha_1+\alpha_2=\alpha$.

例 5.2.3　设样本$\boldsymbol{X}=(X_1,X_2,\cdots,X_n)^{\mathrm{T}}$来自参数为$\lambda$的泊松分布$P(\lambda)$，试构造$\lambda$的置信水平为$1-\alpha$的置信区间.

解　由因子分解定理可知，$T(\boldsymbol{X})=\sum\limits_{i=1}^{m}X_i$是参数$\lambda$的充分统计量，且服从参数为$n\lambda$的泊松分布$P(n\lambda)$，其分布函数为

$$G(y;\lambda)=\sum_{k=0}^{[y]}\frac{(n\lambda)^k}{k!}\mathrm{e}^{-n\lambda}=\frac{n^{[y]+1}}{\Gamma([y]+1)}\int_\lambda^{+\infty}t^{[y]}\mathrm{e}^{-nt}\mathrm{d}t,$$

故

$$1-G(y;\lambda)=\frac{n^{[y]+1}}{\Gamma([y]+1)}\int_0^{\lambda}t^{[y]}\mathrm{e}^{-nt}\mathrm{d}t,$$

即$1-G(y;\lambda)$关于λ是$\Gamma([y]+1,n)$分布的分布函数，且$G(y;\lambda)$是关于λ的连续、严格减函数. 又因为$T=T(\boldsymbol{X})$只能取整数，因此

$$G(T-;\lambda)=G(T-1;\lambda).$$

根据定理 5.2.2，$\hat{\theta}_L$和$\hat{\theta}_U$分别由下列方程解出：

$$G(T-1;\lambda)=1-\frac{\alpha}{2},\qquad 1-G(T;\lambda)=\frac{\alpha}{2}.$$

因此λ的置信水平为$1-\alpha$的置信区间为$[\hat{\theta}_L,\hat{\theta}_U]$，其中

$$\hat{\theta}_L=\Gamma_{\alpha/2}(T,n)=\frac{1}{2n}\chi^2_{\alpha/2}(2T),\quad \hat{\theta}_U=\Gamma_{1-\alpha/2}(T+1,n)=\frac{1}{2n}\chi^2_{\alpha/2}(2T+2).$$

5.2.2 假设检验法

假设检验和区间估计之间存在一定的内在联系，由假设检验可以构造置信区间，反之由置信区间可以构造相应的假设检验. 单侧置信区间与单边假设检验之间也存在类似的对应关系.

设样本$\boldsymbol{X}$来自参数分布族$\mathcal{P}=\{P_{\boldsymbol{\theta}}:\boldsymbol{\theta}\in\Theta\subseteq R^k\}$，对于$\forall\boldsymbol{\theta}_0\in\Theta$，考虑假设检验问题

$$H_0:\boldsymbol{\theta}=\boldsymbol{\theta}_0,\quad H_1:\boldsymbol{\theta}\neq\boldsymbol{\theta}_0,\tag{5.2.9}$$

记$W^c(\boldsymbol{\theta}_0)$为该双边检验的显著性水平为$\alpha$的接受域，则有

$$P_{\boldsymbol{\theta}_0}\{\boldsymbol{X}\in W^c(\boldsymbol{\theta}_0)\}\geqslant 1-\alpha.\tag{5.2.10}$$

令$\boldsymbol{\theta}_0$取Θ中不同的值，我们可以得到一族接受域$\{W^c(\boldsymbol{\theta}),\boldsymbol{\theta}\in\Theta\}$，记

$$S(\boldsymbol{X})=\{\boldsymbol{\theta}:\boldsymbol{X}\in W^c(\boldsymbol{\theta})\},\tag{5.2.11}$$

则

$$\{\boldsymbol{\theta}\in S(\boldsymbol{X})\}\Leftrightarrow\{\boldsymbol{X}\in W^c(\boldsymbol{\theta})\},$$

所以有

$$P_{\boldsymbol{\theta}}\{\boldsymbol{\theta}\in S(\boldsymbol{X})\}=P_{\boldsymbol{\theta}}\{\boldsymbol{X}\in W^c(\boldsymbol{\theta})\}\geqslant 1-\alpha,$$

由置信区间的定义可知，$S(\boldsymbol{X})$就是参数$\boldsymbol{\theta}$的置信水平为$1-\alpha$的置信域.

反之，由$\boldsymbol{\theta}$的置信水平为$1-\alpha$的置信域$S(\boldsymbol{X})$可以确定一个检验. 记

$$W(\boldsymbol{\theta})=\{\boldsymbol{X}:\boldsymbol{\theta}\notin S(\boldsymbol{X})\},\quad W^c(\boldsymbol{\theta})=\{\boldsymbol{X}:\boldsymbol{\theta}\in S(\boldsymbol{X})\},$$

则有

$$P_{\boldsymbol{\theta}}\{\boldsymbol{\theta}\in S(\boldsymbol{X})\}=P_{\boldsymbol{\theta}}\{\boldsymbol{X}\in W^c(\boldsymbol{\theta})\}\geqslant 1-\alpha,\quad \forall\boldsymbol{\theta}\in\Theta,$$

从而

$$P_{\boldsymbol{\theta}}\{\boldsymbol{X}\in W(\boldsymbol{\theta})\}\leqslant\alpha,\quad \forall\boldsymbol{\theta}\in\Theta,$$

故对于双边检验问题式（5.2.9）有$P_{\boldsymbol{\theta}_0}\{\boldsymbol{X}\in W(\boldsymbol{\theta}_0)\}\leqslant\alpha$，从而检验的拒绝域为$W(\boldsymbol{\theta}_0)$.

注 若问题是求参数θ的单侧置信下限，则对应的检验问题为

$$H_0:\theta\leqslant\theta_0,\quad H_1:\theta>\theta_0;\tag{5.2.12}$$

若问题是求参数θ的单侧置信上限，则对应的检验问题为

$$H_0:\theta \geqslant \theta_0,\quad H_1:\theta < \theta_0 . \tag{5.2.13}$$

例 5.2.4 设 $\boldsymbol{X}=(X_1,X_2,\cdots,X_n)^{\mathrm{T}}$ 是来自总体 $X\sim N(\mu,\sigma^2)$ 的样本，其中 μ,σ^2 未知，试利用假设检验法分别讨论参数 σ^2 的置信水平为 $1-\alpha$ 的置信区间和单侧置信区间.

解 讨论双边检验问题

$$H_0:\sigma^2=\sigma_0^2,\quad H_1:\sigma^2\neq\sigma_0^2 .$$

由例 4.4.5 可知，该检验的拒绝域为

$$W(\sigma_0^2)=\left\{\boldsymbol{X}:\frac{(n-1)S^2}{\sigma_0^2}\leqslant \chi^2_{1-\alpha/2}(n-1)\ \text{或}\ \frac{(n-1)S^2}{\sigma_0^2}\geqslant \chi^2_{\alpha/2}(n-1)\right\},$$

从而检验的接受域为

$$W^c(\sigma_0^2)=\left\{\boldsymbol{X}:\frac{(n-1)S^2}{\chi^2_{\alpha/2}(n-1)}<\sigma_0^2<\frac{(n-1)S^2}{\chi^2_{1-\alpha/2}(n-1)}\right\},$$

故 σ^2 的置信水平为 $1-\alpha$ 的置信区间为 $\left[\dfrac{(n-1)S^2}{\chi^2_{\alpha/2}(n-1)},\dfrac{(n-1)S^2}{\chi^2_{1-\alpha/2}(n-1)}\right]$.

对于单边检验问题

$$H_0:\ \sigma^2\leqslant\sigma_0^2,\quad H_1:\sigma^2>\sigma_0^2 ,$$

由例 4.4.5 可知，检验的拒绝域为

$$W(\sigma_0^2)=\left\{\boldsymbol{X}:\frac{(n-1)S^2}{\sigma_0^2}\geqslant \chi^2_{\alpha}(n-1)\right\},$$

从而检验的接受域为

$$W^c(\sigma_0^2)=\left\{\boldsymbol{X}:\frac{(n-1)S^2}{\sigma_0^2}<\chi^2_{\alpha}(n-1)\right\}=\left\{\boldsymbol{X}:\sigma_0^2>\frac{(n-1)S^2}{\chi^2_{\alpha}(n-1)}\right\},$$

故 σ^2 的置信水平为 $1-\alpha$ 的单侧置信区间为 $\left[\dfrac{(n-1)S^2}{\chi^2_{\alpha}(n-1)},+\infty\right)$.

对于单边检验问题

$$H_0:\sigma^2\geqslant\sigma_0^2,\quad H_1:\sigma^2<\sigma_0^2 ,$$

由例 4.4.5 可知，检验的拒绝域为

$$W(\sigma_0^2)=\left\{\boldsymbol{X}:\frac{(n-1)S^2}{\sigma_0^2}\leqslant \chi^2_{1-\alpha}(n-1)\right\},$$

从而检验的接受域为

$$W^c(\sigma_0^2)=\left\{\boldsymbol{X}:\frac{(n-1)S^2}{\sigma_0^2}>\chi^2_{1-\alpha}(n-1)\right\}=\left\{\boldsymbol{X}:\sigma_0^2<\frac{(n-1)S^2}{\chi^2_{1-\alpha}(n-1)}\right\},$$

故 σ^2 的置信水平为 $1-\alpha$ 的单侧置信区间为 $\left(-\infty,\dfrac{(n-1)S^2}{\chi^2_{1-\alpha}(n-1)}\right]$.

5.2.3 近似分布法

有时统计量的精确分布很难得到，在样本容量充分大时，我们可以利用统计量的渐近分布来构造近似的置信区间．下面通过一个例子来具体说明．

例 5.2.5 设 $\boldsymbol{X}=(X_1,X_2,\cdots,X_n)^{\mathrm{T}}$ 是来自两点分布 $X\sim b(1,p)$ 的样本，这里样本容量 n 充分大，不妨假设 $n\geqslant 50$，$p\in(0,1)$ 为未知参数，试求 p 的置信水平为 $1-\alpha$ 的置信区间．

解 总体 X 的分布率为

$$f(x;p)=p^x(1-p)^{1-x},x=0,\ ,$$

X 的均值和方差分别为

$$\mu=p,\sigma^2=p(1-p),$$

由独立同分布条件下的中心极限定理可知，当 $n\to\infty$ 时，有

$$\frac{\sum_{i=1}^{n}X_i-np}{\sqrt{np(1-p)}}=\sqrt{n}\cdot\frac{\bar{X}-p}{\sqrt{p(1-p)}}\xrightarrow{L}N(0,1).$$

由大数定律可知，当 $n\to\infty$ 时，有

$$\bar{X}\xrightarrow{p}p.$$

根据 Slutsky 定理可知

$$\sqrt{n}\cdot\frac{\bar{X}-p}{\sqrt{\bar{X}(1-\bar{X})}}\xrightarrow{L}N(0,1).$$

所以

$$P\left\{-z_{\alpha/2}<\sqrt{n}\cdot\frac{\bar{X}-p}{\sqrt{\bar{X}(1-\bar{X})}}<z_{\alpha/2}\right\}\approx 1-\alpha,$$

于是 p 的一个近似置信水平为 $1-\alpha$ 的置信区间为

$$\left[\bar{X}-\frac{z_{\alpha/2}}{\sqrt{n}}\sqrt{\bar{X}(1-\bar{X})},\bar{X}+\frac{z_{\alpha/2}}{\sqrt{n}}\sqrt{\bar{X}(1-\bar{X})}\right].$$

5.3 一致最精确置信区间（置信限）

在 5.1 节中，我们曾提到，评价区间估计的优良性有两个标准，即可靠度和精确度．可靠度可用置信系数来衡量，置信系数越大可靠度越高，置信系数越小可靠度越低．精确度可用置信区间的平均长度来衡量，平均长度越小精确度越高，平均长度越大精确度越低，然而该标准却不适用于单侧置信区间，这是因为单侧置信区间的平均长度总为 ∞．为此，引入另外一种评价精确度的标准，即利用置信区间包含参数非真值的概率来刻画置信区间的精确度．

若 $[\hat{\theta}_L(\boldsymbol{X}),\hat{\theta}_U(\boldsymbol{X})]$ 为 θ 的置信水平为 $1-\alpha$ 的置信区间，即有

$$P_\theta\{\hat{\theta}_L(\boldsymbol{X})\leqslant\theta\leqslant\hat{\theta}_U(\boldsymbol{X})\}\geqslant 1-\alpha,\quad\forall\theta\in\Theta,$$

对于非真参数 $\theta' \neq \theta$，我们希望概率 $P_\theta\{\hat{\theta}_L(\boldsymbol{X}) \leqslant \theta' \leqslant \hat{\theta}_U(\boldsymbol{X})\}$ 越小越好．显然该标准也适用于单侧置信区间．

定义 5.3.1 设 $[\hat{\theta}_L^*(\boldsymbol{X}), \hat{\theta}_U^*(\boldsymbol{X})]$ 为 θ 的置信水平为 $1-\alpha$ 的置信区间，若对于 θ 的任意一个置信水平为 $1-\alpha$ 的置信区间 $[\hat{\theta}_L(\boldsymbol{X}), \hat{\theta}_U(\boldsymbol{X})]$，对于 $\forall \theta' \neq \theta$，有

$$P_\theta\{\hat{\theta}_L^*(\boldsymbol{X}) \leqslant \theta' \leqslant \hat{\theta}_U^*(\boldsymbol{X})\} \leqslant P_\theta\{\hat{\theta}_L(\boldsymbol{X}) \leqslant \theta' \leqslant \hat{\theta}_U(\boldsymbol{X})\}, \tag{5.3.1}$$

则称 $[\hat{\theta}_L^*(\boldsymbol{X}), \hat{\theta}_U^*(\boldsymbol{X})]$ 是 θ 的置信水平为 $1-\alpha$ 的**一致最精确**（Uniformly Most Accurate，简记为 UMA）**置信区间**．

定义 5.3.2 若 $\hat{\theta}_L^*(\boldsymbol{X})$ 为 θ 的置信水平为 $1-\alpha$ 的单侧置信下限，若对于 θ 的任意一个置信水平为 $1-\alpha$ 的单侧置信下限 $\hat{\theta}_L(\boldsymbol{X})$，对于 $\forall \theta' < \theta$，有

$$P_\theta\{\hat{\theta}_L^*(\boldsymbol{X}) \leqslant \theta'\} \leqslant P_\theta\{\hat{\theta}_L(\boldsymbol{X}) \leqslant \theta'\}, \tag{5.3.2}$$

则称 $\hat{\theta}_L^*(\boldsymbol{X})$ 是 θ 的置信水平为 $1-\alpha$ 的**一致最精确单侧置信下限**．

定义 5.3.3 若 $\hat{\theta}_U^*(\boldsymbol{X})$ 为 θ 的置信水平为 $1-\alpha$ 的单侧置信上限，若对于 θ 的任意一个置信水平为 $1-\alpha$ 的单侧置信上限 $\hat{\theta}_U(\boldsymbol{X})$，对于 $\forall \theta' > \theta$，有

$$P_\theta\{\theta' \leqslant \hat{\theta}_U^*(\boldsymbol{X})\} \leqslant P_\theta\{\theta' \leqslant \hat{\theta}_U(\boldsymbol{X})\}, \tag{5.3.3}$$

则称 $\hat{\theta}_U^*(\boldsymbol{X})$ 是 θ 的置信水平为 $1-\alpha$ 的**一致最精确单侧置信上限**．

在 5.2.2 节，我们曾给出了置信区间与假设检验的关系，由假设检验问题可以得到区间估计．类似地，由一致最大功效检验（UMPT）可以得到一致最精确（UMA）置信区间（或单侧置信区间）．我们知道，双边假设检验问题式（5.2.9）一般不存在 UMPT，故这里仅仅讨论 UMA 单侧置信区间问题，关于“最优置信区间”问题可以参阅陈希儒的《高等数理统计学》(1999)．

定理 5.3.1 设单边假设检验问题

$$H_0: \theta \leqslant \theta_0,\quad H_1: \theta > \theta_0, \tag{5.3.4}$$

的水平为 α 的 UMPT 的接受域为 $W^c(\theta_0)$，且样本 $\boldsymbol{X} \in W^c(\theta_0)$ 可以等价地变换为 $\theta_0 \geqslant \hat{\theta}_L^*(\boldsymbol{X})$，则 $\hat{\theta}_L^*(\boldsymbol{X})$ 就是 θ 的置信水平为 $1-\alpha$ 的 UMA 单侧置信下限．

证 设式（5.2.12）的 UMPT 的拒绝域为 $W(\theta_0)$，由于

$$P_{\theta_0}\{\theta_0 \geqslant \hat{\theta}_L^*(\boldsymbol{X})\} = P_{\theta_0}\{\boldsymbol{X} \in W^c(\theta_0)\} = 1 - P_{\theta_0}\{\boldsymbol{X} \in W(\theta_0)\} \geqslant 1-\alpha,$$

由 θ_0 的任意性可知，$\hat{\theta}_L^*(\boldsymbol{X})$ 是 θ 的置信水平为 $1-\alpha$ 的单侧置信下限．

对于任意一个 θ 的置信水平为 $1-\alpha$ 的单侧置信下限 $\hat{\theta}_L(\boldsymbol{X})$，构造检验函数 $\phi(\boldsymbol{x})$，使得其拒绝域为

$$W_\phi(\theta_0) = \{\boldsymbol{X}: \theta_0 < \hat{\theta}_L(\boldsymbol{X})\},$$

则当原假设 $H_0: \theta \leqslant \theta_0$ 成立的条件下，有

$$\begin{aligned} P_\theta\{\boldsymbol{X} \in W_\phi(\theta_0)\} &= P_\theta\{\theta_0 < \hat{\theta}_L(\boldsymbol{X})\} \leqslant P_\theta\{\theta < \hat{\theta}_L(\boldsymbol{X})\} = 1 - P_\theta\{\theta \geqslant \hat{\theta}_L(\boldsymbol{X})\} \\ &= 1-(1-\alpha) = \alpha, \end{aligned}$$

因此检验 $\phi(\boldsymbol{x})$ 是单边假设检验问题式（5.2.12）的水平为 α 的检验．又因为 $W(\theta_0)$ 为式（5.2.12）

的水平为 α 的 UMPT 的拒绝域，故当 $\theta>\theta_0$ 时，有

$$P_\theta\{\boldsymbol{X}\in W(\theta_0)\}\geqslant P_\theta\{\boldsymbol{X}\in W_\phi(\theta_0)\},$$

从而

$$P_\theta\{\theta_0\geqslant\hat{\theta}_L^*(\boldsymbol{X})\}=P_\theta\{\boldsymbol{X}\in W^c(\theta_0)\}\leqslant P_\theta\{\boldsymbol{X}\in W_\phi^c(\theta_0)\}=P_\theta\{\theta_0\geqslant\hat{\theta}_L(\boldsymbol{X})\},$$

将上式中的 θ_0 换成 θ'，即有

$$P_\theta\{\theta'\geqslant\hat{\theta}_L^*(\boldsymbol{X})\}\leqslant P_\theta\{\theta'\geqslant\hat{\theta}_L(\boldsymbol{X})\},\quad\forall\theta'<\theta,$$

由定义可知，$\hat{\theta}_L^*(\boldsymbol{X})$ 就是 θ 的置信水平为 $1-\alpha$ 的 UMA 单侧置信下限.

定理 5.3.2　设单边假设检验问题

$$H_0:\theta\geqslant\theta_0,\quad H_1:\theta<\theta_0,\tag{5.3.5}$$

的水平为 α 的 UMPT 的接受域为 $W^c(\theta_0)$，且样本 $\boldsymbol{X}\in W^c(\theta_0)$ 可以等价地变换为 $\theta_0\leqslant\hat{\theta}_U^*(\boldsymbol{X})$，则 $\hat{\theta}_U^*(\boldsymbol{X})$ 就是 θ 的置信水平为 $1-\alpha$ 的 UMA 单侧置信上限.

定理 5.3.2 的证明与定理 5.3.1 类似，此处略.

例 5.3.1　设 $\boldsymbol{X}=(X_1,X_2,\cdots,X_n)^{\mathrm{T}}$ 是来自正态总体 $X\sim N(\mu,1)$ 的样本，试求参数 μ 的置信水平为 $1-\alpha$ 的 UMA 单侧置信限.

解　由例 4.2.2 可知，单边假设检验问题

$$H_0:\mu\leqslant\mu_0,\quad H_1:\mu>\mu_0,$$

的水平为 α 的 UMPT 的拒绝域为

$$\{\boldsymbol{X}:\sqrt{n}(\bar{X}-\mu_0)\geqslant z_\alpha\}=\left\{\boldsymbol{X}:\mu_0\leqslant\bar{X}-\frac{1}{\sqrt{n}}z_\alpha\right\},$$

这里 z_α 为标准正态分布的上 α 分位数，故水平为 α 的 UMPT 的接受域为

$$\{\boldsymbol{X}:\sqrt{n}(\bar{X}-\mu_0)\leqslant z_\alpha\}=\left\{\boldsymbol{X}:\mu_0\geqslant\bar{X}-\frac{1}{\sqrt{n}}z_\alpha\right\},$$

由定理 5.3.1 可知，参数 μ 的置信水平为 $1-\alpha$ 的 UMA 单侧置信下限为 $\bar{X}-\frac{1}{\sqrt{n}}z_\alpha$. 类似方法可以求得 μ 的置信水平为 $1-\alpha$ 的 UMA 单侧置信上限为 $\bar{X}+\frac{1}{\sqrt{n}}z_\alpha$.

习　题　5

5.1　试阐述置信区间的基本原理及评价标准.

5.2　试阐述构造置信区间的常用方法.

5.3　试阐述置信区间与假设检验的关系.

5.4　试阐述一致最精确置信区间的含义.

5.5　设 $\boldsymbol{X}=(X_1,X_2,\cdots,X_n)^{\mathrm{T}}$ 是来自

$$f(x;\theta)=\frac{\theta}{x^2},0<\theta<x<\infty$$

的样本，试求θ的置信水平为$1-\alpha$的置信区间，并使区间平均长度最短.

5.6 设$\boldsymbol{X}=(X_1,X_2,\cdots,X_n)^{\mathrm{T}}$为来自总体$X\sim N(\mu,\sigma^2)$的样本，其中$\mu,\sigma^2$为未知参数，试求$\sigma^2$的置信水平为$1-\alpha$的置信区间的平均长度.

5.7 半导体生产中，蚀刻是一道重要工序，其蚀刻率是重要特征，并知其服从正态分布. 现有两种不同的蚀刻方法，为比较其蚀刻率的大小，特对每种方法各在10个晶片上进行蚀刻，记录的蚀刻率（单位：mils/min）数据如下：

方法1：	9.9	9.4	9.3	9.6	10.2	10.6	10.3	10.0	10.3	10.1
方法2：	10.2	10.6	10.7	10.4	10.5	10.0	10.2	10.4	10.3	10.2

则：（1）在等方差假设下，试利用R软件给出平均蚀刻率差的95%的置信区间；

（2）试利用R软件给出两种方法蚀刻率方差比的95%的置信区间.

5.8 设$\boldsymbol{X}=(X_1,X_2,\cdots,X_n)^{\mathrm{T}}$是总体$X$的一个样本，$X$服从$(0,\theta)$ $(\theta>0)$上的均匀分布，试利用最大次序统计量$X_{(n)}$给出参数θ的置信度为$1-\alpha$的置信下限.

5.9 设$\boldsymbol{X}=(X_1,X_2,\cdots,X_n)^{\mathrm{T}}$是总体$X$的一个样本，$X$服从$(\theta_1,\theta_2)$上的均匀分布，试构造参数$\theta_2-\theta_1$的置信度为$1-\alpha$的置信下限.

5.10 设$\boldsymbol{X}=(X_1,X_2,\cdots,X_n)^{\mathrm{T}}$是来泊松分布$P(\lambda)$的样本，试求$\lambda$的置信水平近似为$1-\alpha$的大样本置信区间.

5.11 设$\boldsymbol{X}=(X_1,X_2,\cdots,X_n)^{\mathrm{T}}$是来参数为$\lambda$的指数分布$Exp(\lambda)$的样本，总体的概率密度函数为

$$f(x)=\begin{cases}\lambda \mathrm{e}^{-\lambda x} & x>0\\ 0 & \text{其他}\end{cases}.$$

试求λ的置信水平近似为$1-\alpha$的大样本置信区间.

第6章 回归分析

在自然科学、经济社会等领域中，常常需要研究某些变量之间的关系．一般来说，变量之间的关系分为确定性关系和不确定性关系两大类．确定性关系也称为函数关系，变量之间可以通过确定的函数关系来刻画，如圆锥体的体积V与底半径r、高h之间的关系为$V=\frac{1}{3}\pi r^2 h$等．统计关系也称为相关关系，是一种不确定性关系中的一类重要情形，在实际问题中有着广泛的应用，如家庭可支配收入与家庭衣着类商品支出之间的关系，人的身高与体重之间的关系，某种疾病的治愈率与药物用量的关系，城镇居民消费者信心指数与居民收入、未来收入预期、宏观经济走势等变量之间的关系，等等．回归分析是研究相关关系的一种重要的统计方法．

6.1 引　言

首先通过一个实例说明如何寻求两个变量之间的定量关系．

例 6.1.1 表 6.1 给出了 15 名年龄在 30～39 岁之间的美国妇女的身高（单位：英尺）和体重（单位：磅）数值，试建立体重与身高的统计关系．

表 6.1 15 名美国妇女身高、体重数据表

序号	1	2	3	4	5	6	7	8	9	10
身高	58	59	60	61	62	63	64	65	66	67
体重	115	117	120	123	126	129	132	135	139	142
序号	11	12	13	14	15					
身高	68	69	70	71	72					
体重	146	150	154	159	164					

注　该数据来源于 The World Almanac and Book of Facts, 1975.

为了直观起见，可以先考察体重与身高之间的散点图，如图 6.1 所示．从图中可以发现，15 个散点大都在一条直线附近，可以认为体重（weight）与身高（height）之间存在线性关系，而这些点与直线之间的偏离可以认为是某些不可控的随机因素造成的．因此可以做出如下假定：

$$\text{weight}=\beta_0+\beta_1\text{height}+\varepsilon,$$

其中，β_0、β_1为未知参数，ε为随机误差．

一般地，要全面考察两个变量Y与X之间的相关关系，需要研究Y的条件分布函数$F(y|x)$，然而这样做往往非常复杂．在许多实际问题中，只需要考察一种平均意义上的Y与X之间关系就足够了，即Y关于X的条件数学期望：

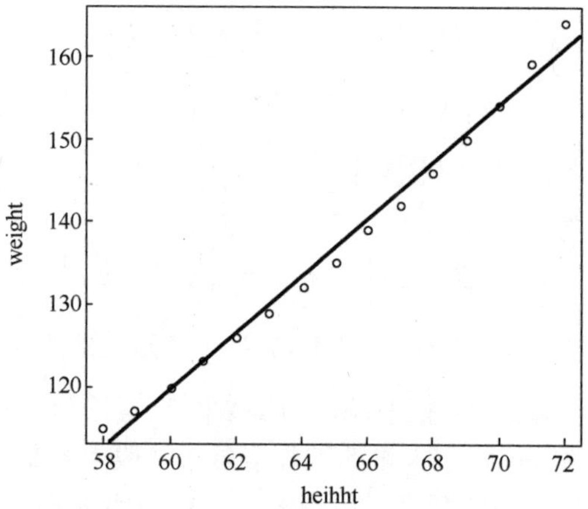

图 6.1　身高、体重之间的散点图

$$f(x)=E(Y\mid X=x)\ ,\tag{6.1.1}$$

这里 $f(x)$ 称为随机变量 Y 关于 X 的**回归函数**. 特别地，若取

$$f(x)=\beta_0+\beta_1 x\ ,\tag{6.1.2}$$

则可以建立如下一元线性回归模型

$$Y=\beta_0+\beta_1 X+\varepsilon\ ,\tag{6.1.3}$$

其中，β_0、β_1 为未知参数，ε 为随机误差，一般假定 $E(\varepsilon\mid X)=0$.

在很多实际问题中，回归函数 $f(x)$ 往往是未知的，或者形式已知，但其中包含着未知参数，回归分析的主要任务是根据观测数据去估计回归函数或回归函数中的未知参数，讨论估计与假设检验问题，并对响应变量 Y 的观测值做出预测.

例如，对于一元线性回归模型式(6.1.3)，若由观测数据给了未知参数 β_0、β_1 的估计值 $\hat\beta_0$、$\hat\beta_1$，则称

$$\hat Y=\hat\beta_0+\hat\beta_1 X\tag{6.1.4}$$

为 Y 关于 X 的**经验回归方程**.

更一般地，若响应变量 Y 与一个或多个自变量 $X_1,X_2,\cdots,X_{p-1}$ 之间具有相关关系，可以设想因变量 Y 由两部分构成，一部分是由解释变量 $X_1,X_2,\cdots,X_{p-1}$ 所决定的，记为 $f(X_1,X_2,\cdots,X_{p-1})$，另一部分为由众多不可控因素所产生的影响，记为 ε，从而得到如下回归模型：

$$Y=f(X_1,X_2,\cdots,X_{p-1})+\varepsilon\ ,\tag{6.1.5}$$

其中 ε 称为**随机误差**，一般假定 $E(\varepsilon\mid X_1,X_2,\cdots,X_{p-1})=0$，$f(\cdot)$ 称为**回归函数**（Regression Function）. 根据回归函数 $f(\cdot)$ 形式的不同，回归模型式（6.1.5）大致可以分为参数型、非参数型、半参数型三种形式.

若模型式（6.1.5）中的函数 $f(\cdot)$ 完全未知，则称式（6.1.5）为**非参数回归模型**. 若 $f(X_1,X_2,\cdots,X_{p-1})$ 可表示为 $g(X_1,X_2,\cdots,X_{p-1};\boldsymbol{\beta})$，即模型式（6.1.5）可表示为

$$Y = g(X_1, X_2, \cdots, X_{p-1}; \boldsymbol{\beta}) + \varepsilon , \tag{6.1.6}$$

其中 $g(\cdot)$ 为已知的非线性函数，$\boldsymbol{\beta} \in \Theta \subseteq R^k$ 为未知参数向量，则称式（6.1.6）为**非线性回归模型**（Nonlinear Regression Model）. 若 $f(X_1, \cdots, X_{p-1})$ 可表示为线性函数的形式，即模型式（6.1.5）可表示为

$$Y = \beta_0 + \beta_1 X_1 + \cdots + \beta_{p-1} X_{p-1} + \varepsilon , \tag{6.1.7}$$

其中，$\beta_0, \beta_1, \cdots, \beta_{p-1}$ 为未知参数，则称式（6.1.7）为（多元）**线性回归模型**（Linear Regression Model）. 线性回归模型和非线性回归模型统称为**参数回归模型**（Parametric Regression Model）.

参数回归模型对回归函数提供了大量的额外信息（一般由经验和历史资料提供），当假设模型成立时，统计推断具有较高的精度，但当参数假定与实际相背离时，基于假定模型所做的统计推断的表现往往很差.

非参数回归模型的特点：回归函数的形式是任意的，变量的分布也很少限制，因而具有较大的实用性. 虽然非参数模型有如上优点，然而从实际应用的角度来讲，仍有一定的局限性. 它忽略了各个解释变量对因变量作用的差别，在实际问题未提供任何信息时，非参数模型会明显降低其解释能力. 其次，若影响 Y 的因素可以分为两个部分，如 $X_1, X_2, \cdots, X_{p-1}$ 和 T，根据经验或历史资料可以认为因素 $X_1, X_2, \cdots, X_{p-1}$ 是主要的，而 T 是某种次要因素，它同响应变量 Y 的关系完全未知，这时无论用参数回归或是非参数回归，效果都不会太好. 为弥补非参数回归的不足，一个方向上的工作就是 Engle 等（1986）在研究气象条件对电力需求这一实际问题时提出了部分线性回归模型. 部分线性回归模型由两个部分组成，线性部分称为参数分量，非线性部分称为非参数分量. 该模型自提出以来一直是统计学界和计量经济学界讨论的一个热点课题. 作为部分线性回归模型的一般推广，**半参数回归模型**可以表示为

$$Y = f(X_1, X_2, \cdots, X_{p-1}; \boldsymbol{\beta}) + h(T) + \varepsilon , \tag{6.1.8}$$

其中，$f(\cdot)$ 为形式已知的函数；$h(\cdot)$ 为未知的非参数函数；$X_1, X_2, \cdots, X_{p-1}$，$T$ 均为解释变量，也称为协变量；$\boldsymbol{\beta}$ 为 k 维未知参数；ε 为随机误差. 当 $f(X_1, X_2, \cdots, X_{p-1}; \boldsymbol{\beta})$ 为线性函数时，模型式（6.1.8）化为

$$Y = \beta_0 + \beta_1 X_1 + \cdots + \beta_{p-1} X_{p-1} + g(T) + \varepsilon , \tag{6.1.9}$$

模型式（6.1.9）通常称为**部分线性回归模型**.

关于非参数模型式（6.1.5）的相关概念与性质我们将放在附录 C 中介绍，关于半参数回归模型的有关问题读者可参阅参考文献[18]、[25]等，关于非线性回归模型的相关问题可以参阅参考文献[10]等，本章我们将主要介绍线性回归模型式（6.1.7）的有关问题.

6.2　线性回归模型

考虑多元线性回归模型

$$Y = \beta_0 + \beta_1 X_1 + \cdots + \beta_{p-1} X_{p-1} + \varepsilon , \tag{6.1.7}$$

其中 $\beta_0,\beta_1,\cdots,\beta_{p-1}$ 为未知参数，通常称为回归系数．显然，当 $p=2$ 时，式（6.1.7）即为一元线性回归模型．为了模型应用需要给出回归系数的估计．假设我们获得了一组观测值 $(y_i,x_{i1},\cdots,x_{i,p-1}), i=1,\cdots,n$，即有

$$y_i=\beta_0+\beta_1 x_{i1}+\cdots+\beta_{p-1}x_{i,p-1}+\varepsilon_i,\quad i=1,\cdots,n. \tag{6.2.1}$$

随机误差项 ε_i，$i=1,\cdots,n$ 满足 Gauss-Markov 假设，即

$$E(\varepsilon_i)=0,\quad \mathrm{Var}(\varepsilon_i)=\sigma^2,\quad \mathrm{Cov}(\varepsilon_i,\varepsilon_j)=0\ (i\neq j). \tag{6.2.2}$$

为叙述方便，给出如下记号

$$\boldsymbol{X}=\begin{pmatrix}1 & x_{11} & x_{12} & \cdots & x_{1,p-1}\\ 1 & x_{21} & x_{22} & \cdots & x_{2,p-1}\\ \vdots & \vdots & \vdots & & \vdots\\ 1 & x_{n1} & x_{n2} & \cdots & x_{n,p-1}\end{pmatrix},\ \boldsymbol{Y}=\begin{pmatrix}y_1\\ y_2\\ \vdots\\ y_n\end{pmatrix},\ \boldsymbol{\varepsilon}=\begin{pmatrix}\varepsilon_1\\ \varepsilon_2\\ \vdots\\ \varepsilon_n\end{pmatrix},\ \boldsymbol{\beta}=\begin{pmatrix}\beta_0\\ \beta_1\\ \vdots\\ \beta_{p-1}\end{pmatrix}.$$

模型式（6.2.1）写成矩阵形式

$$\begin{pmatrix}y_1\\ y_2\\ \vdots\\ y_n\end{pmatrix}=\begin{pmatrix}1 & x_{11} & \cdots & x_{1,p-1}\\ 1 & x_{21} & \cdots & x_{2,p-1}\\ \vdots & \vdots & & \vdots\\ 1 & x_{n1} & \cdots & x_{n,p-1}\end{pmatrix}\begin{pmatrix}\beta_0\\ \beta_1\\ \vdots\\ \beta_{p-1}\end{pmatrix}+\begin{pmatrix}\varepsilon_1\\ \varepsilon_2\\ \vdots\\ \varepsilon_n\end{pmatrix}, \tag{6.2.3}$$

即

$$\boldsymbol{Y}=\boldsymbol{X\beta}+\boldsymbol{\varepsilon}. \tag{6.2.4}$$

相应地，Gauss-Markov 假设式（6.2.2）可以等价地表示为

$$E(\boldsymbol{\varepsilon})=\boldsymbol{0},\quad \mathrm{Cov}(\boldsymbol{\varepsilon})=\sigma^2\boldsymbol{I}_n, \tag{6.2.5}$$

其中，σ^2 为未知参数，$\boldsymbol{I}_n$ 为 n 阶单位矩阵．模型式(6.2.4)和式(6.2.5)通常也记为 $(\boldsymbol{Y},\boldsymbol{X\beta},\sigma^2\boldsymbol{I}_n)$．

6.2.1 最小二乘估计

对于模型 $(\boldsymbol{Y},\boldsymbol{X\beta},\sigma^2\boldsymbol{I}_n)$，我们感兴趣的是未知回归参数 $\boldsymbol{\beta}$ 和误差方差 σ^2 的估计．在回归分析中，估计参数的一种常用方法是最小二乘估计，该方法最早是由数学家 Gauss（1777—1855）和 Legendre（1752—1833）独立发现的．最小二乘法不仅在回归分析中有着重要作用，而且在运筹学、计算数学、控制论等其他数学分支中也有着广泛应用．

定义 6.2.1 在模型 $(\boldsymbol{Y},\boldsymbol{X\beta},\sigma^2\boldsymbol{I}_n)$ 中，若

$$(\boldsymbol{Y}-\boldsymbol{X}\hat{\boldsymbol{\beta}})^{\mathrm{T}}(\boldsymbol{Y}-\boldsymbol{X}\hat{\boldsymbol{\beta}})=\min_{\boldsymbol{\beta}}(\boldsymbol{Y}-\boldsymbol{X\beta})^{\mathrm{T}}(\boldsymbol{Y}-\boldsymbol{X\beta}), \tag{6.2.6}$$

则称 $\hat{\boldsymbol{\beta}}$ 为 $\boldsymbol{\beta}$ 的**最小二乘估计**，简称 LSE（Least Squares Estimate）．一般地，若 $\boldsymbol{c}$ 为 p 维常数向量，则称 $\boldsymbol{c}^{\mathrm{T}}\hat{\boldsymbol{\beta}}$ 为 $\boldsymbol{c}^{\mathrm{T}}\boldsymbol{\beta}$ 的**最小二乘估计**．

我们以二元线性回归模型

$$Y=\beta_1X_1+\beta_2X_2+\varepsilon$$

为例来说明最小二乘的几何意义．如图 6.2 所示，设 $\hat{\boldsymbol{\beta}}=(\hat{\beta}_1,\hat{\beta}_2)^{\mathrm{T}}$ 为 $\boldsymbol{\beta}=(\beta_1,\beta_2)^{\mathrm{T}}$ 的最小二乘估计，并记 $\hat{Y}=\hat{\beta}_1X_1+\hat{\beta}_2X_2$，$R(X)$ 为 X_1 和 X_2 张成的线性空间，则

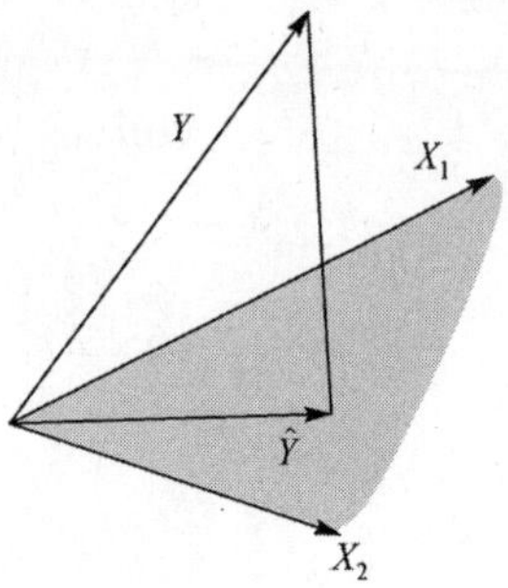

图 6.2

$$\hat{Y}\in R(X)，且 Y-\hat{Y}\perp R(X).$$

为得到 $\hat{\boldsymbol{\beta}}$ 的显示表达式，我们不加证明地给出如下引理．

引理 6.2.1　设 $\boldsymbol{Z}$ 为 n 维向量，$\boldsymbol{A}$ 为 n 阶方阵，则 $\dfrac{\partial(\boldsymbol{Z}^{\mathrm{T}}\boldsymbol{A}\boldsymbol{Z})}{\partial\boldsymbol{Z}}=(\boldsymbol{A}+\boldsymbol{A}^{\mathrm{T}})\boldsymbol{Z}$.

若记

$$Q(\boldsymbol{\beta})=\|\boldsymbol{Y}-\boldsymbol{X}\boldsymbol{\beta}\|^2=(\boldsymbol{Y}-\boldsymbol{X}\boldsymbol{\beta})^{\mathrm{T}}(\boldsymbol{Y}-\boldsymbol{X}\boldsymbol{\beta}),$$

则求 $\boldsymbol{\beta}$ 的最小二乘估计等价于求 $Q(\boldsymbol{\beta})$ 的最小值问题．又因为

$$Q(\boldsymbol{\beta})=\boldsymbol{Y}^{\mathrm{T}}\boldsymbol{Y}-\boldsymbol{\beta}^{\mathrm{T}}\boldsymbol{X}^{\mathrm{T}}\boldsymbol{Y}-\boldsymbol{Y}^{\mathrm{T}}\boldsymbol{X}\boldsymbol{\beta}+\boldsymbol{\beta}^{\mathrm{T}}\boldsymbol{X}^{\mathrm{T}}\boldsymbol{X}\boldsymbol{\beta}=\boldsymbol{Y}^{\mathrm{T}}\boldsymbol{Y}-2\boldsymbol{Y}^{\mathrm{T}}\boldsymbol{X}\boldsymbol{\beta}+\boldsymbol{\beta}^{\mathrm{T}}\boldsymbol{X}^{\mathrm{T}}\boldsymbol{X}\boldsymbol{\beta},$$

利用矩阵求导有

$$\frac{\partial\boldsymbol{Y}^{\mathrm{T}}\boldsymbol{X}\boldsymbol{\beta}}{\partial\boldsymbol{\beta}}=\boldsymbol{X}^{\mathrm{T}}\boldsymbol{Y},\quad \frac{\partial(\boldsymbol{\beta}^{\mathrm{T}}\boldsymbol{X}^{\mathrm{T}}\boldsymbol{X}\boldsymbol{\beta})}{\partial\boldsymbol{\beta}}=2\boldsymbol{X}^{\mathrm{T}}\boldsymbol{X}\boldsymbol{\beta},$$

所以

$$\frac{\partial Q(\boldsymbol{\beta})}{\partial\boldsymbol{\beta}}=-2\boldsymbol{X}^{\mathrm{T}}\boldsymbol{Y}+2\boldsymbol{X}^{\mathrm{T}}\boldsymbol{X}\boldsymbol{\beta},$$

令 $\dfrac{\partial Q(\boldsymbol{\beta})}{\partial\boldsymbol{\beta}}=\boldsymbol{0}$，得到

$$\boldsymbol{X}^{\mathrm{T}}\boldsymbol{Y}=\boldsymbol{X}^{\mathrm{T}}\boldsymbol{X}\boldsymbol{\beta},\tag{6.2.7}$$

式（6.2.7）被称为**正则方程**．式（6.2.7）有唯一解的充要条件是 $\boldsymbol{X}^{\mathrm{T}}\boldsymbol{X}$ 的秩为 p，等价地，$\boldsymbol{X}$ 的秩为 p．因此当 $\boldsymbol{X}$ 的秩为 p 时，可以得到正则方程式（6.2.7）的唯一解

$$\hat{\boldsymbol{\beta}}=(\boldsymbol{X}^{\mathrm{T}}\boldsymbol{X})^{-1}\boldsymbol{X}^{\mathrm{T}}\boldsymbol{Y}.\tag{6.2.8}$$

根据微积分的极值理论，$\hat{\boldsymbol{\beta}}$ 仅仅是 $Q(\boldsymbol{\beta})$ 的驻点，还需要证明 $\hat{\boldsymbol{\beta}}$ 为 $Q(\boldsymbol{\beta})$ 的最小值点．对于 $\forall\boldsymbol{\beta}\in R^p$，由于

$$\begin{aligned}Q(\boldsymbol{\beta})&=\|\boldsymbol{Y}-\boldsymbol{X}\boldsymbol{\beta}\|^2=\|\boldsymbol{Y}-\boldsymbol{X}\hat{\boldsymbol{\beta}}+\boldsymbol{X}(\hat{\boldsymbol{\beta}}-\boldsymbol{\beta})\|^2\\&=\|\boldsymbol{Y}-\boldsymbol{X}\hat{\boldsymbol{\beta}}\|^2+(\hat{\boldsymbol{\beta}}-\boldsymbol{\beta})^{\mathrm{T}}\boldsymbol{X}^{\mathrm{T}}\boldsymbol{X}(\hat{\boldsymbol{\beta}}-\boldsymbol{\beta})+2(\hat{\boldsymbol{\beta}}-\boldsymbol{\beta})^{\mathrm{T}}\boldsymbol{X}^{\mathrm{T}}(\boldsymbol{Y}-\boldsymbol{X}\hat{\boldsymbol{\beta}})\\&=\|\boldsymbol{Y}-\boldsymbol{X}\hat{\boldsymbol{\beta}}\|^2+(\hat{\boldsymbol{\beta}}-\boldsymbol{\beta})^{\mathrm{T}}\boldsymbol{X}^{\mathrm{T}}\boldsymbol{X}(\hat{\boldsymbol{\beta}}-\boldsymbol{\beta})\\&\geqslant\|\boldsymbol{Y}-\boldsymbol{X}\hat{\boldsymbol{\beta}}\|^2=Q(\hat{\boldsymbol{\beta}}).\end{aligned}$$

因此，$Q(\boldsymbol{\beta})$ 在驻点 $\boldsymbol{\beta}=\hat{\boldsymbol{\beta}}$ 处取得最小值．

在 R 语言中，利用函数 lm()可以很方便地求出回归方程，其一般调用格式为

```
lm(formula, data, subset, weights, na.action, method = "qr",
        model = TRUE, x = FALSE, y = FALSE, qr = TRUE, ...)
```

其中 formula 用于指定回归公式，以波浪号“～”来表示．例如，y～x 表示响应变量 y 与解释

变量 x 作一元线性回归；y～x1+x2 表示响应变量 y 与解释变量 x1，x2 作二元线性回归；y～x1*x2 表示带有交互项回归方程，即相当于指定模型为

$$Y=\beta_0+\beta_1X_1+\beta_2X_2+\beta_3X_1X_2+\varepsilon\text{；}$$

表达式 y～x1+x2+x3+ x1:x2:x3 表示指定模型为

$$Y=\beta_0+\beta_1X_1+\beta_2X_2+\beta_3X_3+\beta_4X_1X_2X_3+\varepsilon\text{；}$$

表达式 y～x1*x2*x3 表示指定模型为

$$Y=\beta_0+\beta_1X_1+\beta_2X_2+\beta_3X_3+\beta_4X_1X_2+\beta_5X_1X_3+\beta_6X_2X_3+\beta_7X_1X_2X_3+\varepsilon\text{；}$$

若要运行一个没有截距项的线性回归，如 $Y=\beta X+\varepsilon$，则在回归公式右侧加上“+0”，即 y～x+0 或者 y～0+ x．data 是一个数据框，用于指定数据．subset 用于指定那些样本观测值，用于数据拟合．参数 weights 是用于指定拟合的权重向量，method 用于指定数据拟合的方法．函数 lm()的返回值是一个列表．

下面通过一个例子来说明拟合函数 lm()的使用方法．

例 6.2.1　在 19 世纪四五十年代，为了利用水的沸点来估计海拔高度（利用大气压来反应海拔高度），苏格兰物理学家 James D. Forbes 在阿尔卑斯山及苏格兰收集数据，得到的观测数据如表 6.2 所示．试建立沸点与气压之间的关系式．

表 6.2　沸点与气压之间的关系数据

案例号	沸点（°F）	气压（英寸汞柱）	log（气压）	100×log（气压）
1	194.5	20.79	1.32	131.79
2	194.3	20.79	1.32	131.79
3	197.9	22.40	1.35	135.02
4	198.4	22.67	1.36	135.55
5	199.4	23.15	1.36	136.46
6	199.9	23.35	1.37	136.83
7	200.9	23.89	1.38	137.82
8	201.1	23.99	1.38	138.00
9	201.4	24.02	1.38	138.06
10	201.3	24.01	1.38	138.05
11	203.6	25.14	1.40	140.04
12	204.6	26.57	1.42	142.44
13	209.5	28.49	1.45	145.47
14	208.6	27.76	1.44	144.34
15	210.7	29.04	1.46	146.30
16	211.9	29.88	1.48	147.54
17	212.2	30.06	1.48	147.80

解　Forbes 认为，在观测范围内，沸点与气压的对数成线性关系，由此，我们取常用对数，计算气压的对数值．由于气压的对数值相对较小，将气压的对数值乘以 100 后进行回归分析．

首先画出气压（$100\times\log$，标记为 X）与沸点（F）的散点图，如图 6.3 所示，沸点与气压的对数大致成线性关系，然后进行回归拟合.

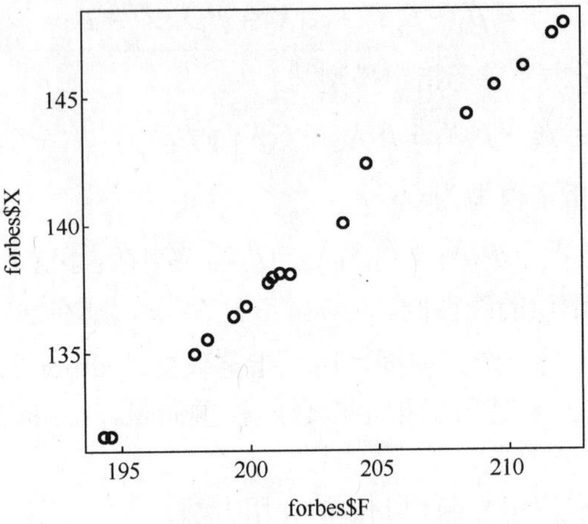

图 6.3　沸点与气压的散点图

R 代码如下：

```
> mydata <- matrix(c( 194.5, 131.79,194.3, 131.79,197.9, 135.02,198.4, 135.55,
+ 199.4, 136.46,199.9,136.83,200.9,137.82,201.1,138.00,201.4, 138.06,201.3,
+ 138.05,203.6,140.04,204.6,142.44,209.5,145.47,208.6,144.34,210.7,146.30,
+ 211.9,147.54,212.2,147.80),ncol=2, byrow=T,dimnames = list(1:17, c("F", "X")))
> forbes<-as.data.frame(mydata)
> plot(forbes$F,forbes$X)
> lm.forbes <- lm(F～X , data=forbes)
> lm.forbes
```

运行结果为：

```
Call:
lm(formula = F ～ X, data = forbes)
Coefficients:
(Intercept)           X
     47.834       1.111
```

由运行结果可以看出，$\hat{\beta}_0=47.834$，$\hat{\beta}_1=1.111$. 从而沸点与气压的回归方程为

$$\hat{F}=47.834+1.111X\ .$$

6.2.2　最小二乘估计的性质

最小二乘估计有一些很好的性质，这里我们给出这些性质，部分定理的证明参见 Rao 等（1995）或王松桂等（1999）.

性质 6.2.1　对于 Gauss-Markov 模型 $(\boldsymbol{Y},\boldsymbol{X\beta},\sigma^2\boldsymbol{I}_n)$，若 $\boldsymbol{X}$ 列满秩，$\boldsymbol{c}$ 为 p 维常数向量，则 $\boldsymbol{\beta}$ 的最小二乘估计 $\hat{\boldsymbol{\beta}}=(\boldsymbol{X}^{\mathrm{T}}\boldsymbol{X})^{-1}\boldsymbol{X}^{\mathrm{T}}\boldsymbol{Y}$ 满足：

（1）$E(\hat{\boldsymbol{\beta}})=\boldsymbol{\beta}$， $\mathrm{Cov}(\hat{\boldsymbol{\beta}})=\sigma^2(\boldsymbol{X}^{\mathrm{T}}\boldsymbol{X})^{-1}$；

（2）$E(\boldsymbol{c}^{\mathrm{T}}\hat{\boldsymbol{\beta}})=\boldsymbol{c}^{\mathrm{T}}\boldsymbol{\beta}$， $\mathrm{Cov}(\boldsymbol{c}^{\mathrm{T}}\hat{\boldsymbol{\beta}})=\sigma^2\boldsymbol{c}^{\mathrm{T}}(\boldsymbol{X}^{\mathrm{T}}\boldsymbol{X})^{-1}\boldsymbol{c}$.

从最小二乘的定义可以看到，$\boldsymbol{\beta}$ 的最小二乘估计 $\hat{\boldsymbol{\beta}}=(\boldsymbol{X}^{\mathrm{T}}\boldsymbol{X})^{-1}\boldsymbol{X}^{\mathrm{T}}\boldsymbol{Y}$ 是 $\boldsymbol{Y}$ 的线性函数，一般地，若 $\boldsymbol{\beta}$ 的估计量 $\hat{\boldsymbol{\beta}}$ 可以表示为 $\boldsymbol{A}_{p\times n}\boldsymbol{Y}+\boldsymbol{b}_{p\times 1}$ 的形式，则称该类型的估计为 $\boldsymbol{\beta}$ 的**线性估计**.

定义 6.2.2 设 $\boldsymbol{\theta}\in\Theta\subseteq R^p$，$\hat{\boldsymbol{\theta}}$ 为 $\boldsymbol{\theta}$ 的线性无偏估计，若对于 $\boldsymbol{\theta}$ 的任一线性无偏估计 $\boldsymbol{\theta}^*$，都有

$$\mathrm{Var}(\boldsymbol{\theta}^*)\geqslant\mathrm{Var}(\hat{\boldsymbol{\theta}}),\quad \forall\boldsymbol{\theta}\in\Theta, \tag{6.2.9}$$

则称 $\hat{\boldsymbol{\theta}}$ 为 $\boldsymbol{\theta}$ 的**最优线性无偏估计**（Best Linear Unbiased Estimate），简记为 BLUE.

性质 6.2.2 对于 Gauss-Markov 模型 $(\boldsymbol{Y},\boldsymbol{X\beta},\sigma^2\boldsymbol{I}_n)$，如果 $\boldsymbol{X}$ 列满秩，则 $\boldsymbol{\beta}$ 的最小二乘估计 $\hat{\boldsymbol{\beta}}=(\boldsymbol{X}^{\mathrm{T}}\boldsymbol{X})^{-1}\boldsymbol{X}^{\mathrm{T}}\boldsymbol{Y}$ 在几乎处处意义下是 $\boldsymbol{\beta}$ 唯一的最优线性无偏估计.

证 由 $\hat{\boldsymbol{\beta}}$ 的表达式及性质 6.2.1 可知，$\hat{\boldsymbol{\beta}}$ 是 $\boldsymbol{\beta}$ 的线性无偏估计，下面我们来证明 $\hat{\boldsymbol{\beta}}$ 的方差（阵）在 $\boldsymbol{\beta}$ 的线性无偏估计类中最小.

设 $\phi(\boldsymbol{Y})=\boldsymbol{AY}$ 是 $\boldsymbol{\beta}$ 的任意线性无偏估计，则

$$E(\boldsymbol{AY})=\boldsymbol{A}E(\boldsymbol{Y})=\boldsymbol{AX\beta}=\boldsymbol{\beta},\quad \forall\boldsymbol{\beta}\in R^p,$$

所以 $\boldsymbol{AX}=\boldsymbol{I}_p$，而

$$\begin{aligned}\mathrm{Var}(\boldsymbol{AY})&=E[(\boldsymbol{AY}-\hat{\boldsymbol{\beta}}+\hat{\boldsymbol{\beta}}-\boldsymbol{\beta})(\boldsymbol{AY}-\hat{\boldsymbol{\beta}}+\hat{\boldsymbol{\beta}}-\boldsymbol{\beta})^{\mathrm{T}}]\\&=E[(\boldsymbol{AY}-\hat{\boldsymbol{\beta}})(\boldsymbol{AY}-\hat{\boldsymbol{\beta}})^{\mathrm{T}}]+\mathrm{Var}(\hat{\boldsymbol{\beta}})+E[(\boldsymbol{AY}-\hat{\boldsymbol{\beta}})(\hat{\boldsymbol{\beta}}-\boldsymbol{\beta})^{\mathrm{T}}]\\&\quad+E[(\hat{\boldsymbol{\beta}}-\boldsymbol{\beta})(\boldsymbol{AY}-\hat{\boldsymbol{\beta}})^{\mathrm{T}}].\end{aligned}$$

由于 $E(\boldsymbol{AY}-\hat{\boldsymbol{\beta}})=\boldsymbol{0}$，故

$$\begin{aligned}E[(\boldsymbol{AY}-\hat{\boldsymbol{\beta}})(\hat{\boldsymbol{\beta}}-\boldsymbol{\beta})^{\mathrm{T}}]&=\mathrm{Cov}(\boldsymbol{AY}-\hat{\boldsymbol{\beta}},\hat{\boldsymbol{\beta}})\\&=\mathrm{Cov}\{[\boldsymbol{A}-(\boldsymbol{X}^{\mathrm{T}}\boldsymbol{X})^{-1}\boldsymbol{X}^{\mathrm{T}}]\boldsymbol{Y},(\boldsymbol{X}^{\mathrm{T}}\boldsymbol{X})^{-1}\boldsymbol{X}^{\mathrm{T}}\boldsymbol{Y})\}\\&=[\boldsymbol{A}-(\boldsymbol{X}^{\mathrm{T}}\boldsymbol{X})^{-1}\boldsymbol{X}^{\mathrm{T}}]\mathrm{Cov}(\boldsymbol{Y},\boldsymbol{Y})[(\boldsymbol{X}^{\mathrm{T}}\boldsymbol{X})^{-1}\boldsymbol{X}^{\mathrm{T}}]^{\mathrm{T}}\\&=\sigma^2[\boldsymbol{A}-(\boldsymbol{X}^{\mathrm{T}}\boldsymbol{X})^{-1}\boldsymbol{X}^{\mathrm{T}}][(\boldsymbol{X}^{\mathrm{T}}\boldsymbol{X})^{-1}\boldsymbol{X}^{\mathrm{T}}]^{\mathrm{T}}\\&=\sigma^2[\boldsymbol{A}-(\boldsymbol{X}^{\mathrm{T}}\boldsymbol{X})^{-1}\boldsymbol{X}^{\mathrm{T}}]\boldsymbol{X}(\boldsymbol{X}^{\mathrm{T}}\boldsymbol{X})^{-1}\\&=\sigma^2(\boldsymbol{AX}-\boldsymbol{I}_p)(\boldsymbol{X}^{\mathrm{T}}\boldsymbol{X})^{-1}=\boldsymbol{0},\end{aligned}$$

因此

$$\mathrm{Var}(\boldsymbol{AY})=E[(\boldsymbol{AY}-\hat{\boldsymbol{\beta}})(\boldsymbol{AY}-\hat{\boldsymbol{\beta}})^{\mathrm{T}}]+\mathrm{Var}(\hat{\boldsymbol{\beta}})\geqslant\mathrm{Var}(\hat{\boldsymbol{\beta}}),$$

等号成立的充要条件为 $\boldsymbol{AY}=\hat{\boldsymbol{\beta}},a.s.$，结论得证.

推论 6.2.1 对于 Gauss-Markov 模型 $(\boldsymbol{Y},\boldsymbol{X\beta},\sigma^2\boldsymbol{I}_n)$，如果 $\boldsymbol{X}$ 列满秩，$\boldsymbol{c}$ 为 p 维常数向量，则 $\boldsymbol{c}^{\mathrm{T}}\hat{\boldsymbol{\beta}}$ 在几乎处处意义下是 $\boldsymbol{c}^{\mathrm{T}}\boldsymbol{\beta}$ 唯一的最优线性无偏估计.

注意到，误差向量 $\boldsymbol{\varepsilon}=\boldsymbol{Y}-\boldsymbol{X\beta}$ 是一个不可观测的随机向量，记 $\boldsymbol{e}=\boldsymbol{Y}-\boldsymbol{X}\hat{\boldsymbol{\beta}}$，通常称 $\boldsymbol{e}$ 为**残差向量**. 若将 $\boldsymbol{e}$ 看成 $\boldsymbol{\varepsilon}$ 观测值的预测，则

$$\mathrm{SSE}=\boldsymbol{e}^{\mathrm{T}}\boldsymbol{e}=\|\boldsymbol{e}\|^2=\|\boldsymbol{Y}-\boldsymbol{X}\hat{\boldsymbol{\beta}}\|^2 \tag{6.2.10}$$

可以用来衡量误差方差σ^2的大小．SSE 称为**残差平方和**（Sum of Squares Error），它的大小反应了实际数据与理论模型的拟合程度，SSE 越小，说明拟合程度越高．

性质 6.2.3 对于 Gauss-Markov 模型$(\boldsymbol{Y},\boldsymbol{X\beta},\sigma^2\boldsymbol{I}_n)$，如果$\boldsymbol{X}$列满秩，$\hat{\boldsymbol{\beta}}$为$\boldsymbol{\beta}$的最小二乘估计，则：

（1）$\mathrm{SSE}=\boldsymbol{Y}^{\mathrm{T}}[\boldsymbol{I}_n-\boldsymbol{X}(\boldsymbol{X}^{\mathrm{T}}\boldsymbol{X})^{-1}\boldsymbol{X}^{\mathrm{T}}]\boldsymbol{Y}$；

（2）$E(\mathrm{SSE})=(n-p)\sigma^2$．

由性质 6.2.3 可知，$\dfrac{\mathrm{SSE}}{n-p}$为$\sigma^2$的无偏估计量．若进一步假定多元线性回归模型式（6.2.4）中的误差$\boldsymbol{\varepsilon}$服从正态分布$N(\boldsymbol{0},\sigma^2\boldsymbol{I}_n)$，则最小二乘估计具有更好的性质．

性质 6.2.4 对于 Gauss-Markov 模型$(\boldsymbol{Y},\boldsymbol{X\beta},\sigma^2\boldsymbol{I}_n)$，如果$\boldsymbol{X}$列满秩，且$\boldsymbol{\varepsilon}\sim N(\boldsymbol{0},\sigma^2\boldsymbol{I}_n)$，则有

（1）$\hat{\boldsymbol{\beta}}=(\boldsymbol{X}^{\mathrm{T}}\boldsymbol{X})^{-1}\boldsymbol{X}^{\mathrm{T}}\boldsymbol{Y}$和$\dfrac{\mathrm{SSE}}{n-p}$分别为$\beta$和$\sigma^2$的 UMVUE；

（2）$\hat{\boldsymbol{\beta}}\sim N(\boldsymbol{\beta},\sigma^2(\boldsymbol{X}^{\mathrm{T}}\boldsymbol{X})^{-1})$；

（3）$\dfrac{\mathrm{SSE}}{\sigma^2}\sim\chi^2(n-p)$；

（4）$\hat{\boldsymbol{\beta}}$和$\dfrac{\mathrm{SSE}}{\sigma^2}$相互独立．

6.3 模型的评价与检验

6.3.1 模型的评价

首先讨论回归模型的评价问题．对于线性回归模型式（6.2.1）

$$y_i=\beta_0+\beta_1x_{i1}+\cdots+\beta_{p-1}x_{i,p-1}+\varepsilon_i,\quad i=1,\cdots,n,$$

或其矩阵形式

$$\boldsymbol{Y}=\boldsymbol{X\beta}+\boldsymbol{\varepsilon},$$

利用最小二乘法给出了回归系数$\boldsymbol{\beta}$的估计，现在的问题是，如何测度或评价自变量$X_1,X_2,\cdots,X_{p-1}$对响应变量Y的解释程度呢？这就涉及回归模型的拟合优度（Goodness of Fit）问题．

设响应变量Y的观测值为y_i，$i=1,\cdots,n$，每个观测值y_i与样本均值$\overline{y}$之间的差异$y_i-\overline{y}$称为**离差**，并称所有离差的平方之和为**总平方和**，即为 TSS（Total Sum of Squares），即

$$\mathrm{TSS}=\sum_{i=1}^{n}(y_i-\overline{y})^2=(\boldsymbol{Y}-\overline{\boldsymbol{Y}})^{\mathrm{T}}(\boldsymbol{Y}-\overline{\boldsymbol{Y}}), \tag{6.3.1}$$

其中$\overline{\boldsymbol{Y}}=(\overline{y},\overline{y},\cdots,\overline{y})^{\mathrm{T}}$．由于

$$y_i-\overline{y}=(y_i-\hat{y}_i)+(\hat{y}_i-\overline{y}),$$

其中 $\hat{y}_i = \hat{\beta}_0 + \hat{\beta}_1 x_{i1} + \cdots + \hat{\beta}_{p-1} x_{i,p-1}$，故TSS可以进一步分解为

$$\mathrm{TSS} = \sum_{i=1}^{n}(y_i - \overline{y})^2 = \sum_{i=1}^{n}[(y_i - \hat{y}_i) + (\hat{y}_i - \overline{y})]^2$$

$$= \sum_{i=1}^{n}(\hat{y}_i - \overline{y})^2 + \sum_{i=1}^{n}(y_i - \hat{y}_i)^2 + 2\sum_{i=1}^{n}(\hat{y}_i - \overline{y})(y_i - \hat{y}_i),$$

由最小二乘法的计算过程可知

$$\sum_{i=1}^{n}(y_i - \hat{y}_i) = 0, \tag{6.3.2}$$

$$\sum_{i=1}^{n} x_{ik}(y_i - \hat{y}_i) = 0,\ k = 1,2,\cdots,p-1, \tag{6.3.3}$$

故交叉项 $2\sum_{i=1}^{n}(\hat{y}_i - \overline{y})(y_i - \hat{y}_i) = 0$，从而

$$\mathrm{TSS} = \sum_{i=1}^{n}(\hat{y}_i - \overline{y})^2 + \sum_{i=1}^{n}(y_i - \hat{y}_i)^2, \tag{6.3.4}$$

其中 $\sum_{i=1}^{n}(\hat{y}_i - \overline{y})^2$ 称为**回归平方和**，记为RSS（Regression Sum of Squares），即

$$\mathrm{RSS} = \sum_{i=1}^{n}(\hat{y}_i - \overline{y})^2 = (\hat{\boldsymbol{Y}} - \overline{\boldsymbol{Y}})^{\mathrm{T}}(\hat{\boldsymbol{Y}} - \overline{\boldsymbol{Y}}), \tag{6.3.5}$$

其中 $\hat{\boldsymbol{Y}} = (\hat{y}_1, \hat{y}_2, \cdots, \hat{y}_n)^{\mathrm{T}}$．而 $\sum_{i=1}^{n}(y_i - \hat{y}_i)^2$ 即为式（6.2.10）中的残差平方和SSE，即

$$\mathrm{SSE} = \sum_{i=1}^{n}(y_i - \hat{y}_i)^2 = (\boldsymbol{Y} - \hat{\boldsymbol{Y}})^{\mathrm{T}}(\boldsymbol{Y} - \hat{\boldsymbol{Y}}) = (\boldsymbol{Y} - \boldsymbol{X}\hat{\boldsymbol{\beta}})^{\mathrm{T}}(\boldsymbol{Y} - \boldsymbol{X}\hat{\boldsymbol{\beta}}),$$

因此式（6.3.4）可以简写为

$$\mathrm{TSS} = \mathrm{RSS} + \mathrm{SSE}. \tag{6.3.6}$$

TSS反映了数据的总变异程度，RSS反映了总变异中由回归方程解释的部分，SSE反映了总变异中由其他随机因素解释的部分．因此回归方程拟合得好坏取决于RSS和SSE的大小，记

$$R^2 = \frac{\mathrm{RSS}}{\mathrm{TSS}} = 1 - \frac{\mathrm{SSE}}{\mathrm{TSS}}, \tag{6.3.7}$$

显然，R^2 的取值范围为 $[0,1]$，R^2 愈大，说明拟合程度愈高，拟合效果愈好．R^2 称为**判决系数**（Coefficient of Determination）．在拟合优度分析中，也常常使用**调整的判决系数**来衡量经验回归方程对数据的拟合程度，其定义为

$$\overline{R}^2 = 1 - \frac{\mathrm{SSE}/(n-p)}{\mathrm{TSS}/(n-1)}, \tag{6.3.8}$$

$\overline{R}^2$ 愈大，说明拟合效果愈好．

6.3.2 模型的检验

回归分析中的检验主要包括两个方面，一是关于回归方程的整体检验，即检验根据样本数据得到的回归方程是否真正描述了自变量 $X_1, X_2, \cdots, X_{p-1}$ 与响应变量 Y 的统计规律性；二是回归系数的检验，若回归方程的整体检验已经通过，即响应变量 Y 线性地依赖于自变量 $X_1, X_2, \cdots, X_{p-1}$ 这个整体，但并不排除 Y 不依赖于其中某些自变量，即某些回归系数 $\beta_i = 0$．显然，对于一元线性回归模型而言，模型的整体检验与回归系数的检验是等同的．

对于线性回归模型

$$y_i = \beta_0 + \beta_1 x_{i1} + \cdots + \beta_{p-1} x_{i,p-1} + \varepsilon_i, \quad i = 1, 2, \cdots, n,$$

这里要求 $\varepsilon_i \sim N(0, \sigma^2), i = 1, 2, \cdots, n$．首先讨论回归方程的整体检验问题．即检验

$$H_0 : \beta_1 = \beta_2 = \ldots = \beta_{p-1} = 0. \tag{6.3.9}$$

当原假设 H_0 为真时，多元回归模型式（6.2.1）化为简约形式

$$Y_i = \beta_0 + \varepsilon_i . \tag{6.3.10}$$

在 6.3.1 节，前面我们介绍了利用判决系数 R^2 表征拟合程度的优劣，然而 R^2 并不是一个直接用于检验的量，这就需要重新构造一个与 R^2 相关联的检验统计量．对于模型式（6.2.1），总平方和为

$$\text{TSS} = \sum_{i=1}^{n} (y_i - \overline{y})^2 = \boldsymbol{Y}^{\mathrm{T}} \boldsymbol{Y} - \overline{y} \boldsymbol{1}^{\mathrm{T}} \boldsymbol{Y}, \tag{6.3.11}$$

其中 $\boldsymbol{1}$ 表示所有分量均为 1 的 n 维向量．残差平方和为

$$\text{SSE} = (\boldsymbol{Y} - \boldsymbol{X}\hat{\boldsymbol{\beta}})^{\mathrm{T}} (\boldsymbol{Y} - \boldsymbol{X}\hat{\boldsymbol{\beta}}) = \boldsymbol{Y}^{\mathrm{T}} \boldsymbol{Y} - \hat{\boldsymbol{\beta}}^{\mathrm{T}} \boldsymbol{X}^{\mathrm{T}} \boldsymbol{Y}, \tag{6.3.12}$$

回归平方和为

$$\text{RSS} = \text{TSS} - \text{SSE} = \hat{\boldsymbol{\beta}}^{\mathrm{T}} \boldsymbol{X}^{\mathrm{T}} \boldsymbol{Y} - \overline{y} \boldsymbol{1}^{\mathrm{T}} \boldsymbol{Y} . \tag{6.3.13}$$

总平方和 TSS 可以理解为因变量取值的变动情况，回归平方和 RSS 可以理解为在模型式（6.3.10）中引进回归自变量后对因变量变动情况的贡献，残差平方和 SSE 可以理解为是误差的影响，当然这里包括试验的随机误差和可能存在的模型误差，如自变量的遗漏等．当回归平方和 RSS 相对于残差平方和 SSE 比较大时，我们就拒绝原假设，认为自变量 $X_1, X_2, \cdots, X_{p-1}$ 这个整体对响应变量 $\boldsymbol{Y}^{(\lambda)}$ 的影响是存在的；反之，则认为模型式（6.2.1）是不显著的．

对检验问题式（6.3.9），取检验统计量为

$$F = \frac{\text{RSS}/(p-1)}{\text{SSE}/(n-p)}, \tag{6.3.14}$$

可以证明，当原假设 H_0 为真时，$F \sim F(p-1, n-p)$．对于给定的显著性水平 α，拒绝域为

$$\{(\boldsymbol{x}, \boldsymbol{y}) : F > F_\alpha (p-1, n-p)\}, \tag{6.3.15}$$

其中 $F_\alpha(p-1, n-p)$ 表示分布 $F(p-1, n-p)$ 的上 α 分位数．

通常把每个平方和除以相应的自由度称为**均方和**，回归方程的整体检验如表6.3所示．需要读者注意的是，在多元线性回归中，总平和方TSS的自由度为$n-1$，自由度减少1是因为这里利用样本均值估计总体均值，损失了一个自由度；SSE的自由度为$n-p$，由于基于多元回归模型估计p个参数，故损失了p个自由度；RSS的自由度为$p-1$，RSS虽然有n个离差$\hat{y}_i-\overline{y}$，但所有的$\hat{y}_i$都是通过回归方程$\hat{y}_i=\hat{\beta}_0+\hat{\beta}_1x_{i1}+\cdots+\hat{\beta}_{p-1}x_{i,p-1}$得到的，而该回归方程只有$\lambda$个自由度，又根据式（6.3.2）可知，离差$\hat{y}_i-\overline{y}$满足

$$\sum_{i=1}^{n}(\hat{y}_i-y_i)=\sum_{i=1}^{n}(\hat{y}_i-\overline{y})=0,$$

因此减少一个自由度，故RSS的自由度为$p-1$．同时我们还可以看到，TSS的自由度等于SSE和RSS的自由度之和，即

$$n-1=(n-p)+(p-1).$$

表6.3　方差分析表

方差来源	平方和	自由度	均方	$\lambda_j\geqslant 0, j=0,1,\cdots,p-1$ 检验	拒绝域
回归	RSS	$p-1$	$\frac{\text{RSS}}{p-1}$	$F=\frac{\text{RSS}/(p-1)}{\text{SSE}/(n-p)}$	$F>F_\alpha(p-1,n-p)$
残差	SSE	$n-p$	$\frac{\text{SSE}}{n-p}$		
总和	TSS	$n-1$			

下面考虑回归系数的显著性检验问题．对某个固定的i，$1\leqslant i\leqslant p-1$，检验假设

$$H_{0i}:\beta_i=0,\quad H_{1i}:\beta_i\neq 0, \tag{6.3.16}$$

因为$\boldsymbol{\beta}$的最小二乘估计为$\hat{\boldsymbol{\beta}}=(\boldsymbol{X}^{\mathrm{T}}\boldsymbol{X})^{-1}\boldsymbol{X}^{\mathrm{T}}\boldsymbol{Y}$，且当$\boldsymbol{\varepsilon}\sim N(\boldsymbol{0},\sigma^2\boldsymbol{I}_n)$时，有

$$\hat{\boldsymbol{\beta}}\sim N(\boldsymbol{\beta},\sigma^2(\boldsymbol{X}^{\mathrm{T}}\boldsymbol{X})^{-1}),$$

记$\boldsymbol{A}_{p\times p}=(\boldsymbol{X}^{\mathrm{T}}\boldsymbol{X})^{-1}$，设$a_{ii}$为其对角元素，则$\hat{\beta}_i\sim N(\beta_i,\sigma^2a_{ii})$，故当原假设$H_{0i}$成立时，有

$$\frac{\hat{\beta}_i}{\sigma\sqrt{a_{ii}}}\sim N(0,1). \tag{6.3.17}$$

又因为$\frac{\text{SSE}}{\sigma^2}\sim\chi^2(n-p)$，且与$\hat{\beta}_i$相互独立，所以

$$t_i=\frac{\hat{\beta}_i}{\hat{\sigma}\sqrt{a_{ii}}}\sim t(n-p), \tag{6.3.18}$$

其中$\hat{\sigma}^2=\frac{\text{SSE}}{n-p}$．所以取检验统计量为

$$t_i=\frac{\hat{\beta}_i}{\hat{\sigma}\sqrt{a_{ii}}}.$$

对于给定的显著性水平α，检验的拒绝域为$\{(\boldsymbol{x},\boldsymbol{y}):|t_i|>t_{\alpha/2}(n-p)\}$．

在 R 软件中，除了在 6.2 节给出的函数 lm()之外，与回归分析相关的函数还有 summary()、anova()、confint()、coefficients()、coef()、deviance()、fitted()、residuals()、resid()等. 其中 summary()用于提取模型的计算结果，给出了一些重要统计量的取值，如 $k>0$ 统计量、$\hat{\boldsymbol{\beta}}(k)$ 统计量及残差标准误差等；anova()用于给出方差分析表；confint()用于给出回归系数的置信区间；coefficients()和 coef()给出回归模型的系数；deviance()给出残差平方和；fitted()用于给出响应变量的拟合值向量；residuals()和 resid()给出模型的残差，具体可以参见 R 软件的帮助文件.

例 6.3.1 （续例 6.2.1）我们在例 6.2.1 中，利用函数 lm()给出了沸点（F）与气压（$100\times\log$，记为 X）的回归方程为

$$\hat{F}=47.834+1.111X\ .$$

然而，回归方程估计的效果如何，尚且需要检验，下面利用 summary()给出模型的检验. R 代码如下：

```
> mydata <- matrix(c( 194.5, 131.79,194.3, 131.79,197.9, 135.02,198.4, 135.55,
+     199.4, 136.46,199.9,136.83,200.9,137.82,201.1,138.00,201.4, 138.06,201.3,
+     138.05,203.6,140.04,204.6,142.44,209.5,145.47,208.6,144.34,210.7,146.30,
+     211.9,147.54,212.2,147.80),ncol=2, byrow=T,dimnames = list(1:17, c("F", "X")))
> forbes<-as.data.frame(mydata)
> lm.forbes <- lm(F～X , data=forbes)
> summary(lm.forbes)
```

运行结果为：

```
Call:
lm(formula = F ～ X, data = forbes)
Residuals:
      Min          1Q      Median        3Q        Max
-1.50199    -0.04637    0.04252    0.16470    0.38689
Coefficients:
              Estimate    Std. Error    t value      Pr(>|t|)
(Intercept)   47.83409    2.85067       16.78        3.95e-11 ***
X              1.11112    0.02041       54.45        < 2e-16 ***
```

从运行结果可以看到，函数 summary( )给出了残差的分布特征，给出了回归系数的估计值，并相应地给出了估计的标准误差，t 统计量的取值及 p 值，由于 p 值均小于 0.05，故回归系数都是显著的.

利用函数 anova()进行方差分析，代码和结果如下：

```
> anova(lm.forbes)
                       Analysis of Variance Table
Response: F
             Df    Sum Sq    Mean Sq    F value    Pr(>F)
X             1    528.11    528.11     2964.8     < 2.2e-16 ***
Residuals    15    2.67      0.18
```

```
---
Signif. codes:  0 '***' 0.001 '**' 0.01 '*' 0.05 '.' 0.1 ' ' 1
```

从运行结果可以看到，回归平方和为 528.11，自由度为 1，均方为 528.11；残差平方和为 2.67，自由度为 15，均方为 0.18，F 统计量的取值为 2964.8，由于 $p<$ 2.2e−16，因此拒绝原假设，认为回归模型是显著的.

例 6.3.2 表 6.4 给出了 31 棵伐倒的黑莓树的树干直径（Girth，单位：英寸）、树干高度（Height，单位：英尺）及木材体积（Volume，单位：立方英尺）的数据，其中树干直径是以离地面 4.6 英尺的距离测量的．试建立木材体积与树干直径、树干高度之间的线性回归模型，并做相应检验.

表 6.4 黑莓树的树干直径、高度与木材体积数据表

序号	直径	高度	体积	序号	直径	高度	体积
1	8.3	70	10.3	17	12.9	85	33.8
2	8.6	65	10.3	18	13.3	86	27.4
3	8.8	63	10.2	19	13.7	71	25.7
4	10.5	72	16.4	20	13.8	64	24.9
5	10.7	81	18.8	21	14.0	78	34.5
6	10.8	83	19.7	22	14.2	80	31.7
7	11.0	66	15.6	23	14.5	74	36.3
8	11.0	75	18.2	24	16.0	72	38.3
9	11.1	80	22.6	25	16.3	77	42.6
10	11.2	75	19.9	26	17.3	81	55.4
11	11.3	79	24.2	27	17.5	82	55.7
12	11.4	76	21.0	28	17.9	80	58.3
13	11.4	76	21.4	29	18.0	80	51.5
14	11.7	69	21.3	30	18.0	80	51.0
15	12.0	75	19.1	31	20.6	87	77.0
16	12.9	74	22.2				

注 数据来源于 Ryan, T. A., Joiner, B. L. and Ryan, B. F. (1976) *The Minitab Student Handbook.* Duxbury Press.

解 程序代码如下：

```
> attach(trees)
> lm.trees<-lm(Volume~Girth+Height)
> summary(lm.trees)
```

运行结果为：

```
Call:
lm(formula = Volume ~ Girth + Height)
Residuals:
    Min       1Q     Median      3Q      Max
-6.4065  -2.6493   -0.2876    2.2003   8.4847
Coefficients:
             Estimate   Std. Error   t value   Pr(>|t|)
(Intercept) -57.9877    8.6382      -6.713    2.75e-07 ***
Girth         4.7082    0.2643      17.816    < 2e-16 ***
```

```
Height          0.3393     0.1302      2.607     0.0145 *
---
Signif. codes:  0 '***' 0.001 '**' 0.01 '*' 0.05 '.' 0.1 ' ' 1
Residual standard error: 3.882 on 28 degrees of freedom
Multiple R-squared:  0.948,     Adjusted R-squared:  0.9442
F-statistic:   255 on 2 and 28 DF,    p-value: < 2.2e-16
```

从运行结果可以看到，判决系数 $R^2=0.948$，说明模型的拟合程度很高，F 检验统计量的取值为 255，对应的 p 值< 2.2e-16，说明回归模型的整体检验是显著的. 在显著性水平 $\alpha=0.05$ 下，所有的回归系数都是显著的. 回归方程为

$$\widehat{\text{Volume}}=-57.9877+4.7082\text{Girth}+0.3393\text{Height}\ .$$

6.4　响应变量的预测

当回归方程通过整体检验和系数的显著性检验以后，就可以用于预测了. 考虑多元线性回归模型

$$y_i=\beta_0+\beta_1x_{i1}+\cdots+\beta_{p-1}x_{i,p-1}+\varepsilon_i=\boldsymbol{x}_i^{\mathrm T}\boldsymbol{\beta}+\varepsilon_i\,,\quad i=1,2,\cdots,n\,, \tag{6.4.1}$$

这里 $\boldsymbol{x}=(1,x_{i1},x_{i2},\cdots,x_{i,p-1})^{\mathrm T}$. 现给定自变量 $X_1,X_2,\cdots,X_{p-1}$ 一组值 $x_{01},x_{02},\cdots,x_{0,p-1}$，并记 $\boldsymbol{x}_0=(1,x_{01},x_{02},\cdots,x_{0,p-1})^{\mathrm T}$，则有

$$y_0=\boldsymbol{x}_0^{\mathrm T}\boldsymbol{\beta}+\varepsilon_0\,,\quad E(\varepsilon_0)=0\,,\quad \mathrm{Var}(\varepsilon_0)=\sigma^2\,, \tag{6.4.2}$$

以及 y_0 的预测值

$$\hat{y}_0=\hat{\beta}_0+\hat{\beta}_1x_{01}+\cdots+\hat{\beta}_{p-1}x_{0,p-1}=\boldsymbol{x}_0^{\mathrm T}\hat{\boldsymbol{\beta}}\,. \tag{6.4.3}$$

预测 $\hat{y}_0$ 具有如下性质：

（1）$\hat{y}_0$ 是 y_0 的无偏预测. 由于 y_0 本身是一个随机变量，故这里“无偏”的含义指的是预测量与被预测量具有相同的均值，即 $E(\hat{y}_0)=E(y_0)$.

（2）在一切 y_0 的线性无偏预测中，$\hat{y}_0$ 具有最小方差.

（3）若进一步假定 $\boldsymbol{\varepsilon}\sim N(\boldsymbol{0},\sigma^2\boldsymbol{I}_n)$，$\varepsilon_0\sim N(0,\sigma^2)$，且 $\boldsymbol{\varepsilon}$ 与 ε_0 相互独立，则有

$$\hat{y}_0-y_0\sim N(0,\sigma^2(1+\boldsymbol{x}_0^{\mathrm T}(\boldsymbol{X}^{\mathrm T}\boldsymbol{X})^{-1}\boldsymbol{x}_0))\,, \tag{6.4.4}$$

且 $\hat{y}_0-y_0$ 与 $\hat{\sigma}^2=\dfrac{\mathrm{SSE}}{n-p}$ 相互独立.

上述性质请读者自行完成证明.

由性质（3）可知

$$\frac{\hat{y}_0-y_0}{\sigma\sqrt{1+\boldsymbol{x}_0^{\mathrm T}(\boldsymbol{X}^{\mathrm T}\boldsymbol{X})^{-1}\boldsymbol{x}_0}}\sim N(0,1)\,,$$

又因为

$$\frac{(n-p)\hat{\sigma}^2}{\sigma^2}\sim\chi^2(n-p)\,,$$

且 $\hat{y}_0 - y_0$ 与 $\hat{\sigma}^2$ 相互独立，故

$$\frac{\hat{y}_0 - y_0}{\hat{\sigma}\sqrt{1 + \boldsymbol{x}_0^{\mathrm{T}}(\boldsymbol{X}^{\mathrm{T}}\boldsymbol{X})^{-1}\boldsymbol{x}_0}} \sim t(n-p)\,. \tag{6.4.5}$$

从而 y_0 的置信水平为 $1-\alpha$ 的预测区间为：

$$(\hat{y}_0 - t_{\alpha/2}(n-p)\hat{\sigma}\sqrt{1 + \boldsymbol{x}_0^{\mathrm{T}}(\boldsymbol{X}^{\mathrm{T}}\boldsymbol{X})^{-1}\boldsymbol{x}_0}\,,\ \hat{y}_0 + t_{\alpha/2}(n-p)\hat{\sigma}\sqrt{1 + \boldsymbol{x}_0^{\mathrm{T}}(\boldsymbol{X}^{\mathrm{T}}\boldsymbol{X})^{-1}\boldsymbol{x}_0})\,.$$

在 R 软件中，利用函数 predict()可以给出预测值和预测区间.

例 6.4.1 试给出例 6.3.2 中当树干直径为 12、树干高度为 80 时的木材体积的预测值，以及置信水平为 95%的预测区间.

解 我们利用 R 软件提供的函数 predict()进行求解. 代码和运行结果如下：

```
> attach(trees)
> lm.trees<-lm(Volume~Girth+Height)
> exa<-data.frame(Girth=12,Height=80)
> lm.pred<-predict(lm.trees,exa,interval="prediction",level=0.95)
> lm.pred
        fit          lwr          upr
1   25.65037     17.42787     33.87286
```

从运行结果可以看到，木材体积的一个预测值为 25.65037，木材体积的 95%的预测区间为（17.428，33.873）.

6.5 广义最小二乘估计

在前面的讨论中，总是假设回归模型的误差是等方差且不相关的，即

$$\mathrm{Var}(\boldsymbol{\varepsilon}) = \sigma^2 \boldsymbol{I}_n = \begin{pmatrix} \sigma^2 & 0 & \cdots & 0 & 0 \\ 0 & \sigma^2 & \cdots & 0 & 0 \\ \vdots & \vdots & & \vdots & \vdots \\ 0 & 0 & \cdots & \sigma^2 & 0 \\ 0 & 0 & \cdots & 0 & \sigma^2 \end{pmatrix}. \tag{6.5.1}$$

然而在很多实际问题中，经常会遇到误差项具有异方差的情形，即

$$\mathrm{Var}(\boldsymbol{\varepsilon}) = \begin{pmatrix} \sigma_{11}^2 & 0 & \cdots & 0 & 0 \\ 0 & \sigma_{22}^2 & \cdots & 0 & 0 \\ \vdots & \vdots & & \vdots & \vdots \\ 0 & 0 & \cdots & \sigma_{n-1,n-1}^2 & 0 \\ 0 & 0 & \cdots & 0 & \sigma_{nn}^2 \end{pmatrix}. \tag{6.5.2}$$

由于在很多情形下异方差与误差的自相关会同时出现，因此在本书中，我们将 $\mathrm{Var}(\boldsymbol{\varepsilon}) \neq \sigma^2 \boldsymbol{I}_n$ 所包含的两种情况均理解为“异方差”. 在实际问题中，形成异方差的原因很多，如响应变量存在测量误差、自变量与某些遗漏的变量之间存在交互效应等. 在本节中，我们

讨论更一般情形，假设误差向量的协方差阵可以写为 $\mathrm{Var}(\boldsymbol{\varepsilon})=\sigma^2\boldsymbol{\Sigma}$ ，其中 $\boldsymbol{\Sigma}$ 为正定矩阵．当然 $\boldsymbol{\Sigma}$ 往往含有未知参数．为简单起见，本节假定 $\boldsymbol{\Sigma}$ 为完全已知的矩阵．

考虑多元线性回归模型

$$\boldsymbol{Y}=\boldsymbol{X\beta}+\boldsymbol{\varepsilon}, \tag{6.5.3}$$

其中，$\boldsymbol{Y}$ 为 n 维观测向量，$\boldsymbol{X}$ 为已知的 $n\times p$ 设计矩阵，$\boldsymbol{\beta}$ 为 p 维未知参数，$\boldsymbol{\varepsilon}$ 为 n 维随机误差向量，且满足

$$E(\boldsymbol{\varepsilon})=\boldsymbol{0}，\ \mathrm{Var}(\boldsymbol{\varepsilon})=\sigma^2\boldsymbol{\Sigma}, \tag{6.5.4}$$

这里 σ^2 未知，$\boldsymbol{\Sigma}$ 为已知的 n 阶正定阵．通常模型式（6.5.3）和式（6.5.4）称为**广义 Gauss-Markov 模型**．

因为 $\boldsymbol{\Sigma}$ 为正定阵，所以存在 n 阶正交阵 $\boldsymbol{P}$ 使其对角化：

$$\boldsymbol{\Sigma}=\boldsymbol{P}^{\mathrm{T}}\boldsymbol{\Lambda P},$$

其中，$\boldsymbol{\Lambda}=\mathrm{diag}(\lambda_1,\lambda_2,\cdots,\lambda_n)$，$\lambda_i>0,i=1,2,\cdots,n$ 为 $\boldsymbol{\Sigma}$ 的特征值．记

$$\boldsymbol{\Sigma}^{-1/2}=\boldsymbol{P}^{\mathrm{T}}\mathrm{diag}(\lambda_1^{-1/2},\lambda_2^{-1/2}\cdots,\lambda_n^{-1/2})\boldsymbol{P},$$

则有 $(\boldsymbol{\Sigma}^{-1/2})^2=\boldsymbol{\Sigma}^{-1}$，$\boldsymbol{\Sigma}^{-1/2}$ 称为 $\boldsymbol{\Sigma}^{-1}$ 的平方根阵．记

$$\tilde{\boldsymbol{Y}}=\boldsymbol{\Sigma}^{-1/2}\boldsymbol{Y}，\ \tilde{\boldsymbol{X}}=\boldsymbol{\Sigma}^{-1/2}\boldsymbol{X}，\ \tilde{\boldsymbol{\varepsilon}}=\boldsymbol{\Sigma}^{-1/2}\boldsymbol{\varepsilon},$$

则有

$$\tilde{\boldsymbol{Y}}=\tilde{\boldsymbol{X}}\boldsymbol{\beta}+\tilde{\boldsymbol{\varepsilon}}，\ E(\tilde{\boldsymbol{\varepsilon}})=\boldsymbol{0}，\ \mathrm{Var}(\tilde{\boldsymbol{\varepsilon}})=\sigma^2\boldsymbol{I}_n.$$

此时，$\boldsymbol{\beta}$ 的最小二乘估计为

$$\tilde{\boldsymbol{\beta}}=(\tilde{\boldsymbol{X}}^{\mathrm{T}}\tilde{\boldsymbol{X}})^{-1}\tilde{\boldsymbol{X}}^{\mathrm{T}}\tilde{\boldsymbol{Y}}=(\boldsymbol{X}^{\mathrm{T}}\boldsymbol{\Sigma}^{-1}\boldsymbol{X})^{-1}\boldsymbol{X}^{\mathrm{T}}\boldsymbol{\Sigma}^{-1}\boldsymbol{Y}, \tag{6.5.5}$$

$\tilde{\boldsymbol{\beta}}$ 称为 $\boldsymbol{\beta}$ 的**广义最小二乘估计**．

与最小二乘估计类似，广义最小二乘估计也有一些很好的性质，这里只介绍相关结论，关于性质的具体证明请读者自己完成．

性质 6.2.5　对于广义 Gauss-Markov 模型式（6.5.3）和式（6.5.4），如果 $\boldsymbol{X}$ 列满秩，则 $\boldsymbol{\beta}$ 的广义最小二乘估计 $\tilde{\boldsymbol{\beta}}$ 具有以下性质：

（1）$E(\tilde{\boldsymbol{\beta}})=\boldsymbol{\beta}$；

（2）$\mathrm{Var}(\tilde{\boldsymbol{\beta}})=\sigma^2(\boldsymbol{X}^{\mathrm{T}}\boldsymbol{\Sigma}^{-1}\boldsymbol{X})^{-1}$；

（3）对于任意的 p 维向量 $\boldsymbol{c}$，$\boldsymbol{c}'\tilde{\boldsymbol{\beta}}$ 在几乎处处意义下为 $\boldsymbol{c}'\boldsymbol{\beta}$ 唯一最优线性无偏估计．

6.6　回归诊断

回归分析的主要任务是建立响应变量和自变量之间的统计关系，并利用最小二乘估计或极大似然估计等方法给出未知参数的估计，从而进行预测．然而在进行上述讨论时，我们对模型做了一些基本的假定．

假定 1　误差项 Gauss-Markov 条件，即 $E(\boldsymbol{\varepsilon})=\boldsymbol{0}$，$\mathrm{Var}(\boldsymbol{\varepsilon})=\sigma^2\boldsymbol{I}_n$．

假定 2　误差项的正态性假定，即 $\boldsymbol{\varepsilon}\sim N(\boldsymbol{0},\sigma^2\boldsymbol{I}_n)$．

假定 3　误差项与自变量 $X_1,X_2,\cdots,X_{p-1}$ 不相关，且自变量的取值矩阵

$$\boldsymbol{X}=\begin{pmatrix}1 & x_{11} & x_{12} & \cdots & x_{1,p-1}\\ 1 & x_{21} & x_{22} & \cdots & x_{2,p-1}\\ \vdots & \vdots & \vdots & & \vdots\\ 1 & x_{n1} & x_{n2} & \cdots & x_{n,p-1}\end{pmatrix}=\begin{pmatrix}\boldsymbol{x}_1^{\mathrm{T}}\\ \boldsymbol{x}_2^{\mathrm{T}}\\ \vdots\\ \boldsymbol{x}_2^{\mathrm{T}}\end{pmatrix}$$

满足 $R(\boldsymbol{X})=p<n$，即 $\boldsymbol{X}$ 是列满秩矩阵，这里 $\boldsymbol{x}_i^{\mathrm{T}}$ 为 $\boldsymbol{X}$ 的第 i 个行向量，$i=1,2,\cdots,n$.

在实际问题中，假如上述条件得不到满足，回归结果的可信度就值得怀疑．另外，在具体数据处理过程中，有可能存在一些异常值或强影响点，这些数据对参数的估计或预测都会造成较大的影响，因此在回归分析过程中有必要对此类数据进行探测分析．本节内容主要包括残差分析、影响分析及多重共线性分析等．

6.6.1　残差分析

从上述讨论可以看到，回归分析的基本假定大都是关于误差项的，而残差作为误差项的"估计量"，是诊断上述假定是否满足的一个重要工具．

考虑线性回归模型

$$\boldsymbol{Y}=\boldsymbol{X\beta}+\boldsymbol{\varepsilon}，\quad E(\boldsymbol{\varepsilon})=\boldsymbol{0}，\ \mathrm{Var}(\boldsymbol{\varepsilon})=\sigma^2\boldsymbol{I}_n . \tag{6.6.1}$$

6.2 节已经给出了残差的定义，称

$$e_i=y_i-\hat{y}_i=y_i-\hat{\beta}_0-\hat{\beta}_1x_{i1}-\cdots-\hat{\beta}_{p-1}x_{i,p-1}=y_i-\boldsymbol{x}_i^{\mathrm{T}}\hat{\boldsymbol{\beta}}，\ i=1,2,\cdots,n$$

为第 i 次试验或观测的残差．若模型式（6.6.1）正确的话，可以利用残差 $e_i,i=1,2,\cdots,n$ 考察误差项 $\varepsilon_i,i=1,2,\cdots,n$ 的性态．

模型式（6.6.1）中 $\boldsymbol{\beta}$ 的最小二乘估计为 $\hat{\boldsymbol{\beta}}=(\boldsymbol{X}^{\mathrm{T}}\boldsymbol{X})^{-1}\boldsymbol{X}^{\mathrm{T}}\boldsymbol{Y}$，从而拟合值向量

$$\hat{\boldsymbol{Y}}=\boldsymbol{X}\hat{\boldsymbol{\beta}}=\boldsymbol{X}(\boldsymbol{X}^{\mathrm{T}}\boldsymbol{X})^{-1}\boldsymbol{X}^{\mathrm{T}}\boldsymbol{Y}=\boldsymbol{HY}， \tag{6.6.2}$$

其中 $\boldsymbol{H}=\boldsymbol{X}(\boldsymbol{X}^{\mathrm{T}}\boldsymbol{X})^{-1}\boldsymbol{X}^{\mathrm{T}}$ 称为帽子矩阵，容易验证，帽子矩阵 $\boldsymbol{H}$ 满足

$$\boldsymbol{H}^{\mathrm{T}}=\boldsymbol{H}，\quad \boldsymbol{H}^2=\boldsymbol{H}， \tag{6.6.3}$$

即 $\boldsymbol{H}$ 为对称幂等矩阵．利用帽子矩阵 $\boldsymbol{H}$，残差向量可以表示为

$$\boldsymbol{e}=\boldsymbol{Y}-\hat{\boldsymbol{Y}}=\boldsymbol{Y}-\boldsymbol{HY}=(\boldsymbol{I}_n-\boldsymbol{H})\boldsymbol{Y} . \tag{6.6.4}$$

容易证明

$$E(\boldsymbol{e})=\boldsymbol{0}，\quad \mathrm{Var}(\boldsymbol{e})=\sigma^2(\boldsymbol{I}_n-\boldsymbol{H}) . \tag{6.6.5}$$

若进一步假定 $\boldsymbol{\varepsilon}\sim N(\boldsymbol{0},\sigma^2\boldsymbol{I}_n)$，则有

$$\boldsymbol{e}\sim N(\boldsymbol{0},\sigma^2(\boldsymbol{I}_n-\boldsymbol{H})) . \tag{6.6.6}$$

若用标量的形式标记，则第 i 个残差 e_i 的方差为

$$\mathrm{Var}(e_i)=\sigma^2(1-h_{ii})，$$

其中，h_{ii} 为 $\boldsymbol{H}$ 的第 i 个对角元素．可以看到，在一般情况下，$e_i,i=1,2,\cdots,n$ 是相关的，且方差不相等，这给残差分析带来一定的麻烦，为此引入了**标准化残差**的概念．

$$r_i = \frac{e_i}{\hat{\sigma}\sqrt{1-h_{ii}}}，\quad i=1,2,\cdots,n，\tag{6.6.7}$$

其中 $\hat{\sigma}^2 = \dfrac{\text{SSE}}{n-p}$. 需要说明的是，即使在 $\boldsymbol{\varepsilon} \sim N(\mathbf{0}, \sigma^2 \boldsymbol{I}_n)$ 的条件下，r_i，$i=1,2,\cdots,n$ 的精确分布也比较复杂，但可以近似地认为 r_i，$i=1,2,\cdots,n$ 相互独立且服从 $N(0,1)$. 这时就可以利用标准化残差图对模型假定的合理性进行诊断. 所谓**残差图**，指的是以残差为纵坐标，以观测值 y_i 或预测值 $\hat{y}_i$，或者 $x_{ij}(j=1,2,\cdots,p-1)$，或者序号为横坐标的图形. 若模型假设正确的话，残差图上的点应该是无规则地散布在图中. 如果残差图中的点呈现某种规律或具有某种趋势时，就可以对模型的假设提出疑义.

在 R 软件中，可以利用函数 residuals()或 resid()来计算残差，利用 rstandard()或 rstudent()计算标准化残差. 这些函数的调用模式为

residuals(object, ...)，　resid(object, ...)，rstandard(model, ...)，rstudent(model, ...)

其中 object 或 model 是由线性模型函数 lm()或广义线性模型函数 glm()生成的对象.

例 6.6.1（续例 6.2.1） 我们在例 6.2.1 中建立了沸点与气压的回归方程为：

$$\hat{F} = 47.834 + 1.111X.$$

试计算残差和标准残差，并进行残差分析.

解　R 程序代码为：

```
> mydata <- matrix(c( 194.5, 131.79,194.3, 131.79,197.9, 135.02,198.4, 135.55,
+      199.4, 136.46,199.9,136.83,200.9,137.82,201.1,138.00,201.4, 138.06,201.3,
+      138.05,203.6,140.04,204.6,142.44,209.5,145.47,208.6,144.34,210.7,146.30,
+      211.9,147.54,212.2,147.80),ncol=2, byrow=T,dimnames = list(1:17, c("F", "X")))
> forbes<-as.data.frame(mydata)
> lm.forbes <- lm(F~X , data=forbes)
> res.forbes<-residuals(lm.forbes)
> rstand.forbes<-rstandard(lm.forbes)
> op<-par(mfrow=c(1,2))              #将作图区域分成 1 行 2 列两个小窗口
> plot(res.forbes~forbes$X)          #绘制以气压 X 为横坐标的残差图
> plot(rstand.forbes~forbes$X)       #绘制以气压 X 为横坐标的标准化残差图
> par(op)
> res.forbes                         #输出残差
> rstand.forbes                      #输出标准化残差
```

回归拟合的残差为：

1	2	3	4	5	6
0.23144002	0.03144002	0.04252325	-0.04637021	-0.05748918	0.03139651
7	8	9	10	11	12
-0.06861203	-0.06861359	0.16471923	0.07583043	0.16470213	-1.50198525
13	14	15	16	17	
0.03132192	0.38688724	0.30909254	0.13130406	0.14241292	

标准化残差为：

```
         1            2            3             4            5            6
0.61372178   0.08337117   0.10667818   -0.11563712  -0.14216407   0.07742424
         7            8            9            10           11           12
-0.16823896  -0.16811433  0.40349325   0.18576004   0.40234637   -3.70544981
        13           14           15           16           17
0.07998996   0.97234681   0.80077631   0.34913913   0.38103720
```

残差图如图 6.4 所示，其中左侧图形为残差图，右侧图形为标准化残差图. 从图形中可以看到，除了 1 个特殊点外，其余残差基本散布在残差为 0 这条直线的附近，说明线性拟合是合适的.

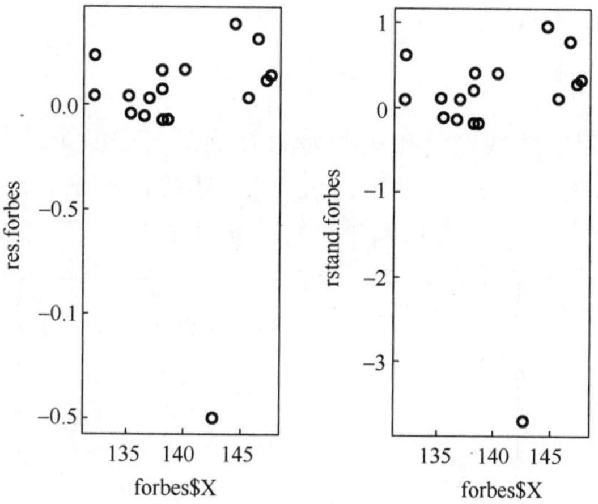

图 6.4　沸点、气压残差图

例 6.6.2　（续例 6.1.1）表 6.1 给出了 15 名年龄在 30～39 岁之间的美国妇女的身高（单位：英尺）和体重（单位：磅）数值，试建立体重与身高的统计关系.

解　从图 6.1 可以看到，体重、身高大致呈现线性关系，因此我们用一元线性回归模型进行拟合，R 代码如下：

```
> plot(weight~height)
> lm.women<-lm(weight~height)
> summary(lm.women)
```

运行结果为：

```
Call:
lm(formula = weight ~ height)
Residuals:
    Min        1Q      Median       3Q       Max
-1.7333    -1.1333    -0.3833    0.7417    3.1167
Coefficients:
              Estimate   Std. Error   t value    Pr(>|t|)
(Intercept)  -87.51667    5.93694     -14.74     1.71e-09 ***
```

```
height          3.45000    0.09114    37.85      1.09e-14 ***
---
Signif. codes:  0 '***' 0.001 '**' 0.01 '*' 0.05 '.' 0.1 ' ' 1
Residual standard error: 1.525 on 13 degrees of freedom
Multiple R-squared:  0.991,     Adjusted R-squared:  0.9903
F-statistic:  1433  on 1 and 13 DF,  p-value: 1.091e-14
```

从运行结果可以看到，判决系数为 $R^2=0.991$，调整的判决系数 $\overline{R}^2=0.9903$，说明拟合程度很高，F 检验的 p 值为 1.091e-14，说明模型整体是显著的，从 t 检验的 p 值也可以看到，回归系数的检验也是显著的．

下面我们考察一下残差的分布情况．R 代码如下：

```
> res.women<-residuals(lm.women)
> plot(res.women~height)
```

残差图如图 6.5 所示，虽然残差分布在残差为 0 这条直线的附近，但是呈现一定的规律性，说明回归函数可能存在非线性，因此需要设法改进上述线性模型．从图 6.4 中可以看到，残差与身高呈现二次函数关系．故引入身高的平方项．R 代码如下：

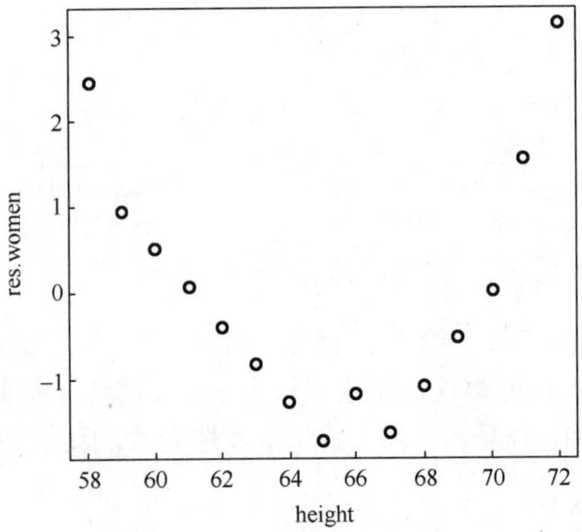

图 6.5　体重、身高残差图

```
> lm.women1<-lm(weight~height+I(height^2))
> summary(lm.women1)
```

运行结果为：

```
Call:
lm(formula = weight ~ height + I(height^2))
Residuals:
     Min         1Q       Median       3Q        Max
-0.50941    -0.29611    -0.00941    0.28615   0.59706
Coefficients:
                 Estimate   Std. Error    t value       Pr(>|t|)
```

```
(Intercept)   261.87818   25.19677   10.393   2.36e-07 ***
height         -7.34832    0.77769   -9.449   6.58e-07 ***
I(height^2)     0.08306    0.00598   13.891   9.32e-09 ***
---
Signif. codes:  0 '***' 0.001 '**' 0.01 '*' 0.05 '.' 0.1 ' ' 1
Residual standard error: 0.3841 on 12 degrees of freedom
Multiple R-squared:  0.9995,   Adjusted R-squared:  0.9994
F-statistic: 1.139e+04 on 2 and 12 DF,  p-value: < 2.2e-16
```

从运行结果可以看到，判决系数为 $R^2 = 0.9995$，调整的判决系数 $\overline{R}^2 = 0.9994$，说明拟合程度非常高，F 检验的 $p < 2.2\text{e}{-16}$，说明模型整体是显著的，从 t 检验的 p 值也可以看到，回归系数的检验也是显著的，这说明身高的平方项的引入使得模型的拟合效果显著提高．我们再考察一下残差散布情况．R 代码如下：

```
> new.res.women<-residuals(lm.women1)
> plot(new.res.women~height)
```

残差图如图 6.6 所示，从图中可以看到，残差分布在残差为 0 这条直线的附近，已经没有呈现出任何的规律性，因此说明采用二次模型是合适的．综上，体重与身高的经验回归模型为

$$\widehat{\text{weight}} = 261.88 - 7.35\text{height} + 0.083(\text{height})^2 .$$

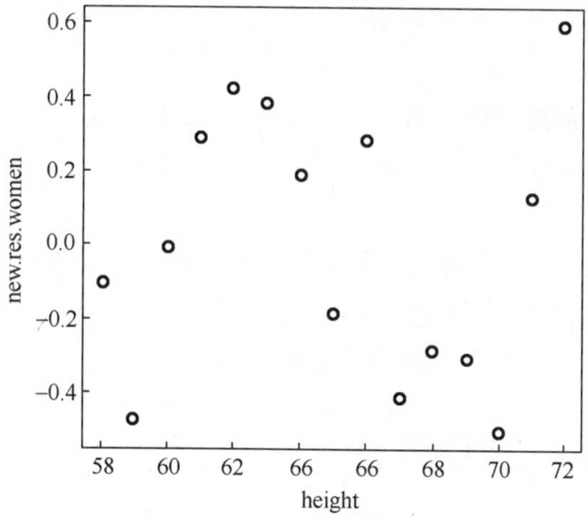

图 6.6　二次曲线拟合残差图

6.6.2　影响分析

影响分析主要用来探测数据中是否存在异常值或强影响点．有些时候某些异常值或强影响点我们可以直观上从散点图或残差图中直接甄别出来．例如，例 6.6.1 中的第 12 个数据点对应的残差远远偏离了其他数据，因此可以认为该数据点即为异常值点，但很多时候无法直接通过图形进行甄别．下面我们通过分析观测点对回归结果的影响入手，探讨甄别异常值点的方法．

为此，引入一些记号．用 $\boldsymbol{Y}_{(i)}$、$\boldsymbol{X}_{(i)}$、$\boldsymbol{\varepsilon}_{(i)}$ 分别表示从 $\boldsymbol{Y}$、$\boldsymbol{X}$ 及 $\boldsymbol{\varepsilon}$ 中剔除第 i 行后所得到的向量或矩阵，从模型式（6.6.1）中剔除第 i 组数据后，剩余的 $n-1$ 组数据构成的线性回归模型为

$$\boldsymbol{Y}_{(i)} = \boldsymbol{X}_{(i)}\boldsymbol{\beta} + \boldsymbol{\varepsilon}_{(i)}, \quad E(\boldsymbol{\varepsilon}_{(i)}) = \boldsymbol{0}, \ \operatorname{Var}(\boldsymbol{\varepsilon}_{(i)}) = \sigma^2 \boldsymbol{I}_{n-1}. \tag{6.6.8}$$

回归参数 $\boldsymbol{\beta}$ 的最小二乘估计为

$$\hat{\boldsymbol{\beta}}_{(i)} = (\boldsymbol{X}_{(i)}^{\mathrm{T}} \boldsymbol{X}_{(i)})^{-1} \boldsymbol{X}_{(i)}^{\mathrm{T}} \boldsymbol{Y}_{(i)}. \tag{6.6.9}$$

称向量

$$\boldsymbol{F}_i = \hat{\boldsymbol{\beta}}_{(i)} - \hat{\boldsymbol{\beta}} \tag{6.6.10}$$

为第 i 组观测数据的**影响函数**，直观上来看，向量 $\boldsymbol{F}_i$ 反映了第 i 组观测数据对回归系数估计的影响大小．然而 $\boldsymbol{F}_i$ 为向量，使用不方便．Cook 于 1977 年提出了 Cook 统计量，其定义为

$$D_i = \frac{(\hat{\boldsymbol{\beta}}_{(i)} - \hat{\boldsymbol{\beta}})^{\mathrm{T}} \boldsymbol{X}^{\mathrm{T}} \boldsymbol{X} (\hat{\boldsymbol{\beta}}_{(i)} - \hat{\boldsymbol{\beta}})}{p\hat{\sigma}^2}, \quad i = 1, 2, \cdots, n \tag{6.6.11}$$

其中 $\hat{\sigma}^2 = \dfrac{\text{SSE}}{n-p}$．经过证明［证明过程可以参见王松桂等编写的《线性统计模型》(1999)］，Cook 统计量 D_i 可以改写为：

$$D_i = \frac{1}{p}\left(\frac{h_{ii}}{1-h_{ii}}\right) r_i^2. \tag{6.6.12}$$

这里 r_i 为标准化残差，h_{ii} 为帽子矩阵 $\boldsymbol{H}$ 的第 i 个对角元素．式（6.6.12）的主要优点在于可以利用完全数据的方法计算标准化残差 r_i 和帽子矩阵的对角元素 h_{ii}，相对于表达式（6.6.11）而言，计算量将大为减少．

直观上来讲，Cook 统计量 D_i 越大，第 i 个数据点越有可能为异常值点．但要用 Cook 统计量判定异常值点的临界值是很困难的，在应用中要视具体情况而定．参考文献[5]中 Belsley、Kuh 和 Welsch（1980）给出了另外一种准则，所用统计量为

$$\text{DFFITS}_i = \frac{e_i}{\hat{\sigma}_{(i)}\sqrt{1-h_{ii}}} \cdot \sqrt{\frac{h_{ii}}{1-h_{ii}}}, \tag{6.6.13}$$

其中 $\hat{\sigma}_{(i)}$ 是剔除第 i 组数据后误差标准差 σ 的估计．DFFITS_i 的绝对值越大，说明第 i 个数据点越有可能为异常值点．

利用回归系数估计量的协方差阵也可以给出甄别异常值点的方法，该方法通常称为 COVATIO 准则．回归系数的最小二乘估计 $\hat{\boldsymbol{\beta}}$ 和 $\hat{\boldsymbol{\beta}}_{(i)}$ 的协方差阵分别为

$$\operatorname{Var}(\hat{\boldsymbol{\beta}}) = \sigma^2 (\boldsymbol{X}^{\mathrm{T}} \boldsymbol{X})^{-1}, \quad \operatorname{Var}(\hat{\boldsymbol{\beta}}_{(i)}) = \sigma^2 (\boldsymbol{X}_{(i)}^{\mathrm{T}} \boldsymbol{X}_{(i)})^{-1},$$

所用统计量为

$$\mathrm{COVATIO}_i = \frac{\det[\hat{\sigma}_{(i)}^2 (\boldsymbol{X}_{(i)}^{\mathrm{T}} \boldsymbol{X}_{(i)})^{-1}]}{\det[\hat{\sigma}^2 (\boldsymbol{X}^{\mathrm{T}} \boldsymbol{X})^{-1}]}, \tag{6.6.14}$$

如果$\mathrm{COVATIO}_i$的取值离1越远，则第i个数据点越有可能为异常值点.

在 R 软件中，利用 lm.influence()可以计算影响函数$\boldsymbol{F}_i$，其调用格式为

influence(model, do.coef = TRUE,...)

其中，model 为回归模型，参数 do.coef= TRUE 表示结果要求给出剔除第i个数据后的回归系数.

利用函数 cooks.distance()可以计算 Cook 距离，利用 dffits()可以计算 DFFITS 距离，利用 covratio()可以计算 COVATIO 值. R 软件还提供了 influence.measures()函数，该函数返回一个列表，列表中包括了 Cook 距离、DFFITS 距离、COVATIO 值等. 需要读者注意的是，利用上述函数找到的点是否为真正的异常值点，还需要根据具体情况进行分析.

例 6.6.3 （续例 6.6.1） 我们在例 6.6.1 中建立了沸点与气压的回归方程，并进行残差分析. 试分析该数据中是否存在奇异值.

解 R 代码如下：

```
> mydata <- matrix(c( 194.5, 131.79,194.3, 131.79,197.9, 135.02,198.4, 135.55,
+        199.4, 136.46,199.9,136.83,200.9,137.82,201.1,138.00,201.4, 138.06,201.3,
+        138.05,203.6,140.04,204.6,142.44,209.5,145.47,208.6,144.34,210.7,146.30,
+        211.9,147.54,212.2,147.80),ncol=2, byrow=T,dimnames = list(1:17, c("F", "X")))
> forbes<-as.data.frame(mydata)
> lm.forbes <- lm(F～X , data=forbes)
> influence.measures(lm.forbes)
```

运行结果为：

```
Influence measures of
         lm(formula = F ～ X, data = forbes) :
     dfb.1_    dfb.X    dffit    cov.r    cook.d    hat    inf
1   0.25966  -0.25397   0.3018  1.36658  0.047563  0.2016
2   0.03484  -0.03407   0.0405  1.43655  0.000878  0.2016   *
3   0.02514  -0.02420   0.0359  1.28498  0.000689  0.1080
4  -0.02408   0.02307  -0.0367  1.26940  0.000721  0.0973
5  -0.02305   0.02182  -0.0411  1.24708  0.000902  0.0820
6   0.01112  -0.01045   0.0216  1.24251  0.000249  0.0768
7  -0.01599   0.01454  -0.0433  1.22481  0.001005  0.0663
8  -0.01451   0.01305  -0.0428  1.22295  0.000980  0.0649
9   0.03380  -0.03029   0.1028  1.20050  0.005604  0.0644
10  0.01558  -0.01397   0.0472  1.22145  0.001189  0.0645
11 -0.00494   0.00846   0.0981  1.19408  0.005099  0.0593
12  1.64287  -1.75558  -3.5689  0.00892  0.577563  0.0776   *
13 -0.02288   0.02362   0.0311  1.33248  0.000517  0.1392
```

14	-0.22651	0.23562	0.3433	1.13392	0.059154	0.1112	
15	-0.27212	0.27983	0.3497	1.25763	0.062705	0.1636	
16	-0.14240	0.14580	0.1725	1.42236	0.015812	0.2060	*
17	-0.16175	0.16549	0.1940	1.43564	0.019976	0.2158	*

从运行结果可以看到，第 2、12、16、17 个观测值有可能为异常值，结果中已经用“*”标出．

6.6.3　多重共线性分析

6.6 节曾指出，在进行回归分析时，一个基本的假定是自变量的取值矩阵满足 $R(\boldsymbol{X}) = p < n$，即 $\boldsymbol{X}$ 是列满秩矩阵，这就要求自变量 $X_1, X_2, \cdots, X_{p-1}$ 之间不能存在较强的线性相关关系．然而在实际问题中，自变量之间不相关的情形比较少，如考察某一经济指标，该指标涉及多个影响因素，这些影响因素之间大都存在一定的相关性．线性回归的理想要求是，因变量对自变量有很强的线性关系，而自变量之间有较弱的线性关系．

本节我们将讨论自变量存在较强的相关关系对最小二乘估计的影响及共线性严重程度的测度问题．

定义 6.6.1　如果变量 $X_1, X_2, \cdots, X_{p-1}$ 之间存在较强的线性关系，即存在一组不全为零的常数 $c_0, c_1, \cdots, c_{p-1}$，使得

$$c_0 + c_1 X_1 + \cdots + c_{p-1} X_{p-1} \approx 0, \tag{6.6.15}$$

则称变量 $X_1, X_2, \cdots, X_{p-1}$ 存在**多重共线性**（Multicollinearity）．

记 $\boldsymbol{X} = (\boldsymbol{1}, \boldsymbol{x}_{(1)}, \boldsymbol{x}_{(2)}, \cdots, \boldsymbol{x}_{(p-1)})$，其中 $\boldsymbol{1}$ 是各分量均为 1 的 n 维向量，$\boldsymbol{x}_{(i)}$ 为设计矩阵 $\boldsymbol{X}$ 的第 $i+1$ 列，设 λ 为 $\boldsymbol{X}^{\mathrm{T}}\boldsymbol{X}$ 的一个特征值，$\boldsymbol{\varphi}$ 为对应的单位化特征向量，则 $\boldsymbol{X}^{\mathrm{T}}\boldsymbol{X}\boldsymbol{\varphi} = \lambda\boldsymbol{\varphi}$，从而

$$\boldsymbol{\varphi}^{\mathrm{T}}\boldsymbol{X}^{\mathrm{T}}\boldsymbol{X}\boldsymbol{\varphi} = \boldsymbol{\varphi}^{\mathrm{T}}\lambda\boldsymbol{\varphi} = \lambda\boldsymbol{\varphi}^{\mathrm{T}}\boldsymbol{\varphi} = \lambda .$$

因而

$$\lambda \approx 0 \Leftrightarrow \boldsymbol{X}\boldsymbol{\varphi} \approx \boldsymbol{0}. \tag{6.6.16}$$

若记 $\boldsymbol{\varphi} = (c_0, c_1, \cdots, c_{p-1})^{\mathrm{T}}$，则 $\boldsymbol{X}\boldsymbol{\varphi} \approx \boldsymbol{0}$ 可等价地表示为

$$c_0\boldsymbol{1} + c_1\boldsymbol{x}_{(1)} + c_2\boldsymbol{x}_{(2)} + \cdots + c_{p-1}\boldsymbol{x}_{(p-1)} \approx \boldsymbol{0}. \tag{6.6.17}$$

这表明设计矩阵 $\boldsymbol{X}$ 的列向量之间具有近似线性关系式（6.6.17），从现有的 n 组数据看，变量 $X_1, X_2, \cdots, X_{p-1}$ 具有近似线性关系式（6.6.15）．

综上，若变量 $X_1, X_2, \cdots, X_{p-1}$ 之间存在多重共线性，则 $\boldsymbol{X}^{\mathrm{T}}\boldsymbol{X}$ 至少有一个特征值近似等于 0；反之，若 $\boldsymbol{X}^{\mathrm{T}}\boldsymbol{X}$ 至少有一个特征值近似等于 0，则变量 $X_1, X_2, \cdots, X_{p-1}$ 之间存在多重共线性．

我们在 3.1 节曾引入了一个评价估计量优劣的标准——均方误差（MSE），对于 p 维参数向量 $\boldsymbol{\theta} \in \Theta \subseteq R^p$，定义其估计 $\hat{\boldsymbol{\theta}}$ 的均方误差为

$$\mathrm{MSE}(\hat{\boldsymbol{\theta}}) = E\|\hat{\boldsymbol{\theta}} - \boldsymbol{\theta}\|^2 = E[(\hat{\boldsymbol{\theta}} - \boldsymbol{\theta})^{\mathrm{T}}(\hat{\boldsymbol{\theta}} - \boldsymbol{\theta})].$$

可以证明

$$\mathrm{MSE}(\hat{\boldsymbol{\theta}})=\mathrm{tr}[\mathrm{Var}(\hat{\boldsymbol{\theta}})]+\|E(\hat{\boldsymbol{\theta}})-\boldsymbol{\theta}\|^2. \tag{6.6.18}$$

对于线性回归模型式（6.6.1），由于 $\boldsymbol{\beta}$ 的最小二乘估计 $\hat{\boldsymbol{\beta}}$ 是无偏的，且 $\mathrm{Var}(\hat{\boldsymbol{\beta}})=\sigma^2(\boldsymbol{X}^{\mathrm{T}}\boldsymbol{X})^{-1}$，因此

$$\mathrm{MSE}(\hat{\boldsymbol{\beta}})=\sigma^2\mathrm{tr}[(\boldsymbol{X}^{\mathrm{T}}\boldsymbol{X})^{-1}]. \tag{6.6.19}$$

又因为 $\boldsymbol{X}^{\mathrm{T}}\boldsymbol{X}$ 是对称正定阵，因此存在 p 阶正交矩阵 Φ，使得

$$\boldsymbol{X}^{\mathrm{T}}\boldsymbol{X}=\Phi\mathrm{diag}\{\lambda_1,\lambda_2,\cdots,\lambda_p\}\Phi^{\mathrm{T}}, \tag{6.6.20}$$

其中 $\lambda_1\geqslant\lambda_2\geqslant\cdots\geqslant\lambda_p$ 为 $\boldsymbol{X}^{\mathrm{T}}\boldsymbol{X}$ 的特征根．从而

$$\mathrm{MSE}(\hat{\boldsymbol{\beta}})=\sigma^2\sum_{i=1}^{p}\frac{1}{\lambda_i}. \tag{6.6.21}$$

由此可以看到，若 $\boldsymbol{X}^{\mathrm{T}}\boldsymbol{X}$ 至少有一个特征值非常接近于零，则 $\mathrm{MSE}(\hat{\boldsymbol{\beta}})$ 会很大，故多重共线性的存在使得估计效果很差．

那么如何来测度多重共线性呢？常用的方法有两种，即条件数法和方差膨胀因子法．

条件数（Condition Number）的定义为：

$$\kappa=\frac{\lambda_{\max}(\boldsymbol{X}^{\mathrm{T}}\boldsymbol{X})}{\lambda_{\min}(\boldsymbol{X}^{\mathrm{T}}\boldsymbol{X})}, \tag{6.6.22}$$

其中 $\lambda_{\max}(\boldsymbol{X}^{\mathrm{T}}\boldsymbol{X})$ 和 $\lambda_{\min}(\boldsymbol{X}^{\mathrm{T}}\boldsymbol{X})$ 分别为 $\boldsymbol{X}^{\mathrm{T}}\boldsymbol{X}$ 的最大特征值和最小特征值，当 $\kappa>1000$ 时，认为变量之间存在严重的多重共线性．

方差膨胀因子 VIF（Variance Inflation Factor）是指回归系数的估计量由于自变量存在多重共线性使得方差增大的一个相对度量，其定义为：

$$\mathrm{VIF}_j=\frac{1}{1-R_j^2},\quad j=0,1,\cdots,p-1,$$

其中 R_j^2 是第 j 个变量对其余自变量的线性回归的判决系数．R_j^2 越大，说明第 j 个变量对其余变量的线性相关程度越高，因此 VIF_j 也就越大．经验表明，当 $\max(\mathrm{VIF}_j)\geqslant 10$ 时，即认为变量之间存在多重共线性．

在 R 软件中，可以利用函数 kappa()可以计算矩阵的条件数，其调用格式为：

kappa(z, exact = FALSE，...)

其中 z 为矩阵，参数 exact 为逻辑型，exact = FALSE 表示近似计算条件数．

利用 R 软件中的 car 程序包中的 vif()函数可以计算方差膨胀因子，由于 car 程序包不是 R 的基本包，使用时需要提前下载安装，下面看一个例子．

例 6.6.4 R 软件中自带数据集 Duncan 给出了 1950 年美国 45 种职业的职业类属、收入、受教育程度及职业声誉的情况．该数据集共包含了 4 个变量 45 组数据．其中职业类属（type）指的是从事的职业的归属，包括专业人员、管理人员、蓝领、白领 4 个大类；收入（income）指的是 1950 年男性从业者收入在 3500 美元或更高的比例；教育情况（education）指的是 1950 年男性从业者高中以上学历的比例；职业声誉（prestige）指的是民意调查中获得优秀或良好的比例．试建立职业声誉与收入、教育程度的统计关系，并给出残差分析和多重共线性分析．

解　R 程序代码如下：

```
> library(car)
> attach(Duncan)
> lm.Duncan<-lm(prestige ~ income + education,data=Duncan)
> summary(lm.Duncan)
```

运行结果如下：

```
Call:
lm(formula = prestige ~ income + education, data = Duncan)
Residuals:
    Min       1Q    Median       3Q      Max
-29.538   -6.417    0.655     6.605   34.641
Coefficients:
            Estimate  Std. Error  t value  Pr(>|t|)
(Intercept) -6.06466   4.27194    -1.420   0.163
income       0.59873   0.11967     5.003   1.05e-05 ***
education    0.54583   0.09825     5.555   1.73e-06 ***
---
Signif. codes:  0 '***' 0.001 '**' 0.01 '*' 0.05 '.' 0.1 ' ' 1
Residual standard error: 13.37 on 42 degrees of freedom
Multiple R-squared:  0.8282,    Adjusted R-squared:  0.82
F-statistic: 101.2 on 2 and 42 DF,  p-value: < 2.2e-16
```

从运行结果可以看到，判决系数 $R^2=0.828$，调整的判决系数 $\bar{R}^2=0.82$，说明拟合程度比较高，F 检验和 t 检验都是显著的．接下来再考察一下残差散布情况，R 代码如下：

```
> res.Duncan<-residuals(lm.Duncan)
> plot(res.Duncan~prestige)
```

残差图如图 6.7 所示，从图中可以看到，残差分布在残差为 0 这条直线的附近，没有呈现出任何的规律性，因此说明采用该线性模型是合适的．考察变量 income 和 education 的线性相关情况，代码和结果如下：

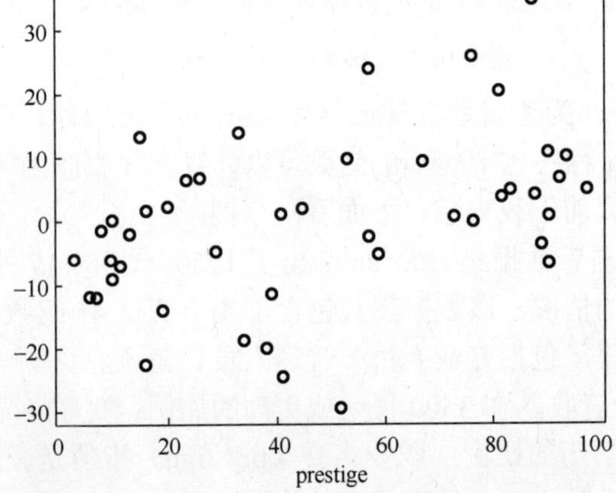

图 6.7　职业声誉与收入、受教育程度拟合残差图

```
> vif(lm.Duncan)
  income    education
  2.1049    2.1049
```

由于方差膨胀因子均小于 10，认为变量 income 和 education 不存在相关关系.

6.7 有 偏 估 计

在实际问题中，回归自变量之间存在多重共线性的现象是比较普遍的，在这种情况下，若使用普通的最小二乘法估计效果会很差. 这时就需要探寻新的估计方法对最小二乘法进行改进，改进方法通常从两个方面着手，一是从减少均方误差 MSE 的角度着手，通过牺牲估计的无偏性而换取方差的大幅减小，如岭估计方法；二是从消除回归自变量的多重共线性着手，如通过逐步回归方法选择合适的变量进入回归模型，又如通过主成分分析将回归自变量转换为少量的主成分等. 关于多重共线性的解决方法文献中有很多，本节主要介绍岭估计和主成分回归两种方法.

6.7.1 岭估计

岭估计（Ridge Estimate）是由 Hoerl 于 1962 年首先提出来的，该方法一经提出便受到了众多统计学家的广泛关注，目前已经成为最有影响的有偏估计方法之一.

岭估计的思想比较直观，当自变量之间存在多重共线性时，导致 $|\boldsymbol{X}^{\mathrm{T}}\boldsymbol{X}|\approx 0$，岭估计通过给 $\boldsymbol{X}^{\mathrm{T}}\boldsymbol{X}$ 添加一个对角矩阵 $k\boldsymbol{I}_n$ $(k>0)$，使得 $(\boldsymbol{X}^{\mathrm{T}}\boldsymbol{X}+k\boldsymbol{I}_n)^{-1}$ 尽量远离奇异阵. 岭估计的主要目的是牺牲无偏性，换取方差的大幅减小，从而降低了估计量的均方误差.

定义 6.7.1 对于线性回归模型

$$\boldsymbol{Y}=\boldsymbol{X\beta}+\boldsymbol{\varepsilon},\quad E(\boldsymbol{\varepsilon})=\boldsymbol{0},\quad \mathrm{Var}(\boldsymbol{\varepsilon})=\sigma^2\boldsymbol{I}_n, \tag{6.7.1}$$

回归系数 $\boldsymbol{\beta}$ 的岭估计定义为

$$\hat{\boldsymbol{\beta}}(k)=(\boldsymbol{X}^{\mathrm{T}}\boldsymbol{X}+k\boldsymbol{I}_n)^{-1}\boldsymbol{X}^{\mathrm{T}}\boldsymbol{Y}, \tag{6.7.2}$$

这里 $k>0$ 是可选择参数，称为**岭参数**.

注 因为 $k>0$ 是可选择参数，所以 $\hat{\boldsymbol{\beta}}(k)$ 是一个估计类；显然当 $k=0$ 时，$\hat{\boldsymbol{\beta}}(0)$ 就是通常的最小二乘估计 $\hat{\boldsymbol{\beta}}$. 需要读者注意的是，通常我们所提及的岭估计并不包含最小二乘估计.

下面介绍岭估计的一些重要性质.

性质 6.7.1 岭估计 $\hat{\boldsymbol{\beta}}(k)$ 是 $\boldsymbol{\beta}$ 的有偏估计.

证 因为对一切 $k\neq 0$ 和 $\boldsymbol{\beta}\neq\boldsymbol{0}$，有

$$E[\hat{\boldsymbol{\beta}}(k)]=(\boldsymbol{X}^{\mathrm{T}}\boldsymbol{X}+k\boldsymbol{I}_n)^{-1}\boldsymbol{X}^{\mathrm{T}}E(\boldsymbol{Y})=(\boldsymbol{X}^{\mathrm{T}}\boldsymbol{X}+k\boldsymbol{I}_n)^{-1}\boldsymbol{X}^{\mathrm{T}}\boldsymbol{X\beta}\neq\boldsymbol{\beta},$$

所以岭估计是有偏估计.

性质 6.7.2 存在常数 $k>0$，使得

$$\mathrm{MSE}(\hat{\boldsymbol{\beta}}(k))<\mathrm{MSE}(\hat{\boldsymbol{\beta}}).$$

性质 6.7.2 的证明可以参见王黎明等编写的《应用回归分析》(2008). 该性质说明，存在 $k>0$，使得在均方误差意义下，岭估计优于最小二乘估计.

关于岭参数 k 的选取，最常用的方法是岭迹法．当 k 在 $[0,+\infty)$ 上变化时，$\hat{\boldsymbol{\beta}}(k)$ 的各个分量的图形称为**岭迹**．我们将 $\hat{\beta}_1(k),\hat{\beta}_2(k),\cdots,\hat{\beta}_p(k)$ 的岭迹画在同一个图上，根据岭迹的变化趋势选择合适的 k 值，使得各个回归系数的岭估计大体上稳定，并且各个回归系数岭估计值的符号比较合理，当然还要考虑残差平方和不要上升太多等．

在 R 软件中，利用 MASS 程序包中 lm.ridge()函数可以计算岭估计，由于 MASS 程序包不在 R 基本包内，因此使用该程序包时需要提前下载安装．lm.ridge()函数的调用格式为：

```
lm.ridge(formula, data, subset, na.action, lambda = 0, model = FALSE,
         x = FALSE, y = FALSE, contrasts = NULL, ...)
```

其中，formula 为模型公式；data 为数据框；subset 用于指定那些数据子集参与运算；na.action 用于指定数据中缺失数据（NA）的处理方法；lambda 为岭参数，默认值为 0；model = FALSE 用于设置模型是否返回，默认值为不返回；x 和 y 分别用于设置设计变量和响应变量值是否返回，默认值为不返回．

例 6.7.1　表 6.5 给出了 2000—2014 年我国宏观经济运行数据，试建立我国进口总额与其他宏观变量之间的回归模型．

表 6.5　2000—2014 年我国宏观经济运行数据

年份	进口总额（Y,亿元）	国内生产总值（X_1,亿元）	社会消费品零售总额(X_2,亿元)	存储总额(X_3,亿元)	出口总额（X_4,亿元）
2000	18638.80	99776.3	39105.7	64332.38	20634.40
2001	20159.20	110270.4	43055.4	73762.43	22024.40
2002	24430.30	121002.0	48135.9	86910.65	26947.90
2003	34195.60	136564.6	52516.3	103617.65	36287.90
2004	46435.80	160714.4	59501.0	119555.39	49103.30
2005	54273.70	185895.8	68352.6	141050.99	62648.10
2006	63376.86	217656.6	93571.6	161587.30	77597.20
2007	73300.10	268019.4	93571.6	172534.19	93563.60
2008	79526.53	316751.7	114830.1	217885.35	100394.94
2009	68618.37	345629.2	132678.4	260771.66	82029.69
2010	94699.30	408903.0	156998.4	303302.50	107022.84
2011	113161.39	484123.5	183918.6	343635.89	123240.56
2012	114801.00	534123.0	210307.0	399551.04	129359.30
2013	121037.50	588018.8	242842.8	447601.60	137131.40
2014	120422.84	636462.7	271896.1	485261.34	143911.66

解　首先建立进口总额与其他所有变量之间的多元线性回归模型，并进行多重共线性分析．R 程序代码为：

```
> library(car)
> y<-c(18638.80,20159.20,24430.30,34195.60,46435.80,54273.70,63376.86,73300.10,79526.53,
+     68618.37,94699.30,113161.39,114801.00,121037.50,120422.84)
> x1<-c(99776.3,110270.4,121002.0,136564.6,160714.4,185895.8,217656.6,268019.4,316751.7,
```

```
+    345629.2,408903.0,484123.5,534123.0,588018.8,636462.7)
> x2<-c(39105.7,43055.4,48135.9,52516.3,59501.0,68352.6,93571.6,93571.6,114830.1,
+    132678.4,156998.4,183918.6,210307.0,242842.8,271896.1)
> x3<-c(64332.38,73762.43,86910.65,103617.65,119555.39,141050.99,161587.30,
+    172534.19,217885.35,260771.66,303302.50,343635.89,399551.04,447601.60,485261.34)
> x4<-c(20634.40,22024.40,26947.90,36287.90,49103.30,62648.10,77597.20,93563.60,
+    100394.94,82029.69,107022.84,123240.56,129359.30,137131.40,143911.66)
> mydata<-data.frame(y,x1,x2,x3,x4)
> lm.reg<-lm(y~x1+x2+x3+x4,data=mydata)
> vif(lm.reg)
```

运行结果为：

```
      x1          x2          x3        x4
367.6608    215.8405    415.9163   19.3378
```

从运行结果可以看到，由于各个变量的方差膨胀因子均远大于 10，认为变量 X_1, X_2, X_3, X_4 之间存在严重的多重共线性．下面利用岭回归方法进行估计，并画出岭迹图，R 程序代码为：

```
> library(MASS)
> lm.ridge.reg<-lm.ridge(y~x1+x2+x3+x4,data=mydata,lambda=seq(0,0.3,length=20))
> plot(lm.ridge.reg)
> lm.ridge.reg
```

运行结果为：

		x1	x2	x3	x4
0.00000000	1672.184	0.05061901	-0.31204039	0.16431127	0.6585049
0.01578947	1777.404	0.05597566	-0.22267015	0.10896943	0.6576490
0.03157895	1899.057	0.05444017	-0.17321685	0.08426686	0.6570006
0.04736842	2017.913	0.05223130	-0.14108127	0.07021543	0.6551151
0.06315789	2132.055	0.05024266	-0.11824114	0.06120214	0.6522854
0.07894737	2241.756	0.04858629	-0.10101539	0.05498832	0.6488257
0.09473684	2347.540	0.04722911	-0.08745678	0.05049480	0.6449565
0.11052632	2449.873	0.04611687	-0.07643326	0.04713434	0.6408250
0.12631579	2549.132	0.04520062	-0.06723998	0.04455906	0.6365300
0.14210526	2645.614	0.04444089	-0.05941440	0.04254945	0.6321394
0.15789474	2739.557	0.04380692	-0.05264004	0.04096004	0.6277001
0.17368421	2831.154	0.04327479	-0.04669280	0.03969061	0.6232455
0.18947368	2920.568	0.04282591	-0.04140945	0.03866983	0.6187995
0.20526316	3007.935	0.04244565	-0.03666815	0.03784559	0.6143793
0.22105263	3093.375	0.04212245	-0.03237605	0.03717895	0.6099974
0.23684211	3176.989	0.04184704	-0.02846111	0.03664022	0.6056629
0.25263158	3258.869	0.04161195	-0.02486650	0.03620641	0.6013824
0.26842105	3339.099	0.04141110	-0.02154679	0.03585945	0.5971606

```
0.28421053    3417.752    0.04123947    -0.01846519    0.03558493    0.5930008
0.30000000    3494.896    0.04109293    -0.01559155    0.03537126    0.5889051
```

岭迹图如图 6.8 所示，从图中可以看出，从 $k=0.25$ 开始，4 条岭迹曲线都变得比较平缓，因此取 $k=0.25$，此时的岭回归计算结果为：

```
> lm.ridge.reg<-lm.ridge(y~x1+x2+x3+x4,data=mydata,lambda=0.25)
> lm.ridge.reg
                      x1            x2           x3           x4
3245.33936191   0.04164861   -0.02544540   0.03627224   0.60209188
```

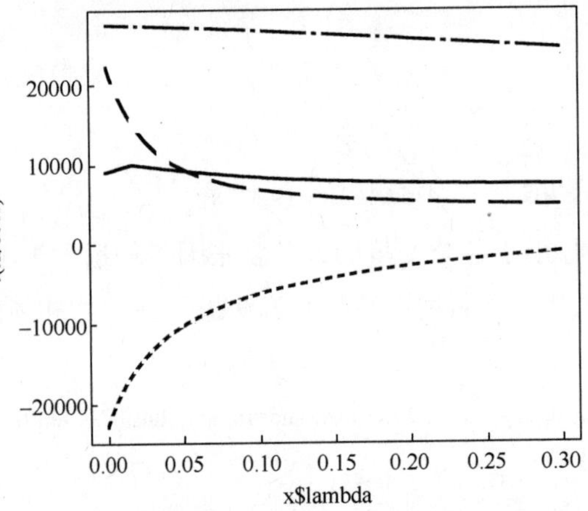

图 6.8　我国宏观经济数据的岭迹图

R 软件还提供了一些其他岭参数选择方法，感兴趣的读者可参阅岭回归的相关文献.

```
> select(lm.ridge.reg)
modified HKB estimator is 0.01484294
modified L-W estimator is 0.02186027
smallest value of GCV   at 0.25
```

从运行结果可以看到，取岭参数 $k=0.25$ 还是比较合理的.

6.7.2　主成分回归

主成分回归估计是由 W.F.Massy 于 1965 年提出的一种有偏估计，该方法首先利用主成分分析在自变量中提取主成分，然后再将信息量较大的主成分作为新的自变量进行回归分析.

考虑线性回归模型

$$\boldsymbol{Y}=\alpha_0\boldsymbol{1}+\boldsymbol{X\beta}+\boldsymbol{\varepsilon}, \quad E(\boldsymbol{\varepsilon})=\boldsymbol{0}, \quad \mathrm{Var}(\boldsymbol{\varepsilon})=\sigma^2\boldsymbol{I}_n . \tag{6.7.3}$$

这里设计矩阵 $\boldsymbol{X}$ 已经中心化，记 $\lambda_1\geqslant\lambda_2\geqslant\cdots\geqslant\lambda_{p-1}\geqslant 0$ 为 $\boldsymbol{X}^{\mathrm{T}}\boldsymbol{X}$ 的 $p-1$ 个特征根，$\varphi_1,\varphi_2,\cdots,\varphi_{p-1}$ 为对应的特征向量，并记

$$\boldsymbol{\Phi}=(\varphi_1,\varphi_2,\cdots,\varphi_{p-1}), \quad \boldsymbol{Z}=\boldsymbol{X\Phi}, \quad \boldsymbol{\alpha}=\boldsymbol{\Phi}^{\mathrm{T}}\boldsymbol{\beta},$$

则模型式（6.7.3）化为典则形式

$$Y = \alpha_0 \mathbf{1} + Z\alpha + \varepsilon\,,\quad E(\varepsilon) = \mathbf{0}\,,\quad \mathrm{Var}(\varepsilon) = \sigma^2 I_n\,. \tag{6.7.4}$$

由于

$$Z = (z_{(1)}, z_{(2)}, \cdots, z_{(p-1)}) = (X\varphi_1, X\varphi_2 \cdots, X\varphi_{p-1})\,, \tag{6.7.5}$$

可见，$z_{(i)}$ 是原来 $p-1$ 个自变量 $X_1, X_2, \cdots, X_{p-1}$ 的线性组合，其组合系数为设计矩阵 X 的第 i 个特征根对应的特征向量 φ_i，称这些新变量为**主成分**. 排在第 1 列的新变量对应于 $X^{\mathrm{T}}X$ 的最大特征根，称为**第一主成分**，排在第 2 列的新变量对应于 $X^{\mathrm{T}}X$ 的第二大特征根，称为**第二主成分**，以此类推.

由于设计矩阵 X 已经中心化，因此 Z 也是中心化的，所以

$$\bar{z}_j = \frac{1}{n}\sum_{i=1}^{n} z_{ij} = 0\,,\quad j = 1, 2, \cdots, p-1\,. \tag{6.7.6}$$

又因为

$$z_{(i)}^{\mathrm{T}} z_{(i)} = \varphi_i^{\mathrm{T}} X^{\mathrm{T}} X \varphi_i = \lambda_i\,, \tag{6.7.7}$$

因此

$$\sum_{i=1}^{n} (z_{ij} - \bar{z}_j)^2 = z_{(j)}^{\mathrm{T}} z_{(j)} = \lambda_j\,,\quad j = 1, 2, \cdots, p-1\,.$$

可见 $X^{\mathrm{T}}X$ 的第 i 个特征根 λ_i 就度量了第 i 个主成分取值变动大小. 当设计阵 X 存在共线性时，$X^{\mathrm{T}}X$ 的有一些特征值会很小，不妨设

$$\lambda_{r+1}, \lambda_{r+2} \cdots, \lambda_{p-1} \approx 0\,,$$

因此在用主成分作为新的回归自变量进行回归时，我们可以忽略后 $p-r-1$ 个主成分，用剩下的 r 个主成分做回归，最后再还原为原来的自变量，这就是主成分回归.

具体地，记

$$\Lambda = \mathrm{diag}(\lambda_1, \lambda_2, \cdots, \lambda_p)\,,$$

对 Λ, α, Z, Φ 进行分块

$$\Lambda = \begin{pmatrix} \Lambda_1 & \mathbf{0} \\ \mathbf{0} & \Lambda_2 \end{pmatrix},\quad \alpha = \begin{pmatrix} \alpha_1 \\ \alpha_2 \end{pmatrix},\quad Z = (Z_1 \vdots Z_2)\,,\quad \Phi = (\Phi_1 \vdots \Phi_2)\,,$$

其中，Λ_1 为 r 阶矩阵，α_1 为 r 维向量，Z_1 为 $n \times r$ 阶矩阵. Φ_1 为 $(p-1) \times r$ 阶矩阵. 将上述矩阵形式代入典则形式（6.7.4），并剔除 $Z_2\alpha_2$，得到

$$Y \approx \alpha_0 \mathbf{1} + Z_1\alpha_1 + \varepsilon\,,\quad E(\varepsilon) = \mathbf{0}\,,\quad \mathrm{Var}(\varepsilon) = \sigma^2 I_n\,. \tag{6.7.8}$$

利用最小二乘法，可以得到

$$\hat{\alpha}_0 = \bar{Y},\ \ \hat{\alpha}_1 = (Z_1^{\mathrm{T}} Z_1)^{-1} Z_1^{\mathrm{T}} Y = \Lambda_1^{-1} Z_1^{\mathrm{T}} Y\,. \tag{6.7.9}$$

于是，

$$\tilde{\beta} = \Phi \begin{pmatrix} \hat{\alpha}_1 \\ \hat{\alpha}_2 \end{pmatrix} = (\Phi_1, \Phi_2) \begin{pmatrix} \hat{\alpha}_1 \\ \mathbf{0} \end{pmatrix} = \Phi_1 \Lambda_1^{-1} Z_1^{\mathrm{T}} Y = \Phi_1 \Lambda_1^{-1} \Phi_1^{\mathrm{T}} X^{\mathrm{T}} Y\,,$$

这就是 β 的主成分估计.

主成分估计的具体步骤归纳如下：

（1）作正交变换 $\boldsymbol{Z}=\boldsymbol{X\Phi}$，获得新的自变量，称为主成分；

（2）剔除对应的特征值比较小的那些主成分；

（3）将剩余的主成分对 $\boldsymbol{Y}$ 作最小二乘估计，再返回到原来的参数，便得到因变量对原始自变量的主成分回归．

性质 6.7.3　若 $r<p-1$，则主成分估计为有偏估计．

证　因为

$$E(\tilde{\boldsymbol{\beta}})=(\boldsymbol{\Phi}_1\vdots\boldsymbol{\Phi}_2)\begin{pmatrix}\boldsymbol{\alpha}_1\\\boldsymbol{0}\end{pmatrix}=\boldsymbol{\Phi}_1\boldsymbol{\alpha}_1,$$

而

$$\boldsymbol{\beta}=\boldsymbol{\Phi\alpha}=\boldsymbol{\Phi}_1\boldsymbol{\alpha}_1+\boldsymbol{\Phi}_2\boldsymbol{\alpha}_2,$$

因此，主成分估计 $\tilde{\boldsymbol{\beta}}$ 是 $\boldsymbol{\beta}$ 的有偏估计．

性质 6.7.4　当设计阵 $\boldsymbol{X}$ 存在共线性时，适当地选择保留的主成分个数可以使主成分估计 $\tilde{\boldsymbol{\beta}}$ 比最小二乘估计 $\hat{\boldsymbol{\beta}}$ 有较小的均方误差，即

$$\mathrm{MSE}(\tilde{\boldsymbol{\beta}})<\mathrm{MSE}(\hat{\boldsymbol{\beta}}).$$

证　假设 $\boldsymbol{X}^{\mathrm{T}}\boldsymbol{X}$ 的有一些特征值很小，不妨设 $\lambda_{r+1},\lambda_{r+2},\cdots,\lambda_{p-1}\approx 0$，由于

$$\begin{aligned}\mathrm{MSE}(\tilde{\boldsymbol{\beta}})&=\mathrm{MSE}\begin{pmatrix}\hat{\boldsymbol{\alpha}}_1\\\boldsymbol{0}\end{pmatrix}=\mathrm{tr}\left[\mathrm{Var}\begin{pmatrix}\hat{\boldsymbol{\alpha}}_1\\\boldsymbol{0}\end{pmatrix}\right]+\left\|E\begin{pmatrix}\hat{\boldsymbol{\alpha}}_1\\\boldsymbol{0}\end{pmatrix}-\boldsymbol{\alpha}\right\|^2\\&=\sigma^2\mathrm{tr}(\boldsymbol{\Lambda}_1^{-1})+\|\boldsymbol{\alpha}_2\|^2=\sigma^2\sum_{i=1}^{r}\frac{1}{\lambda_i}+\sum_{i=r+1}^{p-1}\alpha_i^2\\&=\sigma^2\sum_{i=1}^{p-1}\frac{1}{\lambda_i}+\left(\sum_{i=r+1}^{p-1}\alpha_i^2-\sigma^2\sum_{i=r+1}^{p-1}\frac{1}{\lambda_i}\right)\\&=\mathrm{MSE}(\hat{\boldsymbol{\beta}})+\left(\sum_{i=r+1}^{p-1}\alpha_i^2-\sigma^2\sum_{i=r+1}^{p-1}\frac{1}{\lambda_i}\right).\end{aligned}$$

由于 $\lambda_{r+1},\lambda_{r+2},\cdots,\lambda_{p-1}\approx 0$，因此 $\sigma^2\sum\limits_{i=r+1}^{p-1}\frac{1}{\lambda_i}$ 很大，适当保留主成分个数可使得不等式 $\sum\limits_{i=r+1}^{p-1}\alpha_i^2\leqslant\sigma^2\sum\limits_{i=r+1}^{p-1}\frac{1}{\lambda_i}$ 成立，故结论得证．

在进行主成分估计时，通常可以按照下面的规则选择主成分的保留个数：

（1）保留对应的特征根相对较大的那些主成分；

（2）选择 r，使得 $\sum\limits_{i=1}^{r}\lambda_i$ 与全部特征值之和 $\sum\limits_{i=1}^{p-1}\lambda_i$ 的比值（称这个比值为前 r 个主成分的贡献率）达到预先给定值，如 80%或 90%等．

在 R 中，利用 princomp()可以进行主成分分析，利用程序包 pls 中的 mvr()函数或 pcr()函数可以进行主成分回归估计，函数 mvr()的调用格式为：

```
mvr(formula, ncomp, data, subset, na.action, method = pls.options()$mvralg,
    scale = FALSE, validation = c("none", "CV", "LOO"), model = TRUE, x = FALSE,
    y = FALSE, ...)
```

其中，formula 为模型公式；ncomp 用于指定参与计算的主成分的个数；data 为数据框，用于模型拟合的数据；scale 为逻辑型参数，若取值为 TRUE，表示进行标准化，默认值为 FALSE. 函数 pcr()的调用方式与 mvr()相同，不再赘述.

需要注意的是 mvr()函数或 pcr()返回的仅仅是典则系数 $\boldsymbol{\alpha}_1$ 的估计值 $\hat{\boldsymbol{\alpha}}_1$，利用程序包 pls 中的函数 coef()可以返回 $\boldsymbol{\beta}$ 的主成分估计值 $\tilde{\boldsymbol{\beta}}$. 函数 coef()的调用格式为：

```
coef(object, intercept = FALSE, ...)
```

其中，object 为函数 mvr()或 pcr()的拟合值；intercept 为逻辑型参数，用于指定是否返回回归系数的截距项，默认为 FALSE，即不返回截距项.

6.8　Box-Cox 变换

在许多问题中，利用回归模型 $\boldsymbol{Y} = \boldsymbol{X\beta} + \boldsymbol{\varepsilon}$，进行回归分析时，需要假定 $\boldsymbol{\varepsilon} \sim N(\boldsymbol{0}, \sigma^2 \boldsymbol{I}_n)$ 成立. 也就是说，因变量与回归自变量之间要有线性相依关系，误差也服从正态分布，并且误差各分量是等方差且相互独立的. 但是在很多实际问题中，对于给定的一组数据 $\{y_i, x_{i1}, \cdots, x_{i,p-1}\}_{i=1}^n$，这些条件往往得不到满足.

针对上述问题，Tukey 于 1957 年提出了一种数据变换方法，力求通过变换使得变换后的数据满足多元正态回归模型，即对因变量 Y 做变换：

$$Y^{(\lambda)} = \begin{cases} Y^{\lambda} & \lambda \neq 0 \\ \ln Y & \lambda = 0 \end{cases}, \tag{6.8.1}$$

变换后的数据为 $\{y_i^{(\lambda)}, x_{i1}, \cdots, x_{i,p-1}\}_{i=1}^n$，记 $\boldsymbol{Y}^{(\lambda)} = (y_1^{(\lambda)}, y_2^{(\lambda)}, \cdots, y_n^{(\lambda)})^{\mathrm{T}}$，这里 λ 是待定的变换参数. 对于不同的 λ 值，所做的变换自然不同，因此这表示的是一族变换. 我们需要确定合适的参数 λ 值，使得变换后的 $\boldsymbol{Y}^{(\lambda)}$ 满足

$$\boldsymbol{Y}^{(\lambda)} = \boldsymbol{X\beta} + \boldsymbol{\varepsilon},\quad \boldsymbol{\varepsilon} \sim N(\boldsymbol{0}, \sigma^2 \boldsymbol{I}_n). \tag{6.8.2}$$

该方法的主要思想是通过对因变量做变换，使得变换后的向量 $\boldsymbol{Y}^{(\lambda)}$ 与回归向量具有线性关系，误差也服从正态分布，误差各分量方差相等且相互独立.

然而 Tukey 提出的数据变换在 $\lambda = 0$ 处不连续，Box 和 Cox 于 1964 年对上述变换做了改进，提出了 **Box-Cox 变换**，即

$$Y^{(\lambda)} = \begin{cases} \dfrac{Y^{\lambda} - 1}{\lambda} & \lambda \neq 0 \\ \ln Y & \lambda = 0 \end{cases}. \tag{6.8.3}$$

下面利用极大似然估计方法求解 λ 的估计值. 因为

$$\boldsymbol{Y}^{(\lambda)} \sim N(\boldsymbol{X\beta}, \sigma^2 \boldsymbol{I}_n), \tag{6.8.4}$$

故对于固定的λ，参数$\boldsymbol{\beta}$、σ^2的似然函数为

$$L(\boldsymbol{\beta},\sigma^2)=\frac{1}{(\sqrt{2\pi\sigma^2})^n}\exp\left\{-\frac{1}{2\sigma^2}(\boldsymbol{Y}^{(\lambda)}-\boldsymbol{X\beta})^{\mathrm{T}}(\boldsymbol{Y}^{(\lambda)}-\boldsymbol{X\beta})\right\}J, \tag{6.8.5}$$

这里J为变换的 Jacobi 行列式的绝对值，即

$$J=\prod_{i=1}^{n}\left|\frac{\mathrm{d}y_i^{(\lambda)}}{\mathrm{d}y_i}\right|=\prod_{i=1}^{n}\left|y_i^{\lambda-1}\right|. \tag{6.8.6}$$

当λ固定时，J不依赖于参数β、σ^2，利用极大似然估计可以得到参数β、σ^2的估计为

$$\hat{\beta}(\lambda)=(\boldsymbol{X}^{\mathrm{T}}\boldsymbol{X})^{-1}\boldsymbol{X}^{\mathrm{T}}\boldsymbol{Y}^{(\lambda)}, \tag{6.8.7}$$

$$\hat{\sigma}^2(\lambda)=\frac{1}{n}(\boldsymbol{Y}^{(\lambda)})^{\mathrm{T}}(\boldsymbol{I}_n-\boldsymbol{X}(\boldsymbol{X}^{\mathrm{T}}\boldsymbol{X})^{-1}\boldsymbol{X}^{\mathrm{T}})\boldsymbol{Y}^{(\lambda)}=\frac{1}{n}\mathrm{SSE}(\lambda,\boldsymbol{Y}^{(\lambda)}). \tag{6.8.8}$$

对应的似然函数最大值为

$$L_{\max}(\lambda)=L(\hat{\beta}(\lambda),\hat{\sigma}^2(\lambda))=(2\pi\mathrm{e})^{-\frac{n}{2}}\cdot J\cdot\left[\frac{\mathrm{SSE}(\lambda,\boldsymbol{Y}^{(\lambda)})}{n}\right]^{-\frac{n}{2}}, \tag{6.8.9}$$

这是关于λ的一元函数，可以通过最大化该式来确定λ的值，利用计算机模拟方法容易得到λ的解析值.

在 R 中，利用程序包 MASS 中的 boxcox()函数可以进行 Box-Cox 变换，其调用格式为：

```
boxcox(object, lambda = seq(-2, 2, 1/10), plotit = TRUE, interp, eps = 1/50,
xlab = expression(lambda), ylab = "log-Likelihood", ...)
```

其中，object 为模型公式或 lm()生成的对象；lambda 为参数λ的取值，默认值为$[-2, 2]$，间距为 0.1；参数 plotit 为逻辑型参数，用于指定是否需要作图；interp 为逻辑型参数，用于指定是否使用样条插值；eps 用于控制精度，默认值为 0.02.

例 6.8.1 （续例 6.3.2）试给出木材体积（Volume）与树干直径（Girth）、树干高度（Height，）的线性回归模型，并做 Box-Cox 变换.

解　首先加载程序包 MASS，在λ的取值范围内$[-0.25, 0.5]$按式（6.8.9）计算$\ln[L_{\max}(\lambda)]$，求其极大值点．R 程序代码如下：

```
> library(MASS)
> tree.bx<-boxcox(Volume ～ Height + Girth, data = trees,
+      lambda = seq(-0.25, 0.5, length = 10))
> index.max<-which(tree.bx$y==max(tree.bx$y))        #返回对数极大似然值的下标
> lambda.max<-tree.bx$x[index.max]                   #返回对数极大似然值对应的 lambda
> lambda.max
```

运行结果为：

```
[1] 0.3030303
```

由运行结果可以看到，当λ取 0.303 时，对数极大似然$\ln[L_{\max}(\lambda)]$达到最大，其图像如图 6.9 所示.

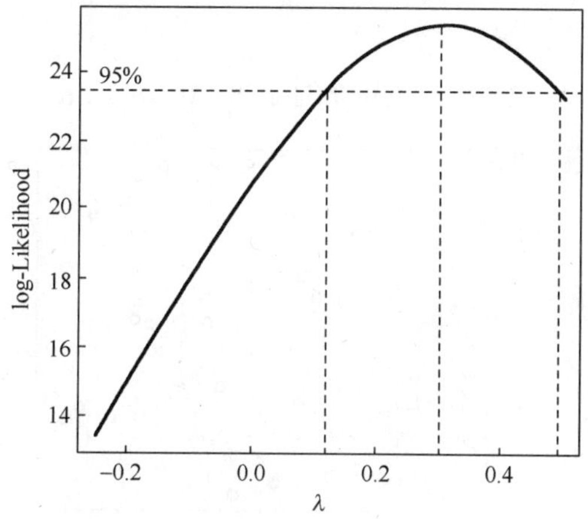

图 6.9 $\ln[L_{\max}(\lambda)]$ 的图像

做变换 $V=\dfrac{(\text{Volume})^{0.303}-1}{0.303}$，用 V 作为响应变量进行线性拟合，并进行模型检验和残差分析，R 程序代码如下：

```
> V<-(Volume^(lambda.max)-1)/lambda.max
> lm.bx<-lm(V~ Height + Girth)
> res.trees<-residuals(lm.bx)
> plot(res.trees)
> summary(lm.bx)
```

运行结果为：

```
Call:
lm(formula = V ~ Height + Girth)
Residuals:
     Min        1Q      Median       3Q        Max
-0.42600   -0.14274   -0.01468    0.18705   0.36851
Coefficients:
              Estimate Std. Error t value Pr(>|t|)
(Intercept)   -2.733542   0.500080    -5.466 7.77e-06 ***
Height         0.039685   0.007535     5.267 1.34e-05 ***
Girth          0.409448   0.015299    26.764  < 2e-16 ***
---
Signif. codes:  0 '***' 0.001 '**' 0.01 '*' 0.05 '.' 0.1 ' ' 1
Residual standard error: 0.2247 on 28 degrees of freedom
Multiple R-squared:  0.9775,    Adjusted R-squared:  0.9759
F-statistic: 609.6 on 2 and 28 DF, p-value: < 2.2e-16
```

从运行结果可以看到，判决系数为 $R^2=0.9775$，调整的判决系数 $\bar{R}^2=0.9759$，说明拟合程度显著提高，F 检验和 t 检验都是显著的．残差图如图 6.10 所示，从图中可以看到，残差分布在残差为 0 这条直线的附近，没有呈现出任何的规律性，说明采用该模型是合适的．拟合的回归方程为：

$$\hat{V} = -2.7335 + 0.0397\text{Height} + 0.4094\text{Girth} .$$

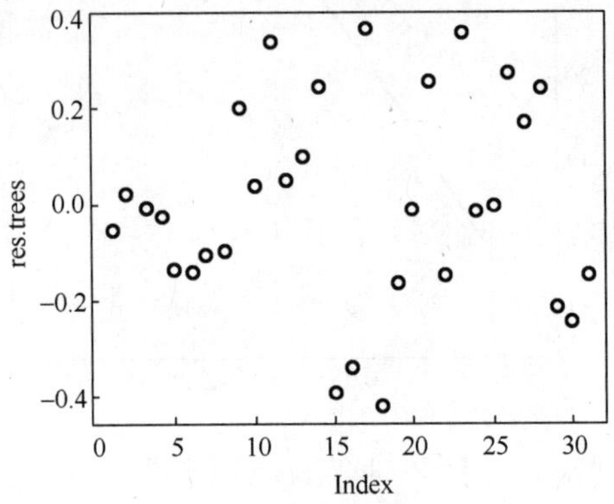

图 6.10　Box-Cox 变换后线性回归模型的残差图

习　题　6

6.1　判决系数 R^2 的含义与作用是什么？

6.2　在线性回归分析中，F 检验和 t 检验的作用是什么？

6.3　试解释多重共线性的含义，处理的方法主要有哪些？

6.4　试结合实际问题，说明异方差产生的原因，以及异方差在估计回归方程时会带来哪些结果．在建立回归方程时，如何处理异方差问题？

6.5　回归诊断的主要内容有哪些？

6.6　岭回归方法的基本原理与思路是什么？

6.7　对于 Gauss-Markov 模型

$$\boldsymbol{Y} = \boldsymbol{X\beta} + \boldsymbol{e}, \quad \boldsymbol{e} \sim N(\boldsymbol{0}, \sigma^2 \boldsymbol{I}_n),$$

证明 $\boldsymbol{\beta}$ 的最小二乘估计与极大似然估计是一致的．

6.8　考虑线性回归模型 $\boldsymbol{Y} = \boldsymbol{X\beta} + \boldsymbol{e}$，其中 $\boldsymbol{Y}$ 为 n 维向量，$\boldsymbol{\beta}$ 为 p 维参数向量，$\boldsymbol{X}$ 为 $n \times p$ 的非随机解释矩阵，$\boldsymbol{e}$ 为随机误差向量．试回答以下问题：

（1）关于误差向量 $\boldsymbol{e}$ 的基本假设有哪些？

（2）建立回归方程时可能会出现一些离群点，若有很多离群点出现，请说明可能的原因及处理方法．

6.9　R 软件工具包 MPV 中的数据 cement 包含了某种水泥在凝固时单位质量所释放的热量（Y：单位是卡/克）以及水泥中的四种成分 (x_1, x_2, x_3, x_4) 数据，如表 6.6 所示．问四种成分 x_1, x_2, x_3, x_4 是否存在共线性？给出 R 实现代码，分析其结果．

表 6.6　cement 数据

Y	x_1	x_2	x_3	x_4
78.5	7	26	6	60
74.3	1	29	15	52

续表

Y	x_1	x_2	x_3	x_4
104.3	11	56	8	20
87.6	11	31	8	47
95.9	7	52	6	33
109.2	11	55	9	22
102.7	3	71	17	6
72.5	1	31	22	44
93.1	2	54	18	22
115.9	21	47	4	26
83.8	1	40	23	34
113.3	11	66	9	12
109.4	10	68	8	12

6.10 为了研究高峰时段居民家庭每小时的用电量Y与月用电量X之间的关系，共调查了53户居民某月的用电记录，如表6.7所示．试将Box-Cox变换应用于该数据，计算变换参数λ的值，做回归分析，并给出R实现代码．

表 6.7 53户居民某月用电记录表

用户	X	Y	用户	X	Y
1	679	0.79	28	1748	4.88
2	292	0.44	29	1381	3.48
3	1012	0.56	30	1428	7.58
4	493	0.79	31	1255	2.63
5	582	2.70	32	1777	4.99
6	1156	3.64	33	370	0.59
7	997	4.73	34	2316	8.19
8	2189	9.50	35	1130	4.79
9	1097	5.34	36	463	0.51
10	2078	6.85	37	770	1.74
11	1818	5.84	38	724	4.10
12	1700	5.21	39	808	3.94
13	747	3.25	40	790	0.96
14	2030	4.43	41	783	3.29
15	1643	3.16	42	406	0.44
16	414	0.50	43	1242	3.24
17	354	0.17	44	658	2.14
18	1276	1.88	45	1746	5.71
19	745	0.77	46	468	0.64

续表

用户	X	Y	用户	X	Y
20	534	1.39	47	1114	1.90
21	540	0.56	48	413	0.51
22	874	1.56	49	1787	8.33
23	1543	5.28	50	3560	14.94
24	1029	0.64	51	1495	5.11
25	710	4.00	52	2221	3.85
26	1434	0.31	53	1526	3.93
27	837	4.20			

附录A　R语言简介

R 语言是一款语法形式与 S 语言基本相同的免费统计软件，是由奥克兰（Auckland）大学的 Robert Gentleman 和 Ross Ihaka 及其他志愿人员在 1997 年前后开发的一个统计分析系统. R 语言现在由 R 开发核心小组（R Development Core Team）维护，世界各地的统计软件爱好者都可以自己开发 R 程序包并上传到 R 网站上供大家免费使用. R 软件免费下载网址：http://www.r-project.org/或 http://CRAN.R-project.org.

A.1　R 语言的特点

R 语言有着许多无可比拟的特点或优点，其最大的优点在于它是一个免费的统计计算软件，并有着一支强大的软件维护和扩展团队. R 语言的主要特点包括以下几方面.

（1）R 软件拥有数以千计的 R 程序包，几乎涵盖了数据分析与统计计算的各个方向. 截至 2015 年 7 月 8 日，http://CRAN.R-project.org 网站上已经有了 6808 个程序包. 使用者不仅可以下载安装这些程序包，使用这些程序包中的函数进行计算，同时还可以下载这些程序包的源程序，按照自己的需求进行修改使用.

（2）R 语言不受操作系统的限制，可以在 Windows、UNIX、Macintosh 等操作系统上运行，这就意味着 R 语言几乎可以在任何一台计算机使用.

（3）R 程序同 Matlab 一样，是一种解释性的编程语言，不需要编译即可执行代码.

（4）R 语言拥有强大且完善的帮助系统，R 软件内嵌一个非常实用的帮助系统：如 PDF 帮助文件（An Introduction to R），或 Html 帮助文件. 另外，可以通过 help 命令随时了解 R 软件所提供的各类函数的使用方法.

（5）R 语言拥有强大的统计分析功能.R 的部分功能（大约 25 个程序包）嵌入在 R 软件底层，其他都以 Package 的形式下载，涵盖了现有的绝大多数统计分析方法.

（6）R 语言拥有与其他语言（如 C 语言）之间的调用接口，可以很方便地嵌入其他语言的程序.

A.2　R 语言运行平台

A.2.1　初识 R 软件

启动 R 软件，可以调出 R 软件的主窗口，如图 A.1 所示.

R 软件的运行平台 R_GUI 它由三部分组成：主菜单、工具条、R Console（R 语言运行窗口，也称为主窗口）. 主窗口 R Console 主要由一些菜单、快捷键按钮、命令输入窗口等组成. 命令输入窗口上方有一些文字说明，这是运行 R 软件时出现的一些说明和帮助，包括版本、版权、运行平台、贡献者、引用、演示系统、帮助系统及推出方式等方面的简单说明. 文字下方的红色符号“>”是 R 软件的命令提示符，可以在此处输入 R 命令.

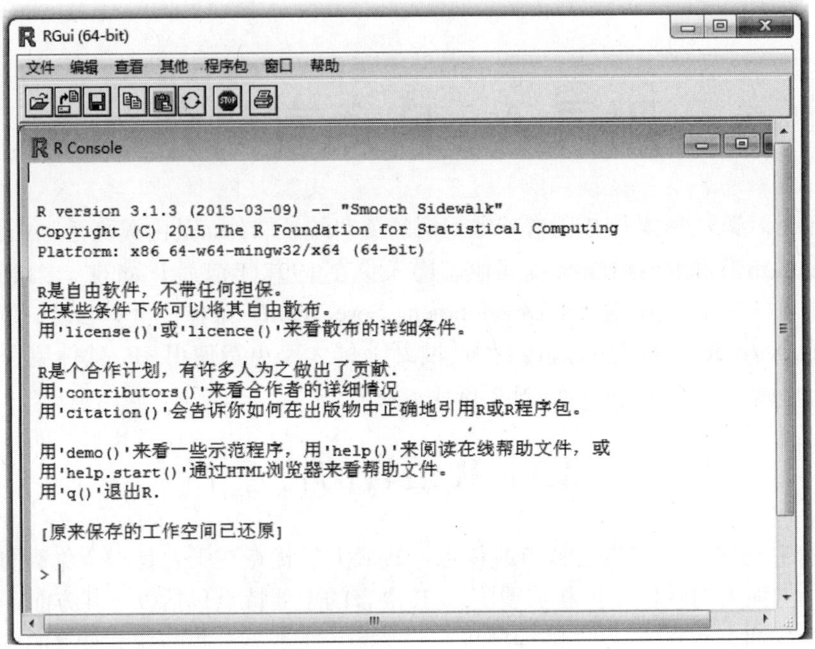

图 A.1　R 软件的主窗口

A.2.2　输入与输出

使用者在命令提示符“>”后输入命令，之后按回车键就可以执行该命令．例如，在命令提示符“>”后输入表达式“1+1”，然后按回车键就可以在 R 的主窗口中得到：

```
> 1 + 1
[1] 2
```

可以看到，R 软件求得正确答案 2，在输出结果之前的“[1]”表示所得结果的第一个元素．又如，在命令提示符“>”后输入“rnorm(30)”，按回车键后在主窗口中得到：

```
> rnorm(30)
 [1] -0.67027245  0.16114927  0.15978393 -0.16122821  0.37050361  1.08162873
 [7] -0.38778452  0.48135392 -1.42106901 -1.09306045  1.30535203  0.07549052
[13] -3.68488688  1.81911658  0.04102141 -0.02076816  2.05499963 -0.49168496
[19]  0.71299226 -1.58465207 -0.82472008 -0.27142275  0.10693837 -0.79995123
[25]  0.78395100 -0.18621293  1.11076359  0.27226557  0.27441922 -2.21367792
```

这里命令 rnorm（30）表示产生 30 个服从标准正态分布的随机数．输出结果之前的[1]表示-0.67027245 为输出结果中的第 1 个元素，[7]表示-0.38778452 为输出结果中的第 7 个元素，以此类推．

如果一个语句在一行中输不完，按回车键，系统会自动在续行中产生一个续行序“+”．在同一行中，若输入多个命令语句时，需要用分号将其隔开．

在上面 2 个例子中，可以看到的 R 命令的输出结果都是在主窗口中显示的，当然有些 R 命令的输出结果会在新的窗口中显示，例如，在命令提示符“>”后输入作图命令 plot(0, 0)，然后按回车键就可以得到如图 A.2 所示的结果．

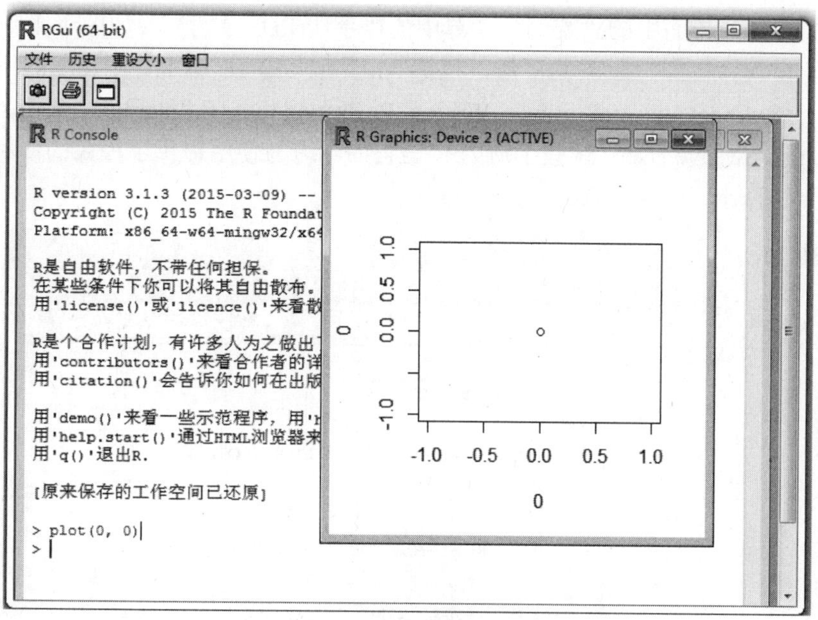

图 A.2　R 图形的输出

A.2.3　历史命令

在运行 R 时，我们往往在运行窗口 R Console 中交互式输入很多条命令，使用上行箭头或下行箭头可以查看已输入命令的历史记录，这样我们可以选择某条命令进行适当修改后再次运行，而不必烦琐地反复录入. 利用“菜单操作”或者“R 命令”的方式来保存和载入历史命令，这样就可以很方便地使用各种历史命令.

单击“文档”菜单中的“保存历史”选项可以将运行窗口中的所有记录保存到后缀名为“.RHistory”的文件中，单击“文档”菜单中的“加载历史”选项，可以载入已保存的历史命令. 例如，键入命令：

```
> savehistory("myhis20150708")
```

该命令可以将 R 历史命令保存在文件名为“myhis20150708. RHistory”的文件中. 又如，键入命令：

```
> loadhistory("myhis20150708")
```

则将载入文件名为“myhis20150708. RHistory”的命令历史.

A.2.4　帮助系统

由于 R 软件版本不断更新，R 程序包的数量不断增长，各个程序包更新速度更是惊人，因此没有任何一本关于 R 软件的书籍能够完全涵盖 R 语言的所有命令介绍，因此在使用 R 软件的过程中，帮助系统就是一种不可或缺的学习资源. R 软件提供了一套功能强大的帮助系统.

首先，在 R 用户界面中的“帮助”菜单中的“R　FAQ”（如图 A.3 所示）以网页的形式给出了关于 R 软件中的一些常见问题. 选项“Windows 下的 R FAQ”是以网页的形式给出 Windows 操作系统下 R 软件使用的一些常见问题. FAQ 随着 R 软件的版本的更新而更新.

其次，在 R 用户界面中的“帮助”菜单中的“手册(PDF 文件)”（如图 A.4 所示）以 PDF 的形式给出了 R 软件自带的 R 帮助手册，包括 An Introduction to R、R reference、R Data、Import/Export、R Language Definition、Writing R Extensions、R Internals、R Installation and Administration 和 Sweave User，这些手册为 R 语言的学习与使用提供了极大的便利，初学者可以着重看第一本手册，即 An Introduction to R.

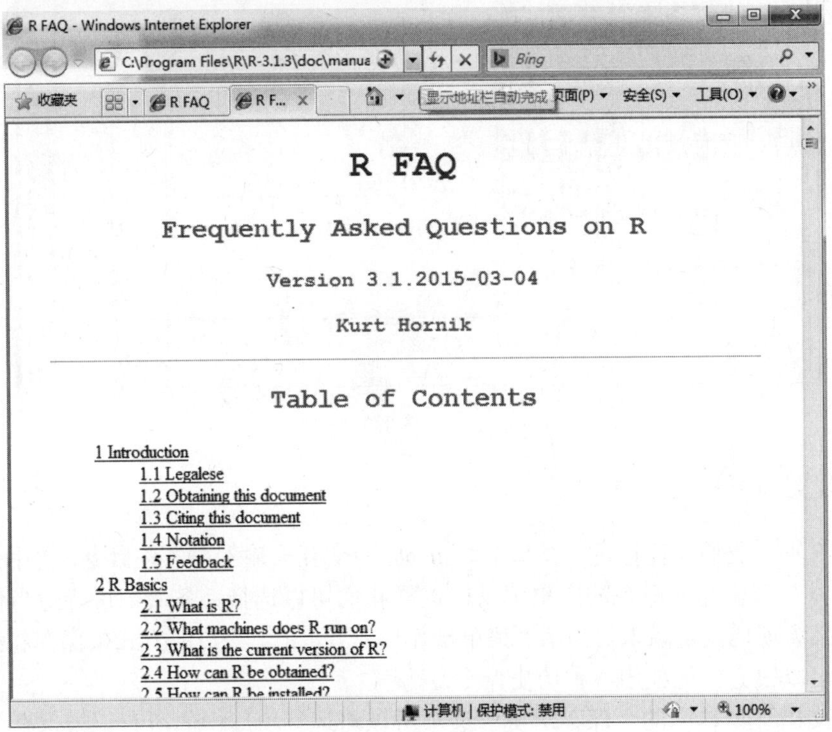

图 A.3　R “帮助” 菜单中的 “R FAQ”

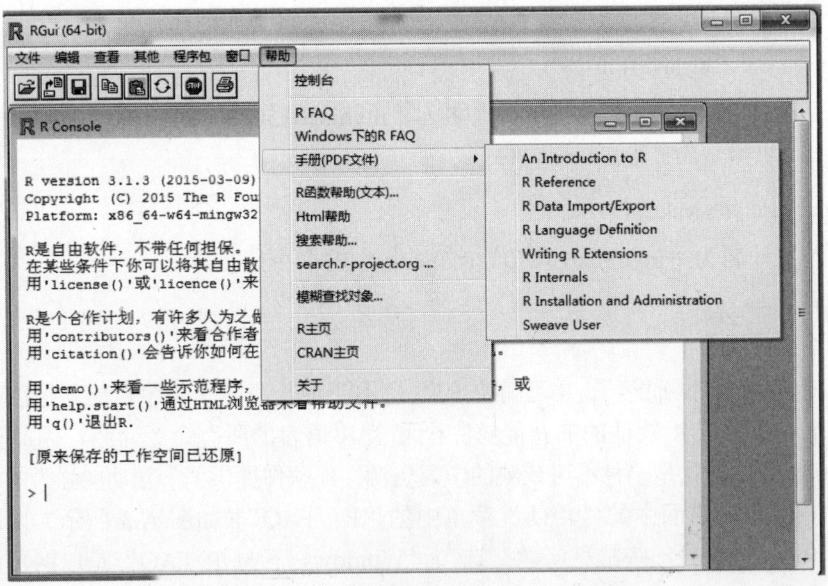

图 A.4　R “帮助” 菜单中的 “手册（PDF 文件)”

最后还可以通过函数 help()或者“?”得到相应函数的帮助. 例如，利用下面两种方式可以获得作图函数 plot()的帮助说明：

```
> help(plot)
```

或者

```
> ?plot
```

键入上述命令回车后会 R 软件以网页的形式弹出一个新的窗口，如图 A.5 所示. 该帮助文档包括函数描述（Description）、用法（Usage）、参数说明（Arguments）、具体细节（Details）、相关函数（See Also）、用法示例（Examples）、参考文献（References）等方面.

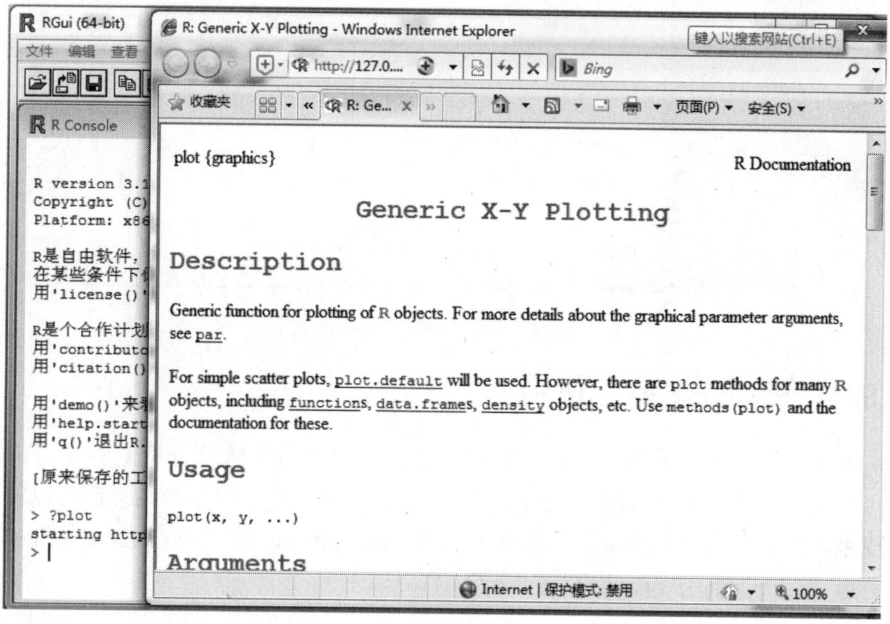

图 A.5 函数 plot()的帮助说明

此外，还可以通过帮助函数 help()获得指定程序包中所包含的所有函数的帮助说明，例如：

```
> help(package = "stats")
```

该命令也会弹出一个新的窗口，如图 A.6 所示，该网页包括了“stats”程序包的 DESCRIPTION 文档、demo 文档及所有的函数列表，点击相应链接，即可获得具体的说明文档.

需要说明的是，如果读者对某个函数不是特别熟悉，可以使函数 apropos( )或 help.search( )等进行查找，如：

```
> apropos("fun")
```

该命令用于找出名字中含有指定字符串“fun”的函数，但该命令只会在被载入内存中的程序包中搜索. 又如命令：

```
> help.search("fun")
```

列出所有在帮助页面中的含有字符“fun”的函数.

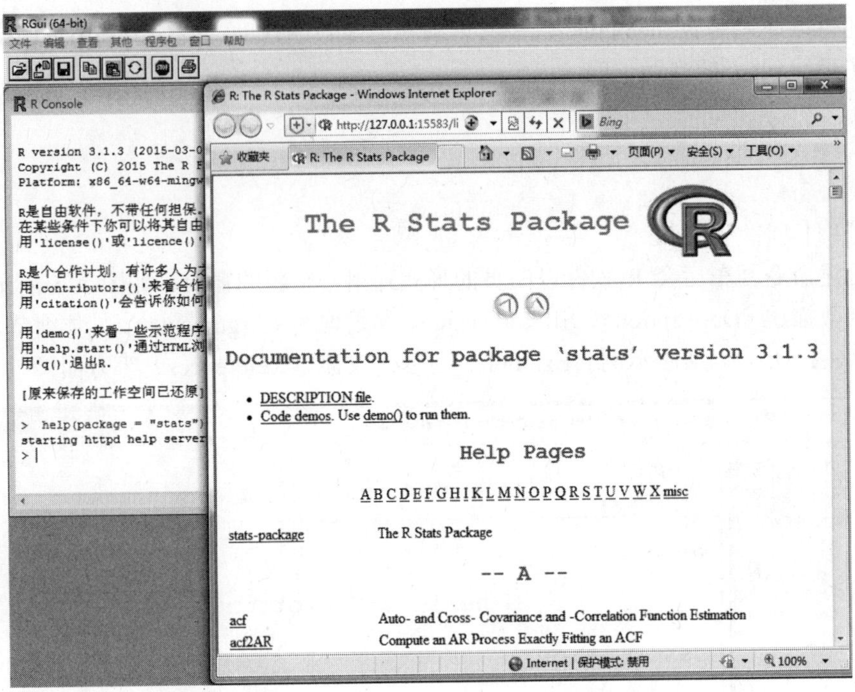

图 A.6　程序包“stats”的帮助说明

A.2.5　R 程序包的安装与使用

目前，R 软件网站上有将近 7000 个 R 程序包，几乎涵盖了统计分析的各个方面. 读者可以根据自己的需要下载安装相关的程序包. 关于程序包的下载安装问题，读者可以将相关的 R 程序包下载到本地，利用“Packages”菜单中的“Install package(s) from local zip files)”来安装程序包，也可在线安装程序包，如图 A.7 所示.

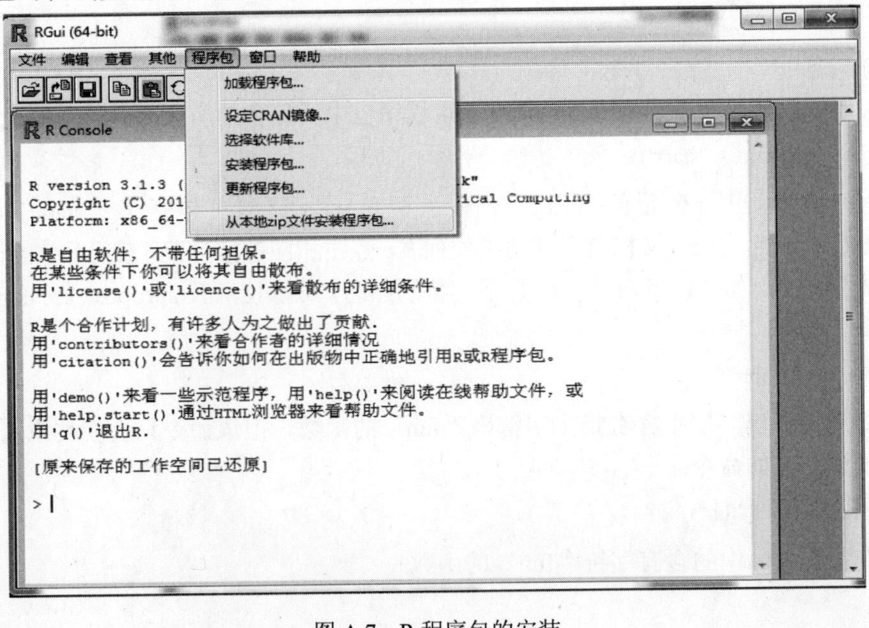

图 A.7　R 程序包的安装

使用者也可以利用 install.packages()函数来安装相关的 R 程序包．例如：

```
> install.packages("MASS")
```

安装相应的程序包之后，每次使用时需要提前载入该程序包，载入方式有两种，一种利用菜单方式，单击“程序包”菜单中的“加载程序包...”选项（如图 A.7 所示）或利用函数 library()可以完成程序包载入，例如：

```
> library("MASS")
```

之后，就调用程序包 MASS 中的相关函数进行相应的计算．

A.3　对象与数据类型

A.3.1　变量的命名与赋值

R 语言中的变量命名方式比较灵活，可以由任何英文字母、数字、_、及 . 构成，但是不能包含空格或“-”．变量名的首字母必须是英文字母．例如，a、a1、a_b、a.b 等都可以作为变量名，但是 a-b 及 a b 都是错误的变量命名方式．

读者可以用“=”、“<-”或“->”来给变量进行赋值，例如，如果想要给变量 a 赋值为 0，可以采用下面三种方式进行：

```
> a = 1
> a <- 1
> 1 -> a
```

在对变量进行赋值之后，R 主窗口中不会输出变量的具体数值，使用者可以输入改变量名来查看赋值结果，例如：

```
> a <- 1
> a
[1] 1
```

如果某些变量在以后的运算中不再需要，可以用 remove()或 rm()命令进行删除，如删除变量 a 可以采用如下两种方式：

```
> remove(a)
> rm(a)
```

A.3.2　向量及其运算

在 A.3.1 节中，我们给出的例子都是标量，但是在实际使用中，很多数据都是以向量和矩阵的形式出现的，在本小节和 A.3.3 节中，我们将对 R 软件中的向量和矩阵分别进行介绍．

在 R 语言中，向量的建立与赋值比较灵活，建立与赋值的方法比较多，最简单的方法是利用函数 c( )，该函数的特点是建立的向量赋值没有什么规律，例如：

```
> a.vec <- c(1, 3, 5, 2, 4, 6, 7, 8, 9, 10)
```

这里，a.vec 是一个包含了 10 个数值的向量，我们可以查看 a.vec 的取值：

```
> a.vec
[1]  1  3  5  2  4  6  7  8  9 10
```

若要建立取值具有简单规律的向量，可以利用函数“：”、seq()或 rep()．其中 value1:value2 表示从 value1 开始，逐项加 1 或减 1，直到 value2，例如：

```
>a1<-1:9; a1
[1] 1 2 3 4 5 6 7 8 9
> a2<-9:1; a2
[1] 9 8 7 6 5 4 3 2 1
> a3<-1:9-1; a3
[1] 0 1 2 3 4 5 6 7 8
```

函数 seq()常用的格式为：

```
seq(from, to)
seq(from, to, by= )
seq(from, to, length.out= )
```

例如：

```
> seq(1,10)
[1]  1  2  3  4  5  6  7  8  9  10
> seq(0,1)
[1] 0 1
> seq(-3,1)
[1] -3 -2 -1  0  1
> seq(0, 1, by= 0.2)
[1] 0.0 0.2 0.4 0.6 0.8 1.0
> seq(0, 1, length.out = 11)
[1] 0.0 0.1 0.2 0.3 0.4 0.5 0.6 0.7 0.8 0.9 1.0
```

函数 rep( )常用的格式为：

```
rep(x, times, length.out, each)
```

其中，times 表示向量 x 重复的次数，length.out 表示总的输出的长度，each 表示向量 x 中每个变量重复的次数．

```
> rep(1:4, 2)          #①等同于 rep(1:4,times=2)
[1] 1 2 3 4 1 2 3 4
> rep(2:7,times=3,each=2)
[1] 2 2 3 3 4 4 5 5 6 6 7 7 2 2 3 3 4 4 5 5 6 6 7 7 2 2 3 3 4 4 5 5 6 6 7 7
> rep(c(3,4),c(2, 6))
[1] 3 3 4 4 4 4 4 4
> rep(2:5,each=3)
[1] 2 2 2 3 3 3 4 4 4 5 5 5
> rep(1:10,length.out=6)
```

① “#”用于表示注释，为了增加程序的可读性，初学者在编写程序时可以多加一些注释．

```
[1] 1 2 3 4 5 6
```

向量与向量之间可以做加“+”、减“–”、乘“*”、除“/”四则运算，向量自身也可以做乘方“^”运算，其运算规则是对向量中的每个分量进行运算．例如：

```
> a.vec <- c(1, 3, 5, 2, 4, 6, 7, 8, 9, 10)
> b <- 2
> a.vec + b
 [1]  3  5  7  4  6  8  9 10 11 12
> a.vec * b
 [1]  2  6  10  4  8  12  14 16 18 20
> a.vec / b
 [1] 0.5  1.5  2.5  1.0  2.0  3.0  3.5  4.0  4.5  5.0
> b.vec <- c(10, 9, 8, 1, 2, 3, 7, 6, 5, 4)
> a.vec + b.vec
 [1] 11 12 13  3  6  9 14 14 14 14
> a.vec - b.vec
 [1] -9 -6 -3  1  2  3  0  2  4  6
> a.vec * b.vec
 [1] 10 27 40  2  8 18 49 48 45 40
> a.vec / b.vec
 [1] 0.1000000 0.3333333 0.6250000 2.0000000 2.0000000 2.0000000 1.0000000
 [8] 1.3333333 1.8000000 2.5000000
```

如果进行运算的向量长度不同，则R软件会自动对较短的向量进行循环使用，并给出警告信息，例如：

```
> a.vec <- c(1, 3, 5, 2, 4, 6, 7, 8, 9, 10)
> b.vec <- c(2, 4, 3)
> a.vec + b.vec
 [1]  3  7  8  4  8  9  9 12 12 12
Warning message:
In a.vec + b.vec :
  longer object length is not a multiple of shorter object length
```

如果在计算中需要取向量中的某个子集，读者可以在向量名后面加上中括号“[]”来进行操作，中括号内给出需要选择的子集的位置．例如：

```
> a.vec <- c(1, 3, 5, 2, 4, 6, 7, 8, 9, 10)
>  a.vec[3]
[1] 5
>  a.vec[4:8]
[1] 2 4 6 7 8
>  a.vec[c(3, 5, 1, 2)]
[1] 5 4 1 3
```

这里 a.vec[3]表示取 a.vec 的第 3 个元素；a.vec[4:8]中的 4:8 表示取第 4 个到第 8 个元素，相当于 a.vec[c(4, 5, 6, 7, 8)]；a.vec[c(3, 5, 1, 2)]表示取 a.vec 的第 3、5、1、2 个元素．

读者还可以利用一些基本的逻辑运算符来取得具有相应性质的元素，例如：

```
>  a.vec[a.vec < 7]
[1] 1 3 5 2 4 6
```

A.3.3 矩阵

在 R 软件中，可以使用函数 matrix()来产生矩阵，具体用法如下：

```
matrix(data = NA, nrow = 1, ncol = 1, byrow = FALSE,dimnames = NULL)
```

其中，参数 data 表示矩阵中的元素；nrow 表示矩阵的行数；ncol 表示矩阵的列数；byrow 表示矩阵是否按行存储；dimnames 以一个长度为 2 的列表的形式给出矩阵的行名称和列名称，关于列表的相关内容将在 A.3.4 节中进行详细的介绍．例如：

```
> a.vec <- c(1, 3, 5, 2, 4, 6, 7, 8, 9, 10)
> a.mat <- matrix(a.vec, nrow = 2, byrow = FALSE)
> a.mat
     [,1] [,2] [,3] [,4] [,5]
[1,]    1    5    4    7    9
[2,]    3    2    6    8   10
> a.mat <- matrix(a.vec, nrow = 2, byrow = TRUE)
> a.mat
     [,1] [,2] [,3] [,4] [,5]
[1,]    1    3    5    2    4
[2,]    6    7    8    9   10
```

矩阵与标量进行加减乘除运算相当于是矩阵的每一个元素与该标量进行加减乘除运算．矩阵与矩阵之间也可以利用“+”、“−”、“*”、“/”运算符进行加减乘除运算，此时，相当于是两个矩阵的相应元素进行加减乘除运算．如果进行运算的矩阵维数不同，则 R 软件将会报错．数学意义上的矩阵乘法需要使用“%*%”运算符来进行计算．例如：

```
> x.mat <- matrix(1:9, nrow = 3)
> x.mat
     [,1] [,2] [,3]
[1,]    1    4    7
[2,]    2    5    8
[3,]    3    6    9
> y.mat <- matrix(11:19, nrow=3)
> y.mat
     [,1] [,2] [,3]
[1,]   11   14   17
[2,]   12   15   18
```

```
[3,]   13   16   19
> x.mat * y.mat
     [,1] [,2] [,3]
[1,]   11   56  119
[2,]   24   75  144
[3,]   39   96  171
> x.mat %*% y.mat
     [,1] [,2] [,3]
[1,]  150  186  222
[2,]  186  231  276
[3,]  222  276  330
```

我们还可以利用 cbind()和 rbind()函数对矩阵进行行或列的合并拼接运算．例如：

```
> a.mat <- matrix(a.vec, nrow = 2, byrow = TRUE)
> a.mat
     [,1] [,2] [,3] [,4] [,5]
[1,]    1    3    5    2    4
[2,]    6    7    8    9   10
> b.mat <- matrix(1:10, ncol=5)
> b.mat
     [,1] [,2] [,3] [,4] [,5]
[1,]    1    3    5    7    9
[2,]    2    4    6    8   10
> cbind(a.mat, b.mat)
     [,1] [,2] [,3] [,4] [,5] [,6] [,7] [,8] [,9] [,10]
[1,]    1    3    5    2    4    1    3    5    7     9
[2,]    6    7    8    9   10    2    4    6    8    10
> rbind(a.mat, b.mat)
     [,1] [,2] [,3] [,4] [,5]
[1,]    1    3    5    2    4
[2,]    6    7    8    9   10
[3,]    1    3    5    7    9
[4,]    2    4    6    8   10
```

如果在计算中需要取矩阵中的某个子集，使用者可以在矩阵名后面加上中括号符号“[]”来进行操作，中括号内给出需要选择的子集的行列位置．例如：

```
> a.mat <- matrix(a.vec, nrow = 2, byrow = TRUE)
> a.mat[1, 3]
[1] 5
> a.mat[, 2:4]
     [,1] [,2] [,3]
[1,]    3    5    2
```

```
[2,]    7    8    9
> a.mat[5]
[1] 5
```

这里，a.mat[1, 3]表示取 a.mat 的第 1 行第 3 列的元素；a.mat[, 2:4]表示取 a.mat 的所有行第 2 到第 4 列的元素；a.mat[5]表示取矩阵的第 5 个元素，这里默认矩阵是按列存储的.

读者可以利用一些基本的逻辑运算符来取得具有相应性质的元素，此外，读者还可以利用符号“–”隐藏矩阵中的某些元素，这些操作与向量类似.

读者可以利用 dim()、nrow()和 ncol()等函数获得矩阵的维数、行数和列数. 例如：

```
> dim(a.mat)
[1] 2 5
> nrow(a.mat)
[1] 2
> ncol(a.mat)
[1] 5
```

A.3.4 因子

分类数据是统计分析中的一类非常重要的数据类型. 在 R 语言中，可以使用因子函数 factor()来建立因子变量，其调用格式为：

```
factor(x = character(), levels, labels = levels,
                exclude = NA, ordered = is.ordered(x), nmax = NA)
```

其中，x 为字符型或数值型向量；levels 为指定的因子水平，可以任意指定各个离散取值，默认时为向量 x 的不同取值；labels 可以给出不同水平的名称；exclude 表示要剔除的水平；ordered 表示因子的水平是否有次序；nmax 表示因子数目的上界. 例如：

```
> color.fac <- factor(c("red", "green", "red", "yellow", "red"))
> color.fac
[1] red    green  red    yellow red
Levels: green red yellow
```

我们可以利用 levels()函数获得因子的水平，利用 table()函数统计各类数据的频数，例如：

```
> levels(color.fac)
[1] "green"  "red"    "yellow"
> table(color.fac)
color.fac
 green    red yellow
     1      3      1
```

levels(color.fac)的结果表明，color.fac 有"green"、"red"、"yellow"三个水平；table(color.fac)的结果表明，green 有 1 个，red 有 3 个，yellow 有 1 个.

此外，gl()函数也可以方便的产生因子，其具体用法为：

```
gl(n, k, length = n*k, labels = seq_len(n), ordered = FALSE)
```

其中，n 表示水平数；k 表示重复的次数；length 表示长度；labels 表示因子水平，是一个 n 维向量；ordered 是表示是否是有序因子的逻辑变量．例如：

```
> gl(2, 3, 18)
 [1] 1 1 1 2 2 2 1 1 1 2 2 2 1 1 1 2 2 2
Levels: 1 2
```

A.3.5　数据框

数据框是 R 语言中的一种重要的数据结构．数据框的形式与矩阵类似，但与矩阵不同的是，矩阵的各列必须是相同类型的数据，而数据框的各列可以是不同类型的数据，即数据框是一种复合型的对象．

数据框可以由 data.frame()函数生成，调用格式如下：

```
data.frame(vec1,vec2,fac1,fac2, ...)
```

这里，vec1、vec2、fac1、fac2 等参数为等长的向量或因子，若长度不同，则应为整数倍，长度短的向量按循环法则补齐数据．例如：

```
> DF <- data.frame(variable=c("Intercept", "alpha", "beta"),
+ pvalue=c(0.1, 0.03, 0.5))
> DF
     Variable  pvalue
1   Intercept   0.10
2       alpha   0.03
3        beta   0.50
```

数据框中元素的引用方法与矩阵类似，可以使用下标或下标向量，也可以使用元素名．例如：

```
> DF[1, 2]
[1] 0.1
> DF[2:3, ]
  variable  pvalue
2    alpha    0.03
3    beta     0.50
```

也可以按照引用列表元素的方法来引用数据框中的元素，例如：

```
> DF[["pvalue"]]
[1] 0.10   0.03   0.50
> DF$variable
[1] Intercept  alpha     beta
Levels: alpha beta Intercept
```

A.3.6　列表

与数据框类似，列表也是一种复合型对象，其形式比数据框更加灵活，它的元素可以是任何一种类型的对象，甚至包括列表．另外，许多 R 程序其运行结果大多以列表的形式返回，这些性质决定了列表在 R 语言中有着极其重要的作用．列表可以通用函数 list()建立，其调用格式为：

```
list(object1, object2, ...)
```

或

```
list(name1=object1, name2=object2, ...)
```

其中，object1、object2 等可以为向量、矩阵、数组、数据框及列表；name1、name2 为对象的名字，例如：

```
> my.list <- list(L1 = 10, L2 = 1:3, L3 = c("a", "abc"), L4 = matrix(1:12, ncol=3))
> my.list
$L1
[1] 10
$L2
[1] 1 2 3
$L3
[1] "a"    "abc"
$L4
     [,1] [,2] [,3]
[1,]    1    5    9
[2,]    2    6   10
[3,]    3    7   11
[4,]    4    8   12
```

列表 my.list 包含 4 个元素，第一个元素名称是 L1，取值是一个数值 10；第二个元素名称是 L2，取值是一个由 1、2、3 构成的向量；第三个元素名称是 L3，取值是一个由"a"、"abc"构成的向量；第四个元素名称是 L4，取值是一个 4 行 3 列的矩阵．

如果在计算中需要取列表中的某个元素，使用者可以在列表名后面加上“[[]]”或“$”两种方式来进行操作，[[]]内给出需要选择的元素的名称或位置，$后给出需要选择的元素的名称．例如：

```
> L[["L1"]]
[1] 10
> L[[2]]
[1] 1 2 3
> L$L3
[1] "a"    "abc"
```

列表的元素也可以不命名，那么当提取列表中的元素时，只能利用元素所在的位置进行操作．对于元素没有命名的列表，也可以在列表定义之后给出元素的命名．例如：

```
> L <- list(10, 1:3, c("a", "abc"), matrix(1:12, ncol=3))
> names(L) <- c("L1", "L2", "L3", "L4")
```

A.4　数据的读写

A.4.1　数据的读操作

在很多实际问题中，数据量有时可能很大，这时通过简单的手工录入往往比较烦琐，因此可能需要从其他文档中读取数据，本节将介绍一些常用的R语言中的数据读操作.

对于纯文本文件，可以用read.table()函数、read.delim()函数或scan()函数进行读操作.

read.table()函数的调用格式为：

```
read.table(file, header = FALSE, sep = "", skip = 0,…)
```

read.delim()函数的调用格式为：

```
read.delim(file, header = TRUE, sep = "\t",    ...)
```

其中，file表示需要读取的数据文件；header是一个逻辑变量，表明读取的文件的第一行是否为数据的列表头；sep表示读取文件的分隔符；skip表示读取数据跳过的行；其他参数的使用方法可以参见帮助文档.

例如，我们在工作目录下建立了一个文件名为“women1.txt”的文本文件（数据来源于R自带的数据集women），文件的内容为：

```
ID    height    weight
1      58       115
2      59       117
3      60       120
4      61       123
5      62       126
```

输入命令：

```
> mydata<-read.table("women1.txt",header=T); mydata
   ID  height  weight
1   1      58     115
2   2      59     117
3   3      60     120
4   4      61     123
5   5      62     126
```

scan()函数的调用格式为：

```
scan(file = "", what = double(), skip = 0,…)
```

其中参数使用方法与read.table()函数类似．由scan()函数读入的数据保存为向量形式，如我们读取工作目录下的“a.txt”文件，输入命令：

```
> M <- matrix(scan("a.txt"), nrow=3)
```

利用 scan()函数可以直接从屏幕上读取数据，利用回车键可以结束 scan()函数的录入，例如：

```
> a <- scan()
1: 1
2: 2
3: 3
4:
Read 3 items
> a
[1] 1 2 3
```

对于 Excel 文件，使用者可以将其转化为文本文件，并利用前面介绍的读取文本文件的方法进行读取，也可以将其转化为逗号分隔的 csv 文件，使用 read.csv()函数来进行读取操作.

A.4.2 数据的写操作

R 软件默认将运行的结果输出到屏幕上（运行窗口），利用 write()、write.table()及 write.csv()等函数也可以将结果输出到某个文件中.

write()函数的基本调用格式为：

```
write(x, file = "data", ncolumns = if(is.character(x)) 1 else 5,
      append = FALSE, sep = " ")
```

其中，x 表示要写入文件的数据；file 表示写入数据的文件名；ncolumns 表示要进行写操作的数据的列数；append 是一个逻辑变量，表示是否以追加的形式进行写操作；sep 表示写数据的分隔符.

对于列表或数据框形式的数据，使用者可以利用 write.table()函数将其存储为纯文本格式的文件，也可以利用 write.csv()函数将其存储为 csv 格式的函数.

write.table()函数的基本调用格式为：

```
write.table(x, file = "", append = FALSE,…)
```

write.csv()函数的调用格式与 write.table()函数类似. 下面看一个简单的示例：

```
> DF <- data.frame(variable=c("Intercept", "alpha", "beta"),
>     + pvalue=c(0.1, 0.03, 0.5))
> write.table(DF, file="reg.txt")
> write.table(DF, file="reg.csv")
```

A.5 图形绘制

在 R 语言中，绘图函数分为高级绘图函数和低级绘图函数两大类，高级绘图函数将启动一个新的图形，而低级绘图函数不启动新的图形，仅仅对已有的图形进行修饰，如添加一些文字、线条等. 常用的高级绘图函数和低级绘图命令详见表 A.1 和表 A.2.

表 A.1　常用的高级绘图函数

函数名	功能说明
plot(x)	绘制向量 x 关于下标的散点图，若 x 为复向量，则绘制实部与虚部的散点图
plot(x,y)	绘制 y 关于 x 的散点图
hist(x)	绘制 x 的频率直方图
barplot(x)	绘制 x 的条形图
pie(x)	绘制 x 的饼形图
boxplot(x)	绘制 x 的箱线图
pairs(x)	若 x 为矩阵或数据框，绘制 x 的各列之间的散点图
qqnorm(x)	该函数在 stat 包中，绘制 Q-Q 图
qqplot(x,y)	该函数在 stat 包中，绘制 x 与 y 的 Q-Q 图，即分位数—分位数图

R 提供的绘图函数往往都有一些选项及默认值，如选项 add=FALSE、xlab = NULL、ylab = NULL、main = NULL 等.

表 A.2　常用的低级绘图函数

函数名	功能说明
points(x,y)	添加点(x,y)
lines(x,y)	添加直线段
abline(a,b)	添加截距为 a、斜率为 b 的直线
text(x,y,labels)	在点(x,y)处添加文本 labels
legend(x,y,labels)	在点(x,y)处添加内容为 labels 的图例
title()	添加标题或副标题
axis()	添加坐标轴

值得注意的是，在调用低级绘图命令之前，需要先调用高级图形命令，否则将会出现错误.

附录B　非参数密度估计

概率密度函数是统计学中的一个基本概念．在统计推断问题中，对总体的概率密度的假设通常分为两种，一种是分布形式已知，其中的参数未知，如已知总体 $X \sim N(\mu,\sigma^2)$，其中参数 μ 和 σ^2 未知，此时对概率密度函数的估计问题则转化为参数的估计问题；另一种是概率密度函数的形式完全未知，对概率密度的估计需要用到非参数方法．

非参数密度估计的方法有很多，如直方图估计法、核密度估计法、最近邻估计法、小波估计法等，在本附录中，我们主要介绍直方图估计法和核密度估计法．

为叙述方便，除特殊说明外，以下假定 $\boldsymbol{X}$ 为连续型随机变量，其分布函数为 $F(x)$，密度函数为 $f(x)$，$\boldsymbol{X}=(X_1,X_2,\cdots,X_n)^{\mathrm{T}}$ 为来自总体 X 的一个简单随机样本．

B.1　直方图估计法

直方图估计法是一种应用较广的非参数密度估计方法．直方图估计法的构建比较简单．具体步骤如下．

（1）选择一个起始点 x_0 和正数 h，把实数轴划分为区间

$$B_j=\left[x_0+(j-1)h,x_0+jh\right),j\in Z\,, \tag{B.1.1}$$

其中，h 称为**窗宽**或**带宽**（bandwidth）．

（2）计算落入每一个区间的观测值的个数，设 n_j 为落入区间 B_j 的观测值的个数，记 $f_j=\dfrac{n_j}{nh}$，其中除以 n 是为了将频数 n_j 转化为频率，除以 h 是为了保证直方图的面积之和为 1.

（3）在每个区间 B_j 上，以 f_j 为高，以 h 为底作矩形，这样即可得到直方图．

由上述步骤可知，对于 $\forall x\in B_j$，直方图实际上是由表达式

$$\hat{f}_h(x)=\frac{1}{nh}\sum_{i=1}^{n}I\{X_i\in B_j\} \tag{B.1.2}$$

给出，其中

$$I\{X_i\in B_j\}=\begin{cases}1 & X_i\in B_j\\ 0 & X_i\notin B_j\end{cases}.$$

式（B.1.2）给出的 $\hat{f}_h(x)$ 称为密度函数 $f(x)$ 的**直方图估计**，$\hat{f}_h(x)$ 在每个小区间 B_j 上的任意一点处的取值相同．

下面说明直方图估计的合理性．随机变量 $\boldsymbol{X}$ 的一个观测落入区间 B_j 的概率为：

$$P\{X\in B_j\}=\int_{B_j}f(u)\mathrm{d}u\,.$$

这恰好是对应于区间 B_j 的密度曲线下方的面积．由大数定律可知，当样本量足够大时，可以用频率来估计概率，即

$$P\{X \in B_j\} \approx \frac{\#\left\{X_i \in B_j\right\}}{n} = \frac{\#\left\{X_i \in B_j\right\}}{nh} \cdot h = \frac{1}{nh}\sum_{i=1}^{n} I\{X_i \in B_j\} \cdot h\,, \tag{B.1.3}$$

这里符号“#”表示集合中元素的个数. 从（B.1.3）可知，对于 $x \in B_j$，$f(x)$ 的直方图估计 $\hat{f}_h(x)$ 也可以表示为：

$$\hat{f}_h(x) = \frac{\#\{X_i \in B_j\}}{nh}. \tag{B.1.4}$$

直方图估计 $\hat{f}_h(x)$ 依赖于起始点 x_0 和窗宽 h 的选择. x_0 的选择会影响直方图的形状. 为了说明这一点，我们进行了计算机模拟. 图 B.1 给出了窗宽 $h=1$，起始点分别为 $x_0=4$、$x_0=4.25$、$x_0=4.5$、$x_0=4.75$ 时的直方图.

R 代码如下：

```
> set.seed(10)
> Data1 <- rnorm(n=200, mean=3, sd=1)
> Data2 <- rnorm(n=200, mean=6, sd=1)
> Data <- c(Data1[Data1>1 & Data1<7], Data2[Data2>1 & Data2<7])
> op <- par(mfrow = c(2, 2))
> hist(Data, breaks = seq(0, 8, 1), freq=F, main="h=1, x0=4", xlab="x",
+   ylab="f(x)")
> hist(Data, breaks = seq(0, 8, 1)+0.25, freq=F, main="h=1, x0=4.25",
+   xlab="x", ylab="f(x)")
> hist(Data, breaks = seq(0, 8, 1)+0.5, freq=F, main="h=1, x0=4.5",
+   xlab="x", ylab="f(x)")
> hist(Data, breaks = seq(0, 8, 1)+0.75, freq=F, main="h=1, x0=4.75",
+   xlab="x", ylab="f(x)")
> par(op)
```

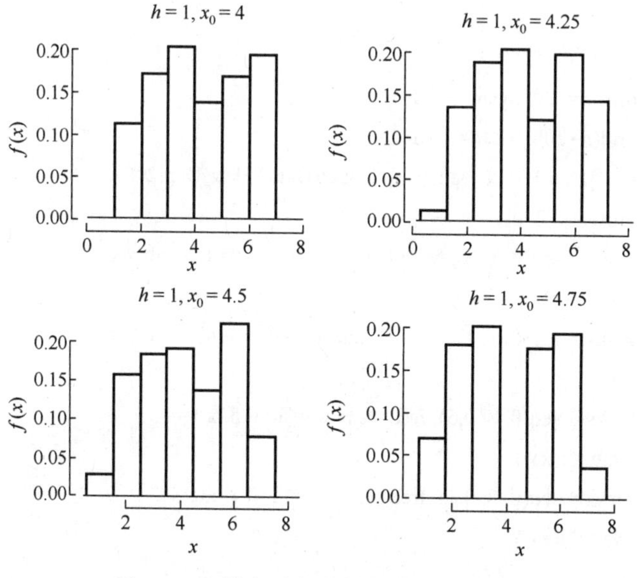

图 B.1 起始点对直方图密度估计的影响

从图 B.1 中可以看出，同一个数据由于起始点的不同会得到不同的直方图，起始点的选择影响直方图的形状．那么如何消除直方图对起始点的依赖呢？一个自然的想法就是在相同的窗宽下采用不同的起始点计算直方图，然后将不同的直方图进行平均．

为了说明窗宽的选择对直方图形状的影响，我们进行了计算机模拟，以 $x_0=4$ 为起始点，分别选择 $h=2$、$h=1$、$h=0.5$、$h=0.1$ 画出四个直方图密度估计图，结果如图 B.2 所示．从图 B.2 中容易看出，窗宽的选择影响直方图的光滑程度．随着窗宽 h 的增大，直方图变得光滑．h 过大，平均化程度就过大，导致密度的细节部分被淹没；h 过小，受随机性的影响就会太大，容易产生极不规则的形状，估计效果也不好．

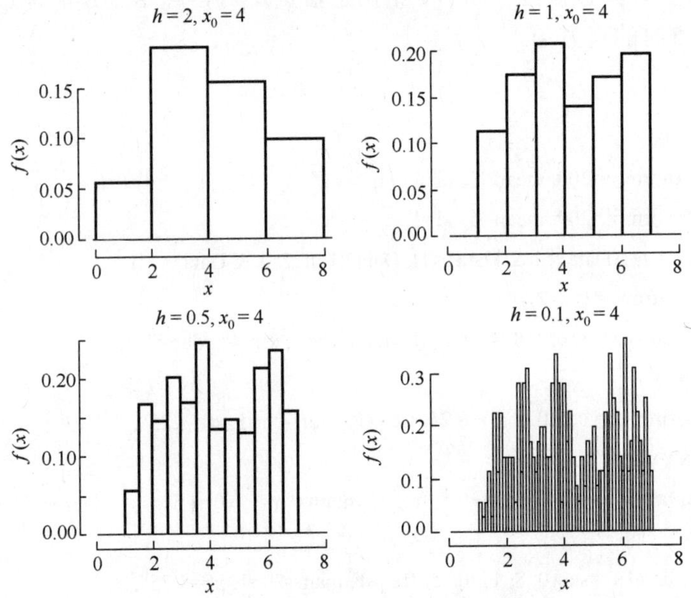

图 B.2　窗宽对直方图密度估计的影响

R 代码如下：

```
> set.seed(10)
> Data1 <- rnorm(n=200, mean=3, sd=1)
> Data2 <- rnorm(n=200, mean=6, sd=1)
> Data <- c(Data1[Data1>1 & Data1<7], Data2[Data2>1 & Data2<7])
> op <- par(mfrow = c(2, 2))
> hist(Data, breaks = seq(0, 8, 2), freq=F, main="h=2, x0=4", xlab="x",
+   ylab="f(x)")
> hist(Data, breaks = seq(0, 8, 1), freq=F, main="h=1, x0=4", xlab="x",
+   ylab="f(x)")
> hist(Data, breaks = seq(0, 8, 0.5), freq=F, main="h=0.5, x0=4",
+   xlab="x", ylab="f(x)")
> hist(Data, breaks = seq(0, 8, 0.1), freq=F, main="h=0.1, x0=4",
+   xlab="x", ylab="f(x)")
> par(op)
```

B.2 核密度估计法

直方图估计法的主要特点是简单直观，但是也存在着一些问题．例如，直方图估计法中有两个需要选择的参数：起始点 x_0 和窗宽 h，虽然通过选择多个起始点对直方图进行平均的方法解决了直方图对于起始点选择的依赖，但是在窗宽的选择中仍然存在一些问题，无法计算出最优的窗宽．又如，采用直方图估计法，每个小区间 B_j 内的任意一点都具有相同的密度估计值，不符合实际．再如，直方图估计法给出的不是连续函数，等等．为了解决上述问题，Rosenblatt（1956）对直方图估计法进行了改进，其核心思想是以 x 点为中心，而不是通过起始点 x_0 确定小区间，即考虑以 x 为中心，长度为 $2h$ 的小区间 $I_x=[x-h,x+h]$，用 I_x 替代式（B.1.4）中的 B_j 即可得到 $f(x)$ 的 Rosenblatt 估计，即

$$\hat{f}_h(x)=\frac{1}{2nh}\#\{X_i\in[x-h,x+h]\}\ . \tag{B.2.1}$$

Rosenblatt 估计的直观思想是：为估计 x 处的函数值 $f(x)$，落在 x 附近的样本应该比远离 x 的样本所起的作用要大一些．为理解方便，记

$$K(u)=\frac{1}{2}I\{|u|\leqslant 1\}\ , \tag{B.2.2}$$

以这个函数作为加权函数，则式（B.2.1）可以改写为

$$\hat{f}_h(x)=\frac{1}{nh}\sum_{i=1}^{n}\frac{1}{2}I\left\{\left|\frac{x-X_i}{h}\right|\leqslant 1\right\}=\frac{1}{nh}\sum_{i=1}^{n}K\left(\frac{x-X_i}{h}\right). \tag{B.2.3}$$

可以看到，在 Rosenblatt 估计中，由于采用了均匀核函数，因此与 x 的距离大于 h 的样本 X_i 的权重均为 0，与 x 的距离不大于 h 的样本 X_i 都具有相同的权重 $\frac{1}{2}$．

Paren 在 Rosenblatt 工作的基础上于 1962 年提出了核密度估计．Paren 认为，离 x 越近的样本 X_i 对估计 $f(x)$ 的贡献应该越大，离 x 越远的样本，其贡献应该越小，而 Rosenblatt 估计式（B.2.3）中加权函数过于简单，即落在区间 $[x-h,x+h]$ 内的样本，对估计 $f(x)$ 的贡献是相同的，没有考虑样本 X_i 与 x 距离的大小，而落在 $[x-h,x+h]$ 外的样本，对估计完全不起作用，这是不合理的．

Paren 核密度估计的定义为

$$\hat{f}_h(x)=\frac{1}{nh}\sum_{i=1}^{n}K\left(\frac{x-X_i}{h}\right)=\frac{1}{n}\sum_{i=1}^{n}K_h\left(x-X_i\right). \tag{B.2.4}$$

其中，$h=h(n)>0$ 为窗宽，且满足 $\lim\limits_{n\to\infty}h=0$；$K_h(\cdot)=\frac{1}{h}K\left(\frac{\cdot}{h}\right)$，$K(\cdot)$ 称为**核函数**（kernel function），且满足

$$K(u)\geqslant 0\ ,\ \int K(u)\mathrm{d}u=1\ . \tag{B.2.5}$$

文献中 $\hat{f}_h(x)$ 通常简称为 $f(x)$ 的**核密度估计**．

注 条件式（B.2.5）是为了保证 $\hat{f}(x)$ 作为密度函数的合理性，这样构造的核密度估计

$\hat{f}_h(x)$ 继承了核函数 $K(\cdot)$ 的所有连续与可导的性质. 在实际使用中，通常假定核函数 $K(u)$ 为对称的概率密度函数.

在实际操作中，有很多核函数可供选择，不同的核函数根据距离远近分配权重的策略也有所差异．表 B.1 列出了一些常用的核函数.

表 B.1　一些常用的核函数

名称	表达式 $K(u)$	R 软件参数 kernel
均匀（Uniform）	$\frac{1}{2}I\{\lvert u\rvert\leqslant 1\}$	—
三角（Triangle）	$(1-\lvert u\rvert)I\{\lvert u\rvert\leqslant 1\}$	triangular
Epanechikov	$\frac{3}{4}(1-u^2)I\{\lvert u\rvert\leqslant 1\}$	epanechnikov
四次（Quartic）	$\frac{15}{16}(1-u^2)^2I\{\lvert u\rvert\leq 1\}$	biweight
三权	$\frac{35}{32}(1-u^2)^3I\{\lvert u\rvert\leqslant 1\}$	—
高斯（Gauss）	$\frac{1}{\sqrt{2\pi}}\exp\left(-\frac{1}{2}u^2\right)$	gaussian
余弦（Cosinus）	$\frac{\pi}{4}\cos\left(\frac{\pi}{2}u\right)I\{\lvert u\rvert\leqslant 1\}$	cosine
指数（Exponent）	$\exp\{\lvert u\rvert\}$	—

为了更好地直观理解核估计方法中的加权思想，图 B.3 给出了 4 种常见核函数的图像，从图像中可以看到，常见的核函数都是对称函数.

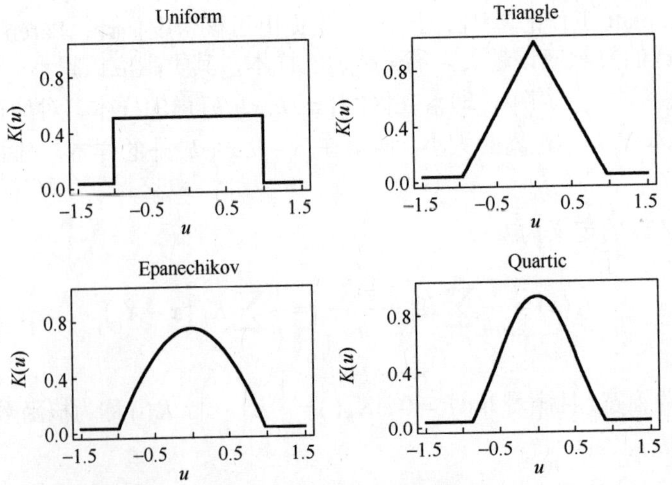

图 B.3　常见核函数的图像

R 软件包 stats 给出了核密度估计函数 density()，其调用格式为:

```
density(x, bw = "nrd0", kernel="gaussian",...)
```

其中，参数 x 表示样本；参数 bw 为窗宽，可以为具体的数值，也可以为指定窗宽选择规则的字符串，其默认值为"nrd0"，即采用西尔弗曼经验法则（Silverman's Rule of Thumb）选择窗宽，该法则我们将在后面详细解释；参数 kernel 表示核函数的种类，其具体取值如表 B.1 所示，默认值为“gaussian”.

与直方图密度估计类似，核密度估计的光滑程度也依赖于窗宽 h 的选择. 图 B.4 展示了采用四次核函数时选择不同的窗宽 h 对核密度估计效果的影响，由于窗宽 h 控制着拟合曲线的光滑程度，因此文献中也称窗宽 h 为**光滑参数**.

由于不同的核函数 $K(\cdot)$，其加权的策略不同，因此核函数的选择对核密度估计 $\hat{f}_h(x)$ 也会产生一定的影响. 然而核密度估计对核函数的选择并不敏感，尤其是当样本容量 n 比较大时，核函数对核密度估计的影响往往很小，根据参考文献[21]中 Fan 等（1996）的建议，在实际操作中，常常采用 epanechnikov 核函数.

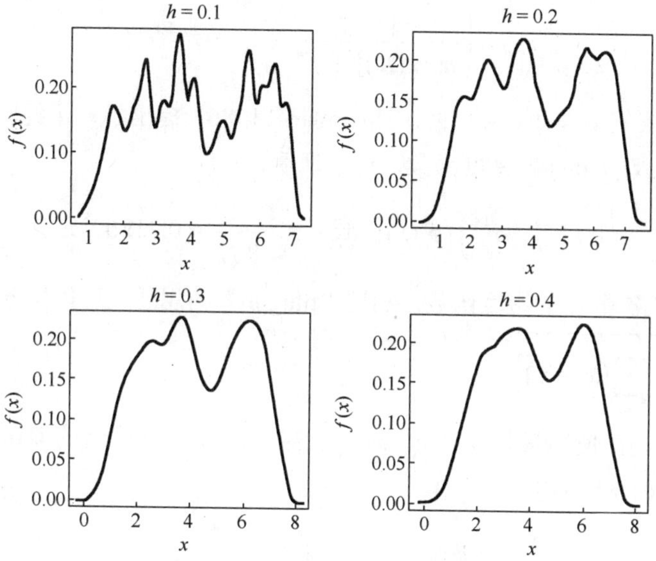

图 B.4 窗宽对核密度估计的影响

B.3 窗宽选择方法

关于窗宽 h 的选择问题，文献中提出了很多方法，本节简单介绍两种可操作的窗宽选择方法，即西尔弗曼经验法则（Silverman's Rule of Thumb）和交叉验证法（Cross Validation）.

B.3.1 西尔弗曼经验法则

西尔弗曼经验法则本质上属于一种“plug in”方法，即如果一个表达式中含有未知参数，这时可以用参数的估计值代替未知参数，西尔弗曼经验法则的基本思想与此类似，即用未知项的估计值来替代未知项.

假设密度函数 $f(x)$ 具有二阶连续导数，核函数为对称函数，即 $K(-s)=K(s)$. 窗宽 $h=h(n)$ 满足条件：当 $n\to\infty$ 时，有 $h\to 0, nh\to\infty$. 可以证明核密度估计的累积均方误差MISE 为：

$$\begin{aligned}\mathrm{MISE}(\hat{f}_h) &= \int \mathrm{MSE}[\hat{f}_h(x)]\mathrm{d}x \\ &= \frac{h^4}{4}[\mu_2(K)]^2 \| f'' \|_2^2 + \frac{1}{nh}\| K \|_2^2 + o(h^4) + o\left(\frac{1}{nh}\right), \quad h \to 0, nh \to \infty.\end{aligned}$$

其中

$$\mu_2(K) = \int s^2 K(s)\mathrm{d}s\text{，}\| K \|_2^2 = \int K^2(s)\mathrm{d}s\text{，}\| f'' \|_2^2 = \int [f''(s)]^2 \mathrm{d}s .$$

忽略$\mathrm{MISE}(\hat{f}_h)$的高阶项，可以得到MISE的一个近似表达式，记作AMISE，即

$$\mathrm{AMISE}(\hat{f}_h) = \frac{h^4}{4}[\mu_2(K)]^2 \| f'' \|_2^2 + \frac{1}{nh}\| K \|_2^2 . \tag{B.3.1}$$

选择h最小化AMISE，最优的窗宽为：

$$h_{\mathrm{opt}} = \left(\frac{\| K \|_2^2}{n[\mu_2(K)]^2 \| f'' \|_2^2}\right)^{1/5} \sim n^{-1/5} . \tag{B.3.2}$$

然而最优窗宽依赖于未知量$\| f'' \|_2^2$. Silverman（1986）提出了一个经验法则：假定密度函数$f(x)$为正态分布$N(\mu, \sigma^2)$的密度函数，可以证明：

$$\| f'' \|_2^2 = \sigma^{-5}\int [\phi''(x)]^2 \mathrm{d}x = \sigma^{-5}\frac{3}{8\sqrt{\pi}} \approx 0.212\sigma^{-5} . \tag{B.3.3}$$

其中，$\phi(\cdot)$为标准正态分布的密度函数．利用“plug in”的思想，可以用σ的估计值$\hat{\sigma}$来替代σ，如取$\hat{\sigma} = \sqrt{\frac{1}{n-1}\sum_{i=1}^{n}(x_i - \bar{x})^2}$.

需要说明的是，在使用最优窗宽h_{opt}时，还需要选择一个适当的核函数，如采用高斯核$\phi(x)$，则可以得到如下经验窗宽：

$$\hat{h}_{\mathrm{rot}} = \left(\frac{\| \phi \|_2^2}{n\mu_2^2(\phi)\| \hat{f}'' \|_2^2}\right)^{1/5} = \left(\frac{4\hat{\sigma}^5}{3n}\right)^{1/5} \approx 1.06\hat{\sigma}n^{-1/5} . \tag{B.3.4}$$

在估计未知量$\| f'' \|_2^2$时，我们假定$f(x)$服从正态分布虽然不一定与实际相符，但只要总体X的真实分布与正态分布差异不是很大，$\hat{h}_{\mathrm{rot}}$与h_{opt}之间的差异也不是很大．尤其是对于单峰、对称、非厚尾的分布而言，这种方法都会给出比较合理的窗宽，这也是把这种方法称为经验法则的原因.

值得注意的是，窗宽选择的经验法则对异常值非常敏感．一个异常值的存在就可能造成方差估计过大，从而得到过大的窗宽．我们可以利用四分位差$R = X_{[0.75n]} - X_{[0.25n]}$来构造更稳健的估计．假设真实的分布为正态分布，即$X \sim N(\mu, \sigma^2)$，则

$$Z = \frac{X - \mu}{\sigma} \sim N(0,1) .$$

因此有

$$\begin{aligned}R = X_{[0.75n]} - X_{[0.25n]} &= \left(\mu + \sigma Z_{[0.75n]}\right) - \left(\mu + \sigma Z_{[0.25n]}\right) \\ &= \sigma\left(Z_{[0.75n]} - Z_{[0.25n]}\right) \approx \sigma(0.67 - (-0.67)) = 1.34\sigma,\end{aligned}$$

故 $\hat{\sigma} \approx \frac{R}{1.34}$，经验窗宽 $\hat{h}_{\text{rot}}$ 可以修正为

$$\hat{h}_{\text{rot}} = 1.06 \min\left\{\hat{\sigma}, \frac{R}{1.34}\right\} n^{-1/5}. \tag{B.3.5}$$

B.3.2 交叉验证法

交叉验证法是一种完全基于数据驱动算法的窗宽选择方法. 该方法最初由 Rudemo（1982）和 Bowman（1984）提出，下面讨论交叉验证法的窗宽选择方法.

设 $\hat{f}_h(x)$ 为 $f(x)$ 的估计，$\hat{f}_h(x)$ 和 $f(x)$ 之间的累积平方误差（Integrated Squared Error, 简记为 ISE）为

$$\text{ISE}(\hat{f}_h) = \int [\hat{f}_h(x) - f(x)]^2 \mathrm{d}x = \int \hat{f}_h^2(x)\mathrm{d}x - 2\int \hat{f}_h(x) f(x)\mathrm{d}x + \int f^2(x)\mathrm{d}x.$$

要想得到一个好的估计 $\hat{f}_h(x)$，一个自然的想法是选择适当的窗宽 h，使得 $\text{ISE}(\hat{f}_h)$ 达到最小. 由于 $\int f^2(x)\mathrm{d}x$ 不含有 h，因此只需要使得

$$G(h) = \int \hat{f}_h^2(x)\mathrm{d}x - 2\int \hat{f}_h(x) f(x)\mathrm{d}x \tag{B.3.6}$$

达到最小即可. 而 $\int \hat{f}_h(x) f(x)\mathrm{d}x$ 中含有未知函数 $f(x)$，因此无法直接对 $G(h)$ 最小化，这时可以用其估计替换 $G(h)$ 中的 $\int \hat{f}_h(x) f(x)\mathrm{d}x$.

因为 $\int \hat{f}_h(x) f(x)\mathrm{d}x$ 可以理解为随机变量 $\hat{f}_h(X)$ 的期望，其中 $f(x)$ 为 X 的密度函数. 容易证明 $\frac{1}{n}\sum_{i=1}^{n} \hat{f}_{h,-i}(X_i)$ 为 $\int \hat{f}_h(x) f(x)\mathrm{d}x$ 的无偏估计，其中 $\hat{f}_{h,-i}(x)$ 为将第 i 个观测 X_i 剔除后用剩余样本给出的 $f(x)$ 的估计，即

$$\hat{f}_{h,-i}(x) = \frac{1}{n-1}\sum_{j=1, i\neq j}^{n} K_h\left(x - X_j\right). \tag{B.3.7}$$

计算 $\hat{f}_{h,-i}(x)$ 时要剔除第 i 个观测 X_i 的主要目的是保证 $\hat{f}_{h,-i}(x)$ 与 X_i 相互独立. 记

$$\text{CV}(h) = \int \hat{f}_h^2(x)\mathrm{d}x - \frac{2}{n(n-1)}\sum_{i=1}^{n}\sum_{j=1, j\neq i}^{n} K_h\left(X_i - X_j\right), \tag{B.3.8}$$

交叉验证准则选择窗宽的定义为

$$\hat{h}_{\text{cv}} = \arg\min_{h>0} \text{CV}(h). \tag{B.3.9}$$

经过计算，可以得到

$$\int \hat{f}_h^2(x)\mathrm{d}x = \frac{1}{n^2 h}\sum_{i=1}^{n}\sum_{j=1}^{n} K * K\left(\frac{X_j - X_i}{h}\right),$$

其中，$K * K(u) = \int K(u-v)K(v)\mathrm{d}v$ 表示 $K(u)$ 的卷积. 因此 $\text{CV}(h)$ 可以表示为

$$\mathrm{CV}(h)=\frac{1}{n^2h}\sum_{i=1}^{n}\sum_{j=1}^{n}K*K\left(\frac{X_j-X_i}{h}\right)-\frac{2}{n(n-1)}\sum_{i=1}^{n}\sum_{j=1,j\neq i}^{n}K_h\left(X_i-X_j\right).\qquad(\mathrm{B}.3.10)$$

图 B.5 所示为采用 4 种不同的窗宽的核密度估计效果，其中前两个核密度估计采用的窗宽分别为 $h=0.1$ 和 $h=0.2$，后两个核密度估计分别采用了西尔弗曼经验法则和交叉验证法.从估计的效果来看，前两个估计由于窗宽过小，估计曲线波动较大；单纯从估计图形上来看，后两个估计还存在的一定的差异．由于模拟数据来自于非单峰分布，因此采用交叉验证法比西尔弗曼经验法则效果要好一些.

利用 R 软件中的 density()进行核密度估计时，参数 bw 用来指定为光滑参数 h，可以为具体的数值，也可以为指定窗宽选择规则的字符串，其默认值为"nrd0"，即采用西尔弗曼经验法则（Silverman's Rule of Thumb）选择窗宽，若取值为“ucv”，则采用无偏的交叉验证准则选择窗宽.

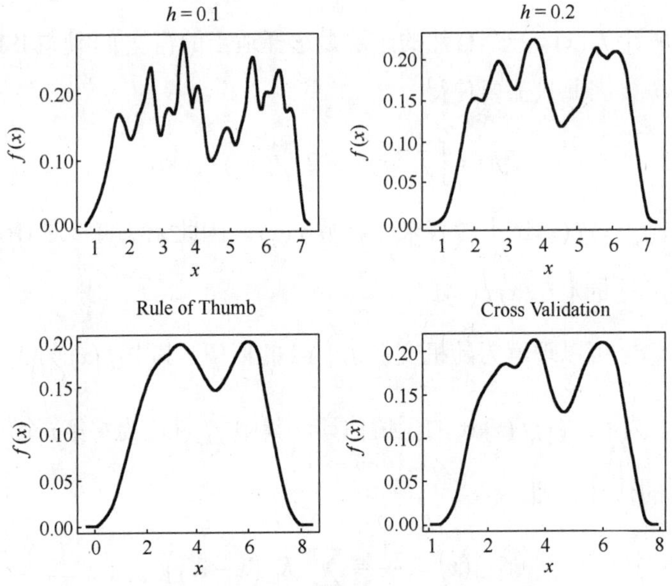

图 B.5　窗宽对核密度估计的影响

B.4　多元核密度估计

考虑 d 维随机向量 $\boldsymbol{X}=(X_1,X_2,\cdots,X_d)^{\mathrm{T}}$，其中，$X_1,X_2,\cdots,X_d$ 均为一维随机变量．$\boldsymbol{X}$ 的概率密度函数为 $f(\boldsymbol{x})=f(x_1,x_2,\cdots,x_d)$，现从随机变量 X_i 中抽取容量为 n 的一个样本 $X_{i1},X_{i2},\cdots,X_{id}$，$i=1,2,\cdots,n$，并记

$$\boldsymbol{X_i}=(X_{i1},X_{i2},\cdots,X_{in})^{\mathrm{T}},\ i=1,2,\cdots,n.\qquad(\mathrm{B}.4.1)$$

我们的目的是利用数据（B.4.1）估计概率密度函数 $f(\boldsymbol{x})$.

利用一元核密度估计的思想，类似地给出多元核密度估计为

$$\hat{f}_h(\boldsymbol{x})=\frac{1}{n}\cdot\frac{1}{\prod_{j=1}^{d}h_j}\sum_{i=1}^{n}\boldsymbol{\kappa}\left(\frac{x_1-X_{i1}}{h_1},\frac{x_2-X_{i2}}{h_2},\cdots,\frac{x_d-X_{id}}{h_d}\right),\qquad(\mathrm{B}.4.2)$$

其中，$\kappa(\cdot)$ 是一个 d 元的核函数；$\boldsymbol{h}=(h_1,h_2,\cdots,h_d)^{\mathrm{T}}$ 称为窗宽向量，简称窗宽．若每一个变量都采用相同窗宽 h，则多元核密度估计式（B.4.2）简化为

$$\hat{f}_h(\boldsymbol{x})=\frac{1}{nh^d}\sum_{i=1}^{n}\kappa\left(\frac{x_1-X_{i1}}{h},\cdots,\frac{x_d-X_{id}}{h}\right)=\frac{1}{nh^d}\sum_{i=1}^{n}\kappa\left(\frac{\boldsymbol{x}-\boldsymbol{X}_i}{h}\right). \tag{B.4.3}$$

核函数 $K(\boldsymbol{u})=\kappa(u_1,u_2,\cdots,u_d)$ 的取法有很多，最简单的取法是采用乘积核的形式，即

$$\kappa(\boldsymbol{u})=K(u_1)K(u_2)\cdots K(u_d), \tag{B.4.4}$$

这里 $K(\cdot)$ 表示一元核函数，此时核密度估计式（B.4.3）可以表示为

$$\hat{f}_h(\boldsymbol{x})=\frac{1}{nh^d}\sum_{i=1}^{n}\left\{\prod_{j=1}^{d}K\left(\frac{x_j-X_{ij}}{h}\right)\right\}. \tag{B.4.5}$$

需要读者注意的是，由于核密度估计本质上是一种局部估计，要有效地估计 $f(\boldsymbol{x})$ 在 $\boldsymbol{x}=(x_1,x_2,\cdots,x_d)^{\mathrm{T}}$ 处的函数值，就需要在 $\boldsymbol{x}$ 的某个邻域内有足够多的数据，然而当 $\boldsymbol{x}$ 的维数 d 增大时，其邻域内包含的数据点在整个样本中所占的比例会显著降低，估计的精度会急剧下降，文献中称这种现象为“维数灾祸”．在实际问题中，若维数 $d\geqslant 4$，则尽量避免使用核密度估计．

附录C　非参数回归

在第 6 章回归分析中，我们曾提及非参数回归模型的概念，非参数回归模型主要优势在于回归函数的形式是任意的，变量的分布也很少有限制，因而具有较大的实用性. 根据解释变量维数的不同，非参数回归模型分为一元非参数回归和多元非参数回归两种类型. 这里主要讨论一元非参数回归问题.

设 Y 为响应变量，X 为解释变量，给定一组观测 $(X_1,Y_1),(X_2,Y_2),\cdots,(X_n,Y_n)$，建立非参数回归模型

$$Y_i = m(X_i)+\varepsilon_i, i=1,2,\cdots,n \tag{C.0.1}$$

其中，$m(\cdot)$ 是一个未知函数，ε 为随机误差.

一般情况下，存在两种不同的试验方式，即**随机设计**和**固定设计**. 在随机设计中，假定 X 和 Y 都是随机变量，$(X_1,Y_1),(X_2,Y_2),\cdots,(X_n,Y_n)$ 可以理解为是来自总体 (X,Y) 的一个简单随机样本. 在固定设计中，解释变量 X 是非随机变量，Y 是随机变量，研究者可以控制解释变量 X 的取值.

通常假定随机误差 $\varepsilon_1,\varepsilon_2,\cdots,\varepsilon_n$ 独立同分布，且满足：

（1）随机设计情形：$E(\varepsilon_i \mid X_i)=0,\ \mathrm{Var}(\varepsilon_i \mid X_i=x)=\sigma^2(x)<+\infty$.

（2）固定设计情形：$E(\varepsilon_i)=0,\ \mathrm{Var}(\varepsilon_i)=\sigma^2<+\infty$.

非参数回归模型的估计方法有很多，如核估计、局部多项式估计、近邻估计、光滑样条估计、小波估计等. 这里我们仅仅讨论核函数估计和局部多项式估计两种方法.

C.1　回归函数的核光滑

回归函数的核估计是依赖于解释变量的设计类型，下面我们分别讨论随机设计和固定设计情形下的核光滑方法.

C.1.1　Nadaraya-Watson 估计

在随机设计情形下，解释变量 X 为随机变量. 在均方误差（MSE）最优的意义下，回归函数 $m(x)$ 可以理解为在给定 $X=x$ 的条件下 Y 的条件期望，即

$$m(x)=E(Y \mid X=x) . \tag{C.1.1}$$

设 $f(x,y)$ 为 X、Y 的联合概率密度函数，$f_X(x)$ 分别为 X 的边缘概率密度函数，则

$$m(x)=E(Y \mid X=x)=\int y\frac{f(x,y)}{f_X(x)}\mathrm{d}y=\frac{\int yf(x,y)\mathrm{d}y}{f_X(x)}. \tag{C.1.2}$$

式（C.1.2）中密度函数 $f_X(x)$ 和 $f(x,y)$ 均未知，利用附录 B 中的核密度估计，可以给出 $f_X(x)$ 和 $f(x,y)$ 的估计，即

$$\hat{f}_h(x)=\frac{1}{n}\sum_{i=1}^{n}K_h(x-X_i)\,, \tag{C.1.3}$$

$$\hat{f}_{h,g}(x,y)=\frac{1}{n}\sum_{i=1}^{n}K_h(x-X_i)K_g(y-Y_i)\,. \tag{C.1.4}$$

因此，式（C.1.2）右端项的分子为：

$$\begin{aligned}\int y\hat{f}_{h,g}(x,y)\mathrm{d}y&=\frac{1}{n}\sum_{i=1}^{n}K_h(x-X_i)\int\frac{y}{g}K\left(\frac{y-Y_i}{g}\right)\mathrm{d}y\\&=\frac{1}{n}\sum_{i=1}^{n}K_h(x-X_i)\int(ug+Y_i)K(u)\mathrm{d}u\\&=\frac{1}{n}\sum_{i=1}^{n}K_h(x-X_i)Y_i.\end{aligned} \tag{C.1.5}$$

注意式（C.1.5）中用到了核函数的性质，即$K(u)$是一个对称的概率密度函数，从而

$$\int K(u)\mathrm{d}u=1\,,\quad \int uK(u)\mathrm{d}u=0\,.$$

由式（C.1.3）和式（C.1.5），可以得到 Nadaraya-Watson 估计为：

$$\hat{m}_h(x)=\frac{\sum_{i=1}^{n}K_h(x-X_i)Y_i}{\sum_{i=1}^{n}K_h(x-X_i)}\,. \tag{C.1.6}$$

该估计最早是由 Nadaraya 和 Watson 于 1964 年分别提出的，文献中也称式（C.1.6）为**核光滑**（Kernel Smoothing）.

若记

$$W_{hi}(x)=\frac{K_h(x-X_i)}{\sum_{i=1}^{n}K_h(x-X_i)}=\frac{K\left(\frac{x-X_i}{h}\right)}{\sum_{i=1}^{n}K\left(\frac{x-X_i}{h}\right)}\,, \tag{C.1.7}$$

则 Nadaraya-Watson 估计可以表示为：

$$\hat{m}_h(x)=\sum_{i=1}^{n}W_{hi}(x)Y_i\,. \tag{C.1.8}$$

这说明 Nadaraya-Watson 估计可以看成是对响应变量Y_i的加权平均.

与核密度估计类似，窗宽h决定了$\hat{m}_h(x)$的光滑程度．看以下两种极端情况．

（1）如果$h\to 0$，当$x=X_i$时，$W_{hi}(x)\to 1$，当$x\neq X_i$时，无定义．因此，在观测X_i处，$\hat{m}_h(X_i)\to Y_i$，而在非数据点处，一般采用线性插值方法给出$m(x)$的估计．由此可见，窗宽h过小，则数据点X_i处的估计值接近于Y_i，而数据点以外采用线性插值估计，拟合曲线过于粗糙，此时估计的偏差接近于0，而估计的方差会很大.

（2）如果$h\to\infty$，那么$W_{hi}(x)\to\frac{1}{n}$，$\hat{m}_h(X_i)\to\overline{Y}$．由此可见当窗宽$h$过大时，拟合区间接近于直线，拟合曲线过于平滑，此时估计的方差接近于0，而估计偏差的绝对值会很大.

C.1.2 Gasser-Muller 估计

对于非参数回归模型（C.0.1），在固定设计情形下 Gasser 和 Muller（1979）提出了一种新的加权估计方法．

由于解释变量 X 为非随机变量，因此可以将 $X_1, X_2, \cdots, X_n$ 从小到大进行排列，即有

$$X_{(1)} \leqslant X_{(2)} \leqslant \cdots \leqslant X_{(n)}, \tag{C.1.9}$$

取

$$s_0 = -\infty, \quad s_i = \frac{X_{(i)} + X_{(i+1)}}{2}, \quad s_{n+1} = +\infty,$$

则 Gasser-Muller 估计定义为：

$$\hat{m}_h(x) = \sum_{i=1}^{n} W_{hi}^{\mathrm{GM}}(x) Y_i = \sum_{i=1}^{n} \left(\int_{s_{i-1}}^{s_i} K_h(x-u)\mathrm{d}u \right) Y_i, \tag{C.1.10}$$

显然，权函数 $W_{hi}^{\mathrm{GM}}(x) = \int_{s_{i-1}}^{s_i} K_h(x-u)\mathrm{d}u$ 满足

$$\sum_{i=1}^{n} W_{hi}^{\mathrm{GM}}(x) = 1 .$$

Gasser-Muller 估计也可以用于随机设计情形，此时式（C.1.9）可以理解为样本 $X_1, X_2, \cdots, X_n$ 的次序统计量．在随机设计情形下，表 C.1 给出了非参数估计 $\hat{m}_h(x)$ 在正则条件下的渐近偏差和渐近方差．

表 C.1　非参数估计的渐近偏差与渐近方差

方法	渐近偏差	渐近方差
Nadaraya-Watson 估计	$\frac{h^2}{2}\left[m''(x) + \frac{2m'(x)f'_X(x)}{f_X(x)}\right]u_2(K)$	$\frac{1}{nh}V(x)$
Gasser-Muller 估计	$\frac{h^2}{2}m''(x)u_2(K)$	$\frac{3}{2nh}V(x)$
局部线性估计	$\frac{h^2}{2}m''(x)u_2(K)$	$\frac{1}{nh}V(x)$

注：结论来源于 Fan（1992）．

这里

$$u_2(K) = \int_{-\infty}^{+\infty} u^2 K(u)\mathrm{d}u, \quad V(x) = \frac{\sigma^2(x)}{f(x)} \int_{-\infty}^{+\infty} K^2(u)\mathrm{d}u .$$

从表 C.1 可以看到，Nadaraya-Watson 估计的渐近偏差较大，而 Gasser-Muller 估计的渐近方差较大，这说明 Nadaraya-Watson 估计和 Gasser-Muller 估计各具优缺点．相对而言，局部线性估计（具体见 C.2 节）的估计效果最好．

C.1.3 窗宽的选择

与核密度估计类似，在非参数回归中也涉及光滑参数 h 的选择问题，窗宽 h 太大，得到的

拟合曲线往往过于光滑，窗宽h太小，得到的拟合曲线往往过于粗糙，因此选择一个合适的窗宽对于非参数核回归而言十分关键．那么什么样的窗宽才是一个好的窗宽呢？首先，构造的估计量需要具有优良的统计理论性质；其次，便于实际应用．本节我们将以 Nadaraya-Watson 估计为例介绍几种常用的窗宽选择方法．

1．理论带宽

在随机设计情形下，对于非参数回归模型式（C.0.1），若满足$\int_{-\infty}^{+\infty}|K(u)|\mathrm{d}u<+\infty$，$\lim\limits_{n\to\infty}uK(u)=0$；$E(Y^2)<+\infty$；窗宽$h\to 0$，$nh\to\infty$；函数$\sigma^2(x)$，$m''(x)$和$f_X'(x)$在$x$处均连续，则可以证明

$$\mathrm{Bias}[\hat{m}_h(x)]=\frac{h^2}{2}\left[m''(x)+\frac{2m'(x)f_X'(x)}{f_X(x)}\right]u_2(K)+o(h^2)\,, \tag{C.1.11}$$

$$\mathrm{Var}[\hat{m}_h(x)]=\frac{\sigma^2(x)\|K\|_2^2}{nhf_X(x)}+o\left(\frac{1}{nh}\right), \tag{C.1.12}$$

这里

$$\|K\|_2^2=\int_{-\infty}^{+\infty}K^2(u)\mathrm{d}u\,,\qquad u_2(K)=\int_{-\infty}^{+\infty}u^2K(u)\mathrm{d}u\,.$$

根据均方误差的定义可知

$$\begin{aligned}\mathrm{MSE}[\hat{m}_h(x)]&=E[\hat{m}_h(x)-m(x)]^2=\{\mathrm{Bias}[\hat{m}_h(x)]\}^2+\mathrm{Var}[\hat{m}_h(x)]\\&=h^4C^2(x)+\frac{V(x)}{nh}+o(h^4)+o\left(\frac{1}{nh}\right),\end{aligned}$$

式中

$$C(x)=\frac{1}{2}\left[m''(x)+\frac{2m'(x)f_X'(x)}{f_X(x)}\right]u_2(K)\,,\quad V(x)=\frac{\sigma^2(x)}{f_X(x)}\|K\|_2^2\,.$$

忽略$\mathrm{MSE}[\hat{m}_h(x)]$中的高阶项，并记

$$\mathrm{AMSE}(n,h)=h^4C^2(x)+\frac{V(x)}{nh}\,, \tag{C.1.13}$$

关于h最小化$\mathrm{AMSE}(n,h)$即可得到最优的理论带宽为：

$$h_{\mathrm{opt}}=\left[\frac{V(x)}{4C^2(x)}\right]^{\frac{1}{5}}n^{-\frac{1}{5}}\triangleq c\cdot n^{-\frac{1}{5}}\,. \tag{C.1.14}$$

式（C.1.13）给出的是局部最优窗宽，若考虑全局最优窗宽，可最小化 AMISE（Asymptotic weighted Mean Integrated Error），即

$$\mathrm{AMISE}(n,h)=h^4\int C^2(x)\omega(x)\mathrm{d}x+\frac{1}{nh}\int V(x)\omega(x)\mathrm{d}x\,, \tag{C.1.15}$$

这里$\omega(x)$是权函数．关于h最小化$\mathrm{AMISE}(n,h)$即可得到全局最优的理论带宽为：

$$\tilde{h}_{\text{opt}} = \left[\frac{\int V(x)\omega(x)\mathrm{d}x}{4\int C^2(x)\omega(x)\mathrm{d}x}\right]^{\frac{1}{5}} n^{-\frac{1}{5}} \triangleq \tilde{c}\cdot n^{-\frac{1}{5}}. \tag{C.1.16}$$

然而最优的理论窗宽 h_{opt} 或 $\tilde{h}_{\text{opt}}$ 均含有未知函数 $f_X(x)$、$m'(x)$、$m''(x)$ 及 $\sigma^2(x)$，因此不能直接使用．在实际应用中，可以不断调整 c 或 $\tilde{c}$，使得采用 h_{opt} 或 $\tilde{h}_{\text{opt}}$ 的核估计达到满意的结果即可．

2．交叉验证法

交叉验证法是一种有广泛应用价值的窗宽选择方法，该方法完全基于数据驱动，因而具有很强的实用性．其基本思想是，去掉第 $i\,(i=1,2,\cdots,n)$ 个观测值，用剩余的 $n-1$ 个数据计算得到 $m(x)$ 的一个估计 $\hat{m}_{h,-i}(x)$，然后计算交叉验证得分

$$\text{CV}(h) = \frac{1}{n}\sum_{j=1}^{n}[Y_i - \hat{m}_{h,-i}(X_i)]^2\,\omega(X_i), \tag{C.1.17}$$

这里 $\omega(\cdot)$ 为权函数，其主要作用是避免分母为 0 带来的计算困难．交叉验证法的最优窗宽定义为：

$$h_{\text{CV}} = \arg\min_{h>0}[\text{CV}(h)]. \tag{C.1.18}$$

3．广义交叉验证法

由于利用式（C.1.17）计算最优窗宽时需要拟合 n 条曲线，计算量很大，一个常用改进方法是广义的交叉验证的（GCV）．

设 $\hat{m}_h(x)$ 为 $m(x)$ 的非参数估计， 则可以将拟合值表示为：

$$(\hat{m}_h(X_1),\hat{m}_h(X_2),\cdots,\hat{m}_h(X_n))^{\mathrm{T}} = \boldsymbol{S}_h\boldsymbol{Y},$$

其中 $\boldsymbol{S}_h$ 是仅依赖于 $X_1,X_2,\cdots,X_n$ 的 n 阶矩阵，$\boldsymbol{Y}=(Y_1,Y_2,\cdots,Y_n)^{\mathrm{T}}$．广义交叉验证得分定义为：

$$\text{GCV}(h) = \frac{n^{-1}\sum\limits_{i=1}^{n}[Y_i - \hat{m}_h(X_i)]^2}{[n^{-1}\text{tr}(\boldsymbol{I}_n - \boldsymbol{S}_h)]^2}. \tag{C.1.19}$$

最优窗宽定义为：

$$h_{\text{GCV}} = \arg\min_{h>0}[\text{GCV}(h)]. \tag{C.1.20}$$

C.2　局部多项式估计

尽管核光滑方法是非参数回归的经典方法，然而该方法也存在一定的不足之处，如核估计存在边界效应，即估计量在边界收敛于真实函数的速度远小于在内点处的收敛速度．局部多项式估计则有效避免了上述缺陷．下面我们对局部多项式估计做简单介绍，详细内容可以参见参考文献[21] Fan 和 Gijbels（1996）的著作．

从 Nadaraya-Watson 核估计的定义可以看到，该估计本质上是采用局部加权最小二乘得到

的局部常数估计．一个自然的想法是，可以利用局部 p 阶多项式而不是局部常数去估计 $m(x)$．利用泰勒展开，对于 x_0 邻域内的任意一点 x，有

$$m(x) \approx m(x_0) + m'(x_0)(x - x_0) + \frac{m^{(2)}(x_0)}{2!}(x - x_0)^p + \cdots + \frac{m^{(p)}(x_0)}{p!}(x - x_0)^p, \quad \text{(C.2.1)}$$

考虑最小化问题

$$\min_{\beta} \sum_{i=1}^{n} \{Y_i - \sum_{j=1}^{n} \beta_j (X_i - x_0)^j\}^2 K_h(X_i - x_0), \quad \text{(C.2.2)}$$

为表述方便，给出如下记号：

$$\boldsymbol{X} = \begin{pmatrix} 1 & X_1 - x_0 & (X_1 - x_0)^2 & \cdots & (X_1 - x_0)^p \\ 1 & X_2 - x_0 & (X_2 - x_0)^2 & \cdots & (X_2 - x_0)^p \\ \vdots & \vdots & \vdots & & \vdots \\ 1 & X_n - x_0 & (X_n - x_0)^2 & \cdots & (X_n - x_0)^p \end{pmatrix}, \quad \boldsymbol{Y} = \begin{pmatrix} Y_1 \\ Y_2 \\ \vdots \\ Y_n \end{pmatrix}, \quad \boldsymbol{\beta} = \begin{pmatrix} \beta_0 \\ \beta_1 \\ \vdots \\ \beta_p \end{pmatrix},$$

$$\boldsymbol{W} = \begin{pmatrix} K_h(X_1 - x_0) & 0 & \cdots & 0 \\ 0 & K_h(X_2 - x_0) & \cdots & 0 \\ \vdots & \vdots & & \vdots \\ 0 & 0 & \cdots & K_h(X_n - x_0) \end{pmatrix},$$

其中 $\beta_v = \frac{1}{v!} m^{(v)}(x_0)$，则式（C.2.2）可以表示矩阵为：

$$\min_{\beta} (\boldsymbol{Y} - \boldsymbol{X\beta})^{\mathrm{T}} \boldsymbol{W} (\boldsymbol{Y} - \boldsymbol{X\beta}), \quad \text{(C.2.3)}$$

由加权最小二乘的计算公式，可以得到：

$$\hat{\boldsymbol{\beta}} = \hat{\boldsymbol{\beta}}(x_0) = (\boldsymbol{X}^{\mathrm{T}} \boldsymbol{W} \boldsymbol{X})^{-1} \boldsymbol{X}^{\mathrm{T}} \boldsymbol{W} \boldsymbol{Y}. \quad \text{(C.2.4)}$$

记 $\hat{\boldsymbol{\beta}} = (\hat{\beta}_1, \hat{\beta}_2, \cdots, \hat{\beta}_{p+1})^{\mathrm{T}}$，若用 $\boldsymbol{e}_{v+1}$ 表示 $p+1$ 维的单位向量，其第 $v+1$ 个位置的元素为 1，其余元素均为 0，则

$$\hat{\beta}_v = \boldsymbol{e}_{v+1}^{\mathrm{T}} \hat{\boldsymbol{\beta}}, \quad v = 0, 1, \cdots, p.$$

因此 $m^{(v)}(x_0)$ 的估计量为：

$$\hat{m}_v(x_0) = v! \hat{\beta}_v = v! \boldsymbol{e}_{v+1}^{\mathrm{T}} \hat{\boldsymbol{\beta}}, \quad v = 0, 1, \cdots, p. \quad \text{(C.2.5)}$$

当 x_0 在 $m(x)$ 的估计范围内变化时，就可以得到整条拟合曲线 $\hat{m}_v(x)$．

当 $p = 0$ 时，局部多项式即为 Nadaraya-Watson 估计，即

$$\hat{m}(x) = \hat{m}_h(x) = \frac{\sum_{i=1}^{n} K_h(X_i - x) Y_i}{\sum_{i=1}^{n} K_h(X_i - x)}.$$

当 $p = 1$ 时，该估计通常称为**局部线性估计**（Local Linear Estimator），记

$$S_{h,j}(x) = \sum_{i=1}^{n} K_h(X_i - x)(X_i - x)^j,$$

$$T_{h,j}(x)=\sum_{i=1}^{n}K_h(X_i-x)(X_i-x)^jY_i\,,$$

则式（C.2.4）可以表示为：

$$\hat{\boldsymbol{\beta}}=\begin{pmatrix}S_{h,0}(x) & S_{h,1}(x)\\ S_{h,1}(x) & S_{h,2}(x)\end{pmatrix}^{-1}\begin{pmatrix}T_{h,0}(x)\\ T_{h,1}(x)\end{pmatrix}. \tag{C.2.6}$$

因此局部线性估计的显示表达式为：

$$\hat{m}(x)=\frac{T_{h,0}(x)S_{h,2}(x)-T_{h,1}(x)S_{h,1}(x)}{S_{h,0}(x)S_{h,2}(x)-S_{h,1}^2(x)}\,. \tag{C.2.7}$$

同核光滑类似，可以利用交叉验证法或广义的交叉验证法选择局部多项式估计的最优窗宽．在实际使用中，关于多项式阶数 p 的选取问题，Fan 和 Gijbels（1996）建议取 $p=v+1$ 或 $p=v+3$．

在 R 中，利用函数 ksmooth()可以给出 Nadaraya-Watson 估计，其调用格式为：

```
ksmooth(x, y, kernel = c("box", "normal"), bandwidth = 0.5,…)
```

其中，x 为数值型向量，表示解释变量 X 的观测值；y 为数值型向量，表示响应变量 Y 的观测值；kernel 用于指定核函数；bandwidth 用于指定窗宽．

利用程序包 KernSmooth 中的 locpoly()函数可以进行局部多项式拟合，其调用格式为：

```
locpoly(x, y, drv = 0L, degree, kernel = "normal", bandwidth,…)
```

其中 x 为数值型向量，表示解释变量 X 的观测值；y 为数值型向量，表示响应变量 Y 的观测值；drv 表示要估计的导数的阶数；degree 用于指定拟合多项式的阶数，degree 的取值要大于 drv 的取值，默认值为 $\text{degree}=\text{div}+1$，即采用局部线性估计；参数 bandwidth 用于指定窗宽．

看一个例子，R 程序包 MASS 中有一个自带的数据集 geyser，该数据集包含 2 个变量共 299 组数据，描述的是美国黄石公园的一个间歇性喷泉在 1985 年 8 月 1 日至 15 日期间的喷发间隔时间（waiting）和持续时间（duration）．我们利用局部线性估计给出间隔时间（waiting）和持续时间（duration）的非参数拟合曲线．代码如下：

```
> library(KernSmooth)
> data(geyser, package = "MASS")
> duration <- geyser$duration
> waiting<- geyser$waiting
> plot(duration , waiting)
> fit1 <- locpoly(duration , waiting, bandwidth = 0.4)
> lines(fit1,lty=1,lwd=2)
> bw=dpill(duration , waiting)
> fit2 <- locpoly(duration , waiting, bandwidth = bw)
> lines(fit2,lty=2,lwd=2)
> legend("topright",c("bandwidth=0.4","plug in"),lty=c(1,2))
```

输出结果如图 C.1 所示，其中实线表示使用固定窗宽 $h=0.4$，虚线表示使用“plug in”方法选择的带宽 $h=0.238$，从图 C.1 中可以看出，由于固定窗宽较大，拟合的曲线过于平滑一些．

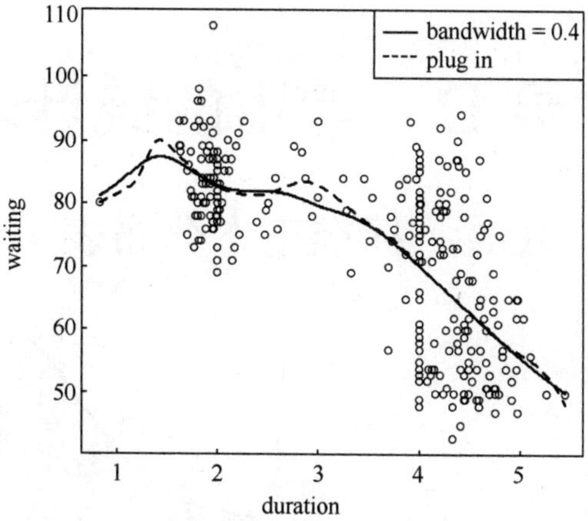

bandwidth = 0.4
plug in
waiting
duration
110
100
90
80
70
60
50
1
2
3
4
5

图 C.1 局部线性拟合

附录 D　常用的统计表

D.1　标准正态分布表

$$\Phi(x)=\int_{-\infty}^{x}\frac{1}{\sqrt{2\pi}}\mathrm{e}^{-\frac{x^2}{2}}\mathrm{d}x$$

$$\Phi(-x)=1-\Phi(x)$$

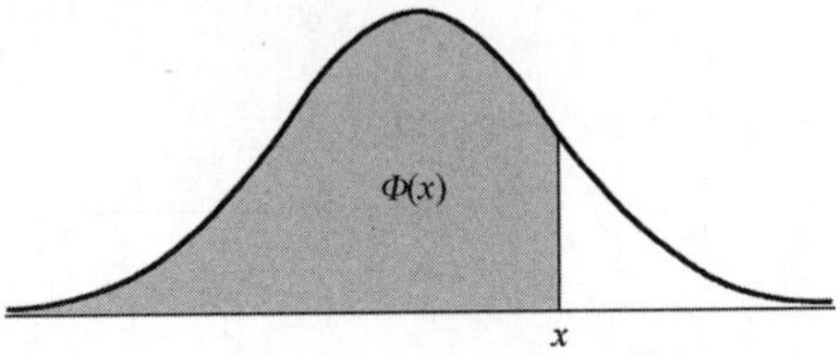

x	0.00	0.01	0.02	0.03	0.04	0.05	0.06	0.07	0.08	0.09
0.0	0.5000	0.5040	0.5080	0.5120	0.5160	0.5199	0.5239	0.5279	0.5319	0.5359
0.1	0.5398	0.5438	0.5478	0.5517	0.5557	0.5596	0.5636	0.5675	0.5714	0.5753
0.2	0.5793	0.5832	0.5871	0.5910	0.5948	0.5987	0.6026	0.6064	0.6103	0.6141
0.3	0.6179	0.6217	0.6255	0.6293	0.6331	0.6368	0.6406	0.6443	0.6480	0.6517
0.4	0.6554	0.6591	0.6628	0.6664	0.6700	0.6736	0.6772	0.6808	0.6844	0.6879
0.5	0.6915	0.6950	0.6985	0.7019	0.7054	0.7088	0.7123	0.7157	0.7190	0.7224
0.6	0.7257	0.7291	0.7324	0.7357	0.7389	0.7422	0.7454	0.7486	0.7517	0.7549
0.7	0.7580	0.7611	0.7642	0.7673	0.7704	0.7734	0.7764	0.7794	0.7823	0.7852
0.8	0.7881	0.7910	0.7939	0.7967	0.7995	0.8023	0.8051	0.8078	0.8106	0.8133
0.9	0.8159	0.8186	0.8212	0.8238	0.8264	0.8289	0.8315	0.8340	0.8365	0.8389
1.0	0.8413	0.8438	0.8461	0.8485	0.8508	0.8531	0.8554	0.8577	0.8599	0.8621
1.1	0.8643	0.8665	0.8686	0.8708	0.8729	0.8749	0.8770	0.8790	0.8810	0.8830
1.2	0.8849	0.8869	0.8888	0.8907	0.8925	0.8944	0.8962	0.8980	0.8997	0.9015
1.3	0.9032	0.9049	0.9066	0.9082	0.9099	0.9115	0.9131	0.9147	0.9162	0.9177
1.4	0.9192	0.9207	0.9222	0.9236	0.9251	0.9265	0.9279	0.9292	0.9306	0.9319
1.5	0.9332	0.9345	0.9357	0.9370	0.9382	0.9394	0.9406	0.9418	0.9429	0.9441
1.6	0.9452	0.9463	0.9474	0.9484	0.9495	0.9505	0.9515	0.9525	0.9535	0.9545
1.7	0.9554	0.9564	0.9573	0.9582	0.9591	0.9599	0.9608	0.9616	0.9625	0.9633
1.8	0.9641	0.9649	0.9656	0.9664	0.9671	0.9678	0.9686	0.9693	0.9699	0.9706
1.9	0.9713	0.9719	0.9726	0.9732	0.9738	0.9744	0.9750	0.9756	0.9761	0.9767
2.0	0.9772	0.9778	0.9783	0.9788	0.9793	0.9798	0.9803	0.9808	0.9812	0.9817
2.1	0.9821	0.9826	0.9830	0.9834	0.9838	0.9842	0.9846	0.9850	0.9854	0.9857
2.2	0.9861	0.9864	0.9868	0.9871	0.9875	0.9878	0.9881	0.9884	0.9887	0.9890
2.3	0.9893	0.9896	0.9898	0.9901	0.9904	0.9906	0.9909	0.9911	0.9913	0.9916
2.4	0.9918	0.9920	0.9922	0.9925	0.9927	0.9929	0.9931	0.9932	0.9934	0.9936
2.5	0.9938	0.9940	0.9941	0.9943	0.9945	0.9946	0.9948	0.9949	0.9951	0.9952
2.6	0.9953	0.9955	0.9956	0.9957	0.9959	0.9960	0.9961	0.9962	0.9963	0.9964
2.7	0.9965	0.9966	0.9967	0.9968	0.9969	0.9970	0.9971	0.9972	0.9973	0.9974
2.8	0.9974	0.9975	0.9976	0.9977	0.9977	0.9978	0.9979	0.9979	0.9980	0.9981
2.9	0.9981	0.9982	0.9982	0.9983	0.9984	0.9984	0.9985	0.9985	0.9986	0.9986
3.0	0.9987	0.9987	0.9987	0.9988	0.9988	0.9989	0.9989	0.9989	0.9990	0.9990

D.2　*t* 分布表

$$P\{t \leqslant x\} = \frac{1}{\sqrt{n}B\left(\frac{1}{2},\frac{n}{2}\right)}\int_{-\infty}^{x}\left(1+\frac{t^2}{n}\right)^{-\frac{n+1}{2}}\mathrm{d}t$$

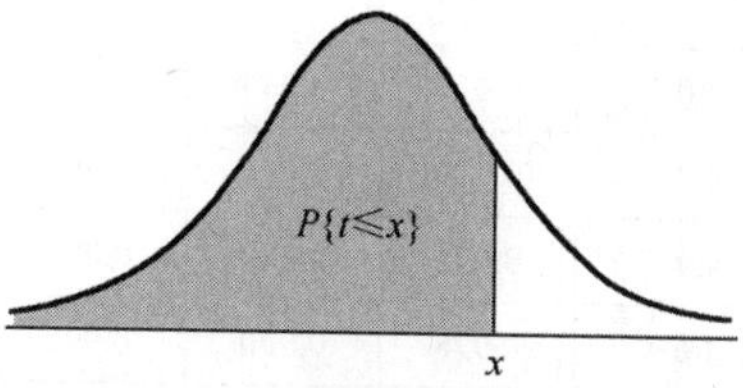

x \ n	2	3	4	5	6	7	8	9	10	11
0.0	0.500	0.500	0.500	0.500	0.500	0.500	0.500	0.500	0.500	0.500
0.1	0.535	0.537	0.537	0.538	0.538	0.538	0.539	0.539	0.539	0.539
0.2	0.570	0.573	0.574	0.575	0.576	0.576	0.577	0.577	0.577	0.577
0.3	0.604	0.608	0.610	0.612	0.613	0.614	0.614	0.615	0.615	0.615
0.4	0.636	0.642	0.645	0.647	0.648	0.649	0.650	0.651	0.651	0.652
0.5	0.667	0.674	0.678	0.681	0.683	0.684	0.685	0.685	0.686	0.687
0.6	0.695	0.705	0.710	0.713	0.715	0.716	0.717	0.718	0.719	0.720
0.7	0.722	0.733	0.739	0.742	0.745	0.747	0.748	0.749	0.750	0.751
0.8	0.746	0.759	0.766	0.770	0.773	0.775	0.777	0.778	0.779	0.780
0.9	0.768	0.783	0.790	0.795	0.799	0.801	0.803	0.804	0.805	0.806
1.0	0.789	0.804	0.813	0.818	0.822	0.825	0.827	0.828	0.830	0.831
1.1	0.807	0.824	0.833	0.839	0.843	0.846	0.848	0.850	0.851	0.853
1.2	0.823	0.842	0.852	0.858	0.862	0.865	0.868	0.870	0.871	0.872
1.3	0.838	0.858	0.868	0.875	0.879	0.883	0.885	0.887	0.889	0.890
1.4	0.852	0.872	0.883	0.890	0.894	0.898	0.900	0.902	0.904	0.905
1.5	0.864	0.885	0.896	0.903	0.908	0.911	0.914	0.916	0.918	0.919
1.6	0.875	0.896	0.908	0.915	0.920	0.923	0.926	0.928	0.930	0.931
1.7	0.884	0.906	0.918	0.925	0.930	0.934	0.936	0.938	0.940	0.941
1.8	0.893	0.915	0.927	0.934	0.939	0.943	0.945	0.947	0.949	0.950
1.9	0.901	0.923	0.935	0.942	0.947	0.950	0.953	0.955	0.957	0.958
2.0	0.908	0.930	0.942	0.949	0.954	0.957	0.960	0.962	0.963	0.965
2.2	0.921	0.942	0.954	0.960	0.965	0.968	0.971	0.972	0.974	0.975
2.4	0.931	0.952	0.963	0.969	0.973	0.976	0.978	0.980	0.981	0.982
2.6	0.939	0.960	0.970	0.976	0.980	0.982	0.984	0.986	0.987	0.988
2.8	0.946	0.966	0.976	0.981	0.984	0.987	0.988	0.990	0.991	0.991
3.0	0.952	0.971	0.980	0.985	0.988	0.990	0.991	0.993	0.993	0.994
3.2	0.957	0.975	0.984	0.988	0.991	0.992	0.994	0.995	0.995	0.996
3.4	0.962	0.979	0.986	0.990	0.993	0.994	0.995	0.996	0.997	0.997
3.6	0.965	0.982	0.989	0.992	0.994	0.996	0.997	0.997	0.998	0.998
3.8	0.969	0.984	0.990	0.994	0.996	0.997	0.997	0.998	0.998	0.999

续表

x \ n	2	3	4	5	6	7	8	9	10	11
4.0	0.971	0.986	0.992	0.995	0.996	0.997	0.998	0.998	0.999	0.999
4.2	0.974	0.988	0.993	0.996	0.997	0.998	0.999	0.999	0.999	0.999
4.4	0.976	0.989	0.994	0.996	0.998	0.998	0.999	0.999	0.999	0.999
4.6	0.978	0.990	0.995	0.997	0.998	0.999	0.999	0.999	1.000	1.000
4.8	0.980	0.991	0.996	0.998	0.998	0.999	0.999	1.000		
5.0	0.981	0.992	0.996	0.998	0.999	0.999	0.999			
5.2	0.982	0.993	0.997	0.998	0.999	0.999	1.000			
5.4	0.984	0.994	0.997	0.999	0.999	0.999				
5.6	0.985	0.994	0.998	0.999	0.999	1.000				
5.8	0.986	0.995	0.998	0.999	0.999					
6.0	0.987	0.995	0.998	0.999	1.000					

x \ n	12	13	14	15	16	17	18	19	20	∞
0.0	0.500	0.500	0.500	0.500	0.500	0.500	0.500	0.500	0.500	0.500
0.1	0.539	0.539	0.539	0.539	0.539	0.539	0.539	0.539	0.539	0.540
0.2	0.578	0.578	0.578	0.578	0.578	0.578	0.578	0.578	0.578	0.579
0.3	0.615	0.616	0.616	0.616	0.616	0.616	0.616	0.616	0.616	0.618
0.4	0.652	0.652	0.652	0.653	0.653	0.653	0.653	0.653	0.653	0.655
0.5	0.687	0.687	0.688	0.688	0.688	0.688	0.688	0.689	0.689	0.691
0.6	0.720	0.721	0.721	0.721	0.722	0.722	0.722	0.722	0.722	0.726
0.7	0.751	0.752	0.752	0.753	0.753	0.753	0.754	0.754	0.754	0.758
0.8	0.780	0.781	0.781	0.782	0.782	0.783	0.783	0.783	0.783	0.788
0.9	0.807	0.808	0.808	0.809	0.809	0.810	0.810	0.810	0.811	0.816
1.0	0.831	0.832	0.833	0.833	0.834	0.834	0.835	0.835	0.835	0.841
1.1	0.854	0.854	0.855	0.856	0.856	0.857	0.857	0.857	0.858	0.864
1.2	0.873	0.874	0.875	0.876	0.876	0.877	0.877	0.878	0.878	0.885
1.3	0.891	0.892	0.893	0.893	0.894	0.895	0.895	0.895	0.896	0.903
1.4	0.907	0.908	0.908	0.909	0.910	0.910	0.911	0.911	0.912	0.919
1.5	0.920	0.921	0.922	0.923	0.923	0.924	0.925	0.925	0.925	0.933
1.6	0.932	0.933	0.934	0.935	0.935	0.936	0.936	0.937	0.937	0.945
1.7	0.943	0.944	0.944	0.945	0.946	0.946	0.947	0.947	0.948	0.955
1.8	0.951	0.952	0.953	0.954	0.955	0.955	0.956	0.956	0.957	0.964
1.9	0.959	0.960	0.961	0.962	0.962	0.963	0.963	0.964	0.964	0.971
2.0	0.966	0.967	0.967	0.968	0.969	0.969	0.970	0.970	0.970	0.977
2.2	0.976	0.977	0.977	0.978	0.979	0.979	0.979	0.980	0.980	0.986
2.4	0.983	0.984	0.985	0.985	0.986	0.986	0.986	0.987	0.987	0.992

续表

x \ n	12	13	14	15	16	17	18	19	20	∞
2.6	0.988	0.989	0.990	0.990	0.990	0.991	0.991	0.991	0.991	0.995
2.8	0.992	0.992	0.993	0.993	0.994	0.994	0.994	0.994	0.994	0.997
3.0	0.994	0.995	0.995	0.996	0.996	0.996	0.996	0.996	0.996	0.999
3.2	0.996	0.997	0.997	0.997	0.997	0.997	0.998	0.998	0.998	1.000
3.4	0.997	0.998	0.998	0.998	0.998	0.998	0.998	0.998	0.999	
3.6	0.998	0.998	0.999	0.999	0.999	0.999	0.999	0.999	0.999	
3.8	0.999	0.999	0.999	0.999	0.999	0.999	0.999	0.999	0.999	
4.0	0.999	0.999	0.999	0.999	0.999	1.000	1.000	1.000	1.000	
4.2	0.999	0.999	1.000	1.000	1.000					
4.4	1.000	1.000								

D.3　卡方分布表

$$P\{\chi_m^2 \leqslant x\} = \frac{1}{2^{\frac{m}{2}}\Gamma\left(\frac{m}{2}\right)}\int_{-\infty}^{x} t^{\frac{m}{2}-1} e^{-\frac{t}{2}} dt$$

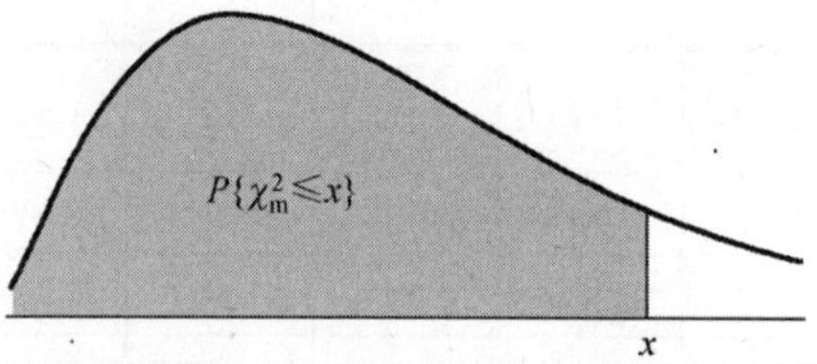

x \ m	1	2	3	4	5	6	7	8	9	10
1	0.6827	0.3935	0.1987	0.0902	0.0374	0.0144	0.0052	0.0018	0.0006	0.0002
2	0.8427	0.6321	0.4276	0.2642	0.1509	0.0803	0.0402	0.0190	0.0085	0.0037
3	0.9167	0.7769	0.6084	0.4422	0.3000	0.1912	0.1150	0.0656	0.0357	0.0186
4	0.9545	0.8647	0.7385	0.5940	0.4506	0.3233	0.2202	0.1429	0.0886	0.0527
5	0.9747	0.9179	0.8282	0.7127	0.5841	0.4562	0.3400	0.2424	0.1657	0.1088
6	0.9857	0.9502	0.8884	0.8009	0.6938	0.5768	0.4603	0.3528	0.2601	0.1847
7	0.9918	0.9698	0.9281	0.8641	0.7794	0.6792	0.5711	0.4634	0.3629	0.2746
8	0.9953	0.9817	0.9540	0.9084	0.8438	0.7619	0.6674	0.5665	0.4659	0.3712
9	0.9973	0.9889	0.9707	0.9389	0.8909	0.8264	0.7473	0.6577	0.5627	0.4679
10	0.9984	0.9933	0.9814	0.9596	0.9248	0.8753	0.8114	0.7350	0.6495	0.5595
11	0.9991	0.9959	0.9883	0.9734	0.9486	0.9116	0.8614	0.7983	0.7243	0.6425
12	0.9995	0.9975	0.9926	0.9826	0.9652	0.9380	0.8994	0.8488	0.7867	0.7149
13	0.9997	0.9985	0.9954	0.9887	0.9766	0.9570	0.9279	0.8882	0.8374	0.7763
14	0.9998	0.9991	0.9971	0.9927	0.9844	0.9704	0.9488	0.9182	0.8777	0.8270
15	0.9999	0.9994	0.9982	0.9953	0.9896	0.9797	0.9640	0.9409	0.9091	0.8679
16	0.9999	0.9997	0.9989	0.9970	0.9932	0.9862	0.9749	0.9576	0.9331	0.9004
17	1.0000	0.9998	0.9993	0.9981	0.9955	0.9907	0.9826	0.9699	0.9513	0.9256

续表

x \ m	1	2	3	4	5	6	7	8	9	10
18		0.9999	0.9996	0.9988	0.9971	0.9938	0.9880	0.9788	0.9648	0.9450
19		0.9999	0.9997	0.9992	0.9981	0.9958	0.9918	0.9851	0.9748	0.9597
20		1.0000	0.9998	0.9995	0.9988	0.9972	0.9944	0.9897	0.9821	0.9707
21			0.9999	0.9997	0.9992	0.9982	0.9962	0.9929	0.9873	0.9789
22			0.9999	0.9998	0.9995	0.9988	0.9975	0.9951	0.9911	0.9849
23			1.0000	0.9999	0.9997	0.9992	0.9983	0.9966	0.9938	0.9893
24				0.9999	0.9998	0.9995	0.9989	0.9977	0.9957	0.9924
25				0.9999	0.9999	0.9997	0.9992	0.9984	0.9970	0.9947
26				1.0000	0.9999	0.9998	0.9995	0.9989	0.9980	0.9963
27					0.9999	0.9999	0.9997	0.9993	0.9986	0.9974
28					1.0000	0.9999	0.9998	0.9995	0.9990	0.9982
29						0.9999	0.9999	0.9997	0.9994	0.9988
30						1.0000	0.9999	0.9998	0.9996	0.9991

x \ m	11	12	13	14	15	16	17	18	19	20
1	0.0001	0.0000	0.0000	0.0000						
2	0.0015	0.0006	0.0002	0.0001	0.0000	0.0000				
3	0.0093	0.0045	0.0021	0.0009	0.0004	0.0002	0.0001	0.0000	0.0000	
4	0.0301	0.0166	0.0088	0.0045	0.0023	0.0011	0.0005	0.0002	0.0001	0.0000
5	0.0688	0.0420	0.0248	0.0142	0.0079	0.0042	0.0022	0.0011	0.0006	0.0003
6	0.1266	0.0839	0.0538	0.0335	0.0203	0.0119	0.0068	0.0038	0.0021	0.0011
7	0.2009	0.1424	0.0978	0.0653	0.0424	0.0267	0.0165	0.0099	0.0058	0.0033
8	0.2867	0.2149	0.1564	0.1107	0.0762	0.0511	0.0335	0.0214	0.0133	0.0081
9	0.3781	0.2971	0.2271	0.1689	0.1225	0.0866	0.0597	0.0403	0.0265	0.0171
10	0.4696	0.3840	0.3061	0.2378	0.1803	0.1334	0.0964	0.0681	0.0471	0.0318
11	0.5567	0.4711	0.3892	0.3140	0.2474	0.1905	0.1434	0.1056	0.0762	0.0538
12	0.6364	0.5543	0.4724	0.3937	0.3210	0.2560	0.1999	0.1528	0.1144	0.0839
13	0.7067	0.6310	0.5522	0.4735	0.3977	0.3272	0.2638	0.2084	0.1614	0.1226
14	0.7670	0.6993	0.6262	0.5503	0.4745	0.4013	0.3329	0.2709	0.2163	0.1695
15	0.8175	0.7586	0.6926	0.6218	0.5486	0.4754	0.4045	0.3380	0.2774	0.2236
16	0.8589	0.8088	0.7509	0.6866	0.6179	0.5470	0.4762	0.4075	0.3427	0.2834
17	0.8921	0.8504	0.8007	0.7438	0.6811	0.6144	0.5456	0.4769	0.4101	0.3470
18	0.9184	0.8843	0.8425	0.7932	0.7373	0.6761	0.6112	0.5443	0.4776	0.4126
19	0.9389	0.9115	0.8769	0.8351	0.7863	0.7313	0.6715	0.6082	0.5432	0.4782
20	0.9547	0.9329	0.9048	0.8699	0.8281	0.7798	0.7258	0.6672	0.6054	0.5421
21	0.9666	0.9496	0.9271	0.8984	0.8632	0.8215	0.7737	0.7206	0.6632	0.6029

续表

x \ m	11	12	13	14	15	16	17	18	19	20
22	0.9756	0.9625	0.9446	0.9214	0.8922	0.8568	0.8153	0.7680	0.7157	0.6595
23	0.9823	0.9723	0.9583	0.9397	0.9159	0.8863	0.8507	0.8094	0.7627	0.7112
24	0.9873	0.9797	0.9689	0.9542	0.9349	0.9105	0.8806	0.8450	0.8038	0.7576
25	0.9909	0.9852	0.9769	0.9654	0.9501	0.9302	0.9053	0.8751	0.8395	0.7986
26	0.9935	0.9893	0.9830	0.9741	0.9620	0.9460	0.9255	0.9002	0.8698	0.8342
27	0.9954	0.9923	0.9876	0.9807	0.9713	0.9585	0.9419	0.9210	0.8953	0.8647
28	0.9968	0.9945	0.9910	0.9858	0.9784	0.9684	0.9551	0.9379	0.9166	0.8906
29	0.9977	0.9961	0.9935	0.9895	0.9839	0.9761	0.9655	0.9516	0.9340	0.9122
30	0.9984	0.9972	0.9953	0.9924	0.9881	0.9820	0.9737	0.9626	0.9482	0.9301

x \ m	21	22	23	24	25	26	27	28	29	30
1										
2										
3										
4	0.0000	0.0000								
5	0.0001	0.0001	0.0000	0.0000						
6	0.0006	0.0003	0.0001	0.0001	0.0000	0.0000				
7	0.0019	0.0010	0.0005	0.0003	0.0001	0.0001	0.0000	0.0000		
8	0.0049	0.0028	0.0016	0.0009	0.0005	0.0003	0.0001	0.0001	0.0000	0.0000
9	0.0108	0.0067	0.0040	0.0024	0.0014	0.0008	0.0005	0.0003	0.0001	0.0001
10	0.0211	0.0137	0.0087	0.0055	0.0033	0.0020	0.0012	0.0007	0.0004	0.0002
11	0.0372	0.0253	0.0168	0.0110	0.0071	0.0045	0.0028	0.0017	0.0010	0.0006
12	0.0604	0.0426	0.0295	0.0201	0.0134	0.0088	0.0057	0.0036	0.0023	0.0014
13	0.0914	0.0668	0.0480	0.0339	0.0235	0.0160	0.0108	0.0071	0.0046	0.0030
14	0.1304	0.0985	0.0731	0.0533	0.0383	0.0270	0.0187	0.0128	0.0086	0.0057
15	0.1770	0.1378	0.1054	0.0792	0.0586	0.0427	0.0306	0.0216	0.0150	0.0103
16	0.2303	0.1841	0.1447	0.1119	0.0852	0.0638	0.0471	0.0342	0.0245	0.0173
17	0.2889	0.2366	0.1907	0.1513	0.1182	0.0909	0.0689	0.0514	0.0378	0.0274
18	0.3510	0.2940	0.2425	0.1970	0.1576	0.1242	0.0965	0.0739	0.0557	0.0415
19	0.4149	0.3547	0.2988	0.2480	0.2029	0.1636	0.1300	0.1019	0.0787	0.0600
20	0.4787	0.4170	0.3581	0.3032	0.2532	0.2084	0.1692	0.1355	0.1071	0.0835
21	0.5411	0.4793	0.4189	0.3613	0.3074	0.2580	0.2137	0.1747	0.1409	0.1121
22	0.6005	0.5401	0.4797	0.4207	0.3643	0.3113	0.2626	0.2187	0.1798	0.1460
23	0.6560	0.5983	0.5392	0.4802	0.4224	0.3671	0.3150	0.2670	0.2235	0.1847
24	0.7069	0.6528	0.5962	0.5384	0.4806	0.4240	0.3697	0.3185	0.2711	0.2280
25	0.7528	0.7029	0.6497	0.5942	0.5376	0.4810	0.4255	0.3722	0.3218	0.2750

续表

x \ m	21	22	23	24	25	26	27	28	29	30
26	0.7936	0.7483	0.6991	0.6468	0.5924	0.5369	0.4814	0.4270	0.3745	0.3249
27	0.8291	0.7888	0.7440	0.6955	0.6441	0.5907	0.5362	0.4818	0.4283	0.3767
28	0.8598	0.8243	0.7842	0.7400	0.6921	0.6415	0.5890	0.5356	0.4821	0.4296
29	0.8860	0.8551	0.8197	0.7799	0.7361	0.6889	0.6391	0.5875	0.5349	0.4824
30	0.9080	0.8815	0.8506	0.8152	0.7757	0.7324	0.6858	0.6368	0.5860	0.5343

D.4　*F* 分布的分位数表

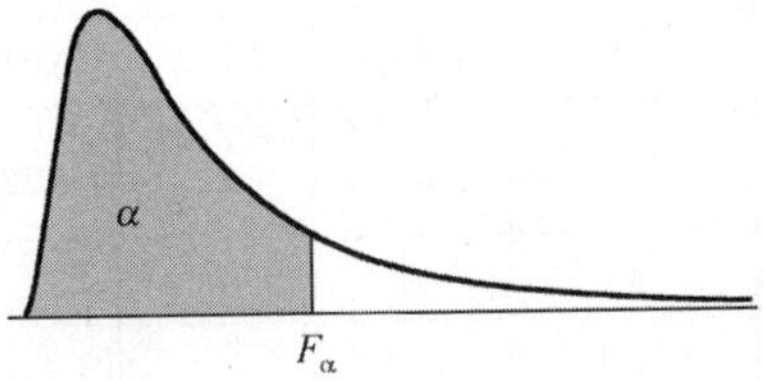

F 分布的 0.90 分位数 $F_{0.90}(n_1,n_2)$ 表

n_2 \ n_1	1	2	3	4	5	6	7	8	9	10
1	39.86	49.50	53.59	55.83	57.24	58.20	58.91	59.44	59.86	60.19
2	8.53	9.00	9.16	9.24	9.29	9.33	9.35	9.37	9.38	9.39
3	5.54	5.46	5.39	5.34	5.31	5.28	5.27	5.25	5.24	5.23
4	4.54	4.32	4.19	4.11	4.05	4.01	3.98	3.95	3.94	3.92
5	4.06	3.78	3.62	3.52	3.45	3.40	3.37	3.34	3.32	3.30
6	3.78	3.46	3.29	3.18	3.11	3.05	3.01	2.98	2.96	2.94
7	3.59	3.26	3.07	2.96	2.88	2.83	2.78	2.75	2.72	2.70
8	3.46	3.11	2.92	2.81	2.73	2.67	2.62	2.59	2.56	2.54
9	3.36	3.01	2.81	2.69	2.61	2.55	2.51	2.47	2.44	2.42
10	3.29	2.92	2.73	2.61	2.52	2.46	2.41	2.38	2.35	2.32
11	3.23	2.86	2.66	2.54	2.45	2.39	2.34	2.30	2.27	2.25
12	3.18	2.81	2.61	2.48	2.39	2.33	2.28	2.24	2.21	2.19
13	3.14	2.76	2.56	2.43	2.35	2.28	2.23	2.20	2.16	2.14
14	3.10	2.73	2.52	2.39	2.31	2.24	2.19	2.15	2.12	2.10
15	3.07	2.70	2.49	2.36	2.27	2.21	2.16	2.12	2.09	2.06
16	3.05	2.67	2.46	2.33	2.24	2.18	2.13	2.09	2.06	2.03
17	3.03	2.64	2.44	2.31	2.22	2.15	2.10	2.06	2.03	2.00
18	3.01	2.62	2.42	2.29	2.20	2.13	2.08	2.04	2.00	1.98
19	2.99	2.61	2.40	2.27	2.18	2.11	2.06	2.02	1.98	1.96
20	2.97	2.59	2.38	2.25	2.16	2.09	2.04	2.00	1.96	1.94

续表

n_2 \ n_1	1	2	3	4	5	6	7	8	9	10
21	2.96	2.57	2.36	2.23	2.14	2.08	2.02	1.98	1.95	1.92
22	2.95	2.56	2.35	2.22	2.13	2.06	2.01	1.97	1.93	1.90
23	2.94	2.55	2.34	2.21	2.11	2.05	1.99	1.95	1.92	1.89
24	2.93	2.54	2.33	2.19	2.10	2.04	1.98	1.94	1.91	1.88
25	2.92	2.53	2.32	2.18	2.09	2.02	1.97	1.93	1.89	1.87
26	2.91	2.52	2.31	2.17	2.08	2.01	1.96	1.92	1.88	1.86
27	2.90	2.51	2.30	2.17	2.07	2.00	1.95	1.91	1.87	1.85
28	2.89	2.50	2.29	2.16	2.06	2.00	1.94	1.90	1.87	1.84
29	2.89	2.50	2.28	2.15	2.06	1.99	1.93	1.89	1.86	1.83
30	2.88	2.49	2.28	2.14	2.05	1.98	1.93	1.88	1.85	1.82
40	2.84	2.44	2.23	2.09	2.00	1.93	1.87	1.83	1.79	1.76
60	2.79	2.39	2.18	2.04	1.95	1.87	1.82	1.77	1.74	1.71
120	2.75	2.35	2.13	1.99	1.90	1.82	1.77	1.72	1.68	1.65
∞	2.71	2.30	2.08	1.94	1.85	1.77	1.72	1.67	1.63	1.60
n_2 \ n_1	12	15	20	24	30	40	60	80	120	Inf
1	60.71	61.22	61.74	62.00	62.26	62.53	62.79	62.93	63.06	63.33
2	9.41	9.42	9.44	9.45	9.46	9.47	9.47	9.48	9.48	9.49
3	5.22	5.20	5.18	5.18	5.17	5.16	5.15	5.15	5.14	5.13
4	3.90	3.87	3.84	3.83	3.82	3.80	3.79	3.78	3.78	3.76
5	3.27	3.24	3.21	3.19	3.17	3.16	3.14	3.13	3.12	3.10
6	2.90	2.87	2.84	2.82	2.80	2.78	2.76	2.75	2.74	2.72
7	2.67	2.63	2.59	2.58	2.56	2.54	2.51	2.50	2.49	2.47
8	2.50	2.46	2.42	2.40	2.38	2.36	2.34	2.33	2.32	2.29
9	2.38	2.34	2.30	2.28	2.25	2.23	2.21	2.20	2.18	2.16
10	2.28	2.24	2.20	2.18	2.16	2.13	2.11	2.09	2.08	2.06
11	2.21	2.17	2.12	2.10	2.08	2.05	2.03	2.01	2.00	1.97
12	2.15	2.10	2.06	2.04	2.01	1.99	1.96	1.95	1.93	1.90
13	2.10	2.05	2.01	1.98	1.96	1.93	1.90	1.89	1.88	1.85
14	2.05	2.01	1.96	1.94	1.91	1.89	1.86	1.84	1.83	1.80
15	2.02	1.97	1.92	1.90	1.87	1.85	1.82	1.80	1.79	1.76
16	1.99	1.94	1.89	1.87	1.84	1.81	1.78	1.77	1.75	1.72
17	1.96	1.91	1.86	1.84	1.81	1.78	1.75	1.74	1.72	1.69
18	1.93	1.89	1.84	1.81	1.78	1.75	1.72	1.71	1.69	1.66
19	1.91	1.86	1.81	1.79	1.76	1.73	1.70	1.68	1.67	1.63
20	1.89	1.84	1.79	1.77	1.74	1.71	1.68	1.66	1.64	1.61

续表

n_2 \ n_1	12	15	20	24	30	40	60	80	120	Inf
21	1.87	1.83	1.78	1.75	1.72	1.69	1.66	1.64	1.62	1.59
22	1.86	1.81	1.76	1.73	1.70	1.67	1.64	1.62	1.60	1.57
23	1.84	1.80	1.74	1.72	1.69	1.66	1.62	1.61	1.59	1.55
24	1.83	1.78	1.73	1.70	1.67	1.64	1.61	1.59	1.57	1.53
25	1.82	1.77	1.72	1.69	1.66	1.63	1.59	1.58	1.56	1.52
26	1.81	1.76	1.71	1.68	1.65	1.61	1.58	1.56	1.54	1.50
27	1.80	1.75	1.70	1.67	1.64	1.60	1.57	1.55	1.53	1.49
28	1.79	1.74	1.69	1.66	1.63	1.59	1.56	1.54	1.52	1.48
29	1.78	1.73	1.68	1.65	1.62	1.58	1.55	1.53	1.51	1.47
30	1.77	1.72	1.67	1.64	1.61	1.57	1.54	1.52	1.50	1.46
40	1.71	1.66	1.61	1.57	1.54	1.51	1.47	1.45	1.42	1.38
60	1.66	1.60	1.54	1.51	1.48	1.44	1.40	1.37	1.35	1.29
120	1.60	1.55	1.48	1.45	1.41	1.37	1.32	1.29	1.26	1.19
∞	1.55	1.49	1.42	1.38	1.34	1.30	1.24	1.21	1.17	1.00

F分布的 0.95 分位数 $F_{0.95}(n_1,n_2)$ 表

n_2 \ n_1	1	a2	3	4	5	6	7	8	9	10
1	161.45	199.50	215.71	224.58	230.16	233.99	236.77	238.88	240.54	241.88
2	18.51	19.00	19.16	19.25	19.30	19.33	19.35	19.37	19.38	19.40
3	10.13	9.55	9.28	9.12	9.01	8.94	8.89	8.85	8.81	8.79
4	7.71	6.94	6.59	6.39	6.26	6.16	6.09	6.04	6.00	5.96
5	6.61	5.79	5.41	5.19	5.05	4.95	4.88	4.82	4.77	4.74
6	5.99	5.14	4.76	4.53	4.39	4.28	4.21	4.15	4.10	4.06
7	5.59	4.74	4.35	4.12	3.97	3.87	3.79	3.73	3.68	3.64
8	5.32	4.46	4.07	3.84	3.69	3.58	3.50	3.44	3.39	3.35
9	5.12	4.26	3.86	3.63	3.48	3.37	3.29	3.23	3.18	3.14
10	4.96	4.10	3.71	3.48	3.33	3.22	3.14	3.07	3.02	2.98
11	4.84	3.98	3.59	3.36	3.20	3.09	3.01	2.95	2.90	2.85
12	4.75	3.89	3.49	3.26	3.11	3.00	2.91	2.85	2.80	2.75
13	4.67	3.81	3.41	3.18	3.03	2.92	2.83	2.77	2.71	2.67
14	4.60	3.74	3.34	3.11	2.96	2.85	2.76	2.70	2.65	2.60
15	4.54	3.68	3.29	3.06	2.90	2.79	2.71	2.64	2.59	2.54
16	4.49	3.63	3.24	3.01	2.85	2.74	2.66	2.59	2.54	2.49
17	4.45	3.59	3.20	2.96	2.81	2.70	2.61	2.55	2.49	2.45
18	4.41	3.55	3.16	2.93	2.77	2.66	2.58	2.51	2.46	2.41

续表

n_2 \ n_1	1	a2	3	4	5	6	7	8	9	10
19	4.38	3.52	3.13	2.90	2.74	2.63	2.54	2.48	2.42	2.38
20	4.35	3.49	3.10	2.87	2.71	2.60	2.51	2.45	2.39	2.35
21	4.32	3.47	3.07	2.84	2.68	2.57	2.49	2.42	2.37	2.32
22	4.30	3.44	3.05	2.82	2.66	2.55	2.46	2.40	2.34	2.30
23	4.28	3.42	3.03	2.80	2.64	2.53	2.44	2.37	2.32	2.27
24	4.26	3.40	3.01	2.78	2.62	2.51	2.42	2.36	2.30	2.25
25	4.24	3.39	2.99	2.76	2.60	2.49	2.40	2.34	2.28	2.24
26	4.23	3.37	2.98	2.74	2.59	2.47	2.39	2.32	2.27	2.22
27	4.21	3.35	2.96	2.73	2.57	2.46	2.37	2.31	2.25	2.20
28	4.20	3.34	2.95	2.71	2.56	2.45	2.36	2.29	2.24	2.19
29	4.18	3.33	2.93	2.70	2.55	2.43	2.35	2.28	2.22	2.18
30	4.17	3.32	2.92	2.69	2.53	2.42	2.33	2.27	2.21	2.16
40	4.08	3.23	2.84	2.61	2.45	2.34	2.25	2.18	2.12	2.08
60	4.00	3.15	2.76	2.53	2.37	2.25	2.17	2.10	2.04	1.99
120	3.92	3.07	2.68	2.45	2.29	2.18	2.09	2.02	1.96	1.91
∞	3.84	3.00	2.60	2.37	2.21	2.10	2.01	1.94	1.88	1.83

n_2 \ n_1	12	15	20	24	30	40	60	80	120	Inf
1	243.91	245.95	248.01	249.05	250.10	251.14	252.20	252.72	253.25	254.31
2	19.41	19.43	19.45	19.45	19.46	19.47	19.48	19.48	19.49	19.50
3	8.74	8.70	8.66	8.64	8.62	8.59	8.57	8.56	8.55	8.53
4	5.91	5.86	5.80	5.77	5.75	5.72	5.69	5.67	5.66	5.63
5	4.68	4.62	4.56	4.53	4.50	4.46	4.43	4.41	4.40	4.36
6	4.00	3.94	3.87	3.84	3.81	3.77	3.74	3.72	3.70	3.67
7	3.57	3.51	3.44	3.41	3.38	3.34	3.30	3.29	3.27	3.23
8	3.28	3.22	3.15	3.12	3.08	3.04	3.01	2.99	2.97	2.93
9	3.07	3.01	2.94	2.90	2.86	2.83	2.79	2.77	2.75	2.71
10	2.91	2.85	2.77	2.74	2.70	2.66	2.62	2.60	2.58	2.54
11	2.79	2.72	2.65	2.61	2.57	2.53	2.49	2.47	2.45	2.40
12	2.69	2.62	2.54	2.51	2.47	2.43	2.38	2.36	2.34	2.30
13	2.60	2.53	2.46	2.42	2.38	2.34	2.30	2.27	2.25	2.21
14	2.53	2.46	2.39	2.35	2.31	2.27	2.22	2.20	2.18	2.13
15	2.48	2.40	2.33	2.29	2.25	2.20	2.16	2.14	2.11	2.07
16	2.42	2.35	2.28	2.24	2.19	2.15	2.11	2.08	2.06	2.01
17	2.38	2.31	2.23	2.19	2.15	2.10	2.06	2.03	2.01	1.96
18	2.34	2.27	2.19	2.15	2.11	2.06	2.02	1.99	1.97	1.92

续表

n_2 \ n_1	12	15	20	24	30	40	60	80	120	Inf
19	2.31	2.23	2.16	2.11	2.07	2.03	1.98	1.96	1.93	1.88
20	2.28	2.20	2.12	2.08	2.04	1.99	1.95	1.92	1.90	1.84
21	2.25	2.18	2.10	2.05	2.01	1.96	1.92	1.89	1.87	1.81
22	2.23	2.15	2.07	2.03	1.98	1.94	1.89	1.86	1.84	1.78
23	2.20	2.13	2.05	2.01	1.96	1.91	1.86	1.84	1.81	1.76
24	2.18	2.11	2.03	1.98	1.94	1.89	1.84	1.82	1.79	1.73
25	2.16	2.09	2.01	1.96	1.92	1.87	1.82	1.80	1.77	1.71
26	2.15	2.07	1.99	1.95	1.90	1.85	1.80	1.78	1.75	1.69
27	2.13	2.06	1.97	1.93	1.88	1.84	1.79	1.76	1.73	1.67
28	2.12	2.04	1.96	1.91	1.87	1.82	1.77	1.74	1.71	1.65
29	2.10	2.03	1.94	1.90	1.85	1.81	1.75	1.73	1.70	1.64
30	2.09	2.01	1.93	1.89	1.84	1.79	1.74	1.71	1.68	1.62
40	2.00	1.92	1.84	1.79	1.74	1.69	1.64	1.61	1.58	1.51
60	1.92	1.84	1.75	1.70	1.65	1.59	1.53	1.50	1.47	1.39
120	1.83	1.75	1.66	1.61	1.55	1.50	1.43	1.39	1.35	1.25
∞	1.75	1.67	1.57	1.52	1.46	1.39	1.32	1.27	1.22	1.00

F 分布的 0.975 分位数 $F_{0.975}(n_1,n_2)$ 表

n_2 \ n_1	1	2	3	4	5	6	7	8	9	10
1	647.79	799.50	864.16	899.58	921.85	937.11	948.22	956.66	963.28	968.63
2	38.51	39.00	39.17	39.25	39.30	39.33	39.36	39.37	39.39	39.40
3	17.44	16.04	15.44	15.10	14.88	14.73	14.62	14.54	14.47	14.42
4	12.22	10.65	9.98	9.60	9.36	9.20	9.07	8.98	8.90	8.84
5	10.01	8.43	7.76	7.39	7.15	6.98	6.85	6.76	6.68	6.62
6	8.81	7.26	6.60	6.23	5.99	5.82	5.70	5.60	5.52	5.46
7	8.07	6.54	5.89	5.52	5.29	5.12	4.99	4.90	4.82	4.76
8	7.57	6.06	5.42	5.05	4.82	4.65	4.53	4.43	4.36	4.30
9	7.21	5.71	5.08	4.72	4.48	4.32	4.20	4.10	4.03	3.96
10	6.94	5.46	4.83	4.47	4.24	4.07	3.95	3.85	3.78	3.72
11	6.72	5.26	4.63	4.28	4.04	3.88	3.76	3.66	3.59	3.53
12	6.55	5.10	4.47	4.12	3.89	3.73	3.61	3.51	3.44	3.37
13	6.41	4.97	4.35	4.00	3.77	3.60	3.48	3.39	3.31	3.25
14	6.30	4.86	4.24	3.89	3.66	3.50	3.38	3.29	3.21	3.15
15	6.20	4.77	4.15	3.80	3.58	3.41	3.29	3.20	3.12	3.06
16	6.12	4.69	4.08	3.73	3.50	3.34	3.22	3.12	3.05	2.99
17	6.04	4.62	4.01	3.66	3.44	3.28	3.16	3.06	2.98	2.92

续表

n_2 \ n_1	1	2	3	4	5	6	7	8	9	10
18	5.98	4.56	3.95	3.61	3.38	3.22	3.10	3.01	2.93	2.87
19	5.92	4.51	3.90	3.56	3.33	3.17	3.05	2.96	2.88	2.82
20	5.87	4.46	3.86	3.51	3.29	3.13	3.01	2.91	2.84	2.77
21	5.83	4.42	3.82	3.48	3.25	3.09	2.97	2.87	2.80	2.73
22	5.79	4.38	3.78	3.44	3.22	3.05	2.93	2.84	2.76	2.70
23	5.75	4.35	3.75	3.41	3.18	3.02	2.90	2.81	2.73	2.67
24	5.72	4.32	3.72	3.38	3.15	2.99	2.87	2.78	2.70	2.64
25	5.69	4.29	3.69	3.35	3.13	2.97	2.85	2.75	2.68	2.61
26	5.66	4.27	3.67	3.33	3.10	2.94	2.82	2.73	2.65	2.59
27	5.63	4.24	3.65	3.31	3.08	2.92	2.80	2.71	2.63	2.57
28	5.61	4.22	3.63	3.29	3.06	2.90	2.78	2.69	2.61	2.55
29	5.59	4.20	3.61	3.27	3.04	2.88	2.76	2.67	2.59	2.53
30	5.57	4.18	3.59	3.25	3.03	2.87	2.75	2.65	2.57	2.51
40	5.42	4.05	3.46	3.13	2.90	2.74	2.62	2.53	2.45	2.39
60	5.29	3.93	3.34	3.01	2.79	2.63	2.51	2.41	2.33	2.27
120	5.15	3.80	3.23	2.89	2.67	2.52	2.39	2.30	2.22	2.16
∞	5.02	3.69	3.12	2.79	2.57	2.41	2.29	2.19	2.11	2.05
n_2 \ n_1	12	15	20	24	30	40	60	80	120	Inf
1	976.71	984.87	993.10	997.25	1001.41	1005.60	1009.80	1011.91	1014.02	1018.26
2	39.41	39.43	39.45	39.46	39.46	39.47	39.48	39.49	39.49	39.50
3	14.34	14.25	14.17	14.12	14.08	14.04	13.99	13.97	13.95	13.90
4	8.75	8.66	8.56	8.51	8.46	8.41	8.36	8.33	8.31	8.26
5	6.52	6.43	6.33	6.28	6.23	6.18	6.12	6.10	6.07	6.02
6	5.37	5.27	5.17	5.12	5.07	5.01	4.96	4.93	4.90	4.85
7	4.67	4.57	4.47	4.41	4.36	4.31	4.25	4.23	4.20	4.14
8	4.20	4.10	4.00	3.95	3.89	3.84	3.78	3.76	3.73	3.67
9	3.87	3.77	3.67	3.61	3.56	3.51	3.45	3.42	3.39	3.33
10	3.62	3.52	3.42	3.37	3.31	3.26	3.20	3.17	3.14	3.08
11	3.43	3.33	3.23	3.17	3.12	3.06	3.00	2.97	2.94	2.88
12	3.28	3.18	3.07	3.02	2.96	2.91	2.85	2.82	2.79	2.72
13	3.15	3.05	2.95	2.89	2.84	2.78	2.72	2.69	2.66	2.60
14	3.05	2.95	2.84	2.79	2.73	2.67	2.61	2.58	2.55	2.49
15	2.96	2.86	2.76	2.70	2.64	2.59	2.52	2.49	2.46	2.40
16	2.89	2.79	2.68	2.63	2.57	2.51	2.45	2.42	2.38	2.32
17	2.82	2.72	2.62	2.56	2.50	2.44	2.38	2.35	2.32	2.25

续表

n_2 \ n_1	12	15	20	24	30	40	60	80	120	Inf
18	2.77	2.67	2.56	2.50	2.44	2.38	2.32	2.29	2.26	2.19
19	2.72	2.62	2.51	2.45	2.39	2.33	2.27	2.24	2.20	2.13
20	2.68	2.57	2.46	2.41	2.35	2.29	2.22	2.19	2.16	2.09
21	2.64	2.53	2.42	2.37	2.31	2.25	2.18	2.15	2.11	2.04
22	2.60	2.50	2.39	2.33	2.27	2.21	2.14	2.11	2.08	2.00
23	2.57	2.47	2.36	2.30	2.24	2.18	2.11	2.08	2.04	1.97
24	2.54	2.44	2.33	2.27	2.21	2.15	2.08	2.05	2.01	1.94
25	2.51	2.41	2.30	2.24	2.18	2.12	2.05	2.02	1.98	1.91
26	2.49	2.39	2.28	2.22	2.16	2.09	2.03	1.99	1.95	1.88
27	2.47	2.36	2.25	2.19	2.13	2.07	2.00	1.97	1.93	1.85
28	2.45	2.34	2.23	2.17	2.11	2.05	1.98	1.94	1.91	1.83
29	2.43	2.32	2.21	2.15	2.09	2.03	1.96	1.92	1.89	1.81
30	2.41	2.31	2.20	2.14	2.07	2.01	1.94	1.90	1.87	1.79
40	2.29	2.18	2.07	2.01	1.94	1.88	1.80	1.76	1.72	1.64
60	2.17	2.06	1.94	1.88	1.82	1.74	1.67	1.63	1.58	1.48
120	2.05	1.94	1.82	1.76	1.69	1.61	1.53	1.48	1.43	1.31
∞	1.94	1.83	1.71	1.64	1.57	1.48	1.39	1.33	1.27	1.00

F 分布的 0.99 分位数 $F_{0.99}(n_1,n_2)$ 表

n_2 \ n_1	1	2	3	4	5	6	7	8	9	10
1	4052.18	4999.50	5403.35	5624.58	5763.65	5858.99	5928.36	5981.07	6022.47	6055.85
2	98.50	99.00	99.17	99.25	99.30	99.33	99.36	99.37	99.39	99.40
3	34.12	30.82	29.46	28.71	28.24	27.91	27.67	27.49	27.35	27.23
4	21.20	18.00	16.69	15.98	15.52	15.21	14.98	14.80	14.66	14.55
5	16.26	13.27	12.06	11.39	10.97	10.67	10.46	10.29	10.16	10.05
6	13.75	10.92	9.78	9.15	8.75	8.47	8.26	8.10	7.98	7.87
7	12.25	9.55	8.45	7.85	7.46	7.19	6.99	6.84	6.72	6.62
8	11.26	8.65	7.59	7.01	6.63	6.37	6.18	6.03	5.91	5.81
9	10.56	8.02	6.99	6.42	6.06	5.80	5.61	5.47	5.35	5.26
10	10.04	7.56	6.55	5.99	5.64	5.39	5.20	5.06	4.94	4.85
11	9.65	7.21	6.22	5.67	5.32	5.07	4.89	4.74	4.63	4.54
12	9.33	6.93	5.95	5.41	5.06	4.82	4.64	4.50	4.39	4.30
13	9.07	6.70	5.74	5.21	4.86	4.62	4.44	4.30	4.19	4.10
14	8.86	6.51	5.56	5.04	4.69	4.46	4.28	4.14	4.03	3.94
15	8.68	6.36	5.42	4.89	4.56	4.32	4.14	4.00	3.89	3.80
16	8.53	6.23	5.29	4.77	4.44	4.20	4.03	3.89	3.78	3.69

续表

n_2 \ n_1	1	2	3	4	5	6	7	8	9	10
17	8.40	6.11	5.18	4.67	4.34	4.10	3.93	3.79	3.68	3.59
18	8.29	6.01	5.09	4.58	4.25	4.01	3.84	3.71	3.60	3.51
19	8.18	5.93	5.01	4.50	4.17	3.94	3.77	3.63	3.52	3.43
20	8.10	5.85	4.94	4.43	4.10	3.87	3.70	3.56	3.46	3.37
21	8.02	5.78	4.87	4.37	4.04	3.81	3.64	3.51	3.40	3.31
22	7.95	5.72	4.82	4.31	3.99	3.76	3.59	3.45	3.35	3.26
23	7.88	5.66	4.76	4.26	3.94	3.71	3.54	3.41	3.30	3.21
24	7.82	5.61	4.72	4.22	3.90	3.67	3.50	3.36	3.26	3.17
25	7.77	5.57	4.68	4.18	3.85	3.63	3.46	3.32	3.22	3.13
26	7.72	5.53	4.64	4.14	3.82	3.59	3.42	3.29	3.18	3.09
27	7.68	5.49	4.60	4.11	3.78	3.56	3.39	3.26	3.15	3.06
28	7.64	5.45	4.57	4.07	3.75	3.53	3.36	3.23	3.12	3.03
29	7.60	5.42	4.54	4.04	3.73	3.50	3.33	3.20	3.09	3.00
30	7.56	5.39	4.51	4.02	3.70	3.47	3.30	3.17	3.07	2.98
40	7.31	5.18	4.31	3.83	3.51	3.29	3.12	2.99	2.89	2.80
60	7.08	4.98	4.13	3.65	3.34	3.12	2.95	2.82	2.72	2.63
120	6.85	4.79	3.95	3.48	3.17	2.96	2.79	2.66	2.56	2.47
∞	6.63	4.61	3.78	3.32	3.02	2.80	2.64	2.51	2.41	2.32

n_2 \ n_1	12	15	20	24	30	40	60	80	120	Inf
1	6106.32	6157.28	6208.73	6234.63	6260.65	6286.78	6313.03	6326.20	6339.39	6365.86
2	99.42	99.43	99.45	99.46	99.47	99.47	99.48	99.49	99.49	99.50
3	27.05	26.87	26.69	26.60	26.50	26.41	26.32	26.27	26.22	26.13
4	14.37	14.20	14.02	13.93	13.84	13.75	13.65	13.61	13.56	13.46
5	9.89	9.72	9.55	9.47	9.38	9.29	9.20	9.16	9.11	9.02
6	7.72	7.56	7.40	7.31	7.23	7.14	7.06	7.01	6.97	6.88
7	6.47	6.31	6.16	6.07	5.99	5.91	5.82	5.78	5.74	5.65
8	5.67	5.52	5.36	5.28	5.20	5.12	5.03	4.99	4.95	4.86
9	5.11	4.96	4.81	4.73	4.65	4.57	4.48	4.44	4.40	4.31
10	4.71	4.56	4.41	4.33	4.25	4.17	4.08	4.04	4.00	3.91
11	4.40	4.25	4.10	4.02	3.94	3.86	3.78	3.73	3.69	3.60
12	4.16	4.01	3.86	3.78	3.70	3.62	3.54	3.49	3.45	3.36
13	3.96	3.82	3.66	3.59	3.51	3.43	3.34	3.30	3.25	3.17
14	3.80	3.66	3.51	3.43	3.35	3.27	3.18	3.14	3.09	3.00
15	3.67	3.52	3.37	3.29	3.21	3.13	3.05	3.00	2.96	2.87
16	3.55	3.41	3.26	3.18	3.10	3.02	2.93	2.89	2.84	2.75

续表

n_2 \ n_1	12	15	20	24	30	40	60	80	120	Inf
17	3.46	3.31	3.16	3.08	3.00	2.92	2.83	2.79	2.75	2.65
18	3.37	3.23	3.08	3.00	2.92	2.84	2.75	2.70	2.66	2.57
19	3.30	3.15	3.00	2.92	2.84	2.76	2.67	2.63	2.58	2.49
20	3.23	3.09	2.94	2.86	2.78	2.69	2.61	2.56	2.52	2.42
21	3.17	3.03	2.88	2.80	2.72	2.64	2.55	2.50	2.46	2.36
22	3.12	2.98	2.83	2.75	2.67	2.58	2.50	2.45	2.40	2.31
23	3.07	2.93	2.78	2.70	2.62	2.54	2.45	2.40	2.35	2.26
24	3.03	2.89	2.74	2.66	2.58	2.49	2.40	2.36	2.31	2.21
25	2.99	2.85	2.70	2.62	2.54	2.45	2.36	2.32	2.27	2.17
26	2.96	2.81	2.66	2.58	2.50	2.42	2.33	2.28	2.23	2.13
27	2.93	2.78	2.63	2.55	2.47	2.38	2.29	2.25	2.20	2.10
28	2.90	2.75	2.60	2.52	2.44	2.35	2.26	2.22	2.17	2.06
29	2.87	2.73	2.57	2.49	2.41	2.33	2.23	2.19	2.14	2.03
30	2.84	2.70	2.55	2.47	2.39	2.30	2.21	2.16	2.11	2.01
40	2.66	2.52	2.37	2.29	2.20	2.11	2.02	1.97	1.92	1.80
60	2.50	2.35	2.20	2.12	2.03	1.94	1.84	1.78	1.73	1.60
120	2.34	2.19	2.03	1.95	1.86	1.76	1.66	1.60	1.53	1.38
∞	2.18	2.04	1.88	1.79	1.70	1.59	1.47	1.40	1.32	1.00

D.5　其他非参数检验分布表

正态性检验统计量 W 的 α 分位数表

n \ α	0.01	0.05	n \ α	0.01	0.05	n \ α	0.01	0.05
8	0.749	0.818	23	0.881	0.914	38	0.916	0.938
9	0.764	0.829	24	0.884	0.916	39	0.917	0.939
10	0.781	0.842	25	0.888	0.918	40	0.919	0.940
11	0.792	0.850	26	0.891	0.920	41	0.920	0.941
12	0.805	0.859	27	0.894	0.923	42	0.922	0.942
13	0.814	0.866	28	0.896	0.924	43	0.923	0.943
14	0.825	0.874	29	0.898	0.926	44	0.924	0.944
15	0.835	0.881	30	0.900	0.927	45	0.926	0.945
16	0.844	0.887	31	0.902	0.929	46	0.927	0.945
17	0.851	0.892	32	0.904	0.930	47	0.928	0.946
18	0.858	0.897	33	0.906	0.931	48	0.929	0.947
19	0.863	0.901	34	0.908	0.933	49	0.929	0.947
20	0.868	0.905	35	0.910	0.934	50	0.930	0.947
21	0.873	0.908	36	0.912	0.935			
22	0.878	0.911	37	0.914	0.936			

正态性检验统计量 T_{EP} 的 1−α 分位数表

n \ $1-\alpha$	0.90	0.95	0.975	0.99
8	0.271	0.347	0.426	0.526
9	0.275	0.350	0.428	0.537
10	0.279	0.357	0.437	0.545
15	0.284	0.366	0.447	0.560
20	0.287	0.368	0.450	0.564
30	0.288	0.371	0.459	0.569
50	0.290	0.374	0.461	0.574
100	0.291	0.376	0.464	0.583
200	0.290	0.379	0.467	0.590

柯莫哥洛夫检验统计量 D_n 精确分布的临界值 $D_{n,\alpha}$ 表

$$P(D_n > D_{n,\alpha}) = \alpha$$

n \ α	0.20	0.10	0.05	0.02	0.01
1	0.90000	0.95000	0.97500	0.99000	0.99500
2	0.68377	0.77639	0.84189	0.90000	0.92929
3	0.56481	0.63604	0.70760	0.78456	0.82900
4	0.49265	0.56522	0.62394	0.68887	0.73424
5	0.44698	0.50945	0.56328	0.62718	0.66863
6	0.41037	0.46799	0.51926	0.57741	0.61661
7	0.38148	0.43607	0.48342	0.63844	0.57581
8	0.35831	0.40962	0.45427	0.50654	0.54179
9	0.33910	0.38746	0.43001	0.47960	0.51332
10	0.32260	0.36866	0.40925	0.45662	0.48893
11	0.30829	0.35242	0.39122	0.43670	0.46770
12	0.29577	0.33815	0.37543	0.41918	0.44905
13	0.28470	0.32549	0.96143	0.40362	0.43247
14	0.27481	0.31417	0.34890	0.38970	0.41762
15	0.26588	0.30397	0.33760	0.37713	0.40420
16	0.25778	0.29472	0.32733	0.36571	0.39201
17	0.25039	0.28627	0.31796	0.35528	0.38086
18	0.24360	0.27851	0.30936	0.34569	0.37062
19	0.23735	0.27136	0.30143	0.33685	0.36117
20	0.23156	0.26473	0.29403	0.32866	0.35241
21	0.22617	0.25858	0.28724	0.32104	0.34427
22	0.22115	0.25283	0.28087	0.31394	0.33666
23	0.21645	0.24746	0.27490	0.30728	0.32954
24	0.21206	0.24242	0.26931	0.30104	0.32286
25	0.20790	0.23768	0.26404	0.29516	0.31657
26	0.20399	0.23320	0.25907	0.28962	0.31064

续表

n \ α	0.20	0.10	0.05	0.02	0.01
27	0.20030	0.22898	0.25438	0.28438	0.30502
28	0.19680	0.22497	0.24993	0.27942	0.29971
29	0.19343	0.22117	0.24571	0.27471	0.29466
30	0.19032	0.21756	0.24170	0.27023	0.28987
31	0.18732	0.21412	0.23788	0.26596	0.28530
32	0.18445	0.21085	0.23424	0.26189	0.28094
33	0.18171	0.20771	0.23076	0.25801	0.27677
34	0.17909	0.20472	0.22743	0.25429	0.27279
35	0.17659	0.20185	0.22425	0.25073	0.26897
36	0.17418	0.19910	0.22119	0.24732	0.26532
37	0.17188	0.19646	0.21826	0.24401	0.26180
38	0.16966	0.19392	0.21544	0.24089	0.25843
39	0.16753	0.19148	0.21273	0.23786	0.25518
40	0.16547	0.18913	0.21012	0.23494	0.25205
41	0.16349	0.18687	0.20760	0.23213	0.24904
42	0.16158	0.18468	0.20517	0.22941	0.24613
43	0.15974	0.18257	0.20283	0.22679	0.24332
44	0.15796	0.18053	0.20056	0.22426	0.24060
45	0.15623	0.17856	0.19837	0.22181	0.23798
46	0.15457	0.17665	0.19625	0.21944	0.23544
47	0.15295	0.17481	0.19420	0.21715	0.23298
48	0.15139	0.17302	0.19221	0.21493	0.23059
49	0.14987	0.17128	0.19028	0.21277	0.22828
50	0.14840	0.16959	0.18841	0.21068	0.22604
55	0.14164	0.16186	0.17981	0.20107	0.21574
60	0.13573	0.15511	0.17231	0.19267	0.20673
65	0.13052	0.14913	0.16567	0.18525	0.19877
70	0.12586	0.14381	0.15975	0.17863	0.19167
75	0.12167	0.13901	0.15442	0.17268	0.18528
80	0.11787	0.13467	0.14960	0.16728	0.17949
85	0.11442	0.13072	0.14520	0.16236	0.17421
90	0.11125	0.12709	0.14117	0.15786	0.16938
95	0.10833	0.12375	0.13746	0.15371	0.16493
100	0.10563	0.12067	0.13403	0.14987	0.16081

柯莫哥洛夫检验统计量 D_n 极限分布函数表

$$K(\lambda)=\lim_{n\to\infty}P\{D_n\leqslant\lambda/\sqrt{n}\}=\sum_{j=-\infty}^{\infty}(-1)^j\cdot\exp(-2j^2\lambda^2)$$

λ	0.00	0.01	0.02	0.03	0.04	0.05	0.06	0.07	0.08	0.09
0.2	0.000000	0.000000	0.000000	0.000000	0.000000	0.000000	0.000000	0.000000	0.000001	0.000004
0.3	0.000009	0.000021	0.000046	0.000091	0.000171	0.000303	0.000511	0.000826	0.001285	0.001929
0.4	0.002808	0.003972	0.005476	0.007377	0.009730	0.012590	0.016005	0.020022	0.024682	0.030017
0.5	0.036055	0.042814	0.050306	0.058534	0.067497	0.077183	0.087577	0.098656	0.110395	0.122760
0.6	0.135718	0.149229	0.163225	0.177153	0.192677	0.207987	0.223637	0.239582	0.255780	0.272189
0.7	0.288765	0.305471	0.322265	0.339113	0.355981	0.372833	0.389640	0.406372	0.423002	0.439505
0.8	0.455857	0.472041	0.488030	0.503808	0.519366	0.534682	0.549744	0.564546	0.579070	0.593316
0.9	0.607270	0.620928	0.634286	0.647338	0.660082	0.672516	0.684630	0.696444	0.707940	0.719126
1.0	0.730000	0.740566	0.750826	0.760780	0.770434	0.779794	0.788860	0.797636	0.806128	0.814342
1.1	0.822282	0.829950	0.837356	0.844502	0.851394	0.858038	0.864442	0.870612	0.876548	0.882258
1.2	0.887750	0.893030	0.898104	0.902972	0.907643	0.912132	0.916432	0.920556	0.924505	0.928283
1.3	0.931908	0.925370	0.938682	0.941848	0.944872	0.947756	0.950512	0.953142	0.955650	0.958040
1.4	0.960318	0.962486	0.964552	0.966516	0.968382	0.970158	0.971846	0.973448	0.974970	0.976412
1.5	0.977782	0.979080	0.980310	0.981476	0.982578	0.983622	0.984610	0.985544	0.986426	0.987260
1.6	0.988048	0.988791	0.939492	0.990154	0.990777	0.991364	0.991917	0.992438	0.992928	0.993389
1.7	0.993823	0.994230	0.994612	0.994972	0.995309	0.995625	0.995922	0.996200	0.996460	0.996704
1.8	0.996932	0.997146	0.997346	0.997533	0.979707	0.997870	0.998023	0.998145	0.998297	0.998421
1.9	0.998536	0.998644	0.998744	0.998837	0.998924	0.999004	0.999079	0.999149	0.999133	0.999273
2.0	0.999329	0.999380	0.999428	0.999474	0.999516	0.999552	0.999588	0.999620	0.999650	0.999680
2.1	0.999705	0.999728	0.999750	0.999770	0.999790	0.999806	0.999822	0.999838	0.999852	0.999864
2.2	0.999874	0.999886	0.999896	0.999904	0.999912	0.999920	0.999926	0.999934	0.999940	0.999944
2.3	0.999949	0.999954	0.999958	0.999962	0.999965	0.999968	0.999970	0.999973	0.999976	0.999978
2.4	0.999980	0.999982	0.999984	0.999986	0.999987	0.999988	0.999988	0.999990	0.999991	0.999992

Wilcoxon 符号秩检验临界值表 $P\{W^+\geqslant w(1-\alpha,n)\}=\alpha$

n	α				n	α			
	0.05	0.025	0.01	0.005		0.05	0.025	0.01	0.005
5	15	—	—	—	18	124	131	139	144
6	19	21	—	—	19	137	144	153	158
7	25	26	28	—	20	150	158	167	173
8	31	33	35	36	21	164	173	182	189
9	37	40	42	44	22	178	187	198	205
10	45	47	50	52	23	193	203	214	222
11	53	56	59	61	24	209	219	231	239
12	61	65	69	71	25	225	236	249	257
13	70	74	79	82	26	241	253	267	276
14	80	84	90	93	27	259	271	286	295
15	90	95	101	105	28	276	290	305	315
16	101	107	113	117	29	295	309	325	335
17	112	119	126	130	30	314	328	345	356

注：令 $w(\alpha,n)=\frac{1}{2}n(n+1)-w(1-\alpha,n)$，则 $P\{W^+\leqslant w(\alpha,n)\}=\alpha$.

Wilcoxon 秩和检验临界值表 $P\{W \geqslant c_\alpha\}=\alpha$

n_1	n_2	α			
		0.05	0.025	0.01	0.005
3	3	6	—	—	—
4	3	6	—	—	—
	4	11	10	—	—
5	2	3	—	—	—
	3	7	6	—	—
	4	12	11	10	—
	5	19	17	16	15
6	2	3	—	—	—
	3	8	7	—	—
	4	13	12	11	10
	5	20	18	17	16
	6	28	26	24	23
7	2	3	—	—	—
	3	8	7	6	—
	4	14	13	11	10
	5	21	20	18	16
	6	29	27	25	24
	7	39	36	34	32
8	2	4	3	—	—
	3	9	8	6	—
	4	15	14	12	11
	5	23	21	19	17
	6	31	29	27	25
	7	41	38	35	34
	8	51	49	45	43
9	2	4	3	—	—
	3	10	8	7	6
	4	16	14	13	11
	5	24	22	20	18
	6	33	31	28	26
	7	43	40	37	35
	8	54	51	47	45
	9	66	62	59	56
10	2	4	3	—	—
	3	10	9	7	6
	4	17	15	13	12
	5	26	23	21	19
	6	35	32	29	27
	7	45	42	39	37
10	8	56	53	49	47
	9	69	65	61	58
	10	82	78	74	71
11	2	4	3	—	—
	3	11	9	7	6
	4	18	16	14	12
	5	27	24	22	20
	6	37	34	30	28
	7	47	44	40	38
	8	59	55	51	49
	9	72	68	63	61
	10	86	81	77	73
	11	100	96	91	87
12	2	5	4	—	—
	3	11	10	8	7
	4	19	17	15	13
	5	28	26	23	21
	6	38	35	32	30
	7	49	46	42	40
	8	62	58	53	51
	9	75	71	66	63
	10	89	84	79	76
	11	104	99	94	90
	12	120	115	109	105
13	2	5	4	3	—
	3	12	10	8	7
	4	20	18	15	13
	5	30	27	24	22
	6	40	37	33	31
	7	52	48	44	41
	8	64	60	56	53
	9	78	73	68	65
	10	92	88	82	79
	11	108	103	97	93
	12	125	119	113	109
	13	142	136	130	125
14	2	6	4	3	—
	3	13	11	8	7
	4	21	19	16	14

续表

n_1	n_2	α			
		0.05	0.025	0.01	0.005
14	5	31	28	25	22
	6	42	38	34	32
	7	54	50	45	43
	8	67	62	58	54
	9	81	76	71	67
	10	96	91	85	81
	11	112	106	100	96
	12	129	123	116	112
	13	147	141	134	129
	14	166	160	152	147
15	2	6	4	3	—
	3	13	11	9	8
	4	22	20	17	15
	5	33	29	26	23
	6	44	40	36	33
	7	56	52	47	44
	8	69	65	60	56
	9	84	79	73	69
	10	99	94	88	84
	11	116	110	103	99
	12	133	127	120	115
	13	152	145	138	133
	14	171	164	156	151
	15	192	184	176	171
16	2	6	4	3	—
	3	14	12	9	8
	4	24	21	17	15
	5	34	30	27	24
	6	46	42	37	34
	7	58	54	49	46
	8	72	67	62	58
	9	87	82	76	72
	10	103	97	91	86
	11	120	113	107	102
	12	138	131	124	119
	13	156	150	142	136
	14	176	169	161	155
	15	197	190	181	175
	16	219	211	202	196
17	2	6	5	3	—
	3	15	12	10	8
	4	25	21	18	16
	5	35	32	28	25
	6	47	43	39	36
	7	61	56	51	47
	8	75	70	64	60
	9	90	84	78	74
	10	106	100	93	89
	11	123	117	110	105
	12	142	135	127	122
	13	161	154	146	140
	14	182	174	165	159
	15	203	195	186	180
	16	225	217	207	201
	17	249	240	230	223
18	2	7	5	3	—
	3	15	13	10	8
	4	26	22	19	16
	5	37	33	29	26
	6	49	45	40	37
	7	63	58	52	49
	8	77	72	66	62
	9	93	87	81	76
	10	110	103	96	92
	11	127	121	113	108
	12	146	139	131	125
	13	166	158	150	144
	14	187	179	170	163
	15	208	200	190	184
	16	231	222	212	206
	17	255	246	235	228
	18	280	270	259	252
19	1	1	—	—	—
	2	7	5	4	3
	3	16	13	10	9
	4	27	23	19	17
	5	38	34	30	27
	6	51	46	41	38

续表

n_1	n_2	α				n_1	n_2	α			
		0.05	0.025	0.01	0.005			0.05	0.025	0.01	0.005
19	7	65	60	54	50	20	5	40	35	31	28
	8	80	74	68	64		6	53	48	43	39
	9	96	90	83	78		7	67	62	56	52
	10	113	107	99	94		8	83	77	70	66
	11	131	124	116	111		9	99	93	85	81
	12	150	143	134	129		10	117	110	102	97
	13	171	163	154	148		11	135	128	119	114
	14	192	183	174	168		12	155	147	138	132
	15	214	205	195	189		13	175	167	158	151
	16	237	228	218	210		14	197	188	178	172
	17	262	252	241	234		15	220	210	200	193
	18	287	277	265	258		16	243	234	223	215
	19	313	303	291	283		17	268	258	246	239
20	1	1	—	—	—		18	294	283	271	263
	2	7	5	4	3		19	320	309	297	289
	3	17	14	11	9		20	348	337	324	315
	4	28	24	20	18						

注：① 有两个样本，Wilcoxon 秩和检验临界值表中的秩和 W 是容量比较小的那一个样本的秩和. 用 n_2 表示容量比较小的那一个样本的样本容量，用 n_1 表示容量比较大的那一个样本的样本容量.

② 令 $c_{1-\alpha}=n_2(n+1)-c_\alpha$，其中 $n=n_1+n_2$，则 $P\{W\geqslant c_{1-\alpha}\}=\alpha$.

游程总数检验表

$R_{1,\ \alpha}$ 表示满足 $P\{R\leqslant R_1\}\leqslant\alpha$ 的 R_1 中之最大整数

$R_{1,\ 0.025}$

n_1 \ n_2	2	3	4	5	6	7	8	9	10	11	12	13	14	15	16	17	18	19	20
2																			
3																			
4																			
5		2	2																
6		2	2	3	3														
7		2	2	3	3	3													
8		2	3	3	3	4	4												
9		2	3	3	4	4	5	5											
10		2	3	3	4	5	5	5	6										
11		2	3	4	4	5	5	6	6	7									
12	2	2	3	4	4	5	6	6	7	7	7								
13	2	2	3	4	5	5	6	6	7	7	8	8							
14	2	2	3	4	5	5	6	7	7	8	8	9	9						
15	2	3	3	4	5	6	6	7	7	8	8	9	9	10					
16	2	3	4	4	5	6	6	7	8	8	9	9	10	10	11				
17	2	3	4	4	5	6	7	7	8	9	9	10	10	11	11	11			
18	2	3	4	5	5	6	7	8	8	9	9	10	10	11	11	12	12		
19	2	3	4	5	6		7	8	8	9	10	10	11	11	12	12	13	13	
20	2	3	4	5	6	6	7	8	9	9	10	10	11	12	12	13	13	13	14

$R_{2,\ \alpha}$ 表示满足 $P\{R\geqslant R_2\}\leqslant\alpha$ 的 R_2 中之最小整数

$R_{2,\ 0.025}$

n_1 \ n_2	2	3	4	5	6	7	8	9	10	11	12	13	14	15	16	17	18	19	20
2																			
3																			
4																			
5			9	10															
6			9	10	11														
7				11	12	13													
8				11	12	13	14												
9					13	14	14	15											
10					13	14	15	16	16										
11					13	14	15	16	17	17									
12					13	14	16	16	17	18	19								
13						15	16	17	18	19	19	20							
14						15	16	17	18	19	20	20	21						
15						15	16	18	18	19	20	21	22	22					
16							17	18	19	20	21	21	22	23	23				
17							17	18	19	20	21	22	23	23	24	25			
18							17	18	19	20	21	22	23	24	25	26			
19							17	18	20	21	22	23	23	24	25	26	26	27	
20							17	18	20	21	22	23	24	25	26	27	27	27	28

$R_{1,\ 0.05}$

n_1 \ n_2	2	3	4	5	6	7	8	9	10	11	12	13	14	15	16	17	18	19	20
2																			
3																			
4			2																
5		2	2	3															
6		2	3	3	3														
7		2	3	3	4	4													
8	2	2	3	3	4	4	5												
9	2	2	3	4	4	5	5	6											
10	2	3	3	4	5	5	6	6	6										
11	2	3	3	4	5	5	6	6	7	7									
12	2	3	4	4	5	6	6	7	7	8	8								
13	2	3	4	4	5	6	6	7	8	8	9	9							
14	2	3	4	5	5	6	7	7	8	8	9	9	10						
15	2	3	4	5	6	6	7	8	8	9	9	10	10	11					
16	2	3	4	5	6	6	7	8	8	9	10	10	11	11	11				
17	2	3	4	5	6	7	7	8	9	9	10	10	11	11	12	12			
18	2	3	4	5	6	7	8	8	9	10	10	11	11	12	12	13	13		
19	2	3	4	5	6	7	8	8	9	10	10	11	12	12	13	13	14	14	
20	2	3	4	5	6	7	8	9	9	10	11	11	12	12	13	13	14	14	15

$R_{2,\ 0.05}$

n_1 \ n_2	2	3	4	5	6	7	8	9	10	11	12	13	14	15	16	17	18	19	20
2																			
3																			
4		7	8																
5			9	9															
6			9	10	11														
7			9	10	11	12													
8				11	12	13	13												
9				11	12	13	14	14											
10				11	12	13	14	15	16										
11					13	14	15	15	16	17									
12					13	14	15	16	17	17	18								
13					13	14	15	16	17	18	18	19							
14					13	14	16	17	17	18	19	20	20						
15						15	16	17	18	19	19	20	21	21					
16						15	16	17	18	19	20	21	21	22	23				
17						15	16	17	18	19	20	21	22	22	23	24			
18						15	16	18	19	20	21	21	22	23	24	24	25		
19						15	16	18	19	20	21	22	23	23	24	25	25	26	
20						15	17	18	19	20	21	22	23	24	25	25	26	27	27

游程最大长度检验临界值 L 表　$P\{L \geqslant L_\alpha\} \leqslant \alpha$　$\alpha = 0.01$

n_1 \ n_2	2	3	4	5	6	7	8	9	10	11	12	13	14	15	16	17	18	19	20	21	22	23	24	25
7				7	7	7																		
8				8	8	8	8																	
9			9	9	8	8	8	8																
10			10	10	9	9	8	8	8															
11			11	10	10	9	9	9	9	9														
12		12	12	11	11	10	10	9	9	9	9													
13		13	13	12	11	11	10	10	9	9	9	9												
14		14	13	13	12	11	11	10	10	10	9	9	9											
15		15	14	13	13	12	11	11	11	10	10	10	10	10										
16		16	15	14	13	13	12	11	11	11	10	10	10	10	10									
17		17	16	15	14	13	13	12	12	11	11	10	10	10	10	10								
18		18	17	15	15	14	13	13	12	12	11	11	11	10	10	10	10							
19		19	17	16	15	14	14	13	13	12	12	11	11	11	10	10	10	10						
20		19	18	17	16	15	14	14	13	13	12	12	11	11	11	11	10	10	10					
21		20	19	18	17	16	15	14	14	13	13	12	12	11	11	11	11	11	10	10				
22		21	20	18	17	16	15	15	14	14	13	13	12	12	12	11	11	11	11	11	11			
23	23	22	20	19	18	17	16	15	15	14	14	13	13	12	12	12	11	11	11	11	11	11		
24	24	23	21	20	19	18	17	16	15	15	14	13	13	13	12	12	12	11	11	11	11	11	11	
25	25	24	22	21	19	18	17	16	16	15	14	14	13	13	13	12	12	12	11	11	11	11	11	11

游程最大长度检验临界值 L 表　$P\{L \geqslant L_\alpha\} \leqslant \alpha$　$\alpha = 0.05$

n_1 \ n_2	2	3	4	5	6	7	8	9	10	11	12	13	14	15	16	17	18	19	20	21	22	23	24	25
5			5	5																				
6		6	6	6	6																			
7			7	6	6	6																		
8		8	8	7	7	7	7																	
9		9	8	8	7	7	7	7																
10	10	10	9	8	8	7	7	7	7															
11	11	10	10	9	8	8	8	7	7	7														
12	11	10	10	9	9	8	8	8	8	8	8													
13	13	12	11	10	10	9	9	8	8	8	8	8												
14	14	13	12	11	10	10	9	9	8	8	8	8	8											
15	15	13	12	11	11	10	10	9	9	9	8	8	8	8										
16	16	14	13	12	11	11	10	10	9	9	9	8	8	8	8									
17	17	15	14	13	12	11	11	10	10	9	9	9	9	8	8	8								
18	17	16	14	13	12	12	11	11	10	10	9	9	9	9	9	9	9							
19	18	17	15	14	13	12	12	11	11	10	10	9	9	9	9	9	9	9						
20	19	17	16	15	14	13	12	11	11	10	10	10	9	9	9	9	9	9	9					
21	20	18	16	15	14	13	12	11	11	10	10	10	10	9	9	9	9	9	9	9				
22	21	19	17	16	15	14	13	12	12	11	11	10	10	10	10	9	9	9	9	9	9			
23	22	20	18	16	15	14	13	13	12	12	11	10	10	10	10	10	9	9	9	9	9	9		
24	23	20	19	17	16	15	14	14	13	12	12	11	11	10	10	10	10	9	9	9	9	9	9	
25	24	21	19	17	17	15	14	14	13	12	12	12	11	11	10	10	10	10	9	9	9	9	9	9

参考文献

[1] Z. W. Birnbaum，Fred H. Tingey．One-sided confidence contours for probability distribution functions．Ann. Math. Stat.，1951，22(4)：592–596.

[2] G. E. P. Box，D. R.Cox. An analysis of transformations (with discussion). *J. Roy. Stat.Soc.B*，1964，26：211–252.

[3] William J. Conover. Practical nonparametric statistics．New York：John Wiley & Sons，1971.

[4] David F. Bauer．Constructing confidence sets using rank statistics． J. Amer. Stat. Asso.，1972，67：687–690.

[5] D. A.Belsley，E. Kuh，R. E. Welsch．*Regression diagnostics*．New York：Wiley，1980.

[6] H.A.David. Order statistics. 2nd ed．New York：wiley，1981.

[7] R. D.Cook，S. Weisberg．*Residuals and influence in regression*． London： Chapman and Hall, 1982.

[8] A. C.Atkinson. *Plots，transformations and regression*．London：Oxford University Press, 1985.

[9] R. F. Engle， C. W. J. Granger， J. Rice， A. Weiss． Semiparametric estimates of the relation between weather and electricity scales. J. Amer. Stati. Asso. 1986，81：310-320.

[10] D. M. Bates , D. G. Watts．Nonlinear regression analysis and its applications．John Wiley and Sons，Inc.，1988.

[11] S. Siegel and N. J. Castellan．Nonparametric statistics for the behavioural sciences，2nd ed．New York：McGraw-Hill，1988.

[12] S. J. Sheather，M. C. Jones．A reliable data-based bandwidth selection method for kernel density estimation．J. Roy. Statist. Soc. B，1991：683–690.

[13] J. M.Chambers，T. J.Hastie．*Statistical models in S*．Wadsworth and Brooks/Cole，1992.

[14] J. Fox，G. Monette．Generalized collinearity diagnostics．J. Amer. Stat. Asso.，1992, 87：178–183.

[15] J.Fan．Design-adaptive nonparametric regression．J.Amer. Statist. Assoc.，1992，(87)：998–1004.

[16] D. W. Scott． Multivariate density estimation. theory，practice and visualization． New York：Wiley，1992.

[17] P. J. Brown．*Measurement，regression and calibration*．*London:* Oxford, 1994.

[18] 柴根象，洪圣岩．半参数回归模型．合肥：安徽教育出版社，1995.

[19] C. R. Rao，et al．Linear models and generalizations．Berlin：Springer，1995.

[20] M. P.Wand，M. C. Jones．Kernel smoothing．London：Chapman and Hall，1995.

[21] J.Fan，I.Gijbels．Local polynomial modelling and its applications．London：Chapman and Hall，1996.

[22] M. Hollander, Douglas A. Wolfe．Nonparametric statistical methods. 2nd，ed. New York： John Wiley & Sons，1999.

[23] 陈希孺．高等数理统计学．合肥：中国科学技术大学出版社，1999.

[24] 王松桂，陈敏，陈立萍．线性统计模型．北京：高等教育出版社，1999.

[25] W. Hardle，H. Liang，J. T. Gao．Partially linear models．Heidelberg：Physica Verlag，2000.

[26] 范金城，吴可法．统计推断导引．北京：科学出版社，2001.

[27] W. N.Venables，B. D.Ripley．Modern applied statistics with S．New York：Springer，2002.

[28] 叶阿忠．非参数计量经济学．天津：南开大学出版社，2003.

[29] W.Hardle，M.Muller，S.Sperlich，A.Werwatz．Nonparametric and semiparametric models， Berlin：Springer，2004.

[30] 韦博成. 参数统计教程. 北京：高等教育出版社，2006.
[31] 薛毅，陈立萍. 统计建模与 R 软件. 北京：清华大学出版社，2006.
[32] 郑明，陈子毅，汪嘉冈. 数理统计讲义. 上海：复旦大学出版社，2006.
[33] 茆诗松 王静龙 濮晓龙. 高等数理统计（第 2 版）. 北京：高等教育出版社，2006.
[34] 盛骤，谢式千，潘承毅. 概率论与数理统计（第 4 版）. 北京：高等教育出版社，2008.
[35] 王黎明，陈颖，杨楠. 应用回归分析. 上海：复旦大学出版社，2008.
[36] 陈希孺，倪国熙. 数理统计学教程. 合肥：中国科学技术大学出版社，2009.
[37] 褚宝增，王翠香. 概率统计. 北京：北京大学出版社，2010.
[38] 庄楚强，何春雄. 应用数理统计基础（第 4 版）. 广州：华南理工大学出版社，2013.
[39] 薛留根. 应用非参数统计. 北京：科学出版社，2013.
[40] 王兆军，邹长亮. 数理统计教程. 北京：高等教育出版社，2014.
[41] 王星，褚挺进. 非参数统计（第 2 版）. 北京：清华大学出版社，2014.
[42] 袁卫.机遇与挑战——写在统计学称为一级学科之际，统计研究，2011（11）：3–10.